"十三五"国家重点图书出版规划项目
国家出版基金资助项目

CHINESE INDUSTRIAL HERITAGE HISTORIC RECORDS

中国工业遗产史录

湖北卷

周卫 万谦 著

华南理工大学出版社
SOUTH CHINA UNIVERSITY OF TECHNOLOGY PRESS
·广州·

图书在版编目（CIP）数据

中国工业遗产史录．湖北卷／周卫，万谦著．—广州：华南理工大学出版社，2021.3

（中国工业遗产丛书／刘伯英，徐苏斌，彭长歆主编）

ISBN 978-7-5623-6588-4

Ⅰ.①中… Ⅱ.①周…②万… Ⅲ.①工业建筑-文化遗产-研究-湖北 Ⅳ.①TU27

中国版本图书馆CIP数据核字（2020）第252185号

Chinese Industrial Heritage Historic Records·Hubei Volume

中国工业遗产史录·湖北卷

周卫 万谦 著

出版人：卢家明

出版发行：华南理工大学出版社

（广州五山华南理工大学17号楼，邮编510640）

http://hg.cb.scut.edu.cn E-mail：scutc13@scut.edu.cn

营销部电话：020-87113487 87111048（传真）

策划编辑：赖淑华

责任编辑：蔡亚兰 骆 婷

责任校对：刘惠林 詹伟文

印 刷 者：中华商务联合印刷（广东）有限公司

开　　本：889mm×1194mm 1/16 印张：31.75 字数：795千

版　　次：2021年3月第1版 2021年3月第1次印刷

定　　价：400.00元

版权所有　盗版必究　印装差错　负责调换

中国工业遗产丛书

学术委员会

（以姓氏笔画为序）

王建国　　中国工程院院士，东南大学建筑学院教授、博士生导师

何镜堂　　中国工程院院士，原华南理工大学建筑设计研究院院长

宋新潮　　国际古迹遗址理事会（ICOMOS）中国国家委员会主席，中国古迹遗址保护协会
　　　　　（ICOMOS China）理事长，国家文物局党组成员、副局长

宋春华　　原建设部副部长，原中国建筑学会理事长

岳清瑞　　中国工程院院士，原中冶建筑研究总院有限公司党委书记、董事长

单霁翔　　中央文史馆特约研究员，中国文物学会会长，故宫博物院故宫学院院长

郭　旃　　中国文物学会副会长兼世界遗产研究会会长，原国家文物局文物保护司巡视员，
　　　　　原国际古迹遗址理事会（ICOMOS）副主席

常　青　　中国科学院院士，同济大学建筑与城市规划学院教授、博士生导师

编辑委员会

主　编：刘伯英　　徐苏斌　　彭长歆

编　委：（以姓氏笔画为序）

万　谦	王西京	韦　飚	卢家明	刘大平	刘奔腾	刘宗刚
刘　晖	闫　觅	李和平	吴　迪	何俊萍	宋　盈	陈　洋
季　宏	周　卫	周　坚	周莉华	郑东军	郑红彬	孟璠磊
哈　静	钟冠球	段亚鹏	姜　波	莫　畏	高祥冠	唐　琦
曹永康	常　江	蒋　楠	赖世贤	赖淑华		

学术支持单位

中国建筑学会工业建筑遗产学术委员会

中国文物学会工业遗产委员会

中国历史文化名城委员会工业遗产学部

主编单位

清华大学建筑学院

天津大学建筑学院

华南理工大学建筑学院

策　　划：赖淑华　卢家明
项目负责：赖淑华　骆　婷
项目执行：赖淑华　骆　婷
编辑统筹：骆　婷

砥砺奋进、铸就辉煌
——谱写中国工业遗产的史诗
（代序）

2018年中国改革开放40周年，2019年中华人民共和国成立70周年，2020年我们又迎来全面建成小康社会的关键时期。历史呈现给我们一幅壮美的画卷，也赋予了我们崇高的责任。在城市建设从扩张开发到更新挖潜实现转型发展，大量工业用地更新和工业遗产保护利用呈现高潮的关键时刻，我们共同投身到了为中国工业遗产的保护利用树碑立传的伟大事业当中。"中国工业遗产丛书"的出版，记录了中国工业遗产保护利用研究与实践的发展历程，谱写了中国工业遗产的史诗。

随着城市产业结构和社会生活方式的变化，传统工业或迁离城市，或面临"关、停、并、转"的局面，留下了很多工厂旧址、设施、机器设备等具有遗产价值的工业遗存。工业遗产是文化遗产的重要组成部分，加强工业遗产的保护利用，构建中国工业遗产价值体系，对于传承人类先进文化，保持和彰显城市的文化底蕴和特色，推动地区经济社会可持续发展，具有十分重要的意义。借鉴国内外工业遗产保护的经验，探索适合我国的工业遗产保护方法和利用途径，形成相对完整和独立的当代工业遗产保护理论体系，指导工业遗产保护与利用的良性发展是一项艰巨和长期的任务。

1. 齐抓共管：聚焦工业遗产

2005年10月ICOMOS在中国西安举行的第15届大会上做出决定，将2006年4月18日"国际古迹遗址日"的主题定为"保护工业遗产"。2006年4月国家文物局在无锡举办中国工业遗产保护论坛，通过《无锡建议》；2006年6月国家文物局下发《加强工业遗产保护的通知》；2007年国家文物局开展第三次全国文物普查，首次将工业遗产纳入调查范围；2009年6月在上海召开全国工业遗产保护利用现场会。在第一批至第八批全国重点文物保护单位中，近代工业遗产共计143处，占比2.83%。2019年12月国家文物局印发《国家文物保护利用示范区创建管理办法（试行）》，为工业遗产保护利用奠定了坚实的基础。

2013年3月，国家发改委编制了《全国老工业基地调整改造规划（2013—2022年）》并得到国务院批准，该规划涉及全国120个老工业城市。2014年3月，国务院办公厅发布《关于推进城区老工业区搬迁改造的指导意见》，把加强工业遗产保护再利用作为一项主要任务。2020年6月国家发改委、工信部、国资委、国家文物局、国家开发银行联合印发《推动老工业城市工业遗产保护利用实施方案》，实现了政府部门之间的紧密合作，标志着工业遗产保护利用工作进入真抓实干的新阶段。

2017—2019年，工信部工业文化发展中心发布了三批"国家工业遗产名单"，共102项；印发了《国家工业遗产管理暂行办法》，对开展国家工业遗产保护利用及相关管理工作进行了明确规定。工业遗产是工业文化的重要载体，蕴含着丰富的历史信息和文化基因，见证了工业以及国家发展的历史进程。保护和利用工业遗产，是对尘封记忆的唤醒，更是对光辉历史的弘扬，有助于提升和坚定民族文化自信。

2018—2019年，国资委分行业、分批次发布中央企业工业文化遗产名单，包括核工业11项、钢铁工业20项、信息通信行业20项，指导中央企业发掘利用历史文化遗产价值，丰富企业文化内涵，彰显企业品牌价值，提升企业文化软实力和企业竞争力，逐步形成中央企业工业文化遗产集群。国资委还对中央企业文化遗产基本情况进行了摸底，编印了《央企老照片——中央企业历史文化遗产图册》，展示了国防科工、石油化工、电力、冶金、建筑等行业的发展轨迹、历史遗存与工业遗产。

2018年，住建部发布《关于进一步做好城市既有建筑保留利用和更新改造工作的通知》，提出要充分认识既有建筑的历史、文化、技术和艺术价值，坚持充分利用、功能更新原则，加强城市既有建筑保留利用和更新改造，避免片面强调土地开发价值，防止"一拆了之"。坚持城市修补和有机更新理念，延续城市历史文脉，保护中华文化基因，留住居民乡愁记忆。

2016—2019年，中国文物学会和中国建筑学会分四批公布"中国20世纪建筑遗产"名录，共396项，其中有64项工业遗产，占总数的16.2%。

2018—2019年，中国科协与中国规划学会联合公布两批"中国工业遗产保护名录"，共200项。同时，中国科协联合南京出版社出版了《中国工业遗产的故事》科普系列书，更是广泛唤起了公众对工业遗产保护的关注。

2005—2017年，自然资源部分四批公布了88座国家矿山公园。2017年，国家旅游局发布《全国工业旅游发展纲要》，指出要充分挖掘和利用好工业文化，传承工业文明，实施工业旅游"十百千"工程，即10个工业旅游城市、100个工业旅游基地、1000个国家工业旅游示范点，并推出10个国家工业遗产旅游基地。

2010年以来，我国成立了多个工业遗产领域的学术组织，包括中国建筑学会工业建筑学术委员会（2010年）、中国历史文化名城委员会工业遗产学部（2013年）、中国国史学会三线建设研究会（2014年）、中国文物学会工业遗产委员会（2014年）、中国科技史学会工业遗产研究会（2015年）等，工业遗产受到专家和学者的共同关注，成为学术研究的热点。工业遗产还吸引了大量规划师、建筑师参与到城市更新和既有工业建筑改造利用的实践当中，创造了丰富多彩的实践案例；他们成为我国工业遗产保护利用领域最强大的学术共同体，初步建构了我国工业遗产保护利用的学术体系。本套丛书的出版也将是作者们学术生涯的重要成果。

2. 回眸历史：树立国家丰碑

工业创造了曾经的辉煌，今天依然壮观美丽，工业遗产的价值得到越来越广泛的认识，工业美学得到越来越多的欣赏。英国、法国、德国、美国、日本等工业强国，把工业遗产保护作为国策，彰显了各国政府对人类工业文明的重视，展示了各国工业化进程的经验和成果，这是特别值得我们深刻思考的。工业遗产在广袤的大地上留下了独特的工业景观，见证了空想社会主义的社会实验，探索了现代城市规划方法和新建筑思想，其影响持续至今。

以造纸、酿酒、陶瓷、盐业、矿冶、桥梁、水利、运河为代表的中国古代传统工艺和手工业是中华民族智慧的结晶。洋务运动"自强""求富"，引进西方先进的科学技术，兴办近代军事工业和民用企业，迈出了中国近代工业发展的第一步。民族资本家的"实业救国"使中华民族摆脱贫穷，实现自救。殖民工业见证了侵略者的掠夺和中国遭受的耻辱。抗战工业展现了中国人民不屈不挠的决心。革命工业遗产谱写了中国人民英勇奋斗的壮丽篇章。

中华人民共和国成立后，国民经济恢复时期的建设项目、"一五""二五"时期苏联援建的"156项目"，奠定了新中国工业化的坚实基础。"三线"建设开启了西部大开发的序幕，中国的工业布局得到进一步完善，国防工业得到进一步发展。改革开放前以四大化纤基地和八大化肥厂为代表的"四三方案"，以及以宝钢和深圳"三来一补"工业企业为代表的改革开放工业建设的伟大成就，书写了中国工业化的历史，树立了一座座中国工业化进程的丰碑。

中华人民共和国成立70年，我们逐步建立了独立、完整的工业体系和国民经济体系，实现了从工业化初期到工业化后期的历史性飞跃，实现了从落后的农业国向世界工业大国的历史性转变。这两大历史性成就表明：我们在实现强国之梦的征程上迈出了决定性的步伐。这为我国工业遗产的未来发展树立了坐标。

3. 牢记使命：传承文化精神

中国今天的工业辉煌是用历史书写的，是前辈们用勤劳和汗水、聪明和智慧以及文化和精神铸就的。前辈学者们在工业发展历史的茫茫大海中去发现那些有价值的工业遗产，为我们的研究奠定了坚实的基础，让我们获益匪浅。

2015年11月21—23日，"中国第六届工业遗产学术研讨会"在华南理工大学召开。其间，华南理工大学出版社提出了组织出版"中国工业遗产丛书"的思路和想法，得到了专家们的认同和响应。之后历经上海、南京、鞍山、郑州四届年会的专题研讨会，不断丰富思路，细化计划，组织撰写。

本套丛书以省、直辖市为单位，将本地区工业发展的历程，工业遗产的保存、保护与活化利用工作进行梳理和总结，并通过大量的田野调查、研究成果、实践案例、政策法规的汇总，展现了本地区工业遗产的全貌，从而使本套丛书成为中国工业遗产集大成之作。

对于本套丛书的出版，华南理工大学出版社卢家明社长、周莉华副总编给予了大力支持，赖淑华编审、骆婷编辑全程负责项目推进和实施，在此特别感谢。也特别感谢撰写书稿的各位作者，他们来自多所大学，多年来做了大量现状调查，取得了丰硕的研究成果；他们还培养了大量研究生，参与了多项规划设计项目；结合书稿的需要，他们又补充进行了大量的资料搜集和现场调查、测绘，付出了艰辛和努力；特别是工业遗产分散，"三线"、军工遗产丰富的省份作者，他们付出的努力更加令人钦佩。

很多丛书分卷的作者开展了口述历史的搜集和整理工作，采访了工业企业的开创者、建设者、亲历者，包括各级领导、劳模、工人，收集了大量珍贵的文献档案、影像资料和工业文物；采访了文创园区的经营者和游客，开展问卷调查，大大丰富了本套丛书的内容，甘之如饴。

4. 结语

工业遗产书写了中国工业化的进程，承载着国家记忆和民族精神，是不朽的历史丰碑，是中国优秀文化的重要标识，是中国为人类文明的进步所做贡献的重要见证。让我们以更加饱满的热情、更加旺盛的斗志、更加严谨的作风投身到工业遗产调查研究、保护利用的事业中去，让工业遗产所承载的工业精神，凝结为中国人民和中华民族的优秀"基因"，为中国的"文化自信"做出新的贡献。

刘伯英
2020年12月

前言

工业化作为一种生产组织方式和社会组织形态，是人类文明进程中极为辉煌的一幕。从传统农业社会向现代工业社会转变，是人类社会发展的潮流，也是一个漫长的历史过程，而工业遗产就是这种转化过程留下来的痕迹。

湖北工业遗产在时间和空间分布上，具有极为显著的特点。

铜绿山古矿冶遗址从商周延续到西汉，生产时间长达千年，成为中国前工业时代的工业中心之一。随后两千多年间，湖北境内重要城市的兴衰，与农耕时代城市手工业发展状况休戚相关。19世纪中叶以后，湖北在中国的近代化、工业化、城市化进程中表现极为突出。随着以武汉为中心的湖北近代工业体系布局逐渐成形，湖北成为洋务运动中重要的省份，而省会武汉成为中国近代社会发展转型进程中极具代表性的工商业大都市。在20世纪后半叶的中国现代化进程中，湖北工业体系建设又成为中国现代工业建设中重要的组成部分。在中国现代工业体系建构的一系列努力中，湖北多个城市完成了工业化转型。而21世纪以来的产业升级换代带来的空间置换与功能重组，使其中一些城市大批工业空间逐渐失去原来的生产功能，但其作为工业遗产而存在的价值与功能，随后逐渐凸显出来。

作为中国近代工业发展进程的重要"标本"，湖北省内留存了丰富的工业遗产。从一个内陆重要的传统农业省份，逐渐完成省内全面的工业布局与城市发展，湖北的工业化进程也是中国整体工业化进程的缩影。

"湖广熟，天下足"所描述的清代中期以后的场景，是湖广地区农业开发成熟的写照，作为湖广主要省份之一的湖北在中国农业社会后期是最主要的农产品输出地之一。随着农业生产区域溢出效应的增加，在重要贸易节点上与之相应的工业产业也逐步成形。以汉口为中心的武汉三镇在工商业发展的刺激下迅速一体孵化成形，在自身规模逐渐扩大、工商业功能逐渐完善的同时，通过长江、汉江水道和后来的铁路线对外辐射其影响，进而成为湖北区域工业化的中心。在原有的武汉三镇各自边缘地带出现的工业企业迅速联系成片，并成为聚集人口与资本、联系三镇空间的核心纽带。武汉的城市格局也因为工商业的发展而完成了统合。

从近代到现代，湖北工业经历了几次较大的爆发式发展。从1860年代开始，在汉口以远程农产品贸易为主要支柱的近代工农业产业链初步形成，并通过长江、汉江水路对上下游部分城市形成辐射影响。1890年张之洞督鄂后湖北成为洋务运动的中心。到1900年前后，随着京汉铁路相关建设达到高峰，湖北省内以重工业为基础的工业体系开始成形，汉阳成为中国最早的重工业中心之一；随后，武昌沿江地带的纺织工业逐步繁荣，而服务于民生的轻工业体系也在汉口极为兴盛。从辛亥革命后的1912年至全面抗战前夕的1938年，武汉三镇聚合成一座城市，并成为中国当时最重要的工商业中心城市之一。大武汉在1938年的抗战大迁徙中成为人员、设备转运的枢纽，为国防资源大规模西迁，乃至全国工业化布局的重组做出了重要贡献。抗战中期武汉沦陷以后，武汉的工商业经历了十余年的低迷与停滞。

1949年后开始的中国现代工业化全面建设进程中，以武汉为中心的湖北工业体系布局，与始于1960年代中期的大小"三线"建设等内容结合在一起，形成了一个相对独立的省级完整工业体系，同时也成为国家整体工业体系的重要组成部分。1980年代以后，随着中国全面融入全球工业体系，湖北的工业布局也随之发生了巨大的改变。

如果说19世纪中叶到20世纪末，湖北工业经历了近代工业初始起步—民国时期迅速发展—

抗战时期滞缓发展，到1949年后现代工业全面建设—"文化大革命"十年滞缓发展—改革开放后恢复兴盛几个关键性发展阶段，那么20世纪末到21世纪第一个十年间，湖北工业随着全球传统工业文明的衰落和城市生态文明的兴起，转入了既有工业升级换代、新型工业全面发展新的历史阶段。这一过程中湖北多个城市和地区留下了大量工业遗产。

当湖北传统工业的退出期遭遇城市化进程迅猛提速期，湖北工业遗产遭受了前所未有的冲击。其间，湖北中心城市武汉大量既有工业用地土地性质的转变，见证了一系列工业遗产消失的过程。然而，在大量遗产消失的同时，剩余遗产的价值也逐渐受到重视。近十年间，武汉、黄石等湖北省内城市相继出台了工业遗产保护条文，并制定了专项保护规划，同时积极探索工业遗产的再利用实践工作，这也是令人欣慰的情况。而荆州、襄阳等地结合历史文化名城保护工作的推进，也将部分工业遗产纳入了保护范畴，但整体看来，湖北工业遗产同样面临建设性破坏带来的强拆等威胁。

通过对湖北近现代工业遗产形成机制与历史价值体系进行分析，可以对湖北乃至中国近现代工业的形成与发展布局形成直观的认识。湖北工业遗产与工业化、城市化进程密切相关，城市工业遗产也是湖北近现代工业遗产的主体。湖北当代城市布局的形成来源于湖北省工业化的历史，但工业遗产的形成是城市建成区域去工业化过程中带来的原有工业建筑群体部分或全面遗产化的结果。在城市中心区域去工业化的过程中，原有工业建筑群体部分或全面遗产化的程度是一个值得注意的研究内容。对于湖北工业遗产的调查与认知，也是我们认识湖北城市变迁的重要依据。

工业遗产的价值并不仅仅在于其区位地块，其中所包含的历史记忆是无形而珍贵的财富。曾经庞大的工业企业在搬离原地之后，哪怕仅有极少量的空间信息留存，这也是见证近现代化进程的重要史料。我们对于湖北工业遗产的调研可能仍然有所缺憾，但对于人类工业化这一宏大的历史进程，我们依然小心翼翼地在湖北境内寻找每一块失落的拼图。

万谦　周卫
2020年8月

目 录

第1章 绪 论

1.1 湖北工业及工业遗产分布概览 2

1.2 工业萌芽与产业链——湖北工业遗产分布的时间线索 4

    1.2.1 早期农产品加工产业链痕迹及其工业遗产 4

    1.2.2 湖北重工业体系的奠基及其工业遗产 5

    1.2.3 工业影响下城市基础设施的完善及其工业遗产 6

    1.2.4 交通设施的健全及其工业遗产 6

1.3 工业轴线与工业廊道——湖北工业遗产的空间分布线索 7

    1.3.1 武汉工业中心城市的发展 7

    1.3.2 水路航运与湖北早期工业发展的痕迹 8

    1.3.3 铁路发展的影响 10

    1.3.4 冷战的影响 10

1.4 湖北工业遗产的价值与意义 11

第2章 湖北工业的发展历程概述

2.1 湖北工业产业链的生长与工业布局的形成 14

    2.1.1 汉口租界外资工业对产业链的早期推动 14

    2.1.2 官办工业对产业布局的奠基 15

    2.1.3 民族资本工业对产业布局的推动与完善 15

    2.1.4 湖北工业布局的完善 16

2.2 湖北主要城市工业的发展 16

    2.2.1 近代工业与武汉三镇的集聚 17

    2.2.2 矿藏资源及工业选址影响下的黄石 19

    2.2.3 古江陵与"小汉口"结合的荆州 19

    2.2.4 抗战时期工业转移的门户宜昌 20

    2.2.5 "大三线"的枢纽襄阳 20

2.2.6　"冷战"造就的汽车城十堰 20
　　2.2.7　工业化进程前后的湖北其他城市 21
2.3　湖北工业产业链的延伸与工业门类的扩展 21
　　2.3.1　冶金工业的基础地位 22
　　2.3.2　机械工业作为工业母体的地位 22
　　2.3.3　建筑材料工业对城市的作用 22
　　2.3.4　纺织工业连接的城乡 23
　　2.3.5　化学工业对生产生活的推动 23
　　2.3.6　电力工业与基础设施建设 24
　　2.3.7　电子工业与城市的未来 24
2.4　产业链的升级与工业遗产化的城市标本 24

第3章　湖北工业遗产现状调查

3.1　湖北工业遗产的行业类型与特征 30
　　3.1.1　基于行业类型的湖北工业遗产构成 30
　　3.1.2　基于行业类型的湖北工业遗产时空分布 35
　　3.1.3　基于行业类型的湖北工业遗产特色 38
3.2　湖北工业遗产的地区分布与特征 40
　　3.2.1　武汉市工业遗产时空分布及特征 40
　　3.2.2　黄石工业遗产时空分布及特征 44
　　3.2.3　宜昌工业遗产时空分布及特征 46
　　3.2.4　襄阳及十堰工业遗产时空分布及特征 47
　　3.2.5　其他地区工业遗产时空分布及其特征 49
3.3　湖北工业遗产的价值评价 50
　　3.3.1　湖北工业遗产的价值特性分析 50
　　3.3.2　湖北工业遗产评价体系建构及分级分类工业遗产的产生 58
　　3.3.3　湖北工业遗产价值评价 60

第4章　湖北工业遗产典型案例实录

4.1　交通运输业类工业遗产 64
　　4.1.1　大智门火车站 64
　　4.1.2　徐家棚火车站 68

4.1.3　徐家棚火车轮渡码头 73
　　4.1.4　武昌车辆厂 78
　　4.1.5　杨泗港货运码头 82
　　4.1.6　汉冶萍铁路及沿线车站 86
　　4.1.7　汉冶萍煤铁厂矿旧址卸矿机码头 91
　　4.1.8　汉阳铁厂矿砂码头遗址 94
　　4.1.9　汉口平汉铁路南局旧址 98
　　4.1.10　汉口民生轮船公司旧址 102
　　4.1.11　中铁大桥局办公楼 104
　　4.1.12　武汉长江大桥 106
　　4.1.13　江汉桥 114
4.2　仓储业类工业遗产 117
　　4.2.1　汉口德商瑞记洋行仓库及办公楼 117
　　4.2.2　汉口英商太古洋行仓库 123
　　4.2.3　汉口日清汽船仓库旧址 128
　　4.2.4　三北轮船公司汉口分公司 132
　　4.2.5　沙市打包厂 135
　　4.2.6　荆州粮食加工厂稻谷圆库 141
4.3　食品业类工业遗产 146
　　4.3.1　武汉肉类联合加工厂 146
　　4.3.2　五峰精制茶厂 151
　　4.3.3　福新第五面粉厂 157
　　4.3.4　汉口英商和利汽水厂 160
4.4　船舶业类工业遗产 163
　　4.4.1　中交二航局船机厂 163
　　4.4.2　红光港机厂 166
　　4.4.3　中国船舶重工集团有限公司第七一〇研究所 170
　　4.4.4　武昌造船厂 175
4.5　仪器仪表业类工业遗产 179
　　4.5.1　国营湖北华中精密仪器厂 179
　　4.5.2　国营湖北长江光学仪器厂 183
4.6　机械业类工业遗产 188
　　4.6.1　襄阳轴承厂 188

	4.6.2　武汉汽轮发电机厂 193
	4.6.3　湖北煤矿机械厂 198
	4.6.4　卫东机械厂 202
4.7　电机电器业类工业遗产 205
	4.7.1　襄阳国营青山机械厂 205
	4.7.2　武汉电视机厂 208
	4.7.3　湖北第二电机厂 211
4.8　能源及基础设施业类工业遗产 216
	4.8.1　827厂 216
	4.8.2　沙市热电厂 219
	4.8.3　宗关水厂 222
	4.8.4　汉口美最时电灯厂 227
	4.8.5　青山热电厂 230
	4.8.6　葛洲坝水电站 232
	4.8.7　亚细亚火油公司汉口分公司 236
	4.8.8　金水闸 238
4.9　纺织业类工业遗产 241
	4.9.1　武汉国棉二厂 241
	4.9.2　武汉东西湖棉纺织厂 244
	4.9.3　武汉第二印染厂 248
	4.9.4　湖北蒲圻纺织总厂 253
4.10　日用化工业类工业遗产 259
	4.10.1　沙市市日用化工总厂 259
	4.10.2　太平洋肥皂厂 262
4.11　通信业类工业遗产 266
	4.11.1　汉口电话局 266
	4.11.2　汉口电报局 269
	4.11.3　济生路电话分局旧址 271
4.12　冶金业类工业遗产 273
	4.12.1　汉冶萍煤铁厂矿旧址 273
	4.12.2　大冶铁矿（黄石国家矿山公园） 279
	4.12.3　铜绿山古铜矿遗址 285
	4.12.4　东方钢铁公司 290

	4.12.5 汉阳钢铁厂	294
	4.12.6 青山红钢城"红房子"	299
	4.12.7 源华煤矿袁仓办公楼	304
	4.12.8 中国一冶机关大院	305
4.13	汽车制造业类工业遗产	311
	4.13.1 二汽钢板弹簧厂	311
	4.13.2 二汽底盘零件厂	315
	4.13.3 二汽水箱厂	318
	4.13.4 二汽车箱厂	321
	4.13.5 二汽设备修造厂	324
	4.13.6 二汽车轮厂	327
	4.13.7 二汽化油器厂	330
	4.13.8 二汽铸造一厂	332
	4.13.9 湖北汽车灯具厂	334
	4.13.10 汉阳特种汽车制造厂	337
4.14	其他类工业遗产	341
	4.14.1 武汉国营红星制革厂	341
	4.14.2 襄阳文字六〇三厂	345

第5章 湖北工业遗产的保护与利用

5.1	湖北工业遗产相关法规、政策及遗产认定概况	350
	5.1.1 "武汉建议"形成	350
	5.1.2 《黄石市工业遗产保护暂行办法》	350
	5.1.3 《武汉市工业遗产保护与利用规划》	350
	5.1.4 《武汉市历史文化风貌街区和优秀历史建筑保护条例》	351
	5.1.5 《黄石工业遗产保护条例》	351
	5.1.6 《湖北省历史文化街区划定及历史建筑确定标准》	352
	5.1.7 《襄阳古城保护条例》	352
5.2	湖北工业遗产登录概况	353
	5.2.1 武汉市工业遗产名录与工业遗产类优秀历史建筑名录	353
	5.2.2 黄石市工业遗产名录与工业遗产类优秀历史建筑名录	356
	5.2.3 荆州市工业遗产类优秀历史建筑名录	359

5.3 纺织业类工业遗产保护与利用..360
  5.3.1 商办汉口第一纺织股份有限公司第一纱厂办公楼（简称"武昌第一纱厂办公楼"）
 360
5.4 仓储业类工业遗产保护与利用..367
  5.4.1 英商平和打包厂..367
  5.4.2 老沙逊洋行仓库..373
5.5 能源及基础设施工业类工业遗产保护与利用..376
  5.5.1 汉口水塔..376
5.6 冶金业类工业遗产保护与利用..381
  5.6.1 武汉铜材厂..381
  5.6.2 汉阳钢铁厂制氧车间和氧气装站..385
5.7 仪器仪表业类工业遗产保护与利用..393
  5.7.1 邮电部武汉通信仪表厂（517厂）..393
5.8 机械业类工业遗产保护与利用..397
  5.8.1 华强机械厂..397
  5.8.2 武汉重型机床厂..403
  5.8.3 武汉锅炉厂403车间..407
5.9 汽车制造业类工业遗产保护与利用..413
  5.9.1 武汉轻型汽车制造总厂..413
5.10 电机电器业类工业遗产保护与利用..418
  5.10.1 武汉市无线电厂..418
5.11 食品业类工业遗产保护与利用..423
  5.11.1 新泰砖茶厂..423
5.12 其他类工业遗产保护与利用..428
  5.12.1 华新水泥厂..428
  5.12.2 鹦鹉磁带厂（824军工厂）..434
  5.12.3 武汉建筑构建二厂..438
  5.12.4 湖北日报社印刷厂..442

附录Ⅰ 湖北省工业遗产调研案例一览表..446
附录Ⅱ 武汉去工业化一览表..466

参考文献..481
后　记..486

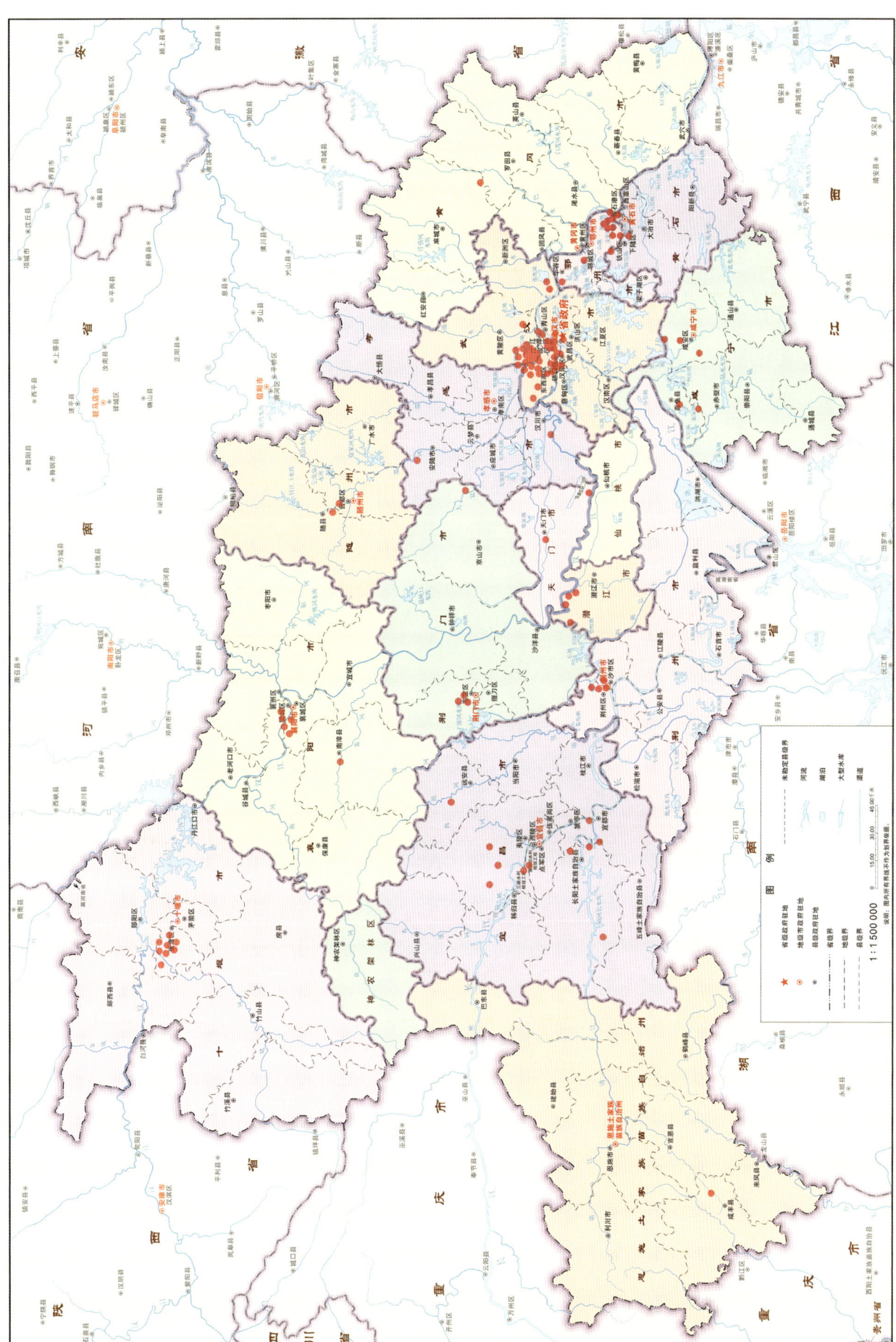

湖北工业遗产分布图

第 1 章

绪 论

1.1 湖北工业及工业遗产分布概览

湖北是中国近现代工业化进程中极具代表性的内陆省份，依托江河水运交通线，形成了以武汉、黄石、沙市（今属荆州）、宜昌为代表的沿长江分布的近代工商业城市。同时，湖北近代工业依托商贸活动展开，与湖北的地理空间格局紧密相关。

19世纪中叶，湖北近代工业发端于传统手工业和外资工业，由此逐渐形成了服务于多种商贸活动、相互关联的复合产业链的工业布局。地处长江、汉水两大水系交汇处的汉口、汉阳、武昌，在隔江而治、三镇分立时期便形成了以汉口为中心的工商业近代都市。从1861年汉口开埠到1927年三镇行政上归于一体，再至1957年武汉长江大桥的建成通车，这些促成三镇实质上融为一体，大武汉始终是近代湖北工业体系布局的枢纽和中心城市。

据《湖北省志·工业志》（1995）中记载："武汉自1861年开通商埠，到1911年辛亥革命起事，共建各类工厂近百个，在全国大城市中位居第二"。[1]可见近代初期，武汉工业体系建设不仅在湖北省内甚至在全国范围内，都具有中心地位。

武汉不仅自身的工业体系建设地位突出，数十年间还先后带动了长江下游的黄石、长江上游的沙市和宜昌以及汉江上游的襄阳和十堰等城市工业的发展，在此过程中逐渐完成了武汉工业体系的辐射与湖北省工业体系的建立，并形成了相关工业带的雏形。

湖北近代城市工业遗产的分布，整体上以武汉为中心，在荆州、宜昌、黄石等城市均有一定留存。长江—汉江水系与京汉—粤汉铁路沿线，构成了湖北运输类工业遗产文化线路的主体。而1950年代以后，武汉等城市的工业建设升级以及"三线"建设时期襄阳、十堰等城市的崛起，则极大地丰富了湖北现代城市工业遗产。此外，围绕汉江水系与襄渝铁路等交通线路形成的产业带，不仅是湖北工业遗产的分布地，同时至今仍是湖北工业发展的重要地带。

湖北近代城市工业遗产在省会城市武汉最为集中。一方面，武汉是中国近代工业发祥地之一，也是湖北近代工业发展的中心城市，其工业门类最为齐全；另一方面，长期以来随着工业体系的持续建设及产业升级换代，武汉也是湖北传统工业空间遗产化进程中最具代表性的城市。因此，其相应的工业遗产留存数量最多。

湖北近代城市工业遗产的分布，足以揭示武汉作为湖北近代工业发展中心不同产业链的分布规律：沿长江—汉江向武汉上游一线分布的，是以农产品加工业、轻工业、航运业为主的产业链；沿长江一线向武汉下游分布的，是以汉阳铁厂为中心的钢铁重工业产业链；沿粤汉铁路—长江一线分布的，则是茶叶加工及纺织业等产业链。不同的产业链布局特征与武汉近代工业发展的状况，清晰地呈现了湖北从第一产业向第二产业升级、发展的历程。湖北近代工业遗产存续关系正是这一历史进程非常直观的写照。

1949年以后，中国的工业化进程进入现代转型时期。以"一五"期间"156项目"为代表的新型国家工业体系开始成形，其中7项落户武汉。而

---

[1] 湖北省地方志编纂委员会. 湖北省志. 工业（上）[M]. 武汉：湖北省人民出版社，1995.

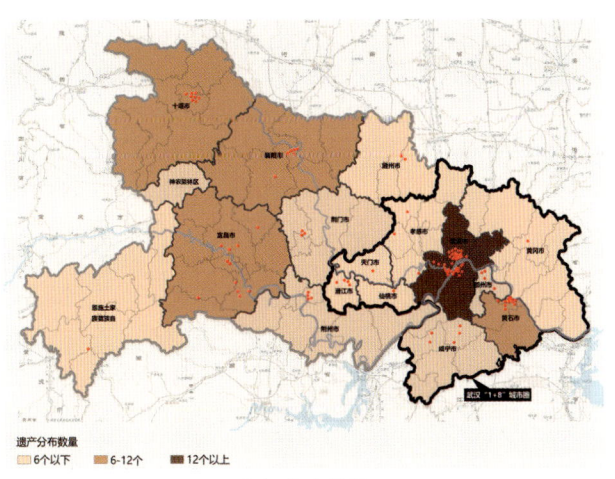
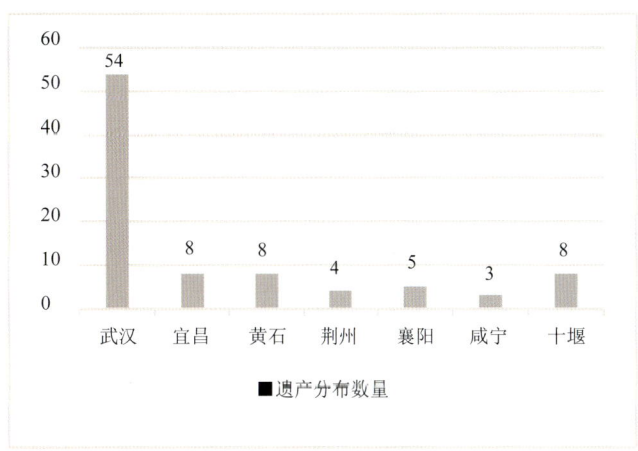

（a）分布地区　　　　　　　　　　　　　　　　　（b）各地区分布数量

图1-1-1　本书所涉湖北省工业遗产分布地区及分布数量
（资料来源[①]：王彬阳绘）

1960年代后"冷战"高峰期的"三线"工业建设中，依托长江、汉江水系及襄渝铁路等展开的鄂西宜昌、襄阳—十堰工业带逐渐成形，成为湖北省内以武汉为中心的另一个工业发展方向。

21世纪以来，随着武汉在湖北省内经济地位的进一步巩固，以武汉为中心，襄阳、宜昌为副中心的湖北省域经济格局逐渐成形，湖北工业的区域分布也随之发生了变化。21世纪开启了湖北后工业化时代，现代工业遗存的遗产化逐渐成为一种普遍现象。在武汉、黄石、荆州、宜昌之外，襄阳和十堰也成为湖北现代工业遗产较为集中的城市。

从工业生产企业失去生产功能其相应物质载体转变成工业遗存，继而从工业遗存到工业遗产，必然是个复杂的过程。湖北工业遗产在湖北省内分布的时空状况，呈现了一个多世纪湖北近现代工业化与去工业化进程中形成的复杂而清晰的格局。

本书涉及的湖北工业遗产共有90处，在空间与时间分布上体现了在一些城市相对集中而另一些城市相对稀少的特点。其中除武汉、黄石、宜昌、荆州、襄阳、十堰等城市外，湖北其他城市的工业遗产分布较为稀疏，这一分布状况也反映了湖北工业化进程的时空分布（图1-1-1）。同样，武汉作为湖北省域工业化进程的源头，历史上曾沿长江与汉江形成工业化扩展，其后工业时代留下的遗产分布状况恰好印证了这一历史事实。湖北省内工业遗存向工业遗产转化的实例也更多集中在武汉，其原因在于随着后工业化时代的到来，湖北省内人口与经济在武汉市高度集中，促使武汉的经济发展与后工业化进程在湖北省内同样处于遥遥领先的地位。再者，武汉城区扩张过程中历史性空间重置现象极为突出，从而助推了大量工业遗产的产生。

[①] 本书中的图表若未注明来源则均为作者原创。

1.2 工业萌芽与产业链——湖北工业遗产分布的时间线索

近代湖北工业产业链的形成，是产业升级与转移的必然结果。湖北省内近代工业的萌芽与跨区域产品交换密不可分。封建时代后期，汉口已经成为华中地区重要的农产品集散与贸易中心。随着近代中国被动地加入全球贸易体系，与贸易需求相一致的近代工业体系随之在湖北逐步出现并发展。湖北省内的早期工业遗产成为相关产业链客观存在的见证。

随着农产品加工产业链和外资工业的快速发展，近代汉口成为中国内陆重要的工商业中心城市。而张之洞督鄂期间加速推进的洋务运动及大力创办的民族工业，则将近代中国初创的重工业体系与湖北工业紧密结合起来。又因为抗战时期重工业的西迁导致人口与技术扩散，重工业体系的升级与发展进程发生改变，因此，相关工业遗产也见证了20世纪上半叶中国的动荡与苦难[①]。

20世纪中叶开始的中国全面工业化进程，无疑在湖北留下了丰富的工业遗产。而湖北省内相当多的工业布局，从起步时期起就是为服务于大宗物品的远程运输而存在的。因此，航运和铁路运输体系既是湖北工业产业链赖以生长的主干，其自身也是当代湖北工业体系中产业链的核心内容，由此生成的相关工业遗产，无论整体或局部都是湖北工业遗产中不可或缺的组成部分。

1.2.1 早期农产品加工产业链痕迹及其工业遗产

1861年是湖北近代化的重要分水岭。第二次鸦片战争后，汉口被列为内河通商口岸，英国首先在汉口设立租界。江汉平原丰富的农产品开始通过汉口进入国际贸易体系。因为长江—汉江水系具有水运枢纽的特殊地位，运输业成为汉口近代工业的雏形。同时，湖北省内以农产品加工为主体的工业体系逐渐建立起来。

1863年，开设于英租界区兰陵路口的俄商汉口顺丰砖茶厂初期还以手工制作砖茶，到1873年便可运用德国引进的蒸汽机压制茶饼。此时，顺丰砖茶厂自行发电，由800名中国工人和3台蒸汽机进行生产，这便是汉口近代机器生产方式的肇始。到1893年汉口顺丰、阜昌和新泰等4家俄商砖茶厂一共拥有蒸汽动力砖茶机15部，茶饼压机7部，雇佣工人共8900人，以红茶为主，年产各类茶叶40万担，主要通过"万里茶路"跨越亚欧销往俄国。

1876年英商在汉口开设制革厂，1897年德奥商人开设蛋品厂，到1908年英美商人开设烟草公司，凡此种种均标志着汉口农产品加工产业的日渐完善，以及食品、原材料加工业从初级产品向门类齐全的高级产品的转化。

19世纪后半叶汉口的城市发展进程中，近现代欧洲工业体系的引入和生根，是传统商业城镇向近代工商业城市转型的重要基础。汉口租界

---

① 据1936年中华民国军委编的《湖口宜昌间兵要地志》一书对长江沿线江西湖口至湖北宜昌一带主要城市的描述，湖北在1936年除武汉作为工业中心城市，黄石、沙市可以说具有一定规模化工业外，其他城市均不具有规模化工业。但在1938年后，宜昌得到了一定程度的发展。

区的农产品加工工业体系催生了能源动力、机械加工、水电市政等一系列相关工业体系的快速发展。到20世纪初期，汉口租界区已成为湖北工业的重点区域之一，而今日湖北留存下来的早期工业遗产，也较多集中存在于汉口原租界区内。

汉口租界工业既是湖北最早出现的近代工业，也是开启湖北城市现代化的重要标志。自此，大规模机器生产取代了传统手工业生产，带动了对能源与动力工业的需求，进而为城市带来了人口与财富的集中。尽管这一时期农产品加工业所留下的历史痕迹多被后续业态所覆盖，但早期农产品加工业为武汉乃至湖北所奠定的工业基础和格局，以及在此之上所累积和叠加的工业成果已然形成，并且其产业体系的升级与扩散带动和推动了以运输业、仓储业、农产品加工业为代表的早期工业的产生，这类工业遗产在汉口现存工业遗产中占据了相当比例。如：1905年英商平和洋行在上海设立平和打包股份有限公司，同时在武汉开设平和打包厂，用以储存、加工以棉花为主的农副产品。该仓储建筑历经百余年的发展，最终形成总建筑面积逾40000平方米的4层厂房建筑群。这类早期工业遗产无疑是早期农产品加工产业链的重要标志，同时作为汉口原租界历史建筑的组成部分，其历史价值近年已日渐受到多方重视。

1.2.2 湖北重工业体系的奠基及其工业遗产

1889年张之洞出任湖广总督后，湖北近代的工业化进程骤然加速。1891年汉阳铁厂的兴建，开启了武汉乃至湖北近代工业发展的大幕。

1892年京汉铁路开始兴建之前，轰轰烈烈的洋务运动已经进行了几十个年头。而京汉铁路对于中国的历史意义不言而喻。为了修建铁路，张之洞计划自产铁轨；而为了依托已有的水运体系又便于使用萍乡、黄石一带发掘的煤铁矿产，汉阳铁厂选址于汉阳大别山（今龟山）北麓建厂，这便是中国近代重型工业的重要基石。1893年10月汉阳铁厂建成，并于1894年5月投产，雇佣3000多名工人，日产铁量达60吨，是当时亚洲规模最大的钢铁企业（图1-2-1）。在此基础上，1908年汉冶萍煤铁厂矿有限公司（简称"汉冶萍公司"）成立，形成了当时亚洲最大的钢铁联合企业。汉阳铁厂的发展为兵工厂、铁路等工业建设奠定了基础。

1892年，与汉阳铁厂几乎同步建设的湖北枪炮厂（1908年改为汉阳兵工厂）已经是当时国内规模最大、门类最齐全的军工企业。与铁厂、兵工厂同步官办的布纱丝麻四局，也是湖北最早的机器纺织工业企业。再加上1893年开设的武昌造币局、武昌白沙洲造纸厂、南湖制革厂等，汉阳

图1-2-1 汉阳铁厂全景
（资源来源：历史明信片）

赫山的湖北针钉厂、湖北官砖厂，汉口的谌家矶造纸厂等一系列官办、官督商办、官商合办等官方主导的新式工业企业，构成了武汉近代工业的主体骨架。此外，以冶金工业和枪炮机械制造工业、火药制造工业为基础，加上纺织、造纸等官办行业的开创，到1911年辛亥革命前后，以武汉为中心、黄石为副中心的湖北重工业产业集群已经基本成形。

当下，武汉与这一历史时期相关的工业遗产，由于抗日战争及设备转运中的"颠沛流离"，已所剩无几。

如汉阳铁厂原始遗存中得以留存的只有汉阳龟山北路边的一块凝铁和汉江边的一处矿砂码头旧址。但作为中国近代重工业体系的奠基地，汉冶萍公司相关遗址已被列入中国首批国家级工业遗产。

1.2.3 工业影响下城市基础设施的完善及其工业遗产

随着湖北境内早期城市工业产业链的建设，人口聚集对城市基础设施升级的需求更为迫切。作为中国最早的近代化都市之一，汉口的城市建设很快跟随工业化的步伐进入了近代化的快车道。

近代工商业城市所需的规模化供水与相关动力设施的建设，在汉口城市建设中得到了最为直接的体现。留存至今的亚细亚火油公司汉口分公司、德商美最时电灯厂等工业遗产，见证了早期外商资本对汉口城市基础设施建设的投入；而汉口水塔、宗关水厂等工业遗产，则体现了本土资本在应对外商资本投资时的坚守与成就。以汉口为代表的中国近代城市基础设施向现代化迈进的步伐和起点都很高，跨越了伦敦、巴黎等欧洲都市经历过的煤气灯阶段，直接进入了电气化时代，这在世界城市发展史上也具有独特的样本意义。

相较于湖北早期重工业遗产留存有限的状况，湖北省内以武汉为代表的城市，城市基础设施类工业遗产的保存则相对完整。这类工业遗产为湖北乃至中国城市的现代化转型提供了珍贵的物证。

1.2.4 交通设施的健全及其工业遗产

"九省通衢"的武汉在明代以后成为湖北的经济、政治中心，其重要原因在于武汉是长江—汉江内河航运体系的枢纽。大量的码头设施成为前工业时代武汉三镇滨水地区最显著的空间符号（图1-2-2）。而湖北近代工业产业链的起点之

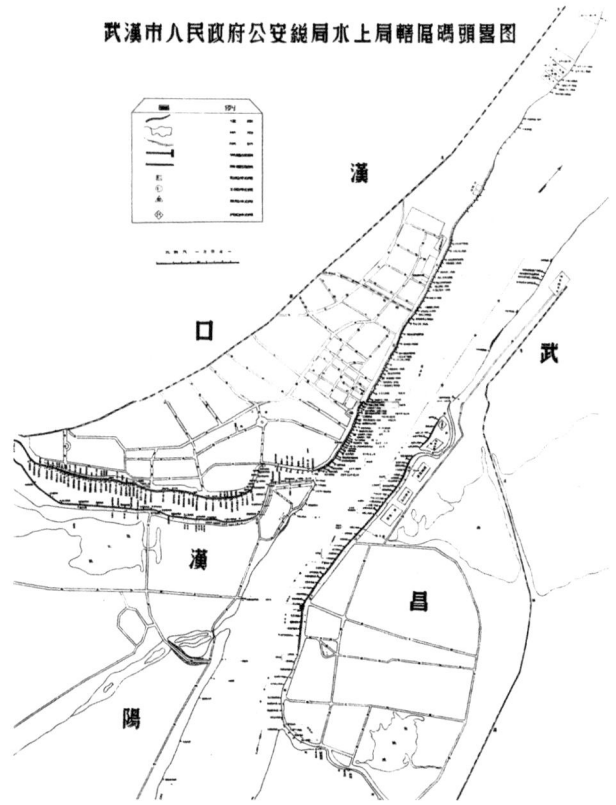

图1-2-2 武汉长江段水运河道码头分布图

（资料来源：武汉历史地图集编纂委员会，《武汉历史地图集》，1998）

所以从武汉发端，正是因为其交通枢纽的突出地位。当依托于交通优势的工业化取得进展之后，武汉交通枢纽的地位又得益于工业化的支持而越来越稳固，二者可谓相辅相成，又相互塑造。

武汉因拥有中国乃至世界最大的内河航运中心的地位，其码头、修造船产业以及相关技术在开埠后一个多世纪里取得了长足的发展，并由此带动了沿江的黄石、荆州（沙市）、宜昌相关产业群的形成。在湖北现存工业遗产板块中，与航运业相关的工业遗产无疑是比重极大的一部分。

铁路作为工业化的代表性成果，在湖北工业遗产中成为最为耀眼的一颗宝石。汉口大智门火车站作为中国第一条贯穿南北的战略交通大动脉京汉铁路最南端的终点站，使武汉在中国铁路发展史上拥有的地位不言而喻。湖北境内最初的重工业体系奠基，以及万里长江第一桥武汉长江大桥的架构，都与铁路建设直接相关。目前湖北现存工业遗产中，与铁路运输业直接或间接相关的遗产，同样占比不小。

1.3 工业轴线与工业廊道——湖北工业遗产的空间分布线索

以汉阳钢铁厂、汉阳兵工厂、汉口租界—华界工业建筑群和以京汉—粤汉铁路相关设施为代表的武汉工业遗产群，以及相关产业链上下游的一系列其他城乡工业遗产，构成了湖北近代工业遗产的全貌。这一系列工业遗产所反映的图景，既是湖北工业化的历史布局，也是中国很长一段时间内工业体系建设的真实写照。

1949年以后开启的湖北现代工业化进程，进一步巩固了湖北武汉"九省通衢"的地位。在中国全面工业化时代，围绕交通运输中铁路、航运的中心地位布局的一系列工业企业，构成了湖北多种类型的产业基础。即使在21世纪中国开始迅速进入后工业时代，湖北的一系列相关工业遗产在经历了极为复杂的转型过程之后，依然发挥着重要且积极的作用。如作为万里长江第一桥的武汉长江大桥，时至今日依然无可替代地持续发挥着其城市基础设施的重要作用，成为典型的活态工业遗产。

在湖北省内城市中，黄石作为武汉最早的工业伙伴城市，在湖北乃至中国重工业产业链的形成中都处于关键地位。后工业时代的到来，黄石作为首批资源枯竭型城市，其工业遗存遗产化的内在转型需求也极为迫切。

宜昌作为水电城，其葛洲坝、三峡大坝等长江上的工业奇迹，可视为湖北省甚至全国水利工业成果的集大成者。十堰作为汽车城，是冷战时期中国汽车工业建设的第二个中心，后期尽管其产业地位有所下降，但作为湖北省鄂西北的区域工业与经济中心城市，十堰的发展见证了工业与技术在湖北省内乃至全国范围内短时间聚集与扩散的发展历程。荆州与襄阳两座湖北省内的历史文化名城，是长江与汉江流域联系武汉与其他城市的重要枢纽城市，在长江—汉江廊道上与宜昌、十堰形成了近代以来湖北重要的工业轴线，并在后续工业化进程中有带动其他城市形成工业廊道的趋势。

1.3.1 武汉工业中心城市的发展

近代汉口开埠以来，武汉三镇就以汉口为中心快速集聚，并形成了近代工商业城市的空间格局。从汉口的农产品加工产业链萌芽开始，湖北的工业化进程就此展开。1930年汉口市区计划图

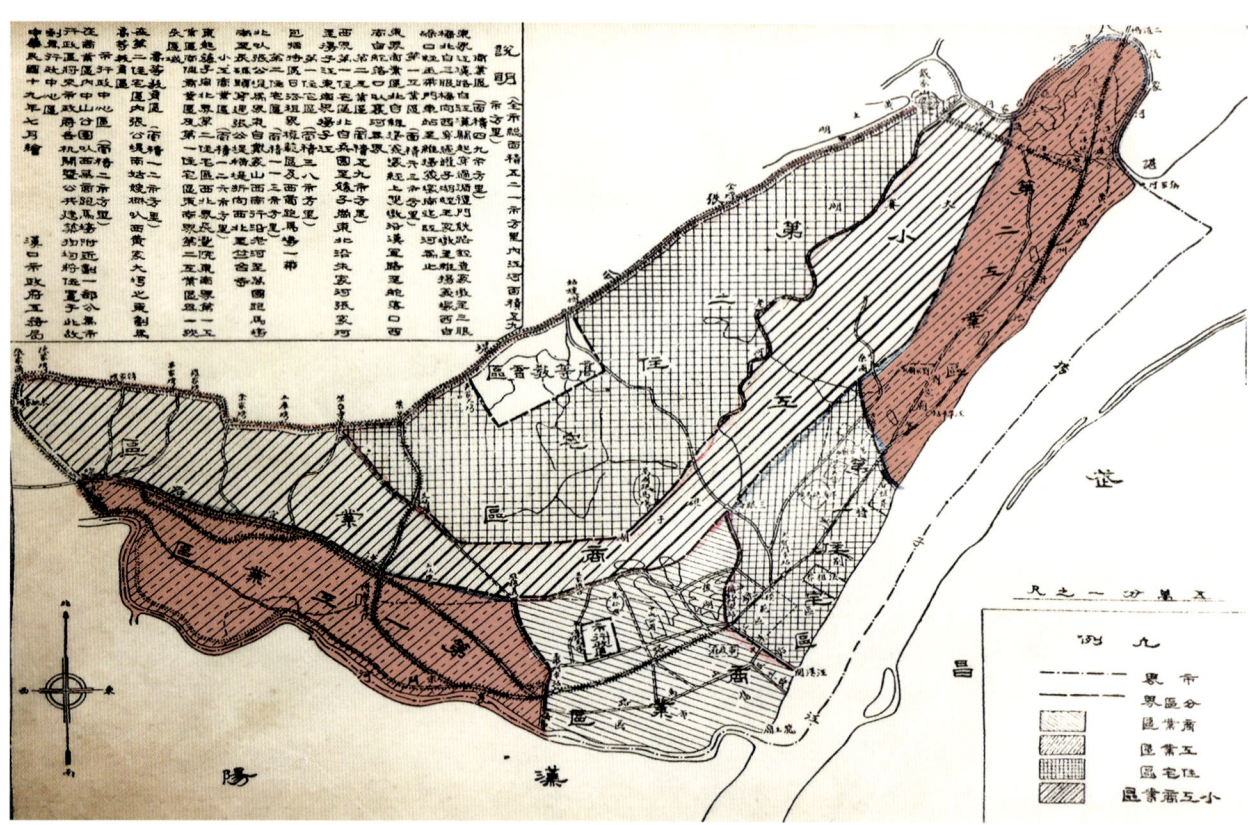

图1-3-1　1930年汉口市分区计划图
（资料来源：朱子路据武汉市档案馆馆藏资料改绘）

中，已将城区明确划分为第一工业区、第二工业区、工商业区、商业区及两个住宅用地区，且工商业用地范围明显超过其他功能性地块（图1-3-1）。到1930年代末，武汉已经成为中国重要的工商业中心城市之一。

湖北近代工业在经历了初期的产业链布局、抗日战争的严峻考验之后，现代产业的布局艰难重启并获得了曲折发展。中华人民共和国成立以后，随着全国工业布局的统一调整，以及苏联支持的"156项目"落地实施，湖北的现代化工业布局开始向区域化组织形态演进，1958年武汉的城市工业区布局即是典型样本（图1-3-2）。除武汉之外的一系列新的工业中心城市陆续形成，产业门类布局也随之调整和完善，这一过程可视为中国壮丽而艰难的工业化道路的一个缩影。

1.3.2　水路航运与湖北早期工业发展的痕迹

作为中国传统的黄金水道，长江是中国沿海与内陆联系的主要通道之一。汉冶萍公司最初就是通过长江水系组织生产的。而武汉与省内荆州、宜昌、黄石等城市之间的联系，在铁路和高速公路兴建之前，水路正是最主要的交通及运输选择。

湖北早期工业的城际布局，主要依托水运这

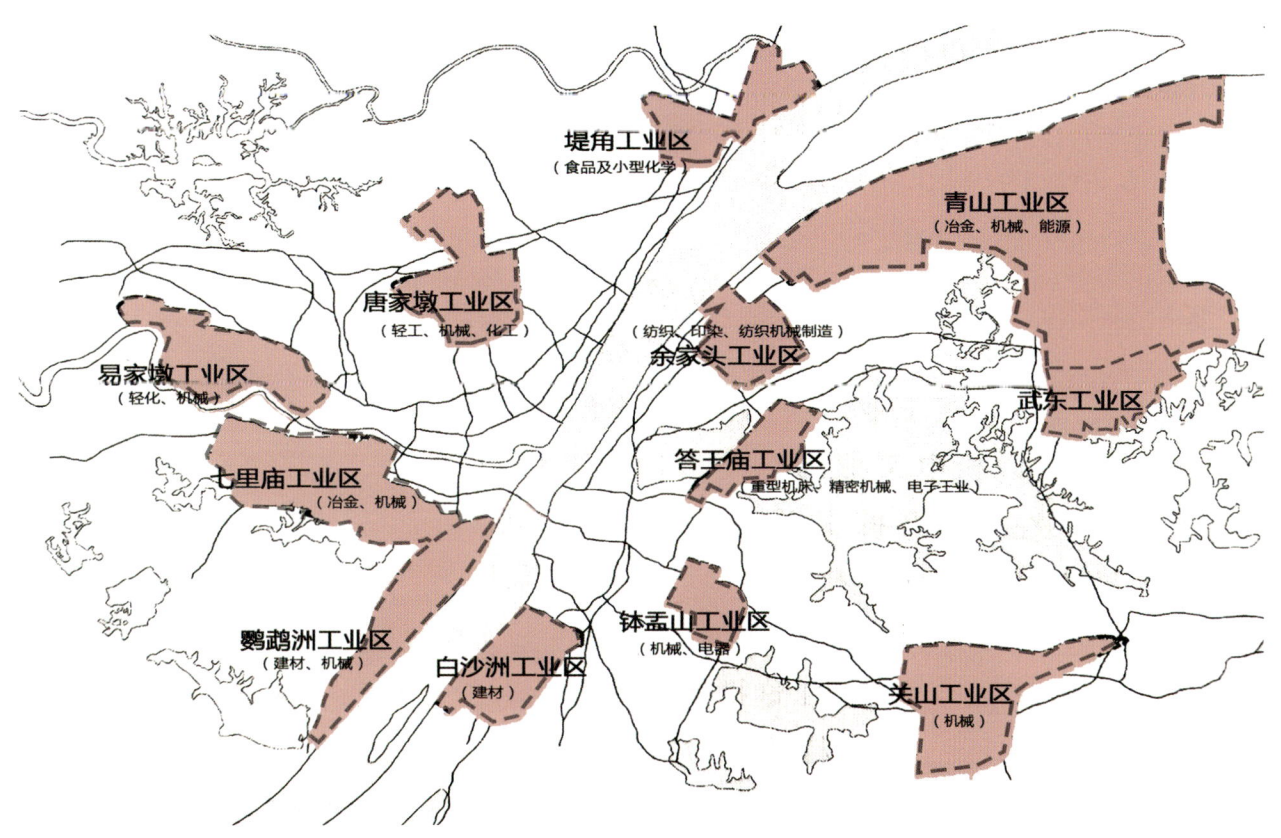

图1-3-2　1958年武汉工业区分布示意图
（资料来源：朱子路根据《武汉市志·工业志》插图改绘）

一远程交通手段。武汉—黄石与武汉—荆州（沙市）之间的航线，既是湖北早期主要的工业运输线路，也构成了以武汉为中心的湖北省内两条主要的工业轴线。

湖北早期工业遗产沿江分布，呈现出间断性的特征，长江水运航线正是将这类相对独立分布的工业遗产联系起来的主要途径。在陇海铁路贯通之前，以武汉为中心的长江内河航运体系，是连通中国内陆与沿海的东西向大动脉。湖北境内的黄石、汉口、荆州（沙市）、宜昌等城市由水运串联起来，其工商业发展也通过水路形成了共生关系。而荆州（沙市）、宜昌的工业基础，也通过航运得以奠定与发展。

与水运基本平行的陆地交通线的建设，从公路到铁路也逐渐展开。从陆运轴线的端点开启的工业化进程，也逐渐沿着陆运交通体系的线路扩散，并逐渐形成工业廊道。

位于武汉长江沿岸醒目的城市地标地段江汉路口的日资日清轮船公司大楼，和位于洞庭街口的中国民营资本的民生轮船公司大楼，以及大量留存至今的码头、仓库，都见证了武汉近代水运的辉煌。这一时期外资和民营资本对长江航运市场的争夺十分激烈。到了抗日战争时期，以民生轮船公司为代表的民营航运企业，以湖北省内的汉口、宜昌为转运枢纽，为战时人员、设备、资本的转运入川，做出了巨大的贡献和牺牲。

随着中华人民共和国的成立，长江航运管理局落户武汉，打造了一支世界范围内规模最大的内河航运船队，沿江的上海、南京、重庆等大城市与武汉之间的人流与物流通过航运得以组织疏通。进入21世纪以后，长航客运严重萎缩，但物流运输和造船相关产业链依然兴盛。

1.3.3　铁路发展的影响

作为工业化时代最具代表性的远程运输手段，铁路是现代工业化交通的标志，也是大型工业区得以形成的必要条件。从铁路线到铁路网，高效的远程交通运输方式是工业化发展的血脉。

湖北是中国铁路建设的重要省份。湖北境内以武汉为中心的铁路运输体系，是中国最早形成的铁路运输系统之一。而武汉乃至湖北的重工业基础，与铁路建设密切相关。从最初生产铁轨的汉阳铁厂，到管理铁路运行的平汉铁路南局等武汉的铁路相关企业，从连通卢汉铁路南端最重要的汉口循礼门火车站，到旅客换乘的粤汉码头，以及江岸车辆厂等维持铁路正常运行的各类工业设施，都构成了20世纪上半叶中国铁路发展最重要的见证。

以武汉为中心，南北向的主要交通从1892年京汉铁路开工，到1930年代初粤汉铁路基本完成以后，以铁路为主要纽带的工业体系开始成形。当时由于长江的阻隔，京汉铁路与粤汉铁路被分割成两段。1957年长江大桥、江汉铁桥与江汉桥的建成，使中国的第一条南北向交通大动脉京广铁路得以全线贯通，武汉三镇的城市空间也在地理上正式融为一体。与桥梁建设有关的一系列工业企业迅速在武汉形成了以中铁大桥局为核心的产业体系布局。

随着京广铁路全线贯通，从铁路运行管理到铁路、桥梁建设方面，武汉都占据了中国铁路建设的先机。以中铁大桥局为主体的一系列企业组团落户武汉以后，武汉新一轮更强的产业辐射与影响力也逐渐扩展到全国。

以武汉为中心的湖北境内铁路网建设也随之展开，并带动了一系列新的工业城市的发展。襄阳与武汉的联系通过铁路得到了极大强化，而襄渝铁路的建设不仅加强了湖北和四川之间的陆路联系，更是为车城十堰的出现奠定了基础。这也为湖北境内继沿江的武汉—黄石工业轴线、武汉—荆州、宜昌工业轴线之后，开辟了武汉—襄阳—十堰第三条工业轴线。而武汉与黄石之间通过铁路连接，为武钢的原料运输提供了又一种可靠的途径。值得一提的是，京广线全线贯通所带来的巨大效益，更是持久影响了包括湖北在内的沿线省份。

跨越武汉城市的铁路，除了京广线这一交通大动脉之外，一系列连通工业区域的铁路支线已成为武汉居民城市生活记忆的重要组成部分。

1.3.4　冷战的影响

冷战时期中国的工业布局在湖北留下了极为深刻的烙印。中华人民共和国成立之初，即面临着人类史上空前紧张的国际形势——冷战。而冷战之初在苏联的支持下，中国在工业建设上迎来了一个建设完整的现代工业体系的重要契机。随着"156项目"中的7项落户，武汉作为中国工业中心城市的地位得以巩固。而到冷战对峙的高峰时期，中国面临美苏的核战争威胁时，国家基于第二次世界大战中以惨重代价获得的战略经验开展了"三线"建设，这期间湖北是"三线"建设的重点地区之一。

武汉作为中国的内河航运与铁路交通枢纽，围绕交通建设开展的产业链布局是其主要特色。随着海军造船的核心技术部门落户武汉，一系列配套企业也在武汉和宜昌落户。而在作为中国"大三线"和湖北"小三线"核心城市的襄阳，一系列与军工相关的制造业布局也得以展开。到1960年代，中国汽车工业的制造中心更是空降于深山中的十堰市。武汉—襄阳、十堰工业轴线成为以武汉为中心向长江下游的武汉—黄石工业轴线、长江上游方向的武汉—荆州、宜昌工业轴线之后，形成的第三条工业轴线。从武汉向上游荆州发展的工业体系，在江汉平原地区随着潜江油田的开发，也逐渐为湖北省内相对完整的化工体系奠定了基础。襄阳沿随枣走廊直达武汉，这一沿线区域的城市随后也形成了产业链分布，并有形成工业廊道的趋势。

1.4 湖北工业遗产的价值与意义

工业遗产是传统产业链形成、发展与升级变化的物质标志。湖北工业遗产的类型与空间分布状况，是湖北近代工业化进程的历史证据。作为昔日湖北工业产业链的重要标志，相关的工业遗产也就具备了极其重要的历史价值。湖北近代工业的诞生与发展，与相关城市及其城市体系的形成息息相关；工业遗产的分布状况与相关城市空间的扩张、性质变化也息息相关；工业与城市的相互塑造，从遗产分布的状况中可见一斑。

湖北省内的工业遗产，以武汉市最为集中。而武汉的近代工业遗产又主要聚集在三镇沿江地区，其中汉口沿江区域、武昌沿江华埠、汉阳龟山北麓沿汉江区域，都是近代工业遗产高度集中的区域，这种分布态势折射出武汉近现代工业区的布局。进入21世纪以后，随着城市扩张与城市功能区域置换，传统工业建筑的遗产化在湖北境内也以武汉最为集中。据武汉市资源和国土规划局统计，现有实物可寻的工业遗产95处，并已有多处陆续被推荐为武汉市工业遗产。武汉工业遗产的空间分布，就如同一部实体的《武汉工业志》。从晚清的近代工业遗迹，到中华人民共和国成立以后对国家工业体系至关重要的红钢城，从大量的工业遗产中可以窥见中国艰难的工业化历程，以及后工业化时代转型的蜕变。但令人遗憾的是，包括汉阳铁厂主体在内的大量武汉近现代工业原有建筑已大量消逝在历史长河中，其遗产实物往往以片段的形式呈现出来。

值得注意的是，武汉的工业遗产存在空间位置重叠的现象。如汉阳铁厂旧址在中华人民共和国成立后曾为武汉国棉一厂等纺织企业的所在地，现已拆除成为房地产开发用地；汉阳兵工厂旧址在中华人民共和国成立后成为汉阳特种汽车制造厂与鹦鹉磁带厂所在地，现已被列为武汉市推荐工业遗产。工业遗产地缘关系上的重叠现象，所反映出来的正是武汉近、现代工业发展所积累的历史厚度和价值。

湖北近代工业的发展不仅为其自身留存下了丰富的工业遗产，同样在其他省份积累了相关的工业遗产，如汉冶萍钢铁文化线路遗产、京汉铁路及粤汉铁路文化线路遗产。这类跨地域工业遗产与湖北城市工业遗产通过产业链联系在一起，共同体现了超越湖北工业遗产本身更深层次的经济、社会、科技及文化价值，是研究中国近现代工业体系及其历史进程不可或缺的重要物证。

第 2 章

湖北工业的发展历程概述

2.1 湖北工业产业链的生长与工业布局的形成

湖北以武汉为中心的农产品加工业产业链，最初以初级农产品的包装与运输为主。第二次鸦片战争后，英、法、俄、美等国在华进一步扩大了势力范围，而英国率先在汉口沿江地区设立租界。此时俄国茶商在中国已经有了较长时间的经营，借此机会，也开始在"万里茶路"上重要的茶叶产地蒲圻、重要的转运港口汉口等处设立砖茶厂。1863年开设的俄商汉口顺丰砖茶厂，是武汉最早的外商工厂；1873年顺丰砖茶厂开始使用机器制茶，这也是武汉近代工业的发端。同一时期，英商也开始在靠近长江边的码头一带，为准备远销的棉花建设储运仓库和棉花打包厂。

大规模的农产品加工使人口与资金在汉口积聚，相关的动力与能源需求，也促成了汉口对近代工业企业的引进，促进了现代生活设施与城市交通体系的发展。租界的陆续设立与外资工厂、仓库的建立，很快使汉口的城市中心从位于汉江口的汉正街转移到沿长江一带，汉口的城市职能也从商业名镇日益向近代工商业城市转化。19世纪后半叶，汉口作为长江内河水运最重要的集散地，其航运业从农业时代的帆船、木排形态迅速转向了工业时代的轮船。1873年官商合办的轮船招商局汉口分局成立，这改变了之前英商轮船垄断长江轮船通航的局面。而沿江各类码头、仓储设施的分布，反过来又促进了城市工商业布局的形成。工商业发展带来的资本运作的需求，最终也使汉口成为华中地区的区域金融中心。

武汉拥有中国近代工商业大都市的历史地位。从1896年开始兴建京汉铁路，到1936年粤汉铁路全线通车，武汉成为中国第一条南北陆地交通大动脉上的重要枢纽。长江水道与京广铁路交会的格局，构成了武汉在全中国交通运输体系中的枢纽地位。而由此产生的辐射作用，使得湖北省长江—汉江沿线与京汉—粤汉铁路沿线的一系列城市，如荆州（沙市）、黄石、蒲圻、襄阳也出现了近代工业的萌芽。

2.1.1 汉口租界外资工业对产业链的早期推动

湖北省内最早的规模化生产工业企业，来自俄商资本的砖茶生产企业。随着汉口租界的建立，英、俄、法、德、日五国在汉口租界区内开设了一系列工商业企业，这也是汉口近代化工业的起源。早期汉口租界的工业企业是以农产品加工为主，主要为满足农产品远程运输的要求而创办。随着生产规模的扩大及产品加工水平的升级，汉口农产品加工产业链也日益完善，而在其工业萌芽阶段外国资本明显居于主导地位。早期与农产品加工相关的能源、动力、机械维修等相关产业的建立，也多依赖外资建立。

汉口租界内最初的能源、动力与照明企业，如亚细亚火油公司、英商汉口电灯公司等也得以发展，为汉口城市的近代化奠定了基础，也对武汉近代工商业大都市地位的形成起到了推动作用。

1910年前，英、美、德、法、俄、日、瑞等国在武汉已经建有39家大中型工厂，主要为茶制品、蛋制品、纺织、烟酒、日用品和城市供电供水等，其规模仅次于上海[①]（表2-1-1）。现存工业

---
① 相关数据引自《武汉工业志》。

遗产中，英国汉口电灯厂、和利冰厂等均为省市重点文物保护单位。这一部分工业遗产，实际上构成了今日武汉近代工业遗产中最具鲜活特征的一组群落。

表2-1-1 中国早期四大工业城市外资比较（1895—1913年）

城市	大中型厂矿数（家）	厂矿资本总额（万元）
上海	83	2387
汉口	28	1724
天津	17	472
广州	16	579

2.1.2 官办工业对产业布局的奠基

从1873年官督商办轮船招商局汉口分局开始，到张之洞1890年就任湖广总督，在武汉大规模兴办洋务形成高潮，武汉的官办工业在19世纪的最后10年间形成规模。从1890年到1908年间，汉阳铁厂、汉阳兵工厂、湖北织布局、湖北缫丝局、湖北制麻局、湖北纺纱局、白沙洲造纸厂、湖北毡呢厂、湖北针钉厂等一系列官办或官商合办工业，为湖北乃至中国的重工业与轻纺工业布局奠定了基础。其中汉阳铁厂作为中国自主创办重工业企业的尝试，其历史地位自不待言。且不论汉阳铁厂的建设对于整个中国工业体系的奠基与带动作用，汉口租界区扩展建设中的大买办刘歆生填充汉口水沼造地所用煤渣，便是汉阳铁厂高炉的副产品。但这一中国最早的官办钢铁企业在1935年就因经营不善而被迫停产。其设备在抗战之初全面拆卸西迁，成为重庆钢铁厂的主体。

今日武汉市内除了最初汉阳铁厂出炉的一炉废钢水和当年的汉江翻砂码头旧址外，几乎没有任何老汉阳铁厂时期建筑实物留存，汉阳兵工厂的最后一根烟囱也于1955年为了修建武汉长江大桥配套设施而被拆毁。这些重工业建筑群虽然只能通过历史影像追寻其昔日盛景，但其后续之深远影响持续存在，其影响从钢铁工业在武汉乃至湖北工业发展中的历史地位，以及作为工业基础产业在中国钢铁工业体系中的布局中可见一斑。

2.1.3 民族资本工业对产业布局的推动与完善

1900年前后，武汉的民族资本工商业获得了巨大的发展。民族资本开始投资于武汉工业的各个门类，迅速为武汉建立起一套较为完整的工业体系。其中不乏周恒顺机器厂、洪顺机器厂、汉阳钢丝厂、扬子机器厂、既济水电公司等涉及能源、动力、制造业等工业基础部门的企业，也包括金龙面粉厂、和丰面粉厂、汉丰面粉厂、元丰豆粕制造所、福丰烟公司、汉口雄黄厂、歆生榨油厂等农产品加工企业，还有燮昌火柴厂、汉昌肥皂厂等化工企业。包括富华织布厂、曹祥泰皮革厂等深加工企业也有较大发展。到1926年前后，武汉已经形成了以机器制造、钢铁生产为主的制造业集群，以纺织、扎花为主的纺织业产业集群，以面粉、碾米、榨油等农产品初级加工和烟酒、蛋厂、汽水厂等食品精加工为主的食品产业集群。此外还包括印刷、建材、建造等一系列工厂企业，各类企业总数达到300余家[①]，其工业门类基本完整，规模在中国长时间居于前列。近代民族资本工业的兴起为武汉以后的经济发展奠定了基础。

---

① 相关企业名录及数据均引自《武汉工业志》。

与此同时，泰安公司、春和公司等民营资本相继开通了一系列长江水系短途轮船运输路线，为武汉工商业向周边辐射提供了服务基础和支撑。

2.1.4 湖北工业布局的完善

工业作为一种资本密集型产业，其布局完善需要长期、持续的投入。湖北的工业布局在20世纪中叶以前，除了19世纪末由张之洞主导的官办工业奠定格局之外，在随后半个多世纪里主要靠市场配置资本要素。由于当时中国资本总量不足，工业发展进程相对缓慢。在1930年代末随着武汉成为抗日战争的主要战场，湖北工业进行了大规模西迁。而抗战期间和抗战胜利后工业体系的维持与恢复，也因为资源不足而步履蹒跚。

1949年以后，随着我国计划经济体制的建立，国家层面上对于湖北省、武汉市的工业建设十分重视，使湖北工业整体迎来了长足发展。"一五"计划期间，一批重要的工业企业落户武汉，湖北省内的工业体系也以武汉为中心迅速进行了升级与扩散，多种工业门类的产业链迅速延伸。1950年代末开始的"三线"建设，给湖北西部的工业发展带来了巨大契机，工业布局东、西部不均衡的状态在很大程度上得到了改善。

随着1960年代第二汽车制造厂落户湖北省十堰市，湖北的工业化城市布局基本完成，通过水路与铁路、公路网络加以联系，以武汉、黄石、荆州（沙市）、宜昌、襄阳、十堰为中心的工业城市网络得以成形。重要工业企业的分布、产业链的运行也以这一系列城市为中心，以铁路、航运为纽带得以展开，并因此融入整个国家工业体系。

2.2 湖北主要城市工业的发展

湖北近代工业遗产是中国近代工业遗产研究中不容忽视的重要组成部分。作为中国近代工业发展史中的重要省份，湖北的工业遗产与工业化、城市化进程密切相关，其城市工业遗产也是湖北近现代工业遗产的主体。湖北的近代城市工业体系的建立是以武汉为枢纽，以长江水系与京汉、粤汉铁路为骨架，在农产品加工产业链、重工业产业链、交通运输产业链形成与发展过程中逐渐完善的结果，从而造就了武汉这一中国近代工商业发展的重镇。

今日湖北省下辖12个地级市、1个自治州、3个省辖县级市和1个林区。截至2018年末，省内常住人口5917万人，城镇3567.95万人，乡村2349.05万人，城镇化率达到60.3%。2018年实现地区生产总值（GDP）39366.55亿元，其中，第一产业完成增加值3547.51亿元，第二产业完成增加值17088.95亿元，第三产业完成增加值18730.09亿元。随着城市人口超越农村人口，第三产业规模超过第二产业，湖北全省已经基本完成工业化过程。

工业遗产在湖北省内的分布，也反映了湖北省内不同城市工业化进程的先后与快慢。在湖北省下辖的14个地级市、自治州和林区中，作为工业强市的武汉、襄阳、宜昌、荆州、黄石与十堰，其工业化程度较高，传统城区去工业化的进程也已经开始，工业遗产的分布也具有较强的典型性。而荆门、咸宁、黄冈、鄂州、孝感、随州、恩施、天门、潜江等地，其社会经济发展状况可以说仍在工业化进程之中，其工业遗产的分布较为零散。

武汉作为湖北最早实现工业化,也是最早进入主城区去工业化阶段的城市,在湖北从工业化到后工业化发展的历程中具有标志性的中心地位。与武汉邻近的鄂州、咸宁、孝感等城市在承接其溢出转移的工业生产能力的同时,也加速了与武汉城市空间一体化的进程。从湖北近、现代工业发展的历程来看,19世纪末20世纪初的武汉—黄石轴线,20世纪上半叶的武汉—荆州(沙市)、宜昌轴线和20世纪中叶的武汉—襄阳、十堰轴线,是湖北工业化发展的三个阶段性代表轴线。进入21世纪后,武汉主城区的去工业化进程加速,其周边城市的工业化进程也随之加速。而襄阳、宜昌作为湖北的经济副中心城市,其工业基础也是促使其产业形态升级的重要条件。黄石、荆州与十堰在后工业时代转型过程中,对于传统工业厂区的保护和再生进行了一系列有益的尝试。这些城市在传统主城区去工业的大背景下,保留了相当数量的工业遗产,作为其工业化与城市化进程并进的见证。

2.2.1 近代工业与武汉三镇的集聚

武汉自清末至民国时期形成了近代工业的基础,成为当时中国重要的工商业中心城市,并形成了具有相当规模的近代工业。与上海等城市的工业化进程相比,其输入型工业的特征更为明显。

作为华中地区农产品出口贸易的主要集散地,武汉的茶叶、皮革、粮棉、蛋奶制品等货物的初级加工也逐渐发展起来,配套的加工体系与产业形态也逐步完善。到1908年英美烟草公司的开设,以及租界区内包括汽水、面包等工业化生产的现代食品厂的出现,标志着汉口的农产品加工产业日渐完善,开始从初级产品到门类齐全的高级产品转化。

张之洞督鄂时期形成的武汉重工业布局,以1891年开始建设的汉阳铁厂为序幕(图2-2-1),开启了武汉乃至湖北近代工业发展的大幕。通过一系列官办、官督商办、官商合办等官方主导的新式工业,构成了武汉近代工业的主体骨架。

在张之洞督鄂时期,武汉三镇已经在龟山北麓汉江沿岸形成了重工业地带,在武昌长江沿岸形成了棉纺工业走廊,再加上在汉口外围筑张公堤排干汉口北的渍水,以利于卢汉铁路汉口段的建设,从而在1900年前后基本形成了以汉口沿江租界为中心的武汉三镇空间集聚形态,也加速了武汉三镇的一体化进程,并影响了武汉后续百年间工业区分布的空间格局。

武汉三镇空间各自独立时期,城市工业的布局都处于当时三镇各自的边缘区域。沿长江与汉江的城市边缘工业区域最终成为武汉三镇工业遗产集中分布的区域。

1949年以后,武汉三镇的空间一体化基本成形,工业区开始从融合区域,也就是新的中心区域外迁。新的大型联合企业形成的工业中心逐渐落户于武汉当时的郊区。经过近半个世纪的发展,这些区域再度成为新的城市中心区域时,武汉就面临着去工业化的要求。

21世纪初,以武汉为中心的湖北东部"1+8"城市圈基本形成,武汉的工业外溢再次成为重点。一批工业企业外迁后留下的空间痕迹,也形成了20世纪后半叶所留下来的具有代表性的武汉现代工业遗产。

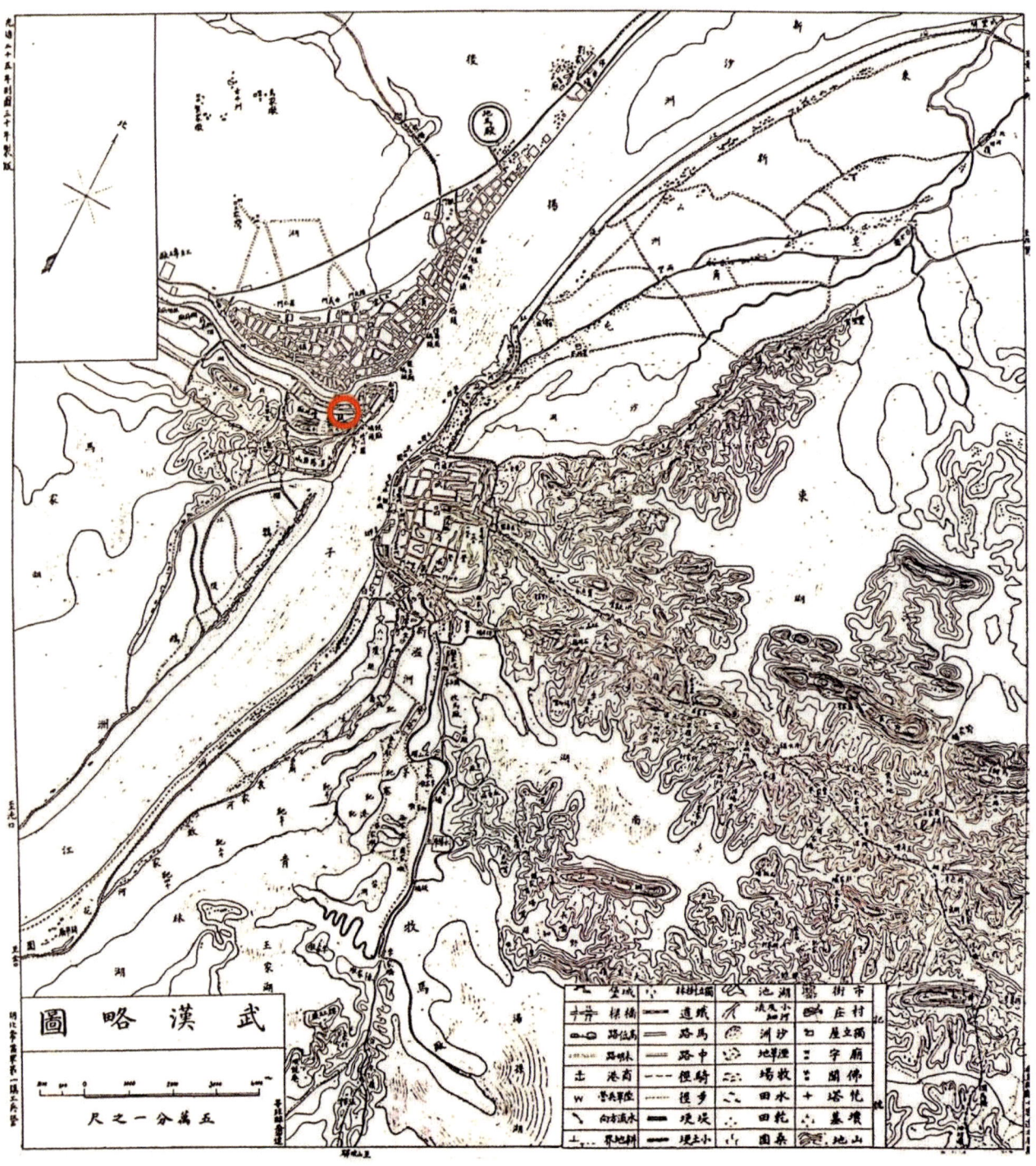

图2-2-1 1899年"武汉略图"中的汉阳铁厂
(资料来源:武汉历史地图编纂委员会,《武汉历史地图集》,1998)

2.2.2 矿藏资源及工业选址影响下的黄石

作为长江沿线的重要工业城市，位于武汉下游的黄石，是以武汉为中心的湖北工业体系中最早形成工业外溢的辐射点。作为中国最古老的矿业基地之一，黄石因为铜铁矿与长江的缘故，与武汉在空间与产业链条上的联系在商周时期就产生了。进入近代以后，随着武汉重工业体系的建设，在20世纪初黄石迅速被纳入了以汉冶萍公司为代表的重工业体系布局之中，通过水路、铁路和公路与武汉城市连通起来，在空间及产业关系上与武汉形成了密切的附属关系，成为武汉工业发展时期最重要的原材料与初级产品基地之一。

黄石地域范围内的大冶铜铁矿矿藏丰富，其铁矿石成为汉阳铁厂最主要的原料来源。而黄石丰富的石灰石岩体，也为华新水泥厂这一亚洲最大的水泥生产企业奠定了基础，也在武汉的城市建设过程中起到了重要的作用。武汉自1920年代开始，在从租界建筑开始的建筑材料与建筑形态升级过程中，以黄石为中心的鄂东建材行业体系开始建立起来，并为武汉的建筑升级提供了有力的支持。钢铁与水泥作为工业化时代最具有代表性的建筑材料，也奠定了黄石的工业底色。

在后工业时代，黄石成为国内首批资源枯竭型城市之一。黄石在后工业时代转型过程中，工业遗产的再利用也走在湖北省内前列。

2.2.3 古江陵与"小汉口"结合的荆州

荆州古城下辖的沙市，在明代后期成为比荆州古城江陵更繁华的商贸中心。沙市作为川、鄂、湘三省的物资转运地，一方面源于其地处长江沿岸，背靠江陵城、荆州府所处的江汉平原之广大腹地，其自身的物产较为丰富。另一方面，随着武昌、汉阳逐渐一体化与武汉近代工业的发展，武汉的近代化城市格局开始形成，而荆州与武汉正好位于江汉平原的两端，水陆交通联系均较为便利。因此，在清代末年新出现的以武汉为中心的华中经济圈里，荆州（沙市）处于一个很重要的位置。正是基于这一点，1895年《马关条约》签订之时，日本、英国等国家意识到了沙市在中国经济布局中的特殊地位，确立沙市成为新的开埠城市，沙市因此成为外国商品和资本深入中国腹地的重要门户。

荆州的主要近代工商业发展以沙市为主体，而沙市的近代工业又以发达的棉纺业等轻工业为主，并带动了荆州近代经济的发展。这一特点可与同期（或稍早期）美国南方城市的发展进程进行类比。一如王旭先生认为，美国南部城市化诸因素中商业因素占主导地位[1]。而地区内工业基础薄弱、工业经济落后导致其对第一产业需求的单一。

同样地，荆州近代城市经济发展面临的问题与美国南方城市相似。即以沙市而言，其兴起是以商业贸易为主，自身工业基础薄弱。同时从经济区域角度看，荆州一带并未加入以武汉为中心的汉冶萍经济区，在晚清的中国工业布局中并没有荆州的地位。以农业带动发展起来的棉纺、化工等相关工业，构成了荆州（沙市）近现代经济发展的基础。荆州的现代化进程也结合工业化得以展开。

1949年以后，湖北省域工业布局逐渐完善。

---

[1] 王旭. 美国城市史 [M]. 北京：中国社会科学出版社，2001.

随着潜江油田的开采，荆门、荆州这一组江汉平原的城市，也逐渐形成了石油化工产业集群，沙市的日用化工等行业也迅速崛起。到1980年代，沙市已经成为江汉平原重要的化工、棉纺工业中心，城市轻工业极为发达。但在进入21世纪以后，随着中国工业体系的全面调整，荆州（沙市）的传统工业受到冲击面临迅速的转型。

2.2.4 抗战时期工业转移的门户宜昌

1936年抗战前夕，宜昌本地的工业体系与下游的武汉、沙市、黄石等相比还处于十分原始的萌芽状态。但抗日战争爆发以后，随着整体性的产业西迁，宜昌迅速变成了中部地区最重要的转运枢纽，大批工业设备和人员、资本通过宜昌转入西南腹地。1938年10月，武汉抗战局势危急，由民生轮船公司组织20多艘轮船和2000余只木船，顶着日军的轰炸，在40多天内将滞留宜昌的3万多人和10万吨战时物资抢运入川，艰难而成功地保存了中国工业的命脉。

作为长江上游的航运枢纽城市，宜昌在1950年代后的工业布局中，承担起一系列与海军建设有关的军工企业布局的重任，同时其地域范围内丰富的磷矿石等资源也得到开发。然而其最具影响力的工业建设和发展，则依托三峡工程这一世界最大的水利枢纽工程展开。从葛洲坝到三峡大坝的建设，宜昌逐渐成为三峡库区的锁钥与中心。而宜昌的城市工业体系，随着我国水电事业的发展建立并完善起来，最终成为一座世界级的水电城。

2.2.5 "大三线"的枢纽襄阳

襄阳是湖北境内重要的古城。由于位于汉水流域与秦岭山系交界的山口，其战略地位极其重要。清初顾祖禹所撰写的《读史方舆纪要》中对襄阳的描述是湖广形胜中的天下之重。这也是"三线"建设时期襄阳上升为国防工业中心地位的原因。

"三线"建设是人类历史上和平时期空前规模的一次临战状态工业转移。从1964年至1980年，贯穿三个五年计划的16年中，国家在属于"三线"地区的13个省和自治区的中西部投入了大量人力、物力与财力，建起了1100多个大中型工矿企业、科研单位和大专院校。在这一背景下，襄阳成为湖北"小三线"建设的中心，同时又与西安、洛阳等城市共同成为国家"大三线"的运转枢纽。

襄阳的枢纽地位体现在工业产业链布局体系上。襄阳主要通过襄渝铁路，与成为航空工业中心的四川、陕西等省形成航空产业链布局，这一路径又向东延伸，与近现代湖北工业中心城市武汉联系起来。又依托汉江航运系统形成与陕西联系的复线通道，同时与邻近的河南洛阳等城市构成特种车辆与装甲车辆生产的产业走廊。这一独特的军工生产体系布局，最终催生了湖北省内最年轻的城市——十堰。而襄阳与十堰之间，通过一系列与汽车产业相关的工业企业所形成的产业地带联系起来。

2.2.6 "冷战"造就的汽车城十堰

"三线"建设在城市建设中有两个突出成果：其一是生产特殊钢材的基地——四川省攀枝花市，其二是二汽建设基地的湖北省十堰市。十堰作为湖北省最年轻的城市，在1960年代骤然兴建，并在之后几十年间成为中国最重要的汽车生产基地之一。

十堰城市的规划与建设，是中国工业史上的一座里程碑。作为中国独立规划建设的第一座纯工业城市，十堰的城市布局完全是按照汽车生产的产业链结合山区自然地形地貌特征规划设计的结果。十堰与襄阳、武汉的关系也因为铁路连接而极为密切。

十堰在城市建设之初，便体现了现代工业城市带状布局的规划特点。其主城区形态围绕自然山体形成环路，各功能厂区分别指向山间谷地，呈现出明显的带状空间分布特点，集中体现了道路导向的线性城市与基于工业城市功能分区的规划布局。随着冷战的结束，中国的经济发展模式与汽车产业布局也出现了重大调整。东风集团的改组与集团总部东迁武汉，使十堰所保留的汽车生产能力在中国汽车行业与集团公司内部业务中的比重大幅下降，后工业时代的挑战正考验着这座年轻的城市。

2.2.7 工业化进程前后的湖北其他城市

与上述湖北主要的工业城市相比，湖北其他城市的工业化进程就明显滞后，工业遗产空间分布的密度也要低得多。整体看来，这些城市的规模化工业出现较晚，基本上都出现在1950年代以后。其中荆门、随州和咸宁境内的蒲圻（今赤壁）等城市，均在"三线"建设时期承接了一系列军工生产企业落户，目前有相当一部分还在继续生产，但绝大多数在后工业时代面临产业转型与产能转移的问题。而在后工业时代的工业产能转移过程中，湖北省内城市工业由原工业中心城市向其他城市转移、由工业城市中心区域向郊区转移等现象十分普遍，这为未来新的城市工业遗产的诞生埋下了种子。

2.3 湖北工业产业链的延伸与工业门类的扩展

工业行业是国民经济中最重要的经济和生产技术综合体。随着生产发展和科学技术进步，工业行业分类也面临不断的调整和修订。1950年以后，我国曾在1963年、1965年、1972年对工业行业分类做过几次调整与修订。1984年12月制定的国民经济行业分类中，将工业按行业划分为40个大类、212个中类、538个小类。这也是中国在工业化时期对工业进行管理和组织的主要模式。

湖北的工业体系在中国建立较早，几乎与中国工业化整体进程同步，而其产业链生长的过程也极为完整。湖北省的工业门类正是在产业链生长过程中与产业链同步完善，因此湖北工业体系具有门类齐全的特点。

湖北省作为中国具有代表性的中部省份，其人口规模、经济发展水平等均在中国省级行政区中处于中等偏上的位置。湖北的工业门类较为齐全，相当一部分工业门类在中国工业发展史中具有重要地位。截至1985年，湖北省内重要的工业城市武汉，在冶金工业、机械工业、纺织工业、化学工业、电子工业、建筑材料工业、电力工业、一轻工业和二轻工业领域都有非常突出的成就，由此奠定了以武汉为中心的湖北工业的主要基础，1999年出版的《武汉市志·工业志》中对相关内容进行了重点阐述。以武汉为中心，沿长江和铁路与黄石（大冶）之间形成的冶金产业带与建材产业带，沿随枣走廊铁路线与汉江水系在襄阳、十堰一线形成的汽车产业带，沿长江水系与荆州（沙市）之间形成的日用化工产业带，以及与宜昌之间的航运、水电产业带，构成了湖北工业体系布局的骨架。这些产业在湖北的诞生、发展、壮大甚至衰退，都见证了中国经济发展中产业结构转化所带来的工业化与后工业化的历史进程。

湖北的工业化进程中，工业门类齐全，产业链条发展完整，在农—轻—重产业体系的成形过程中所留下的遗产标本，同样涵盖了主要的工业门类，并见证了工业发展的几乎全部进程，因此可视为中国工业化进程的一个缩影。

2.3.1 冶金工业的基础地位

湖北的冶金工业拥有极为悠久的历史。黄石铜绿山古矿冶遗址足以佐证在前工业时代湖北境内就已经存在矿冶中心。而以汉冶萍公司为代表的矿冶工业成为湖北近代工业的基础，也是湖北工业体系的基础。这一工业门类在湖北工业进程中历史最为悠久，基础地位也最为突出。

以1950年代武汉钢铁厂的建设为标志，青山区作为武汉新的工业城区，其建设的目的即为武钢工业企业服务，可谓开历史之先河。随后汉阳钢铁厂等一系列配套企业的建设，使得冶金工业在很长一段时间内成为湖北省工业的支柱产业。由此武汉钢铁集团公司成为湖北省内的龙头工业企业之一。随着产业转型，冶金工业在湖北工业体系中比重已经显著下降，但其历史地位不容置疑。冶金业类工业遗产构成了湖北工业遗产中重要且标志性的组成部分。

2.3.2 机械工业作为工业母体的地位

机械工业作为工业的母体，通过机器生产来改变生产工具，从而改变了生产方式与社会组织结构。湖北的机械工业始于19世纪末汉口租界出现的机械修配厂，当时该厂服务于租界内工业企业的机器生产。民国时期武汉的机械工业具备了一定基础，以周恒顺机器厂为代表的民营机械生产企业曾具有较大的影响。

"一五"期间，随着武汉重型机床厂和武汉锅炉厂的建设投产，武汉开始在中国机械工业的布局中占据重要地位。湖北省内的襄阳、十堰在"三线"建设时期陆续承担军工机械、汽车生产等任务，进一步提升了湖北机械工业的地位。同时期湖北省内一系列与机械相关的科研机构、大专院校也陆续建立起来，湖北成为中国机械工业研发的重要基地。时至今日，机械工业已成为湖北工业中最重要的工业门类之一，而且从生产到科研以及体系化教育，都在中国乃至世界机械工业中居于重要地位。

2.3.3 建筑材料工业对城市的作用

在湖北省内的城市中，武汉市的首位度在全国位居前列。城市的快速扩张与其建设密不可分，而湖北城市建设又与其建筑材料行业的发展关系密切。

钢铁、玻璃和水泥是现代建筑的主要材料，也是现代城市的底色。湖北省在建材领域很早就完成了相应工业体系的布局。武汉的建筑用钢材的生产及其建造技术的发展，黄石的玻璃、水泥生产企业的发展，都为城市建设提供了材料和技术的支持。

1894年前后洋务运动期间，张之洞在武汉设立的官砖厂是湖北最早的近代建材企业。近现代黄石境内生产的玻璃与水泥，在中国建材行业发展历程中占有极为重要的地位，而建筑用钢材的生产与湖北冶金行业的突出地位同样密不可分。依托建材工业的强力支持，湖北建筑施工业得以长足发展。

建筑施工行业的发展，同样在湖北留下了大量重要的遗产。材料在施工中的应用，除了体现在构成城市本体的大量建筑中之外，更体现在路桥、码头、水利工程等城市基础设施建设中。湖北武汉等多个城市也因此在道桥、航运、水利水电施工等领域成为重要的工业中心。在铁路、桥梁建设施工与设计等领域，湖北形成了完整的产业集群布局，也留下了极为丰厚的工业遗产。

2.3.4 纺织工业连接的城乡

在所有工业门类中，纺织工业可能是与农业联系最紧密的工业门类之一。工业革命也始于纺织厂。

湖北曾经是中国最早的大规模棉花种植区之一，因此湖北的纺织工业具有极其坚实的基础。作为中国农业时代后期最重要的粮棉产地，湖北的纺织业是工业布局中最初的基础产业之一。19世纪末张之洞在湖北新政中，就曾以官办四局奠定了湖北纺织业的基础。作为一个劳动密集型向资本密集型产业转化的样本，进入民国以后，江浙资本成为湖北纺织业的主导。民国时期湖北的纺织业以武汉为中心，进而扩展到荆州（沙市），将江汉平原盛产的棉、麻等原料从农产品开始就进行精细加工，最终生产出城市生活必不可少的织物。

中华人民共和国成立以后，湖北的纺织业在原有基础上进一步壮大，成为中国纺织业的中心之一。典型案例如地处长江沿岸与京广铁路沿线的蒲圻（今赤壁市），"三线"建设时期曾建成规模雄踞亚洲的蒲圻纺织总厂。随着产业进一步升级，作为劳动密集型的纺织产业在湖北主要城市中逐步衰落。

纺织工业的转型转产，在湖北境内留下了大量工业遗产。从武汉到周边城市，大量纺织企业留下的厂区、厂房均不同程度地或遭到拆除，或闲置，或已转化为城市记忆的地标。

2.3.5 化学工业对生产生活的推动

化学工业为现代工业及日常生活提供了丰富的原料与产品。以石油为主要原料建立起的现代化学工业支撑起了现代生产生活百余年的正常运转。湖北的现代化学工业在国内起步较早，其产品定位与中国其他地区类似，都从城市日用化工起步，继而逐渐进入基础化工领域。

中华人民共和国成立后，湖北的化学工业随着"石油会战"的开展以及石油原料的充分供应得到空前发展。随着潜江江汉油田的开发，荆门市内与之配套的炼化厂随之投产，邻近的荆州（沙市）的化肥、农药、日用化工行业也随之发展起来，潜江由此成为在国内极具影响力的化工之城。

武汉作为湖北的工业中心城市，尽管较早出现了以现代化学工艺化工原料的企业，但其整体规模不大，服务范围有限。不过，虽然武汉在化学工业产业链上并非处于上游，但在技术集成上表现出强大的区位优势。在将化工原料制作成相关制成品方面，武汉承担了湖北大部分化工原料加工和初级产品输出的重任。在与化学工业关系密切的制药行业中，武汉也占据了湖北省内的主导地位，在疫苗生产等现代生物化学制药领域尤其突出，已成为中国最重要的疫苗与药品生产基地之一。

2.3.6 电力工业与基础设施建设

湖北的电力工业从武汉起步，最初以火电为主要形式。从燃油的小型发电机到燃煤的火电机组，电力工业的发展给武汉乃至湖北的城市现代化带来了光明。

1980年代以来，以葛洲坝、三峡大坝建设为基础，宜昌建成了一座世界级的水电城。21世纪以后，在咸宁建设内陆民用核电站的规划也提上了日程。

电力工业很大程度上依赖于机械修造与能源动力的发展，同时其对城市与工业的促进与推动作用也极为重要。电与水结合在一起，构成了现代城市运行的重要基础。电力与自来水设施，是现代城市最重要的基础设施。湖北城市的自来水与电力发展，近代从汉口租界起步，逐渐惠及全省境内数千万人。汉口的那些老旧的水电厂旧址，已成为见证与记录湖北人民享受工业化成果历史的遗产。从既济水电厂到青山热电厂，城市的电力系统从供电到输电已日渐完善。

2.3.7 电子工业与城市的未来

在中国冷战时期的现代工业体系建设中，对电子工业高度重视，以军工为基础的电子工业逐步建立起来。

湖北在"三线"建设中是作为腹地的二线省份，鄂西的部分区域则位于"三线"建设的核心区，对现代战争至关重要的电子工业迅速在此打下基础。以武汉、襄阳为中心的电子工业生产与科研体系逐渐成形。在后冷战时期的生产转型过程中，武汉更进一步把握了光电产业的发展方向，以技术研发为基础形成了未来城市工业发展的重心。

作为中国早期电子工业的重要见证，在汉阳兵工厂旧址上建设的824鹦鹉磁带厂，已在后工业时代转化为"汉阳造"文创产业园区的核心区域。而武汉城市东部新兴的光谷新区，正成为中国乃至世界瞩目的电子工业中心。

2.4 产业链的升级与工业遗产化的城市标本

湖北省内现代工业产业链的源头始于武汉。湖北多种类型的工业产业链经过一个多世纪的生长，从无到有逐渐发展，在湖北省域内形成了门类齐全、规模宏大的综合工业产业群，并成为国家工业体系的重要组成部分。

20世纪末，国家经济体制转型期间，武汉大量中小企业破产，加上武汉主城区大规模的"退二进三"，一、二、三环内占地庞大且具有高污染的一批大型工业企业最先停产并搬迁至三环外的城市远郊。破产停产的中小工业企业及搬迁的大型工业企业或留下一片闲置的工业遗存群，或其工业用地性质完全改变为居住用地，或其工业遗存空间被选择性地改造为其他用途（图2-4-1）。

工业遗存空间为其遗产化提供了可行条件。在其原来的工业生产功能消失以后，作为新的城市商业、居住、文创等功能性用地，其开发可能被迅速纳入城市更新日程，对其原有功能的认知和研究也就成为一种极为紧迫的任务。土地区位价值与作为工业时代见证的历史价值之间如何良性互动，成为工业遗存能否成功遗产化的重要研究内容。

在工业逐渐退出武汉主城区三环范围的过程中，2020年武汉的工业区规划将大片工业用地布局在三环及主城区边界。目前武汉工业集中于沌口经济技术开发区、青山工业区及东湖高新技术开发区三个区域，三环以内则散布着大量闲置或经过改造的各类工业遗产（图2-4-2，附录Ⅱ）。这样的城市空间格局，在湖北省内无疑具有重要的示范效应。黄石、荆州、襄阳、宜昌、十堰等传统的湖北省内工业中心城市也照此开始了工业遗产的保护、改造和再利用工作。

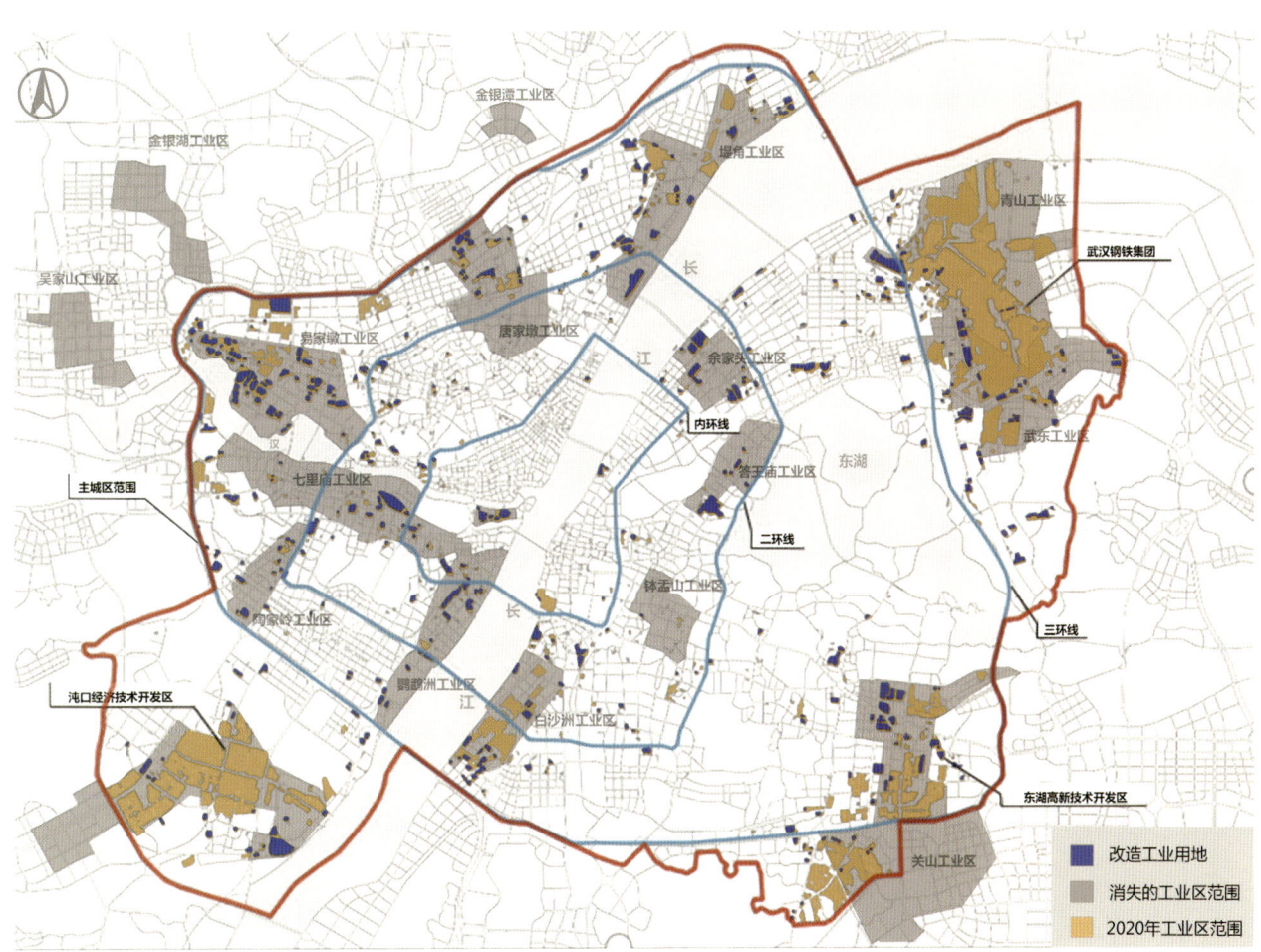

图2-4-1　武汉去工业化示意图
（资料来源：武汉市规划设计研究院）

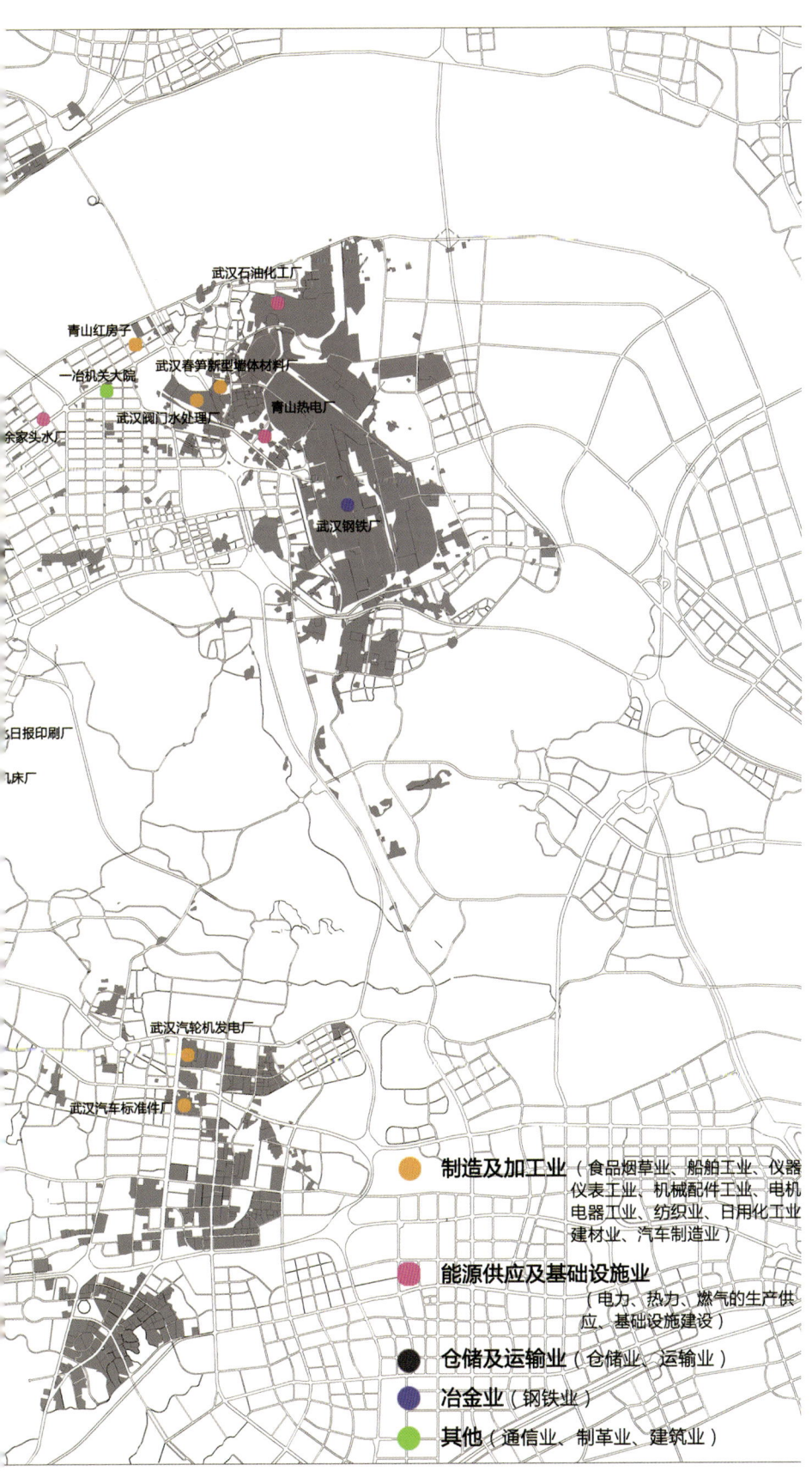

图2-4-2 武汉市现存工业遗产分布示意图
(资料来源：武汉市规划设计研究院)

第 3 章

湖北工业遗产现状调查

湖北省内留存至今的工业遗产，类型丰富，时间跨度大，空间分布广泛且遗产等级多样。本书所涉工业遗产覆盖湖北省内武汉、黄石、宜昌、襄阳、十堰、荆州等多个城市。以工业遗产保护身份来衡量，本书收录的工业遗产样本中既包含国家重点文物保护单位、省级文物保护单位、市级文物保护单位、优秀历史建筑等已获得不同级别身份认定的工业遗产，也涵盖暂时未被认定但拥有遗产价值和留存意义的多种类型的工业遗产。以工业遗产时间跨度衡量，湖北工业遗产样本中，既有远古殷商时期的极其古老的工业遗产，也有1970年代末的工业遗产。因此，本书收录的湖北工业遗产，结合遗产对应的工业时期和遗产全生命周期中的特征和意义，以广义工业遗产而非狭义工业遗产概念，作为界定和取舍湖北工业遗产的评判依据。

3.1 湖北工业遗产的行业类型与特征

湖北工业遗产的行业类型特征在于类型全面、特色鲜明，基本涵盖了工业体系的主要门类，其产业链的形成过程又突出地以交通运输相关行业为主要支撑点。

湖北工业遗产与湖北工业体系直接相关。湖北工业体系的萌芽围绕远程大宗物品运输展开。从船运到铁路运输，从空间体系到运输工具，其服务目标非常明确。由船运而衍生出来的码头、仓储、船舶修造，构成了湖北工业体系的重要基础。而作为铁路运输的延伸，在冶金、桥梁、建材等一系列行业中湖北更是在国内具有举足轻重的地位。而随道交通工具进一步地升级，湖北在汽车、航空器制造等领域有了较大发展。

现有的工业遗产中，与交通运输行业相关的占据了遗产总数的70%以上。从最初的农产品远程运输所需的包装、加工、动力，到相关运输工具的升级发展，再到运输手段和路径空间的改造升级，围绕商贸开展工业升级的路径，在相关留存至今的遗产中可以得到清晰的解读。

3.1.1 基于行业类型的湖北工业遗产构成

本书所收录的湖北工业遗产，共计90例，涉及14个行业类型，涵盖交通运输业类、仓储业类、食品业类、船舶业类、仪器仪表业类、机械业类、电机电器业类、能源及基础设施业类、纺织业类、日用化工业类、通信业类、冶金业类、汽车制造业类以及其他。

以不同行业类型工业遗产在湖北省工业遗产总量中的占比衡量，位居前三位的依次是：占比达14.5%的交通运输业类工业遗产（共计13例），占比为12.2%的汽车制造业类（共计11例），以及占比为11.1%的冶金业类工业遗产（共计10例）；此外是占比为10.0%的能源及基础设施业类工业遗产（共计9例），占比为8.9%的仓储业类工业遗产（共计8例），占比为7.8%的机械业类工业遗产（共计7例），占比均为5.6%的纺织业类和食品业类工业遗产（均为5例），占比均为4.4%的船舶业类和电机电器业类工业遗产（均为4例），占比均为3.3%的仪器仪表业类和通信业类工业遗产（均各占3例），占比为2.2%的日用化工业类工业遗产（共计2例），以及上述类型难以涵盖、占比为6.7%的其他类型工业遗产（共计6例）（图3-1-1、表3-1-1）。

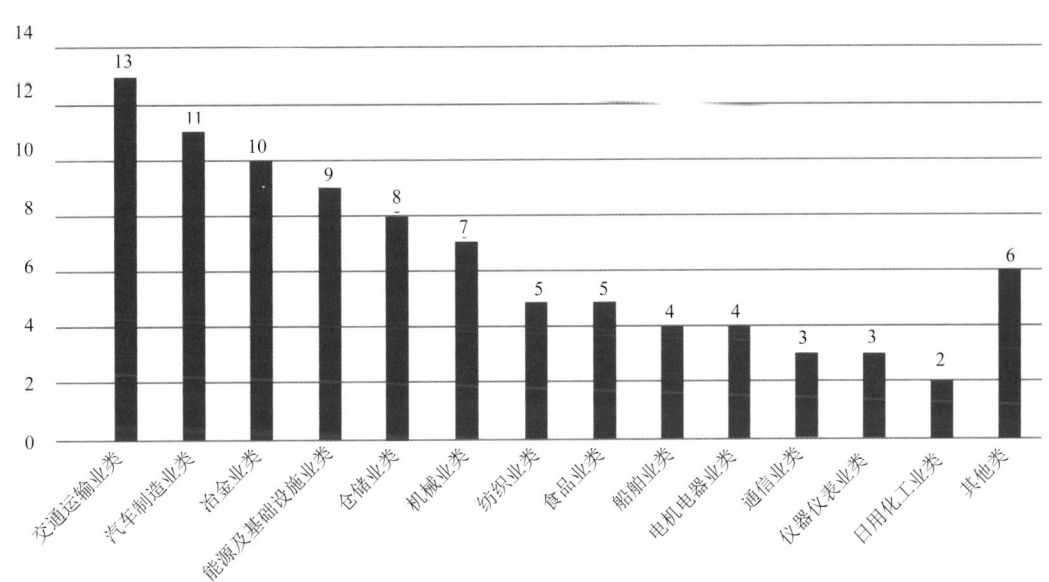

图3-1-1 湖北工业遗产所涉产业类型及其数量柱状图

表3-1-1 湖北工业遗产的产业类型及其基本信息统计表

序号	遗产类型	遗产名称	始建年份	地区	遗产数量	遗产占比
1	交通运输业类	・大智门火车站	1903	武汉市	13	14.5%
		・徐家棚火车站	1914	武汉市		
		・徐家棚火车轮渡码头	1937	武汉市		
		・武昌车辆厂	1947	武汉市		
		・杨泗港货运码头	1956	武汉市		
		・汉冶萍铁路及沿线车站	1892	黄石市		
		・汉冶萍煤铁厂矿旧址卸矿机	1938	黄石市		
		・汉阳铁厂矿砂码头遗址	1890	武汉市		
		・汉口平汉铁路南局旧址	1920	武汉市		
		・汉口民生轮船公司旧址	1925	武汉市		
		・中铁大桥局办公楼	1955	武汉市		
		・武汉长江大桥	1957	武汉市		
		・江汉桥	1955	武汉市		
2	汽车制造业类	・二汽钢板弹簧厂	1970	十堰市	11	12.2%
		・二汽底盘零件厂	1969	十堰市		
		・二汽水箱厂	1970	十堰市		
		・二汽车箱厂	1969	十堰市		
		・二汽设备修造厂	1967	十堰市		
		・二汽车轮厂	1969	十堰市		

续上表

序号	遗产类型	遗产名称	始建年份	地区	遗产数量	遗产占比
2	汽车制造业类	·二汽化油器厂	1969	十堰市	11	12.2%
		·二汽铸造一厂	1969	十堰市		
		·湖北汽车灯具厂	1970	襄阳市		
		·汉阳特种汽车制造厂	1959	武汉市		
		·武汉轻型汽车制造总厂（东厂：国家级科技企业孵化器；西厂：江城壹号文化创意产业园）	1951	武汉市		
3	冶金业类	·汉冶萍煤铁厂矿旧址	1913	黄石市	10	11.1%
		·大冶铁矿（黄石国家矿山公园）	1890	黄石市		
		·铜绿山古铜矿遗址	殷商	黄石市		
		·东方钢铁公司	1958	黄石市		
		·汉阳钢铁厂	1958	武汉市		
		·青山红钢城"红房子"	1958	武汉市		
		·源华煤矿袁仓办公楼	1909	黄石市		
		·中国一冶机关大院	1956	武汉市		
		·汉阳钢铁厂制氧车间和氧气装站（融创武汉1890时光艺术馆）	1958	武汉市		
		·武汉铜材厂（硚口区民族工业博物馆、"新工厂"电子商务产业园）	1958	武汉市		
4	能源及基础设施业类	·827厂	1970	宜昌市	9	10.0%
		·沙市热电厂	1960	荆州市		
		·宗关水厂	1906	武汉市		
		·汉口美最时电灯厂	1908	武汉市		
		·青山热电厂	1953	武汉市		
		·葛洲坝电站	1970	宜昌市		
		·金水闸	1933	武汉市		
		·亚细亚火油公司汉口分公司	1924	武汉市		
		·既济水电公司汉口水塔（汉口水塔博物馆）	1908	武汉市		
5	仓储业类	·汉口德商瑞记洋行仓库及办公楼	1901	武汉市	8	8.9%
		·汉口英商太古洋行仓库	1873	武汉市		
		·汉口日清汽船仓库旧址	1907	武汉市		
		·三北轮船公司汉口分公司	1913	武汉市		
		·沙市打包厂	1927	荆州市		
		·荆州粮食加工厂稻谷圆库	1979	荆州市		
		·英商平和打包厂（汉口文创谷）	1905	武汉市		
		·老沙逊洋行仓库	1920	武汉市		
6	机械业类	·襄阳轴承厂	1968	襄阳市	7	7.8%
		·武汉汽轮发电机厂	1958	武汉市		
		·湖北煤矿机械厂	1970	咸宁市		
		·卫东机械厂	1964	襄阳市		
		·武汉重型机床厂（复地·东湖国际住区）	1953	武汉市		
		·武汉锅炉厂（403国际艺术中心）	1953	武汉市		
		·华强机械厂（三峡白马艺术区、主题酒店度假区）	1966	宜昌市		

续上表

序号	遗产类型	遗产名称	始建年份	地区	遗产数量	遗产占比
7	纺织业类	·武汉国棉二厂 ·武汉东西湖棉纺织厂 ·武汉第二印染厂 ·湖北蒲圻纺织总厂 ·襄樊第一针织厂 ·商办汉口第一纺织股份有限公司（Big House艺术中心）	1958 1969 1978 1969 1968 1914	武汉市 武汉市 武汉市 咸宁市 襄阳市 武汉市	5	5.6%
8	食品业类	·武汉肉类联合加工厂 ·五峰精制茶厂 ·福新第五面粉厂 ·汉口英商和利汽水厂 ·新泰砖茶厂（界立方创意空间）	1954 1938 1918 1918 1866	武汉市 宜昌市 武汉市 武汉市 武汉市	5	5.6%
9	船舶业类	·中交二航局六分公司 ·红光港机厂 ·中国船舶重工集团有限公司第七一〇研究所 ·武昌造船厂	1956 1966 1968 1934	武汉市 宜昌市 宜昌市 武汉市	4	4.4%
10	电机电器业类	·国营青山机械厂 ·武汉电视机总厂 ·湖北第二电机厂 ·武汉无线电厂（"大智无界·空中小镇"文化创意产业园）	1965 1973 1970 1961	襄阳市 武汉市 咸宁市 武汉市	4	4.4%
11	仪器仪表业类	·国营向阳仪器厂 ·国营长江光学仪器厂 ·邮电部武汉通信仪表厂（武汉万科润园）	1967 1966 1959	宜昌市 宜昌市 武汉市	3	3.3%
12	通信业类	·汉口电话局 ·汉口电报局 ·济生路电话分局旧址	1915 1920 1926	武汉市 武汉市 武汉市	3	3.3%
13	日用化工业类	·沙市市日用化工总厂 ·太平洋肥皂厂	1950 1910	荆州市 武汉市	2	2.2%
14	其他类型（包括建材类、印刷类、皮革制品类等）	·武汉国营红星制革厂 ·襄阳文字六〇三厂 ·湖北日报社印刷厂（楚天181文化创意产业园） ·华新水泥厂（湖北水泥遗址博物馆） ·武汉建筑构建二厂（武汉万科金域华府茂园） ·鹦鹉磁带厂（"汉阳造"文化创意产业园）	1956 1966 1949 1907 1958 1960	武汉市 襄阳市 武汉市 黄石市 武汉市 武汉市	6	6.7%

注：合计90个（其中改造再利用17个）。

湖北不同行业类型的工业遗产无论其在总量中占比大小，都与湖北工业发展史、城市发展史密切关联，都在行业发展史中拥有丰富的遗产内容和留存意义。

（1）交通运输业类工业遗产：主要涉及湖北工业重镇武汉近现代不同时期城市基础设施建设中建成的水运码头、铁路车站、跨江大桥、相关职能部门办公及管理用房；同时包含黄石近代汉冶萍公司等矿冶工业企业留存至今的铁路、码头等相关遗产。

（2）汽车制造业类工业遗产：主要包括十堰、襄阳、武汉多地建于1950—1970年代，涉及民用、军用多种类型的汽车制造厂，汽车钢板弹簧、底盘零件、水箱、车轮等各类汽车零部件生产厂以及汽车设备修造、装配的各类生产性厂区空间，还包括与生产活动密切相关的一系列生活、教育、医疗、娱乐设施在内的工业聚落。因此，相比其他行业类型的工业遗产，汽车制造业类工业遗产具有留存状况较好、空间体系相对完整的特点。

（3）冶金业类工业遗产：主要涵盖历史上黄石、武汉等地曾用于铜矿、铁矿、煤炭等矿产资源开采开发以及钢铁冶炼相关产业的生产性空间，包括始于远古殷商时期留存至今的黄石铜绿山古铜矿遗址、近代汉冶萍煤铁厂矿旧址，以及现代武汉钢铁公司冶炼工人的职工宿舍等建成遗产。

（4）仓储业类工业遗产：湖北历史上一直是国内甚至国际工商贸易重镇，此类遗产主要包括汉口原租界区及荆州地区留存至今，历史上为满足国内外贸易需求用于存储棉花、布匹、羊毛、香料、橡胶、矿物、军火等物质的仓储类建成遗产。当下这类遗产中的一部分仍作为各类仓储建筑处于持续使用状态中。初始功能的延续使这类遗产中的一部分已成为真正意义上的城市活态遗产。

（5）能源及基础设施业类工业遗产：主要包含武汉、宜昌、荆州等城市历史上曾用于支持民用或军工供水、供电、水利资源利用、核能开发生产的城市基础设施类建成遗产。

（6）机械业类工业遗产：涵盖武汉、咸宁、宜昌、襄阳等地涉及重型机床、汽轮发电机、煤矿机械、轴承、锅炉等多种机械设备生产的专业性厂区、生产空间以及工业聚落等建成遗产。

（7）纺织业类工业遗产：涵盖武汉、咸宁等地涉及纺织、印染的生产性空间。这类工业遗产在城市产业调整、传统纺织工业逐渐退出后，受城市产业转型开发影响较大，规模性纺织业特色厂房大多被整体拆除，所剩无几，因此此类工业遗产多以局部生产性空间、管理用房等辅助生产性空间为工业遗产的留存主体。

（8）食品业类工业遗产：涵盖武汉地区涉及汽水、烟草、面粉、肉类等多种类型的食品生产加工厂区和厂房，以及宜昌采摘茶叶、用于茶叶加工的建成遗产。

（9）船舶工业类工业遗产：主要包括武汉、宜昌等城市与船机修造安装、船舶制造、船舶机具检修、港口装卸机械制造等相关的多个专业性厂区，以及由一系列生产性、辅助生产性空间构成的建成遗产。

（10）电机电器业类工业遗产：主要涵盖襄阳、武汉、咸宁等地历史上涉及电机、电视机生产的各类厂区、专业性生产空间等建成遗产。

（11）仪器仪表业类工业遗产：主要涵盖宜昌、武汉等地涉及军用和民用光学测距仪、枪械瞄准器、电子发光照明器等多种精密光学仪器和光电仪器的设计及研发的多个专业性厂区及其建成遗产。

（12）通信业类工业遗产：包括民国时期建于汉口涉及电报、电话通信业的办公管理类建成遗产，属湖北省工业遗产中最贴近民用类建筑遗产的部分。

（13）日用化工业类工业遗产：包含荆州、武汉等地曾用于生产洗衣粉、肥皂、甘油、硬化油、工业用植物油、泡化碱等民用及工业化工类产品的工业厂区、车间、管理用房等建成遗产。

（14）其他类工业遗产：主要涵盖武汉、襄阳、黄石等地与建筑预制构件加工、出版印刷、皮革制品等产业相关、一系列难于归入前述行业门类板块中且个案数量有限的建成遗产。

3.1.2 基于行业类型的湖北工业遗产时空分布

湖北工业遗产的时间分布规律，与湖北工业发展的时间线索密不可分（表3-1-2、图3-1-2）。

表3-1-2 湖北工业遗产案例分期统计表

工业发展分期		时间	湖北工业遗产案例数	占比
殷商时期	远古手工业阶段	前1300—前1046	1	1.1%
湖北近现代工业发展时期	近代工业产生与初始发展阶段	1861—1911	15	16.7%
	近代工业迅速发展阶段	1912—1937	17	18.9%
	近代工业滞缓发展阶段	1938—1949	4	4.4%
	中华人民共和国成立初期和社会主义全面建设阶段	1950—1965	28	31.1%
	现代工业发展滞缓阶段	1966—1978	24	26.7%
	现代工业转型阶段	1978年后	1	1.1%

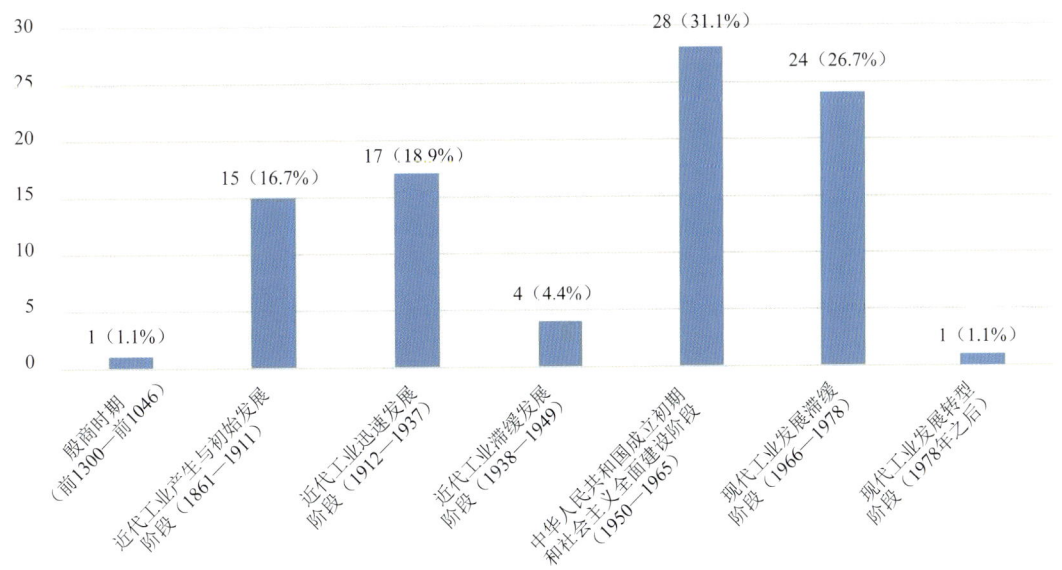

图3-1-2 湖北工业遗产案例分期统计图

因此有必要厘清湖北近现代工业发展的几个关键性阶段,包括湖北近代工业发展的三个阶段以及现代工业发展的三个阶段:1861—1911年为湖北近代工业产生和初始发展阶段,1912—1937年为湖北近代工业迅速发展阶段,1938—1949年为湖北近代工业滞缓发展阶段,1950—1965年为湖北现代工业全面建设阶段,1966—1978年为湖北现代工业发展滞缓阶段,以及1978年后湖北现代工业发展转型阶段。[①]本书收录的湖北工业遗产中,不乏近现代工业发展各阶段的工业留存物,同样不乏湖北工业发展中不同工业类型的见证物。

3.1.2.1 基于行业类型的时间分布

湖北工业遗产是湖北工业发展历史的必然产物。基于行业类型回溯湖北工业遗产初始建设的时间分布,其规律解读足以揭示整个行业在湖北省工业发展特定时期的历史作用,以及其兴衰演变的历史规律。

在湖北工业遗产所涉及的14个行业类型中,交通运输业类工业遗产建成时间多分布在1892—1957年,时间跨度达半个多世纪,覆盖湖北近代工业所经历的产生起步阶段、迅速发展阶段、发展滞缓阶段,以及中华人民共和国成立初期湖北工业全面建设阶段多个历史时期,呈现了历史上湖北的多种交通类城市基础设施,其工业遗产空间样本呈多样性特征。汽车制造业类工业遗产建成时间相对集中于1959—1970年这十多年间,经历了湖北现代工业从全面建设到发展滞缓的时期,涉及民用或军用汽车制造,以及包括汽车钢板弹簧、底盘零件、水箱、车轮等汽车零部件生产厂区和与建成环境相关的工业遗产样本。冶金业类工业遗产建成于殷商时期以及1890—1958年,其主要涵盖古代手工业阶段、近代工业产生与初始发展时期、湖北现代工业全面建设时期的多个工业遗产样本。若将殷商时期样本纳入其中,冶金业类工业遗产在湖北工业遗产门类中无疑属于时间跨度最大的遗产门类。仓储业类工业遗产建成时间跨越了1873—1979年湖北近代工业发展前期、中期以及改革开放和工业转型期,包括多种用于物品储存、转运的仓储类空间样本。能源及基础设施业类工业遗产的时间跨度为1906—1970年半个多世纪,其中大部分为湖北近代工业产生阶段的留存物,个别为1970年代初湖北现代工业相对滞缓期的工业遗产样本。机械业类工业遗产多建于1953—1970年十多年间,涉及轴承、汽轮发电机、煤矿机械等生产空间,属于湖北现代工业全面建设阶段以及现代工业发展滞缓阶段的工业遗产样本。纺织业类工业遗产建成时间在1914—1978年,时间跨度有半个多世纪,大部建于1960年代后期至1970年代后期湖北现代工业发展滞缓时期,个别为20世纪初湖北近代工业迅速发展时期的工业遗产样本。食品业类工业遗产包括建于1866—1954年湖北近代工业发展中晚期至中华人民共和国成立初期湖北工业全面建设时期的多个食品生产、加工的空间样本。船舶工业类工业遗产建成时间多在1934—1968年这三十多年间,涵盖湖北近代工业发展滞缓期和现代工业全面建设期两个阶段工业遗产样本。仪器仪表业类工业遗产的建成时间集中在1959—1967年不到十年的时期内,属于湖北现代工业全面建

---

① 田燕. 武汉工业遗产整体保护与可持续利用研究 [J]. 中国园林,2013,9:90-95.

设时期的产物，其中一部分亦属于冷战时期湖北"三线"工业建设时期工业遗产样本。日用化工业类工业遗产建成时间在1910—1950年，既有湖北近代工业产生与起步阶段的工业遗产样本，也有湖北现代工业全面建设时期的工业遗产样本。通信业类工业遗产，涵盖建于1915—1926年湖北近代工业发展中期的工业遗产样本。电机电器业类工业遗产建成时间在1965—1973年，是湖北现代工业全面建设期接近尾声、现代工业发展滞缓阶段的工业遗产。

3.1.2.2 基于行业类型的空间分布

湖北留存至今的工业遗产，大部分分布在工业遗产所在城市历史上的工业区内。然而城市的发展必然带来既有工业区在城市空间结构中的变化，同时势必导致工业遗产结构性空间分布的改变。湖北工业遗产空间分布有以下特点：其一，随着城市增量发展和产业结构的调整，一部分原本处于城市边缘地带的工业区逐渐与城市融为一体，厂区生产性功能的退出和土地性质的改变，使这部分工业遗产自然成为城市其他功能性建成环境中的一部分；其二，历史上原本处于中心城区由工业建筑演变成的工业遗产，当下往往分布于中心城区历史风貌街区或城市历史地段内；其三，在发展速度及规模均十分有限的城市中，由历史上自成一体、独立的工业区空间体系演变成的工业遗产，其空间状态往往仍然自成一体、独立于城市而存在。

交通运输业类、仓储业类工业遗产多分布在武汉（主要在现江岸区、武昌区、汉阳区）、黄石、荆州等城市临长江段沿岸地带，以及铁路沿线。典型分布如当下位于中心城市武汉的多个仓储业类工业遗产，均相对集中分布于历史上曾同时占据长江水运和铁路运输双重交通便利条件的原多国租界区内，即现今的武汉历史文化风貌街区或历史保护地段内。

食品业类工业遗产中涉及茶叶加工、面粉加工一类无污染的工业遗产，多分布在武汉历史上的中心城区内（现江岸区、硚口区、江汉区），而涉及生猪宰杀、肉类加工一类有污染性的工业遗产，其分布区在历史上且当下仍然是城市边缘地带。值得一提的是本书收录的宜昌五峰茶厂，虽同属无污染茶叶加工类工业遗产，因依托茶叶种植基地设厂，故仍处于宜昌城市边远城区。

以船舶业类、仪器仪表业类为代表的湖北宜昌、襄阳等地区的"三线"工业遗产，因战略需要及特殊工业类型生产需要，均符合其建厂时期的历史时代特征，仍自成一体分布在与城市保持一定距离的山区或临长江地带。

汽车制造业类工业遗产中以二汽为代表的汽车制造业类工业遗产由产业链上相关的多个厂区组成，多各自相对集中，同时厂与厂之间彼此关联，分布在十堰铁路沿线地区；以特种汽车制造、轻型汽车制造、汽车灯具制造为主的专业性厂区，多自成一体呈散点状分布在武汉（汉阳区）、襄阳等城市由历史上工业地段演变成的城市混杂性功能区内。

冶金业类工业遗产中涉及与汉冶萍煤、铁矿产资源挖掘、开采的工业遗产，多仍然分布在矿业城市黄石的多个矿区；而与钢铁冶炼原材料运输相关和钢铁生产相关的工业遗产，则多分布在黄石城市内部铁路沿线或沿长江集中分布，少量分布在武汉三镇分立时期的城市边缘地带，即当下已转变为武汉中心城区的一部分范围内。

机械业类、纺织业类、日用化工业类、电机电器业类、能源及基础设施业类和通信业类工业遗产在湖北省内武汉、襄阳、咸宁、荆州、宜昌多地均有存在，其共性在于行业分布规律不甚明显，总体上多与城市其他功能性城区混成一体，呈散点状态分布于城市复合功能性城区内。

3.1.3 基于行业类型的湖北工业遗产特色

湖北工业遗产行业类型齐全，每个行业均不乏具有行业特色和代表性的典型工业遗产样本。

（1）交通枢纽城市及其交通运输业类工业遗产的突出地位

湖北省会城市武汉历史上因依托长江汉水水运便利，加之平汉铁路、粤汉铁路之通达，素有"九省通衢"要地之称。正如1947年《武汉建设计划概要》中记载："武汉居全国之中，有平汉粤汉两铁路纵贯南北，长江汉水两航路横贯东西，其形势足以绾毂水陆，控制华夏。"[1]因此孙中山先生曾断言"武汉为沟通大路大洋之顶点，又为铁路及工商之中心地"。曾国藩也曾断言"东南形势则金陵为险，天下大局则武汉为重"。武汉以"居全国之中"的地理区位优势，始终是连通全国南北东西各地的水陆交通枢纽城市，因此在本书收录的工业遗产案例中，交通运输业类不仅数量最多，占比最大，而且在全国同类工业遗产中也不乏极具行业特色、行业代表性甚至唯一性的工业遗产样本：既有1906年建成的中国历史上第一条长距离准轨铁路卢汉铁路（京汉铁路）最南端的大型车站——大智门火车站；也有1957年建成的属于苏联援建的"156项目"，将平汉铁路和粤汉铁路连成一体促成中国南北交通大贯通，堪称活态桥梁遗产的我国第一座铁路公路两用桥万里长江第一桥——武汉长江大桥；还有1937年建成，在武汉长江大桥建成前曾承担京汉铁路与粤汉铁路跨长江水陆联运重任，中国历史上第二个铁路轮渡码头——武昌徐家棚轮渡码头。

（2）商贸中心城市及其仓储业类工业遗产的特殊意义

历史上便利的水陆交通条件，为湖北尤其是中心城市武汉带来了八方人流的聚集和各类商品货物的交易，成就了武汉作为"国内区域贸易中独一无二的、最重要的贸易中心"[2]，甚至拥有近代国际贸易城市的地位。由此武汉、荆州等城市历史上出现了为各类货物存储、转运而设置的一系列仓储类建筑。这类工业遗产不仅留存时间长，空间状态稳定，且在后续多个时期的城市商贸活动中持续发挥着仓储空间的作用，因此属于湖北工业遗产中为数不多、初始功能得以延续的活态工业遗产。

（3）汽车制造业类及"三线"工业遗产的完整性

一方面，十堰是在中国第二汽车制造厂设立后发展起来的一座工业城市，是中国规模最大的汽车工业基地之一。十堰汽车制造业类工业遗产涵盖了包括汽车生产、制造、研发、教育在内的完整的地域产业链和汽车产业集群的留存物，其中多个专业性厂区也拥有各自完整的生产线及工人聚落建成环境。另一方面，宜昌、襄阳等城

---

[1] 汉口市政府武汉建设计划概要[A]. 武汉市档案馆.
[2] [美]罗威廉. 汉口：一个中国城市的冲突和社区[M]. 鲁西奇，罗杜芳，译. 北京：中国人民大学出版社，2008.

市地处鄂西山区，是国家"三线"建设的重点区域之一，留存至今的"三线"工业遗产因远离城市，免于建设性破坏，具有相对完整的厂区和工业聚落。因此本书收录的车城十堰具有代表性的8例二汽厂工业遗产，以及宜昌一系列"三线"工业遗产，均属于呈现湖北工业遗产完整性的最佳样本。

（4）冶金业类、机械类工业遗产的行业代表性

武汉、黄石在国家重工业体系中具有突出的地位，以武汉、黄石为中心的湖北重工业产业集群的形成使以冶金类和机械类为代表的重工业工业遗产在湖北工业遗产总量中占比也较高。本书收录有湖北资源型工业城市黄石极具代表性的全国重点文物保护单位汉冶萍煤铁厂矿旧址、全国重点文物保护单位华新水泥厂以及大冶铁矿等。

湖北工业起步较早，工业化进程持续不断，因而在各个时期都留下了丰富的工业遗产，且各时期工业遗产数量相对均衡，均有不少高品质工业遗产。近代工业遗产本书共收入38例，在各时期工业遗产中占比最大约42.2%，以交通运输业类（共计9例）、仓储业类（共计7例）、能源及基础设施业类和冶金业类（均各计5例）、食品工业类（共计4例）和通信业类工业遗产（共计3例）为主；中华人民共和国成立初期和社会主义全面建设阶段的现代工业遗产本书共收入27例，占比约30.0%，各行业类型遗产均有覆盖，以冶金业类（共计5例）和交通运输业类（共计4例）工业遗产为主，重点包括武汉重型机床厂、武汉肉联厂等7项"一五"时期苏联援建的"156项目"工业遗产；现代工业发展滞缓阶段的现代工业遗产本书共收入25例，占比约27.8%，以汽车制造业类（共计9例）、纺织业类和机械业类（均各计3例）工业遗产为主，重点包括襄阳、十堰、宜昌等地的"三线"工业遗产。此外，殷商时期远古手工业阶段及现代工业发展转型阶段工业遗产各有1例。以上工业遗产分类统计见图3-1-3。

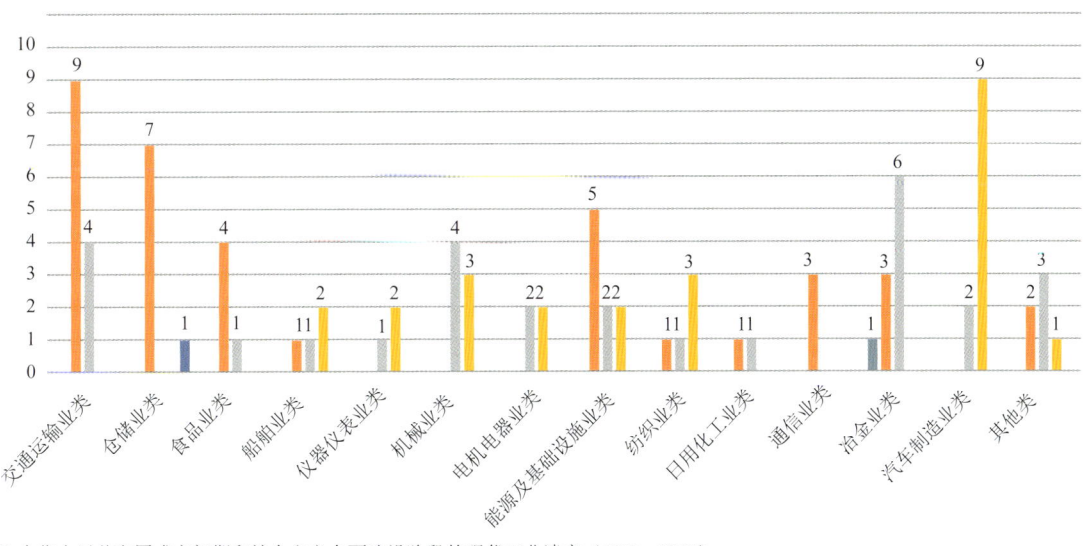

图3-1-3　湖北工业遗产按年代和产业类型分类统计图

3.2 湖北工业遗产的地区分布与特征

本研究中湖北工业遗产现状调查共涉及117个案例，收录在本书的有90例，调研范围包括省会城市武汉和黄石、宜昌、襄阳、十堰等在内的15个地方市。湖北省工业遗产分布最为密集的是作为中国近代重要工业基地的武汉，其次分布相对密集的是黄石、宜昌和十堰等地。黄石和十堰分别作为矿冶原材料基地和二汽制造基地，其工业遗产分布相对集中；宜昌和襄阳地区工业遗产以"三线"工业遗产为主，因在山区分布相对分散。此外，湖北省工业遗产整体上还存在沿长江及其支流、沿铁路分布的特征（图3-2-1）。

3.2.1 武汉市工业遗产时空分布及特征

武汉作为中国近代工业的发祥地之一，也是中华人民共和国成立后我国重要的工业基地，当下留存了数量庞大、工业门类齐全的工业遗产。

3.2.1.1 时间分布特征

本次收录在册的武汉工业遗产共计54处，包括：

近代工业遗产共计28处，在武汉工业遗产中

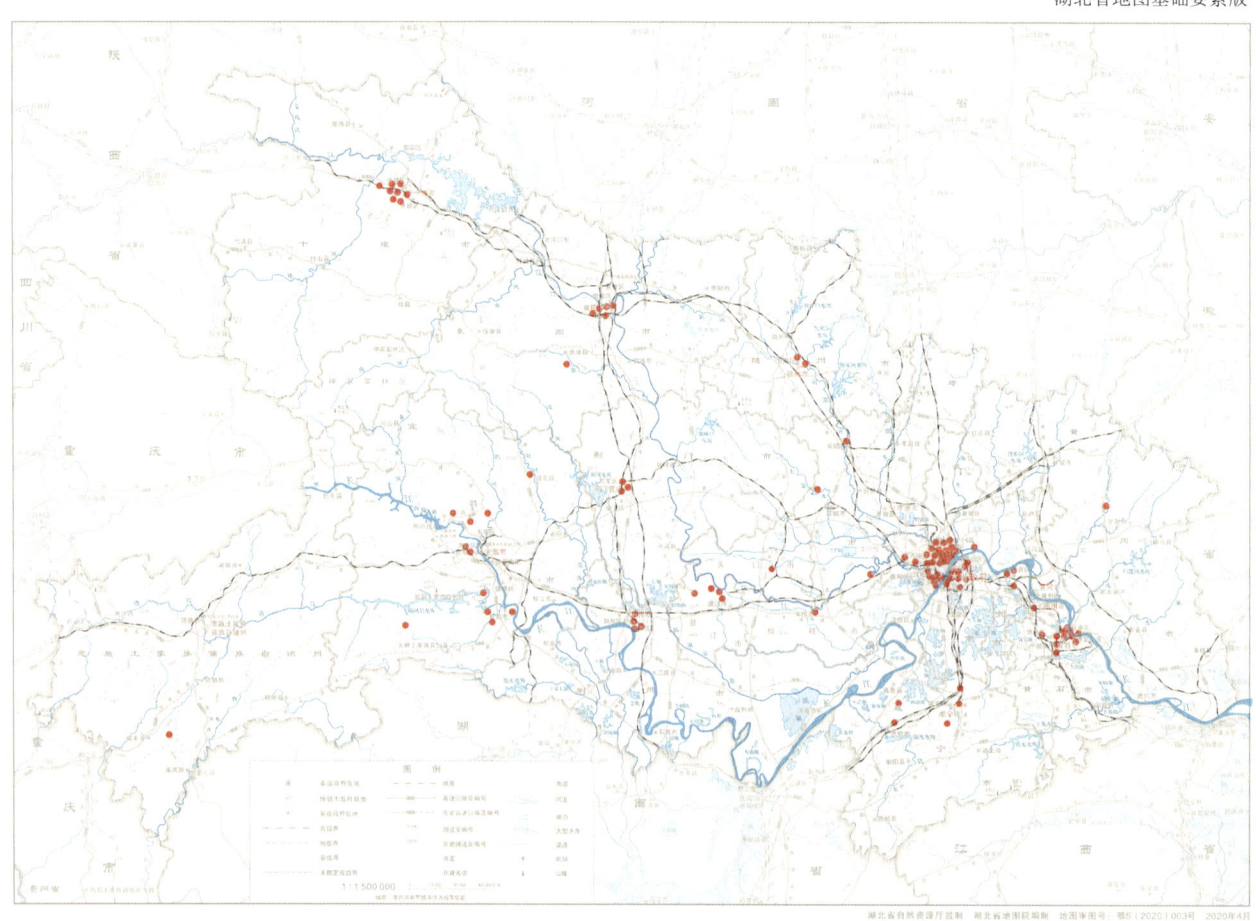

图3-2-1 湖北省工业遗产分布地区与特征
（资料来源：王彬阳绘制）

占比为51.9%。涵盖创办于1861—1911年近代工业发展初期的工业遗产11处，主要包括太古洋行仓库、日清汽船仓库等外资企业，以及既济水电公司、宗关水厂等官商合办的企业；创办于1912—1937年近代工业迅速发展时期的工业遗产15处，主要包括福新面粉厂、民生轮船公司旧址等民族资本企业，以及金水闸、徐家棚车站、汉口平汉铁路局旧址等；创办于1937—1949年近代工业滞缓期的武昌车辆厂、湖北日报社印刷厂这两处工业遗产。

1949年后的现代工业遗产共计26处，在武汉工业遗产中占比为48.1%。涵盖创办于1950—1965年现代工业全面建设阶段的工业遗产23处，包括武汉重型机床厂、武汉肉联厂等7项属"一五"时期苏联援建的"156项目"，还包含鹦鹉磁带厂、武汉无线电厂等工业企业；创办于1966—1981年现代工业发展滞缓阶段的工业遗产4处，包括武汉第二印染厂、青山热电厂、武汉东西湖棉纺织厂和武汉电视机总厂。由此可见，武汉工业遗产涉及武汉近现代工业发展的各个时期。

3.2.1.2 空间分布特征

武汉作为长江内河航运的中心城市，历史上水运一直是其重要的交通运输方式。以水运为主的时期，武汉工业特别是仓储业、码头运输业、航运业和食品业等，沿长江、汉江两江四岸地带曾兴建大量工业企业，企业依托便利的水运得到快速发展，1950年代后期三镇空间实质性融合后，长江和汉江沿岸原本属于三镇分立时期城市边缘地带的工业区，逐渐演变成武汉城市中心区的一部分，尤其是当下将"长江文明轴"作为武汉新一轮城市发展规划目标，昔日沿江地带大量工业片区及其历史留存物，已成为武汉新的城市中心地带工业遗产的主体。其中汉口江岸区沿江地带仓储业类、交通运输业类、食品业类工业遗产分布较为集中，汉口硚口区沿汉江地带能源与基础设施业类、日用化工业类、食品业类工业遗产分布较为集中，汉阳区及武昌区沿汉江地带船舶业类、纺织业类、汽车制造业类等工业遗产的分布较为集中。武汉第一批和第二批公布的高等级工业遗产印证了这一分布规律（图3-2-2）。

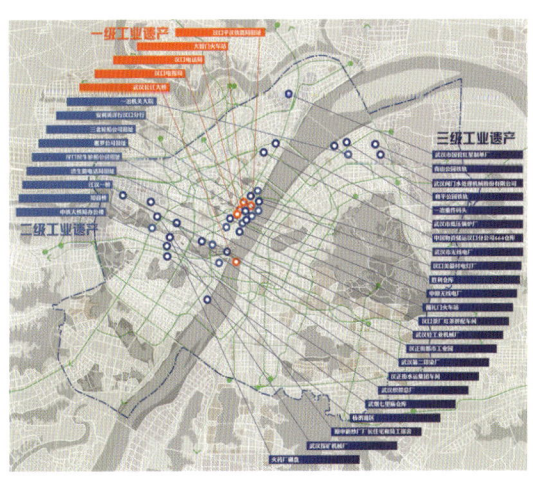

（a）第一批公布的工业遗产　　　　　　（b）第二批公布的工业遗产

图3-2-2　武汉工业遗产分布图
（资料来源：武汉市规划研究院 http://www.wpdi.cn）

除长江内河航运以外，武汉还是中国铁路交通发展最早的城市之一以及铁路交通体系中重要的枢纽。武汉近代铁路建设初期，包括铁路建设、铁路管理、铁路维护以及相关火车站、码头和桥梁建设等工业企业迅速布局在铁路沿线地带。随着城际铁路网络系统布局的调整和发展，历史上一些铁路设施的弃用在所难免，由此产生了一系列如大智门火车站、徐家棚火车轮渡码头、武昌车辆厂、平汉铁路南局旧址等工业遗产，以及长江大桥、江汉桥等活态遗产。另外，随着武汉铁路、公路网的建设，大量工业企业选址在铁路、城市重要公路沿线，例如原租界区的大量仓储业类、食品业类企业布局在京汉铁路附近，形成现在江岸区原租界区工业遗产数量众多且既沿江又沿铁路分布的状态。

武汉工业遗产分布规律除具有沿江和沿既有铁路、公路分布的基本特征外，还与工业门类自身对城市的污染程度有关。历史上污染程度较高的工业企业如武汉钢铁业、热电业、火力发电业、印染业、日用化工业等，一般布局在城市季节性主导风向的下风向地带；对水系污染较重的工业企业如食品类中的武汉肉联厂，则布局在长江武汉段的下游地区；对土地污染较为严重的企业如大部分重工业则选择在历史上的城市边缘地带建厂，例如武汉锅炉厂、武汉铜材厂等。在此基础上，随着城市不断发展，以往的部分城市边缘地区变为城市中心区的一部分，当这部分工业经历关、停、并、转的历史过程之后，城市中心区域遗留下相当数量的工业遗产，例如武汉重型机床厂、太平洋肥皂厂等。而城市增量发展时期结束后，在未发展为城市中心区的边缘地带，由于污染、工业外迁、行业衰落等原因而停产的工厂，也会成为留存于城市边缘地带的工业遗产，例如武汉钢铁厂、青山热电厂等。

此外，武汉工业遗产分布还与历史上工厂企业建厂时自身的规模有关。例如"一五"时期武汉有7项建设属于苏联援建的"156项目"，任何一项的建设规模均十分庞大，需要大面积完整的可建设用地以独立工业城的方式展开建设，因此其选址往往处于当时土地资源丰富的城市边缘地带。而此类大型项目的布局也带动了城市发展和城市资源向其倾斜，以此形成以大型企业为中心的工业组团模式。在随后城市去工业化的发展过程中，这类区域遗留下数量较多、类型丰富的工业遗产，例如青山区集中分布的武汉钢铁厂、青山热电厂、青山红钢城"红房子"（职工居住区）等工业遗产。

3.2.1.3　行业类型特征

本书收录的武汉工业遗产行业门类丰富，覆盖了湖北工业遗产14个行业类型，且每个类型都有丰富的遗产内容，是湖北地区工业遗产行业类型最为丰富的城市。在本次收录的武汉54例工业遗产中，交通运输业类工业遗产为最多，共有11例，占比约20%；仓储业类、能源与基础设施业类工业遗产位列第二，各6例，占比均为11%；冶金业类工业遗产共5例，占比为9.3%；纺织业类、食品业类工业遗产各4例，占比均为7.4%；此外，机械业类、通信业类工业遗产各3例，占比均为5.5%；汽车制造业类、船舶业类、电机电器业类工业遗产各2例，占比均为3.7%；仪器仪表业类、日用化业类工业遗产各1例，占比为2%；同时，上述类型难以覆盖的其他类工业遗产共计4例，占比为7.4%。

武汉工业遗产14种类型中，每一类都有丰富的遗产内容。其中交通运输业类工业遗产在建成时间上跨越了1903—1957年半个多世纪，主要为码头、车站、跨江大桥以及相关职能部门的办公大楼等，其中涵盖中国近代第一条长距离准轨铁路的大型车站大智门火车站、中国第二个火车轮渡码头徐家棚火车轮渡码头以及跨越万里长江的第一座大桥——武汉长江大桥等著名的工业遗产。

武汉仓储业类工业遗产共计6例，包括汉口德商瑞记洋行仓库、汉口英商太古洋行仓库、汉口日清汽船仓库、英商平和打包厂、老沙逊洋行仓库等，这些工业遗产均为近代汉口开埠后外商投资兴建的工业企业的留存物，建成时间均在1875—1920年，留存时间跨度已达到甚至超过一个世纪，已成为近代汉口租界地区活跃的国际国内商贸活动的实物见证。仓储业类工业遗产中三北轮船公司汉口分公司仓库不同于上述5例，其在历史上是由中国民族实业家创办而成，因此属于民族资本企业的工业遗产。

武汉能源及基础设施业类工业遗产共计6例，包括汉口水塔、宗关水厂、金水闸等主要涉及供水供电等生产性空间，其建成时间在1905—1935年，部分遗产留存时间跨度超过或接近一个世纪，已成为见证武汉近代城市建设成就的物质载体。

武汉纺织业类工业遗产共计4例，除武汉东西湖棉纺织厂和第二印染厂厂区保存较为完好，武汉国棉二厂和汉口第一纺织股份有限公司的生产性空间现都已被拆除，其中国棉二厂仅剩下生活区，汉口第一纺织股份有限公司仅剩一座办公楼。

武汉食品业类工业遗产中，既有武汉工业遗产中建成时间最早的新泰砖茶厂（1866年）、民族工业发达时期建成的福新第五面粉厂，又有近代工业迅速发展时期的武汉英商和利汽水厂以及中华人民共和国成立后建成的武汉肉类联合加工厂，涉及了不同历史时期内对茶叶、面粉、肉类加工生产的各类厂区和厂房。

船舶业类、机械业类、通信业类、冶金业类、仪器仪表业类和电机电器业类等类型的武汉工业遗产主要涉及中华人民共和国成立后各行业相关的生产性空间，其中部分还包括与生产性活动相关联的生活、娱乐、教育、医疗等相关空间。

3.2.1.4　保护与再利用特征

武汉工业遗产的保护与再利用，走在湖北省其他城市前列。在本书收录的54例武汉工业遗产中，武昌造船厂、宗关水厂、太古洋行仓库、长江大桥、江汉桥等工业遗产因仍然沿用其原有功能，处于持续使用状态中，属于活态工业遗产范畴。54例中已实施改造和再利用的工业遗产共有15处，占比接近27.8%。在已完成保护与再利用的工业遗产中，除去交通运输业类，其他行业类型均有涉及案例。在对工业遗产的改造再利用过程中，既有相同工业类型的工业遗产被植入不同新功能，例如同为仓储类的英商平和打包厂被改造为创意产业类的汉口文创谷，老沙逊洋行仓库则被改造为复合功能型建筑，包括创意产业、酒吧、影视拍摄基地和办公场所；也有不同类型的工业遗产被植入相同新功能的改造，例如商办汉口第一纺织股份有限公司和武汉锅炉厂都被植入了艺术展示的新功能。因此，武汉工业遗产保护再生无论是从改造再生策划、新植入功能选择、介入性设计策略，或是面对的工业遗产对象等级均有所不同，反映了武汉在工业遗产保护再生中发展的良好态势。

总的来说，武汉工业遗产数量较多，跨越武汉近现代工业发展的各个时期，涉及行业类型丰富，工业遗产保护与再利用发展态势良好，样本类型丰富。

3.2.2 黄石工业遗产时空分布及特征

3.2.2.1 时间分布特征

黄石地区工业遗产根据建厂时间可以分为古代遗产、近代遗产和现代遗产三类遗产，其中古代遗产1例，近代遗产7例，现代遗产3例。其一，唯一的从古代留存至今的工业遗产是铜绿山古铜矿遗址，属殷商时期一处以采矿遗址和冶炼遗址为核心的矿冶遗址，采冶年代始于商代，经西周、春秋战国延续至汉代。它是我国迄今发现的古矿遗址中年代久远、持续生产时间最长的古铜矿遗址。其二，黄石近代工业遗产留存量大，在地区工业遗产中占比最高。源于这一时间段的工业遗产包括汉冶萍铁路及其沿线车站、卸矿机码头、汉冶萍煤铁厂矿旧址、大冶铁矿、黄石电厂、华新水泥公司和源华煤矿等7个案例，大多与矿石开采、冶炼和运输密切相关，其物质遗产充分证明了近代黄石地区矿冶工业的发达。其三，黄石现代工业遗产主要涵盖1949年后的3个工业遗产案例，包括东方钢铁公司、红旗水泥厂和外贸码头及其仓库。东方钢铁公司和红旗水泥厂建设

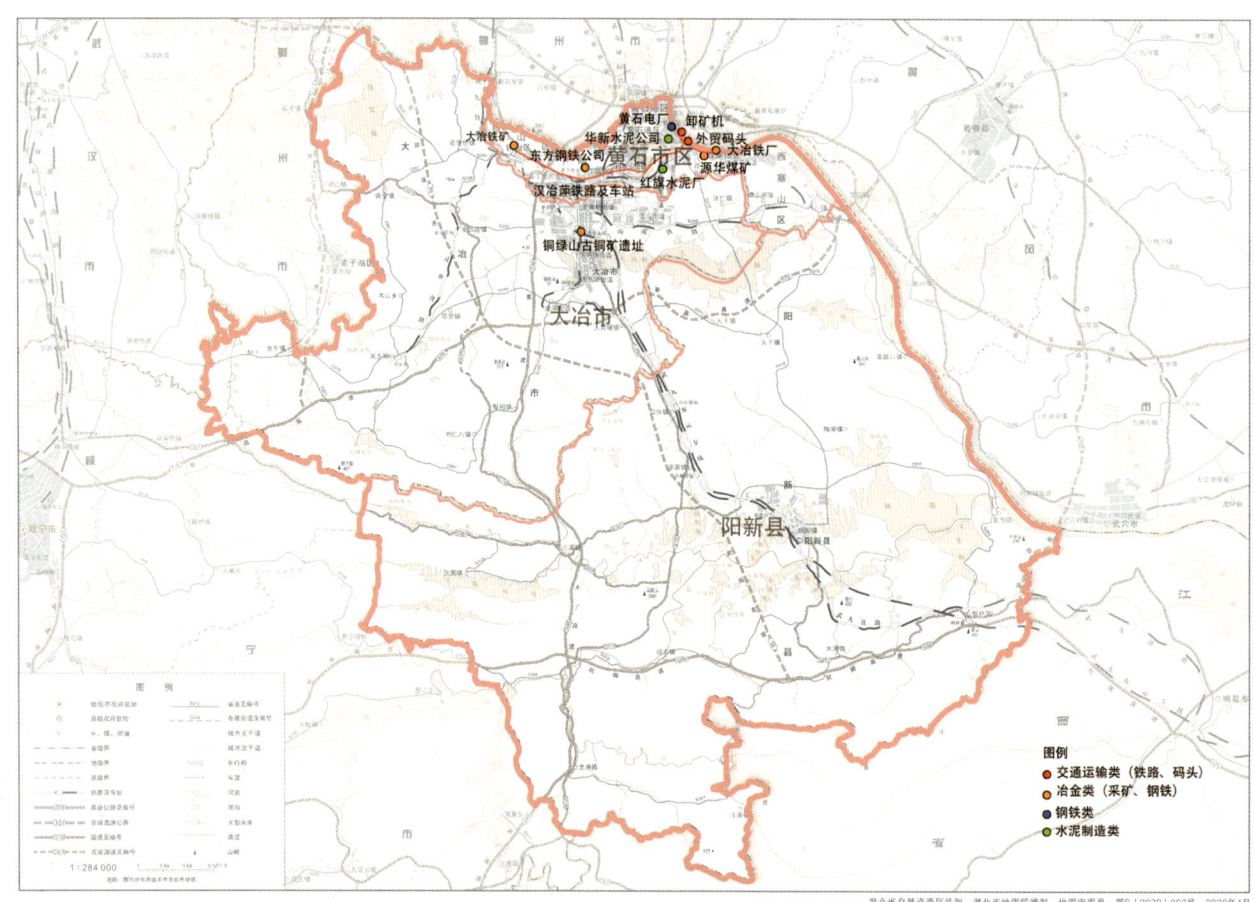

图3-2-3 黄石市工业遗产分布图

时间为20世纪五六十年代，外贸码头则是改革开放初期建设并投入使用的，是黄石重要的对外窗口企业，属带有鲜明时代烙印的建成遗产。

3.2.2.2 空间分布特征

黄石工业遗产空间分布规律呈现4个特征：其一，遗产的分布呈现聚集性特征。11个工业遗产中的10个分布在黄石市区，只有铜绿山古铜矿遗址分布在下辖的大冶市。当下的黄石市区即历史上最发达的工业区，在由生产性厂区、厂房转型为工业遗产的过程中，聚集性的分布特征与历史上黄石地区的厂矿企业集中在黄石中心区的空间分布状况高度吻合（图3-2-3）。其二，多数工业遗产呈现沿汉冶萍铁路线分布的结构性特征，且分布在汉冶萍铁路沿线或者距离较近区域内，这与历史上大量厂矿企业生产原材料及产品依托汉冶萍铁路运输的现实需求相符，例如大冶铁矿、东方钢铁公司、红旗水泥厂等厂矿企业都曾依靠汉冶萍铁路运输工业原材料和产品。其三，部分曾依托水路运输工业原料或产品的工业遗产，呈现出临长江沿岸分布的特点，例如卸矿机码头、外贸码头、黄石电厂、华新水泥公司与汉冶萍煤铁厂矿旧址等厂矿企业。其四，汉冶萍铁路跨越了黄石铁山区、黄石港区、下陆区和西塞山区多个辖区。黄石城市发展过程中城区肌理的变化显示，历史上汉冶萍铁路沿线原本的郊区用地已逐渐演变成黄石市区的一部分，因此，曾经的汉冶萍专属铁路目前已成为黄石的城市工业遗产。

3.2.2.3 行业类型特征

黄石地区矿冶资源丰富，工业遗产类型以矿冶类遗产为主，行业类型特征突出。主要包含与矿冶开采和冶炼相关的冶金类工业遗产，与矿石运输相关的铁路和码头等交通运输类工业遗产，以及与水泥制造相关的建材类工业遗产。在本书收录的黄石11例工业遗产中，冶金业类工业遗产共有5例，占比约45.5%；交通运输业类工业遗产，共有3例，占比约27.3%；水泥制造业类工业遗产2例，占比约18.2%；能源业类工业遗产1例。冶金类工业遗产中与矿石开采相关的有大冶铁矿、源华煤矿和铜绿山古铜矿遗址，与钢铁冶炼相关的有东方钢铁公司和汉冶萍煤铁厂矿旧址。交通运输业类工业遗产中与铁路相关的有汉冶萍铁路及其沿线车站，与水陆转运码头相关的有卸矿机码头和外贸码头。水泥制造业类工业遗产有华新水泥厂和红旗水泥厂。黄石电厂作为唯一的能源业类工业遗产，老厂区已被拆除重建了新的厂房，现在唯一的工业遗产留存物是一座巨大的堆场。

3.2.2.4 保护与再利用特征

黄石工业遗产的11个案例中，有6例已经完成改造或正在改造中。已经完成改造的工业遗产包括大冶铁矿、铜绿山古铜矿遗址和汉冶萍煤铁厂矿旧址3个案例，正在改造中的工业遗产包括汉冶萍铁路、东方钢铁厂和华新水泥厂3个案例。除汉冶萍煤铁厂矿旧址的改造和再利用由新冶钢厂主导外，其他5个案例都是由政府主导的改造项目，改造后的工业遗产更多地面向社会大众服务，建成遗产的公共性显著提高。例如大冶铁矿已转型为黄石国家矿山公园，铜绿山古铜矿遗址已转型为遗址博物馆，汉冶萍铁路将转型为城市旅游专线的一部分，东方钢铁厂将转型为文化产业园，华新水泥厂将转型为水泥博物馆。在改造策略上，黄石工业遗产的保护与再利用多基于真实性和整体性原则，大部分工业遗产保存完整，因此既有工业景观、生产性空间、生产设备成为现身说法的"展品"，供大众体验和解读。

3.2.3 宜昌工业遗产时空分布及特征

宜昌地区的工业在抗战时期曾遭受战争损毁，1949年后一直发展缓慢。1960年代"三线"建设时期，大量沿海工业陆续迁入，加之葛洲坝等水利工程建设的推进，宜昌工业再次起步。因此宜昌地区工业遗产的主体分为以下几部分：其一，源于"三线"建设时期大批落户宜昌山区的"三线"工业遗产；其二，源于宜昌水利工程建设的水利工业遗产；其三，源于宜昌山区茶叶等农产品加工、生产的食品业类工业遗产。本书收入的湖北工业遗产中，宜昌有8例。

宜昌的工业体系中，葛洲坝、三峡大坝等水利枢纽的建设使宜昌最终成为一座世界级的水电城。当下宜昌留存的工业遗产以葛洲坝水电站为代表的基础设施类工业遗产和"三线"工业遗产为主，此外还包含五峰精制茶厂传统食品业类工业遗产。

3.2.3.1 时空分布特征

宜昌地区工业遗产中以国营向阳仪器厂、国营长江光学仪器厂为代表的"三线"工业遗产，因其特殊的工业类型和宜昌独特的气候、资源与地理环境，其空间分布呈现出如下规律：

（1）多靠山分散布置在市郊村野和远山深处，体现"三线"建设时期"靠山、分散、隐蔽"的工业选址布局特色。宜昌作为鄂西山区向江汉平原的过渡地带，地形条件复杂，呈现出"七山二丘一平"的地形地貌特征。除了066航空航天基地规模庞大，独自布局在宜昌东北部，大多数"三线"工业遗产分布在整个宜昌中部丘陵地区。总之宜昌"三线"工业遗产分布相对分散，分别在宜昌市辖的5个行政区、3个县级市和

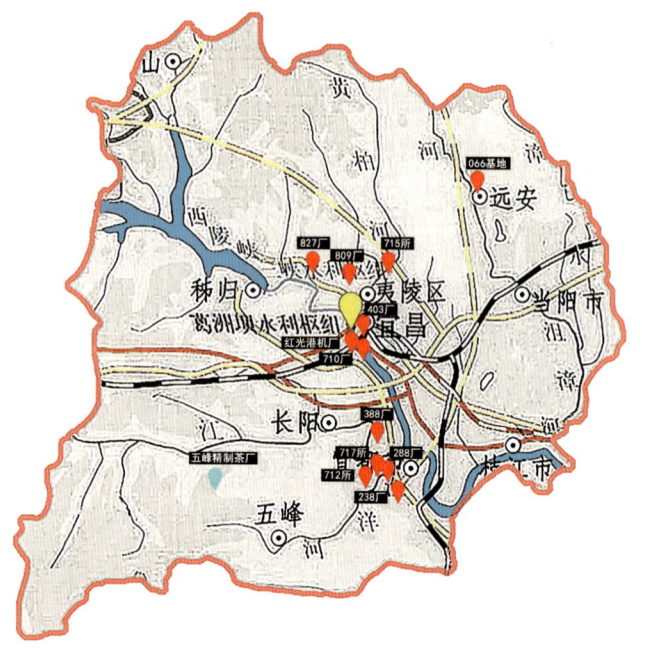

图3-2-4 宜昌工业遗产分布图
（资料来源：李悦绘制）

远安县内，其中远安县工业遗产分布相对密集，形成一个产业基地（图3-2-4）。

（2）多中心组团布局，呈现大分散小集中布局特色。宏观上，宜昌"三线"工业遗产散布在多个县市偏远乡村区域，且"三线"工业遗产厂区之间距离至少在20～30公里，呈"大分散"分布状态；但一些工业遗产之间因工业时期产业链的关系，形成了产业与产业之间的关联性集聚，因此在相同或相近工业类型的厂区之间，往往以一个县或市为中心选址建设。这使得当下宜昌地区一定区域内的"三线"工业遗产，呈现出"小集中"分布状态。这类分布状态的工业遗产以船舶类工业遗产数量最多，集中分布在西陵区、点军区和夷陵区，距离市区20～40公里；光学仪器

制造类工业遗产集中分布在距离宜昌市区60多公里的宜都市深山中；航空航天类工业遗产066基地内含10个厂区，集中分布在距离宜昌市区90公里的远安县域范围内。

（3）整体上呈现出沿长江两岸和焦枝铁路分布的特征。一部分工业遗产沿长江分布，一方面因为宜昌作为长江中上游的枢纽城市，自古以来以水运为主。从宜昌溯江而上648公里可达重庆，顺江而下722公里可达武汉，且长江水运系统更适宜较大规模的工业原材料和产品的运输；另一方面因为某些特殊工业如船舶工业、核工业、纺织业在生产过程中对水的需求量极大。除沿江分布外，"三线"建设时期焦枝铁路和其支线鸦官铁路的建设完善了宜昌的铁路系统，为便于运输，一些"三线"厂区多临近铁路布置，这正是当下宜昌一部分"三线"工业遗产分布在焦枝铁路途经区域的原因。

此外，以葛洲坝水电站为代表的能源及基础设施类工业遗产，分布在距离宜昌市区约4公里一处山体坡度陡、水位落差大、峡谷深长的长江干流上，坝体利用丰富的水力资源满足发电、航运等综合功能。而以五峰精制茶厂为代表的传统食品生产、加工类工业遗产，则分布在宜昌西部山区。

3.2.3.2 行业类型特征

宜昌现存工业遗产工业门类丰富，大体上分为三部分：以国营向阳仪器厂、国营长江光学仪器厂为代表的"三线"工业遗产，以葛洲坝水电站为代表的能源及基础设施类工业遗产，以及以五峰精制茶厂为代表的传统食品工业类工业遗产。其中"三线"工业遗产样本最为丰富，本书共收入6例，在宜昌工业遗产中的占比为75%，其中包含船舶业类工业遗产2例、仪器仪表业类工业遗产2例、能源及基础设施业类工业遗产1例，以及机械业类工业遗产1例。

3.2.3.3 保护与再利用特征

宜昌现存工业遗产的品质参差不齐，但不乏高等级工业遗产，如066航空航天基地入选第八批全国重点文物保护单位。葛洲坝水电站，自建成以来持续发挥着发电、航运、蓄洪、灌溉等综合功能，属宜昌活态工业遗产的典型代表。

当下宜昌工业遗产的保护与再利用，多为个人或企业自下而上民间自发所为的结果，其保护与再利用主要呈现两种情形：其一，距离城市30公里以内的工业遗产部分被改造为博物馆或养老院，或旅游休闲度假艺术区等。例如红光港机厂的子弟学校的一部分被改造为家庭博物馆，中国船舶重工集团有限公司第七一〇研究所办公楼被改造为养老院，华强机械厂近三分之二面积的厂区都被改造为旅游休闲度假艺术区，且华强机械厂的保护与再利用，是宜昌工业遗产保护再利用中屈指可数的整体性保护案例。其二，距离城市30公里以上更为偏远地区的工业遗产，更多出自当地居民小规模的翻修改造以用于自住或居民活动中心，其为"再利用"而改造的效果显著，但基于"三线"工业遗产价值的针对性保护相对匮乏。

3.2.4 襄阳及十堰工业遗产时空分布及特征

襄阳和十堰是湖北省当代重要的新兴工业城市，在区域工业发展中具有重要影响力。大批兴建于"三线"建设时期的工业企业，遗留下了数量众多、分布广泛、类型丰富的工业遗产。

3.2.4.1 时空分布特征

襄阳和十堰两市现存的工业遗产，主要为"三线"建设时期建成的工业留存物。遗产的空间分布延续了工业时期的特点，主要呈现两大特征：一是以铁路为主干呈线性分布的既有工业空间格局；二是源于工业时期工业企业组团建厂的背景，当下工业遗产厂区呈现成组成片留存、一系列生产性厂房又呈现相对分散分布的空间格局（图3-2-5）。

从整体分布关系看，两地区的工业遗产多与铁路之类基础设施有必然联系，基本上以铁路线为骨干呈串联状分布，其中，南漳县是"小三线"建设相对集中地区，十堰、丹江口浪河镇和丁家营镇、谷城县相关工业遗产沿襄渝铁路布局，老河口和丹江口相关工业遗产沿汉丹铁路分布，襄阳和宜城相关工业遗产沿焦枝铁路布局。在此基础上，还有一系列的铁路支线直通厂区，如工业遗产谷城红星化工厂就拥有长达15公里的铁路专线。但是，"分散"的布局不利于工业生产、生产物资的运输和厂际间的联系。鄂西北

图3-2-5　襄阳、十堰工业遗产空间分布
（资料来源：吴建绘制）

"三线"工业在布局中，综合考虑了工业生产的需求和厂与厂之间"分散"策略的运用，因此大分散、小集中的分布规律十分明显。

3.2.4.2 行业类型特征

十堰和襄阳汽车制造业类工业遗产的特征，集中体现在区域内汽车制造核心工业固有的完整产业链关系中：十堰以汽车制造、轮胎制造、汽车零部件为主的各专业厂基本覆盖了汽车生产的各个零部件生产。在此基础上，为配合第二汽车制造厂的生产，一些配套厂也在区域内有所分布，如襄阳的襄阳轴承厂、湖北汽车灯具厂，老河口的湖北第二汽车电器厂等。同时，机械配件、电机电器业类工业遗产与相当数量的军工企业密不可分：襄阳是鄂西兵器工业基地，囊括了众多军工企业。此外，纺织业类工业遗产是襄阳轻工业历史的见证：在"三线"建设之前，襄阳就有一定的纺织业基础，"三线"工业的布局加速了纺织业的发展，樊城工业区集合了众多的纺织企业，但目前留存下来的纺织业类工业遗产十分有限。

3.2.4.3 保护与再利用特征

襄阳和十堰地区持续生产中的工业企业占比最大，因此所涉工业遗产属于活态遗产范畴。随着城市新工业园区的建立，地区内一些分散的工业企业将迁出原有厂区，因此相当一部分闲置厂区转型为文创、教育、旅游、商业、运动等功能性空间。具体而言，襄阳和十堰地区已完成整体改造和再利用的厂区有6个（表3-2-1），其中多个工业遗产再利用定位为"文化创意产业园"模式，工业遗产空间转型模式相对单一，改建后实际再利用状况参差不齐。在为数不多的已完成保护与再利用的案例中，唯有襄阳第一针织厂再利用状况良好。

表3-2-1 实施保护与再利用前后信息表

企业单位	原有产业功能	改造后功能
文字六〇三厂	印刷业	文化创意产业园
襄阳第一针织厂	纺织业	文化创意产业园
红星化工厂	化学工业	传统教育基地
3602厂	制造业	旅游体验
总装厂	汽车制造业	商业
底盘零件厂	汽车制造业	运动馆、商业

（表格来源：吴建绘制）

3.2.5 其他地区工业遗产时空分布及其特征

除武汉、黄石、宜昌、襄阳、十堰等城市以外，湖北省还有随州、荆门、孝感、鄂州、天门、潜江、恩施、咸宁几个市县也有一定量的工业遗产留存，尽管这些地区工业遗产的类别和数量不及上述地区丰富，但也不乏一些非常具有地域性和行业代表性的工业遗产样本，其工业门类主要包含：交通运输业类、仓储业类、机械业类、能源及基础设施业类、纺织业类、建材业类。

3.2.5.1 交通运输业与仓储业类工业遗产

交通运输业与仓储业类工业遗产，前者如1968年动工、1970年建成通车的天门市天门大桥，大桥建成50年见证了天门城市发展的历史；后者如建成于1982年的荆门市粮食中转储备库，属于湖北省粮食外调和出口的重要基地，是具有粮食储备、加工、中转功能的仓储业类工业遗产。今天门大桥和荆门市粮食中转储备库均处于持续使用状态中。

3.2.5.2 纺织业及建材业类工业遗产

纺织业类及建材业类工业遗产，前者如位于随州市的第一棉织厂和第二棉织厂，位于孝感的中国人民解放军3509工厂和安陆棉纺织厂；后者如位于孝感应城的石膏矿第一分矿。

随州第一棉纺厂和第二棉纺厂为随州市兴建较早、对地方经济影响较大的棉纺厂。第一棉纺厂厂区于2010年左右被拆除，但昔日的工人聚落仍留存至今；第二棉纺织厂1997年底处于半停产状态，生产性空间尚有留存。安陆棉纺织厂属中型棉纺织厂，是当时500个国民经济骨干企业之一，其原厂区被拆毁用于房地产开发，同样仅有生活区仍留存至今。

应城石膏矿第一分矿成立于1950年，1952年投产，1961年停采。现存有矿井洞及办公楼、发电厂、机械修造厂等附属设施。因该矿是1949年后第一个国营石膏矿，2008年获批成为湖北省文物保护单位。

3.2.5.3 机械业类工业遗产

机械业类工业遗产如位于咸宁的湖北煤矿机械厂、湖北第二电机厂和位于鄂州的湖北鄂城重型机器厂。其中湖北煤矿机械厂直属原煤炭工业部，专业生产薄层中轻型刮板输送机，目前厂区整体保留完好。湖北第二电机厂原名湖北电机厂分厂，曾是湖北省内生产变压器容量最大、电压等级最高的企业，也是原机械工业部重点企业；湖北第二电机厂自停产后，厂房被出租做仓库使用，原厂区内车间大多闲置，但保留完好。湖北鄂城重型机器厂于1958年兴建，前身是黄冈专属鄂城造船厂，是原第一机械工业部定点生产卷板机、轴轮压装机的重点厂家之一，该厂现有部分留存。

3.2.5.4 能源及基础设施业类工业遗产

能源及基础设施业类工业遗产如位于荆门的荆门炼油厂和荆门热电厂，以及位于潜江的江汉油田和位于恩施的老虎洞电站。荆门炼油厂于1969年建成投产，当时是国家石油化学总公司系统内的一个大型石油加工企业，属江汉石油管理局管辖；今荆门炼油厂原厂区处于闲置状态，但有部分留存。荆门热电厂是1974年国家，为给荆门炼油厂供热并缓解湖北缺电危机而建设；荆门热电厂利用荆门炼油厂的油渣发电，弥补了湖北的煤、电缺口；目前荆门热电厂仍在生产使用中。江汉油田是潜江市最为重要的工业遗产，建成于1965年，其厂区整体都有保留。恩施的老虎洞电站始建于1956年，是中华人民共和国成立后湖北省第一批兴建的五个小水电站之一，2019年老虎洞电站被列为湖北省文物保护单位。

3.3 湖北工业遗产的价值评价

3.3.1 湖北工业遗产的价值特性分析

国际工业遗产保护联合会在《下塔吉尔宪章》中指出，工业遗产的价值主要包括历史价值、科学技术价值、社会文化价值、艺术审美价值和经济价值。湖北作为中国近现代工业发展的代表性省份之一，其工业起步及发展经历了洋务运动、民族工业建设、"一五"时期工业建设、苏联援助工业建设、"三线"工业建设以及改革开放等重要历史时期，各时期至今累积了大量工业遗产。其中相当一部分价值突出者已被列入全国重点文物保护单位、国家工业遗产名录、中国工业遗产保护名录以及湖北省重点文物保护单位等高等级工业遗产。详见表3-3-1。

表3-3-1　湖北高等级工业遗产价值分析表

编号	工业遗产名称	保护身份	价值特性	备注
1	武汉长江大桥	·全国重点文物保护单位 ·中国工业遗产保护名录 ·中国20世纪建筑遗产名录	历史价值：中国跨越万里长江的第一座大桥，平汉铁路和粤汉铁路由此实现了连接。 社会文化价值：该桥对武汉乃至全国的经济、文化和国防建设均起着极为重要的作用，承载着武汉人民的集体记忆。 科技价值：桥墩施工中运用的"大型管桩钻孔法"技术属中国首创。 艺术审美价值：该桥设计既具有民族风格，又体现了时代精神，空间布局上利用天然的地理地貌作为桥梁的引线，与龟蛇两山浑然一体，宛如天成	—
2	京汉铁路，含： ①大智门火车站 ②平汉铁路南局旧址 ③京汉铁路总工会旧址 ④二七烈士纪念碑 ⑤施洋烈士墓	·全国重点文物保护单位 ·中国工业遗产保护名录 ·中国20世纪建筑遗产名录 ·湖北省文物保护单位	历史价值：中国早期建成的第一条南北铁路大动脉，中国工人运动的摇篮。 社会文化价值：该铁路打破了中国传统交通网络格局，带动沿线城市繁荣。是承载武汉城市居民日常生活和社会活动的公共空间，记录并积淀了城市历史与文脉。 艺术审美价值：大智门火车站建筑风格独具一格，具有较好的观赏性和艺术性	大智门火车站、京汉铁路总工会旧址被列入全国重点文物保护单位。 京汉铁路整体被列入中国工业遗产保护名录。 平汉铁路南局旧址、二七烈士纪念碑和施洋烈士墓被列为湖北省文物保护单位
3	粤汉铁路，含： ①徐家棚火车轮渡码头 ②"武汉号"轮渡 ③詹天佑故居	·中国工业遗产保护名录 ·全国重点文物保护单位	历史价值：中国早期建成的南北铁路大通道之一。其中武昌徐家棚轮渡码头是中国历史上第二个铁路轮渡码头，首次实现了中国南北交通大动脉的连接。著名工程师詹天佑当时任商办粤汉铁路总理兼总工程师。 社会文化价值：徐家棚车站片区带着铁路工人的集体记忆；铁路码头的兴旺发展，带动了徐家棚地区的繁荣兴盛。 科技价值：徐家棚火车轮渡码头属于半永久式码头，"武汉号"曾是我国内河中最先进的船舶	詹天佑故居被列为全国重点文物保护单位。 粤汉铁路整体被列入中国工业遗产

续上表

编号	工业遗产名称	保护身份	价值特性	备注
4	铜绿山古铜矿遗址	·全国重点文物保护单位 ·国家工业遗产名单	历史价值：其采冶年代始于商代，持续时间长达一千余年，是中国迄今发现的古矿遗址中时代久远、持续生产时间最长的一处古铜矿遗址。 社会文化价值：该古铜矿的开采与利用促进了当时社会进步。 科技价值：冶炼技术水平代表了中国青铜时代最高技术成就	—
5	汉冶萍公司，含： ①大冶铁厂 ②大冶铁矿 ③汉阳铁厂 ④大冶铁厂	·全国重点文物保护单位 ·中国工业遗产保护名录 ·国家工业遗产名单 ·中国20世纪建筑遗产名录	历史价值：汉冶萍公司是亚洲最大最早的钢铁联合企业，大冶铁路老下陆车站是湖北省现存最古老的火车站。 科技价值：大冶铁厂实现了产业技术体系的构建，推动了中国乃至亚洲现代重工业的发展，其冶炼炉是当年亚洲第一高炉。大冶铁矿东露天采场号称"亚洲第一采坑"。 社会文化价值：大冶铁厂与大冶铁矿的发展推动了黄石这座工业城市的形成和发展	—
6	汉阳钢厂转炉车间	中国工业遗产保护名录	历史价值：汉阳钢厂实现了汉阳铁厂的历史性传承，转炉车间为当时国内体量最大的工业厂房之一。 科技价值：特殊精美的外墙砖砌结构保证了通风、采光与排气的需求。 社会文化价值：承载了一批又一批工人的工作和生活记忆。 艺术审美价值：由著名建筑师张良皋先生设计	—
7	华新水泥厂	·全国重点文物保护单位 ·中国工业遗产保护名录 ·国家工业遗产名单 ·中国20世纪建筑遗产名录	历史价值：中国近代最早开办的三家水泥厂之一，拥有中国现存最早的湿法水泥生产线。 科技价值：拥有三台极为珍贵的大型水泥湿法旋窑，其中一、二号窑目前在世界已十分少见，三号"华新窑"为中国自产，代表了当时我国水泥行业的先进水平，被国家列为水泥工业的定型设备。 社会文化价值：促进了黄石经济发展，承载着城市记忆。其旧址是全民科学普及教育和遗产保护宣传的重要基地。 艺术审美价值：大量的标志性建（构）筑物展现了水泥工业特有的工业景观特征	—

续上表

编号	工业遗产名称	保护身份	价值特性	备注
8	066基地	全国重点文物保护单位	历史价值：开创了我国"三线"基地独立研制新型导弹的先例，填补了国内空白。 科技价值：该基地研发出我国第一代地对地战术导弹。 社会文化价值：承载了"三线"工人的情感记忆和奋斗精神	—
9	"三线"火箭炮总装厂（5137厂）	·全国重点文物保护单位 ·国家工业遗产名单	历史价值：该厂见证了我国火箭炮武器装备的诞生和发展。 科技价值：该厂保存了火箭炮发展历史的完整样本，极好地展现了火箭炮在各个阶段的发展状况。 社会文化价值：该厂承载了人民兵工精神和强军报国梦想。 艺术审美价值：该厂充分展现了"三线"时期靠山、隐蔽、分散的布局特点	—
10	宗关水厂，含： ①汉口水塔 ②轮机房 ③公事楼 ④水处理设施	·湖北省文物保护单位 ·全国重点文物保护单位 ·中国工业遗产保护名录 ·中国20世纪建筑遗产名录	历史价值：该厂为武汉最早的自来水厂，其中汉口水塔是武汉市最早的一座高层建筑和标志性建筑。 社会文化价值：该厂为市民生活带来了巨大的变革，承载了武汉市民大量的历史记忆。老泵房现在作为"武汉市自来水事业百年历史展示馆"具有向公众科普自来水知识的重要意义。 艺术审美价值：汉口水塔正八角形建筑端庄典雅，内部设计精巧，是汉口公认的一道历史风景名胜；轮机房属于文艺复兴风格建筑	汉口水塔作为"汉口近代建筑群"之一，被列入全国重点文物保护单位和中国20世纪建筑遗产名录。 宗关水厂整体被列入湖北省文物保护单位和中国工业遗产保护名录
11	金水闸	中国工业遗产保护名录	历史价值：近代中国第一个大型水利工程，民国时期唯一的大型水利工程，也是至今保护得最好的近代大型水利工程。蒋介石亲自为它题额。 社会文化价值：该设施起到灌溉、排洪的作用，使金水河两岸的居民免受洪涝之苦	—
12	英美烟公司办公楼	中国工业遗产保护名录	历史价值：该企业为1949年前中国最大的烟草企业，开创了"美种烟"在我国进行深加工的新局面	英美烟公司整体被列入中国工业遗产保护名录

续上表

编号	工业遗产名称	保护身份	价值特性	备注
13	武汉国民政府旧址（南洋兄弟烟草公司办公楼）	·全国重点文物保护单位 ·中国工业遗产保护名录 ·中国20世纪建筑遗产名录	历史价值：南洋兄弟烟草公司是中国建立最早、历史最长的民族烟草企业之一，打破了英美烟公司对中国烟草业的垄断局面。该大楼为第一次国共合作期间仅存的国民政府办公楼。 社会文化价值：该大楼见证了中国革命历史，传承了历史文脉，振奋了民族精神。 艺术审美价值：建筑坚固雄伟、富丽堂皇，局部古典主义风格，为民国时期汉口的标志性建筑	该办公楼以武汉国民政府旧址的身份被列入全国重点文物保护单位和中国20世纪建筑遗产名录。南洋兄弟烟公司整体被列入中国工业遗产保护名录
14	宜都茶厂	中国工业遗产保护名录	历史价值：苏联援建中国的第一家专业的、央企级别的红茶厂，是我国茶业罕见的活态工业遗产。 科技价值：现存生产线有11套设备为建厂时自行建造的，为国内建造最早、自动化程度最高且能继续生产的茶叶生产线	—
15	邦可面包房	全国重点文物保护单位	历史价值：武汉最早的西餐厅之一。 社会文化价值：传播西方餐饮文化，承载武汉市民同时期的生活记忆	与"八七"会议会址共同列入全国重点文物保护单位
16	荆州分洪闸	全国重点文物保护单位	历史价值：长江上第一个大型水利工程。毛泽东、周恩来曾先后为荆江分洪工程题词。 科技价值：工程分进洪闸和节制闸。进洪闸为防洪工程，设计进洪量8000立方米/秒。节制闸为控制工程设计泄洪流量3800立方米/秒。是集游览、观光于一体的大型农业水利枢纽工程。 社会文化价值：荆江分洪主体工程缓解了洪水对荆江大堤的威胁，同时确保了江汉平原和武汉三镇的安全	—
17	襄樊码头遗址	全国重点文物保护单位	历史价值：现存较好的码头有12座，始建于清道光八年（1828年）前后，是襄阳"南船北马""七省通衢"的重要见证	—
18	大丰仓	全国重点文物保护单位	历史价值：湖北省唯一一处保存完好的明代官府粮仓，历史悠久。 艺术审美价值：主体建筑保存完好，九脊歇山重檐屋顶体现了中国传统建筑之美。 科技价值：建筑结构"科学、实用、适宜"，很好地解决了粮仓建筑所需的通风、排水等要求。 社会文化价值：大丰仓对研究当时的农村、农业、农民以及仓储制度具有重要的价值	—

续上表

编号	工业遗产名称	保护身份	价值特性	备注
19	汉口新泰大楼	全国重点文物保护单位	艺术价值：大楼为5层钢筋混凝土结构，属古典主义建筑	2019年并入第六批全国重点文物保护单位汉口近代建筑群
20	汉口英商电灯公司	全国重点文物保护单位	历史价值：该公司是汉口租界最早、规模最大、经营时间最长的电灯公司。同时于1924年成为全国最大的直流发电厂。 艺术审美价值：办公大楼为三层砖混结构，仿麻石外墙，顶部建有钟楼，文艺复兴式风格。 社会文化价值：它的创办与经营不仅为汉口租界公共事业做出了巨大贡献，更是推动了早期湖北电力工业的发展	2019年并入第六批全国重点文物保护单位汉口近代建筑群
21	葛洲坝水利枢纽	国家工业遗产名单	历史价值：葛洲坝水电站实现了大江截流，是长江干流上的第一座大型水利枢纽。 科技价值：葛洲坝水电站不仅仅是一项重要的水利工程，同时也是一座纵贯南北的长江大桥，有两条航线、三个大型船闸，可通行万吨级船队，单向年通过能力5000万吨。 社会文化价值：葛洲坝水电站是无数职工的情感寄托，作为他们奋斗精神的物质载体，具有一定的社会价值	—
22	二三四八蒲纺总厂	国家工业遗产名单	历史价值：蒲纺总厂是奠定湖北纺织工业的基础和"十里纺城"城市发展的见证。 科技价值：蒲纺总厂作为纺织工业产业聚落的存在，代表着当时纺织工业各门类的最高生产水平。 艺术审美价值：蒲纺总厂结合复杂的自然地形地貌，因地制宜，融入自然，形成了独特的工业景观	—
23	赵李桥茶厂	国家工业遗产名单	历史价值：公司砖茶生产历史悠久，记录了国家紧压茶工业的发展轨迹，见证了边销茶加工的历史进程。 科技价值：1952年建设的仓库及制茶机器依然保存完好，现在依然处于行业领先地位。 社会文化价值：赵李桥茶厂是紧压茶工业文化的重要载体，是"青砖茶""米砖茶"国家标准的起草单位，是国家级非物质文化遗产赵李桥砖茶制作技艺保护传承单位	—

续上表

编号	工业遗产名称	保护身份	价值特性	备注
24	武汉钢铁公司建筑群	中国20世纪建筑遗产名录	历史价值：青山红钢城工业住区是武钢建设乃至青山区发展重要的历史见证者。 艺术价值：街坊式工业住区展现了当时盛行的苏式建筑风格。 社会文化价值：工业住区是企业文化和居住文化相结合的载体，承载着职工的深厚感情	—
25	五峰精制茶厂	中国20世纪建筑遗产名录	历史价值：作为宜红古茶道的重要组成部分，反映了五峰作为宜红茶来源地的事实。 艺术价值：建筑体现了土家族民风民俗、艺术审美等多种少数民族文化。 科技价值：现存的建筑遗产和精制设备反映了当时茶叶加工的工业化生产管理和工艺流程的进步和变化。 社会文化价值：五峰精制茶厂作为宜红茶工业遗产，是万里茶道文化线路上重要实物遗存，同时推动了当地社会、经济、文化和旅游事业的发展	—
26	赞育汽水厂	湖北省文物保护单位	历史价值：1945年前武汉乃至湖北最大的两家机制汽水厂之一。 科技价值：武汉冷饮行业史上首家采用机器制作汽水的冷饮厂。 艺术审美价值：建筑属折衷主义建筑风格	—
27	和利汽水厂	湖北省文物保护单位	历史价值：1945年前武汉乃至湖北最大的两家机制汽水厂之一。 艺术审美价值：建筑属文艺复兴风格建筑	—
28	汉口电话局	湖北省文物保护单位	历史价值：汉口电报局见证了晚清时期电信工业挣脱"官办"追求"商办"而又终归于回到"官办"的这一曲折历程。 社会文化价值：推动了民族资本主义的发展，加强了武汉与全省乃至全国的联系。 艺术审美价值：大楼展现了独具特色的古典风格设计手法	—
29	商办汉口第一纺织股份有限公司	湖北省文物保护单位	历史价值：武汉首家由民族资产阶级创办的纺织工厂，是当时华中地区最大的纺织厂。 社会文化价值：承载一纱工人的集体记忆。 艺术审美价值：办公楼外观造型严谨对称，又富于形体和线型变化，形似"新巴洛克"建筑	—

续上表

编号	工业遗产名称	保护身份	价值特性	备注
30	应城石膏矿第一分矿旧址	湖北省文物保护单位	历史价值：该矿是中华人民共和国成立后第一个国营石膏矿	—
31	老虎洞电站	湖北省文物保护单位	历史价值：该电站是中华人民共和国成立后湖北省第一批兴建的五个小水电站之一	—
32	武泰闸	湖北省文物保护单位	历史价值：武泰闸由湖广总督张之洞主持修建。 社会文化价值：武泰闸建成后，四周船民纷至沓来，所在地迅速成为连接城乡的小镇，带动了当地的经济发展	—
33	亚细亚火油公司汉口分公司旧址	湖北省文物保护单位	历史价值：亚细亚火油公司属于输入型企业，在当时的中国代表着新兴的产业。 艺术价值：立面属于欧洲文艺复兴古典主义风格，同时檐口装饰及阳台细部处理留有中国传统手法痕迹	—
34	川汉铁路夷陵段，含①上风垭山峒遗址②黄家场火车站	湖北省文物保护单位	历史价值：见证了川汉铁路在宜昌自修建到全面停工的历史	—
35	兴山川汉铁路桥墩	湖北省文物保护单位	历史价值：见证了川汉铁路自修建到全面停工的历史	—
36	樊口水利枢纽，含：①民信闸②樊口大闸③樊口电排站	湖北省文物保护单位	科技价值：樊口水利枢纽是一座集防洪、灌溉、航运等综合效益于一体的大型控制性水利枢纽工程	—
37	黄金洞炼硝场遗址	湖北省文物保护单位	历史价值：该遗址始建于明代。现存采矿、炼硝遗迹120余处，硝坑218个，总面积约20万平方米。是我国文献记载最早、世界上最大的火药加工遗址群	—

注：①全国重点文物保护单位由国家文物局认定。
②国家工业遗产名单由工业和信息化部公布。
③中国工业遗产保护名录由中国科协公布。
④中国20世纪建筑遗产名录由中国文物学会、中国建筑学会公布。
⑤湖北省文物保护单位由湖北省人民政府认定。

综合湖北高等级工业遗产的价值并展开分析，其价值特性可归纳为：

（1）价值的综合性

对于湖北工业遗产而言，同一遗产对象的价值并非单一层面而是多层面呈现。湖北多个时期、多种类型的工业遗产，或因产生于工业发展的某个特定时期、与特定历史事件和重要历史人物相关，而具有特殊的历史价值；或因生产设备及工艺在其所处时代具有先进性和代表性，建筑结构及设计具有独特的工业逻辑表达、与高水平技师和匠师相关，同时拥有科技价值；或其因所在行业对社会经济发展作用显著，与特定人群的集体记忆相关，同时拥有社会文化价值；或因其建（构）筑物具有工业美学品质和特定物质载体的设计风格特性，同时拥有美学价值。因此，当论及湖北工业遗产中的具体遗产对象尤其是高等级的遗产对象时，其价值往往体现在多层面，具有综合性特征。

（2）价值的独特性

湖北工业遗产中不同的遗产对象，往往有其独特的价值内涵。其一，尽管历史价值是湖北工业遗产的普遍价值，但具体遗产对象历史价值的内涵常存在差异性；其二，当某一工业遗产对象集多种价值于一身时，其与其他遗产对象的价值分项之间，同样存在差异性，而这正是该遗产对象有别于其他遗产对象的殊异价值所在。因此，以比较思维审视湖北工业遗产自身，个案价值的独特性据此得以呈现。

（3）价值的相对性

湖北工业遗产价值的相对性，是以全国同类工业遗产为参照，在相互比照中展开价值高低的定位解读。如湖北交通运输业类工业遗产中的京汉铁路、武汉长江大桥，因其在同时期、同类工业遗产中具有代表性、唯一性而拥有极高的价值；又如冶金业类工业遗产中的汉冶萍煤铁厂矿遗产，因其属亚洲近代最大最早的钢铁联合企业，以及其在同行业中的开创性和跨区域跨流域工业遗产文化线路特性而拥有突出价值。

3.3.2 湖北工业遗产评价体系建构及分级分类工业遗产的产生

湖北工业遗产价值体系的建构，既是国际范围内对工业遗产的价值逐渐形成普遍共识的时代背景影响的结果，也是上海、杭州、北京等国内多个城市工业遗产保护再生先行先试、示范作用的结果，同时更是后工业时期湖北多个城市自身产业结构调整、城市发展中既有工业区更新面临一系列现实问题助推的必然结果。

具体而言，在工业遗产保护观念和保护再生实践方面，湖北整体上是观念先行，实践跟进，而其中知行合一、先行先试的城市当属武汉和黄石两城市。

3.3.2.1 武汉、黄石、荆州的工业遗产认定

（1）"武汉建议"形成

2010年4月中国规划学会"城市工业遗产保护与利用研讨会"在武汉举办，会议关注在城镇化高速发展的转型期，城市产业结构升级调整和城市空间更新发展的背景下，传统工业遗产保护再生面临机遇和挑战并存的现实问题。会上形成了"关于转型期城市工业遗产保护与利用的武汉建议"（以下简称"武汉建议"），"武汉建议"将城市工业遗产界定为：或具有历史地位和意义，或具有建筑、美学价值的工业建筑及其他物质载体，以及与之

相关的人文、居住与非物质遗产。

"武汉建议"从相对宏观的城市视角，提出了城市存量发展时期工业遗产面临的身份认定、摸清遗产家底等现实问题，以及在工业遗产保护再生的理念、原则、制度建设、实践策略等方面待探讨和待解决的普遍问题。

2010年11月，科技部与建设部联合启动"典型城市工业遗产保护与科普开发研究"项目，武汉与广州等14个城市一道，作为典型工业城市入选该研究项目组。武汉市规划院受武汉市国土规划局之托，承担《武汉市工业遗产保护与利用规划》编制任务。

（2）黄石先行：黄石工业遗产认定

湖北省首个针对工业遗产保护的政府规章，出自黄石市人民政府2011年9月公布的《黄石市工业遗产保护暂行办法》（以下简称"暂行办法"），"暂行办法"沿用我国首份工业遗产保护文件《无锡建议》中有关工业遗产价值论述的内容，指出工业遗产是"具有历史学、社会学、建筑学、科技及审美价值的工业文化遗存"。

（3）武汉保护专项规划落地：武汉首批工业遗产名单产生

武汉首次工业遗产保护专项规划（以下简称"专项规划"）于2010年启动，2012年落地。"专项规划"无疑是国家层面主导的"典型城市工业遗产保护与科普开发研究"成果的一部分。"专项规划"重点对武汉主城区范围内工业遗产现状进行全面调查，选取了从1860年代至1990年代成立的、具有重大影响力的371个工业企业作为调研对象，以此展开武汉市工业遗产保护专项研究工作。最终，武汉首批包含一、二、三级工业遗产（共计29例）的名单产生。

（4）荆州市优秀历史建筑：认定内容中涵盖工业遗产

2012年3月，《荆州市城市历史文化街区和优秀历史建筑保护规定》公布，工业遗产被纳入优秀历史建筑认定范畴之内。

（5）武汉市优秀历史建筑：新增工业遗产选项

2013年2月新版《武汉市历史文化风貌街区和优秀历史建筑保护条例》公布，该条例是继2003年《武汉市旧城风貌区和优秀历史建筑保护管理办法》公布十年后，针对城市历史街区和历史建筑更新出台的一份重要文件。前后两个版本对于"优秀历史建筑"认定条件的显著变化在于：2013年版在2003年版的基础上，新增了"在产业发展史上具有代表性的作坊、商铺、厂房和仓库等"备选条件一项，同时将历史"建筑"调整为历史"建（构）筑物"。可见，前后两个版本优秀历史建筑备选类型中，工业遗产从无到有的变化，说明武汉十年间对工业遗产作为城市文化遗产不可或缺的组成部分的价值认知有了实质性提高。

（6）黄石工业遗产保护条例通过：黄石工业遗产认定

继2011年黄石颁布《黄石市工业遗产保护暂行办法》后，2016年黄石市正式出台了《黄石工业遗产保护条例》，该条例进一步确定了工业遗产的认定条件。

3.3.2.2 湖北省历史建筑标准制定

2018年湖北省住房与城乡建设厅组织编制了《湖北省历史文化街区划定及历史建筑确定标准》。该标准对历史建筑认定条件做出了明确规定，工业遗产成为被认定的对象之一，从而有效地指导了湖北省各地区对于包括工业遗产在内的

3.3.2.3 湖北省其他地区工业遗产认定

2020年3月襄阳颁布《襄阳古城保护条例》，"具有保护价值的工业遗产类建筑"被列入古城保护对象，该条例的颁布拓展了襄阳古城保护对象的内涵。

综上，湖北工业遗产价值的建构过程，是对湖北工业遗产价值内涵的认知过程。随着2010年中国规划学会"关于转型期城市工业遗产保护与利用的武汉建议"的形成，一系列与工业遗产价值有关的文件及专项保护规划陆续出台，并得到落实，客观上对湖北工业遗产价值及价值影响因素的认知的深化起到了推动作用。

湖北省工业遗产评价体系经历了从无到有、认识渐进提升的过程。

3.3.2.4 分级分类工业遗产的产生

武汉工业遗产保护与利用规划落地后，武汉于2013年和2015年公布了两批工业遗产，并依据工业遗产的价值、重要性等，分为三个保护级别。其中对于一级工业遗产采取严格保护模式，按文物保护法要求进行保护，遵循"修旧如旧"的原则进行必要的修缮。对二、三级工业遗产采取适度改造利用模式，在保护的前提下对遗产进行适度利用，促进城市功能的完善，具体包括改造为城市开放空间、博物馆及纪念展示馆、创意产业园、商业综合开发等四类。对已消失的重要工业遗产提出非实物保护模式，即在原遗址位置进行虚拟复原、遗址命名等软性保护，对老设备、厂史、档案等遗存在工业博物馆集中保护展示。

武汉公布的第一批工业遗产共27处，其中一级工业遗产包括汉口水塔、邦可面包房、南洋大楼等共15处；二级工业遗产包括武汉肉类联合加工厂、武汉铜材厂、青山红房子等共6处；三级工业遗产包括太平洋肥皂厂、武汉市第一纺织厂等共6处。第二批工业遗产共37处，其中一级工业遗产包括武汉长江大桥、大智门火车站、汉口电话局等5处；二级工业遗产包括三北轮船公司旧址、汉口民生轮船公司旧址等9处；三级工业遗产包括武汉市国营红星制革厂、青山公园铁轨等共23处。另外，武汉公布的两批工业遗产中，一级工业遗产全部为国家级、省级或市级文保单位。

黄石市在2016年通过《黄石工业遗产保护条例》后，根据其标准随后公布了第一批工业遗产共计19处，其中冶金工业包括汉冶萍煤铁厂旧址、大冶钢厂苏式建筑群等8处；水泥工业包括华新水泥厂旧址、华记水泥厂旧址2处；煤炭工业包括源华煤矿旧址、利华煤矿遗址等4处；机械制造工业包括黄石纺织机械厂旧址、湖北省拖拉机厂旧址2处；其他工业包括黄石电厂二宿舍、黄石造船厂旧址、下陆火车站旧址3处。

3.3.3 湖北工业遗产价值评价

武汉工业遗产是湖北工业遗产的典型代表，因此以武汉工业遗产评价标准看湖北工业遗产，其价值评价标准及评价结果清晰可辨：

（1）标准之一：在相应时期内具有稀缺性、唯一性，在全国或武汉具有较高影响力。由此，汉口水塔、南洋大楼、汉口电灯公司、武汉肉联厂、武汉锅炉厂、武汉重型机床厂、黄石铜绿山古铜矿遗址、黄石源华煤矿袁仓办公楼等工业遗产，均因具有稀缺性，进入湖北省高等级工业遗产名单。

（2）标准之二：企业在全国同行业内具有

代表性或先进性,同一时期内开办最早,产量最多,质量最高,品牌影响最大,工艺先进,商标、商号全国著名。由此,福新面粉厂、太平洋肥皂厂、和利汽水厂、武汉电视机总厂、赞誉汽水厂、南洋烟厂等工业企业,均因其生产的产品享誉全国或华中地区而入选省内高等级工业遗产名单。

(3)标准之三:企业建筑格局完整或建筑技术先进,并具有时代特征和工业风貌特色。由此,平和打包厂、亚细亚火油公司、赞誉汽水厂、汉阳钢铁厂、第一纱厂办公楼、武汉重型机床厂厂房等工业遗产,因其历时性建成环境完整,建筑形态、空间格局具有其所处历史时期典型的时代特征及工业建筑特色,同样入选高等级工业遗产名单。

(4)标准之四:其他有较高价值的工业遗存。工业聚落遗产在湖北工业遗产中普遍存在,且占比较大,青山红房子作为1950年代我国钢铁冶炼工业配套工人住区的典型代表,在同类遗产中具有相对更高的历史价值,因此入选高等级工业遗产名单;汉阳钢铁厂、一冶重件码头、汉阳特种汽车制造厂等工业遗产,均因其完整保留的工艺流程空间和特色工业景观而具有较高的科技价值,同样入选高等级工业遗产名单。

第 4 章

湖北工业遗产典型案例实录

4.1 交通运输业类工业遗产

4.1.1 大智门火车站

大智门火车站建于1897—1903年，历史上是卢汉铁路（后更名为京汉铁路）最南端汉口终点站的主体建筑。作为中国近代第一条长距离准轨铁路的大型车站，大智门火车站是中国近代铁路建设史的重要实物遗存和历史物证。2001年大智门火车站获批成为全国重点文物保护单位，2019年入选第二批中国工业遗产保护名录（图4-1-1）。

4.1.1.1 历史沿革[①]

卢汉铁路是中国近代连通北京、河北、河南、湖北等地区一系列南北方城市的重要铁路交通枢纽工程（图4-1-2a）。1897年5月，中国与比利时在武昌签定《卢汉铁路借款合同》草案，1898年卢汉铁路工程预备启动[②]。同年，由比利时贷款、法国工程师设计的大智门火车站开始兴建。火车站站房主体建筑西靠卢汉铁路，东临法

图4-1-1 大智门火车站现状鸟瞰
（资料来源：丁晨星摄于2018年）

---

① 袁继成. 汉口租界志[M]. 武汉：武汉出版社，2003.
② 武汉地方志编纂委员会. 武汉市志. 交通邮电志[M]. 武汉：武汉大学出版社，1998.

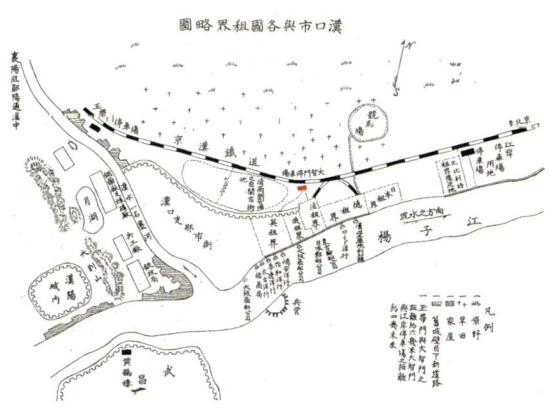  

（a）　1908年历史地图中的京汉铁路及大智门火车站　　（b）　张之洞与京汉铁路开通　　（c）　大智门火车站历史照片

图4-1-2　京汉铁路及大智门火车站历史资料
（资料来源：图a源自《武汉历史地图集》，图b源自《老房子的述说——武汉近现代建筑精华集萃》，图c源自1927年汉口明信片）

租界，坐西向东，中轴对称，站房主体建筑面积为1176平方米，整体建筑为折衷主义设计风格。历时3年，大智门火车站于1903年底建成。

1906年4月，全长1214.49公里的卢汉铁路全线正式通车，改称京汉铁路（图4-1-2b），大智门火车站正式启用，汉口因此增添了一条通向京城和华北地区的交通大动脉，车站的建成带动了荒僻的大智门一带经济和社会的发展。其影响效应以车站路为中心向四周辐射，形成了拥有工厂、仓库、搬运站、商店、副食店、餐馆及众多居民的闹市区。

1911年10月10日，武昌起义爆发，阳夏保卫战打响，大智门火车站站房建筑被炮火损毁。

1914年，大智门火车站部分仿原样重修。

1917年12月30日，火车站改建，站房建筑（车站大楼）由法国设计师设计。

1950年8月，大智门火车站与循礼门站合并，同时更名为汉口火车站。但二者功能定位不同：循礼门站为货物车站，大智门火车站仍为主要客运站。

1957年10月，长江大桥通车，被长江阻隔的京汉铁路与粤汉铁路贯通，贯穿南北的京广线交通大动脉形成。

1990年，大智门老火车站整体维修，当时查找历史档案资料仅获得一张1920年代的明信片（图4-1-2c）。图片显示车站站房大门顶端有一展翅的老鹰雕塑，加之有回忆文章称，车站顶上曾有一只"老鹰"，因此，维修方"恢复"了老鹰雕塑。后证明带翅膀的雕塑应是火车飞轮雕塑。

1991年，汉口新火车站建成，大智门火车站从此停止使用，正式退出历史舞台。其后，大智门火车站一度因缺乏资金维护，先后被改为娱乐城、家具城、酒吧，或处于闲置状态。也曾因汉口轻轨一号线的建设面临被拆除的危险。2001年，大智门火车站获批成为全国重点文物保护单位。2019年入选第二批"中国工业遗产保护名录"。

4.1.1.2 大智门火车站工业遗产

（1）总平面布局

大智门火车站位于武汉市汉口江岸区原法租界的边缘地带，即现车站路与京汉大道交会的丁字路口（图4-1-3）。

（2）建（构）筑物遗存概况[①]

大智门火车站自建成至今，留存时间跨度长达一个世纪以上。历史上的大智门火车站为一座典型的法国折衷主义风格的建筑。车站主体建筑整体遵循严格中轴对称、主次空间分明的设计原则展开（图4-1-4）：车站建筑的核心空间中央候车大厅高10米，位居整个建筑的中轴上，其左

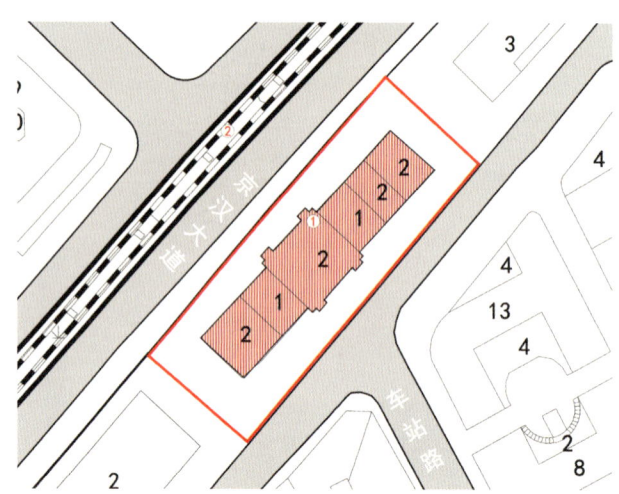

图4-1-3　大智门火车站总平面图

（资料来源：丁晨星绘制）

图4-1-4　大智门火车站沿街立面

（资料来源：江学勤摄于2013年[②]）

---

① 袁继成.汉口租界志[M].武汉：武汉出版社，2003.
② 引自：刘英姿，[法]蓝博.汉江法国租界及其建筑[M].武汉：武汉出版社，2013.

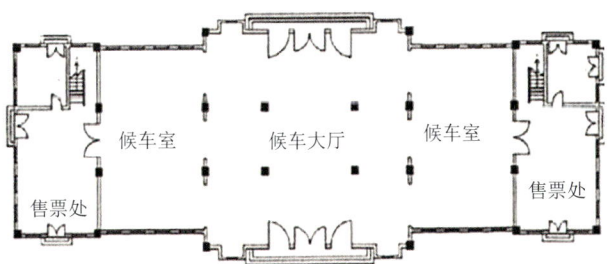

图4-1-5　大智门火车站一层平面及立面
（资料来源：武汉市规划设计有限公司丁晨星绘制）

右两翼对称分设候车侧厅和售票厅（图4-1-5）。与之相对应，车站建筑主立面遵循横三段、纵五段的古典建筑设计法则：中央候车大厅（图4-1-6、图4-1-7）及两端售票厅（售票厅的二层为办公空间）的上部，覆以法式建筑典型的孟萨顶（Mansard roof），同时中央候车大厅四角各建有一个高20米的塔楼，候车侧厅的上部则覆以常规四坡顶。整个建筑屋顶部分形成了正中部最高、紧邻两侧最低、两端部次高的空间节奏。至此，整体设计既突出了车站主体建筑主立面纵五段中的三个空间高潮，又使主立面获得了高低张弛有度、错落有致的韵律感和形式美感。

4.1.1.3　价值评估

（1）历史价值

京汉铁路是中国近代第一条长距离准轨铁路，打破了中国传统上依赖于水道与驿道的交通网络格局，改变了汉口的城市面貌以及武汉在近代中国经济布局中的地位，推动了汉口商业贸易的发展。同时京汉铁路成为外国利用债权掠夺中国铁路主权的先例，见证了中国修建铁路初期举步维艰的境况。大智门火车站曾被称为亚洲最豪华的火车站，也是京汉铁路武汉段唯一一座基于真实性原则保存至今的重要铁路站点建筑，具有重要的历史价值。

（2）社会文化价值

汉口大智门火车站是承载武汉城市居民日常生活和社会活动的公共空间，曾为武汉市民城际出行提供方便，是承载城市公共生活的重要空间载体，已构成武汉的城市历史地标和市民集体记忆。此外，车站的建成带动了法租界以及周边片区的建设发展，使这一片区出现了旅馆、剧院等新兴功能性场所，并且为汉口居民提供了更多就业机会。

图4-1-6　火车站原中央候车大厅
（资料来源：丁晨星摄于2018年）

图4-1-7　火车站原候车侧厅现用于办公空间
（资料来源：丁晨星摄于2018年）

（3）艺术价值

大智门火车站是法国建筑师按照西方近代铁路站标准建成的折衷主义风格的公共建筑，是中国近代设施好、规格高的火车站建筑之一。立面采用新古典主义"横三纵五"的经典形式。四角塔楼规整，以墨绿色金属材质包裹，兼有德国巴伐利亚地区城堡碉楼风格，整体设计具有良好的视觉观感和建筑美学价值。

（4）科技价值

大智门火车站是中国第一条长距离准轨铁路上的大型车站，且当年京汉铁路铁轨是由民族工业企业自行冶炼、生产的钢铁制成，标志着中国近代冶炼及材料技术达到新的高度，是近代科技发展的见证和研究样本。

4.1.2 徐家棚火车站

徐家棚火车站又名武昌北站，现位于武汉市武昌区徐家棚车站302号，是粤汉铁路北端的终点站（图4-1-8），始建于1914—1917年，由客车场、调车场和货场三部分组成。徐家棚火车站是武汉火车轮渡机车解体、编组的重要站点，承担客运、货运双重使命。历史上车站经历了多次的增、扩建，2000年10月随着全国铁路第三次大提速，徐家棚火车站客运功能全面停止。2018年5月，行车业务也正式停止。目前徐家棚火车站已纳入"武昌生态文化长廊"建设中，未来拟建成铁路主题城市公园。

图4-1-8　武昌北站站房、天桥及铁路线
（资料来源：刘建林摄于2005年）

4.1.2.1 历史沿革

徐家棚火车站从1914年开始建设,于1917年2月建成。车站总占地面积为17.83万平方米,属于以货运为主的客货营业站。车站由客场、调车场和货场三部分组成。车站有到发线4条,其中正线1条;有调车线10条,货运线3条;客运站房241.5平方米,旅客站台2座。铁皮风雨棚1座。车站建有货运仓库1座,面积200平方米;货物站台2座。整个徐家棚车站属于湘鄂铁路工程局。①

1920年由于其在客货运输中的重要作用,车站由原二等站升级为一等站。

1933年增建货运线1条,火车轮渡线3条。

1936年改称徐家棚总站,1937年改称武昌东车站。

1946年建客运票房661平方米,货物线2条。

1950年第1次扩建,修建1座钢结构旅客天桥,翻修2座旅客站台,增建4条调车线和机车转头线,同时将原调车线延长,车站改名为武昌车站。②

1953年1月武昌铁路分局和汉口铁路分局合并,改称为武昌北火车站。

1957年因武汉长江大桥建成通车,车站原客运仅限于武大铁路旅客、行包的发送;货运则整车、零担、集装箱运输均可办理。

1958年7月第2次扩建,伴随武大铁路开通,武昌北站成为一个重要车站。同时将调车场东移了100米,又增建调车线3条。③

1962年降为二等客货运站。

1977年第3次扩建,新建月亮湾整车货场,面积为42174平方米。将原有的3条轮渡线改为货物线,另增加货物线1条。④

1990—2000年,武昌经九江到南昌的铁路修通后,武昌北站成为江城旅客上下车的重要集散地。除客运外,该站主要承担武汉地区小运转列车车辆中转和编组任务,以及整车、零货物中转及水陆联运任务。

2000年10月全国铁路第三次大提速,武昌北站全面停办了客运业务。此时武昌北站客场总面积2.3万平方米,有客运站房384平方米,其中旅客候车室206平方米,有客运站台2座。货场由月亮湾、中码头、下河线3个货区组成,占地7.8万平方米;有货物仓库3座,建筑面积3614平方米;货场站台4座,货场堆货能力6122吨,折合货位153个。调车场占地7.6万平方米,共有股道33条,其中到发线22条。有装卸机械9台,其中起重能力20吨以上龙门吊3台,联合卸煤机3台。

4.1.2.2 徐家棚火车站工业遗产

(1)总平面布局

徐家棚火车站包含客场、调车场和货场三部分,北至杨园街,南至武车路,西抵江边,东至和平大道。除生产性空间外,车站片区还包含诚善里、粤汉里等生活性空间。2000年开始,车站区从逐渐停运到拆迁,其所包含的工业遗产逐渐消失(图4-1-9):2000年下河线的货场已经拆除;2003年中码头货场拆除,现为无人管理的绿地空间;2009年调车场拆除,地块被绿地集团用作住宅、商业、金融等项目开发,目前绿地国际金融城已建成。地铁线路规划使得诚善里于2017

---
① 董玉梅.百姓摄影[M].武汉:武汉出版社,2010:13.
②③④ 武汉市武昌区地方志编纂委员会.武昌区志(上)[M].武汉:武汉出版社,2008:311.

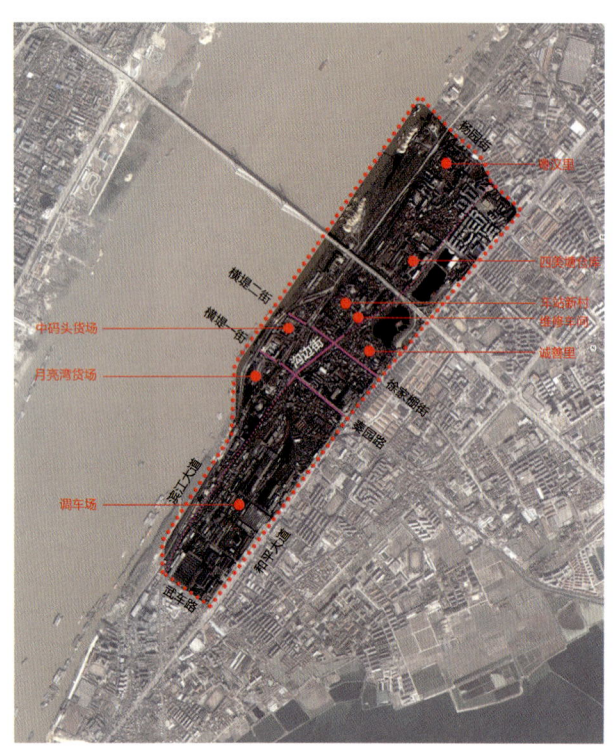 

| （a）2000年 | （b）2018年 |

图 4-1-9　徐家棚车站总平面图

年开始拆除，原车站站房也随之消失。徐家棚车站片区亟须得到整体性保护。

（2）建（构）筑物遗存概况

整体来说，从2018年下半年至2019年，徐家棚火车站不断变化，车站片区呈碎片化状态。月亮湾货场从闲置到拆除；为了便于"武昌生态文化长廊"地下管道建设，大量枕木、铁轨已被拆除放置在一旁；武东车房和四美塘仓库闲置；武北铁路工人俱乐部偶有人使用；粤汉里社区即将面临搬迁。此外还有一些特色辅助生产性空间处于闲置状态，如武铁武昌北站经营服务点、武昌东车务段武东劳服公司等。

①月亮湾货场。月亮湾货场有两个出入口，主出入口正对横堤一街且临近临江大道。货场遭拆除前，站场内有多个库房站台和办公楼，有起重机械龙门吊、轨道及设备设施，以及以往货运的车厢（图4-1-10）。

②维修车间。组建于1914年，始称湘鄂路第一段车房，1950年改名为武汉铁路分局武昌机务段，承担武昌至庐山客车、武昌东至庐山货车、武汉枢纽、铁（山）灵（乡）黄（石）地区小转运列车牵引，以及武汉枢纽长江以南大部分车站调车作业任务。[1]英国人设计的武东车房后来成为武昌机务段机车维修车间。目前车间已处于关闭闲

---

[1] 张笃勤，侯红志，刘宝森. 武汉工业遗产 [M]. 武汉：武汉出版社，2017:134.

置状态，且建筑正立面已刷白，以往标语的痕迹已被覆盖；场地内还留有大量废弃的机车车头、车厢、铁轨、枕木和曾为蒸汽机车供水的水塔（图4-1-11）。

③四美塘仓库。四美塘仓库由日本人设计，为坡屋顶钢桁架建筑，内设吊车梁，目前建筑处于闲置状态（图4-1-12）。

④武北铁路工人俱乐部（图4-1-13）。1922年2月26日徐家棚铁路工人俱乐部正式成立，俱乐部大楼得以兴建。10月俱乐部改为徐家棚铁路工人分工会。这栋建筑见证了武汉工人运动的第一次高潮。[①]建筑分上下两层，面积2255平方米，目前一层空间除临时性使用外，其他处于闲置状态，二层无法进入。

货场仓库

货场正大门

起重机械设备和轨道

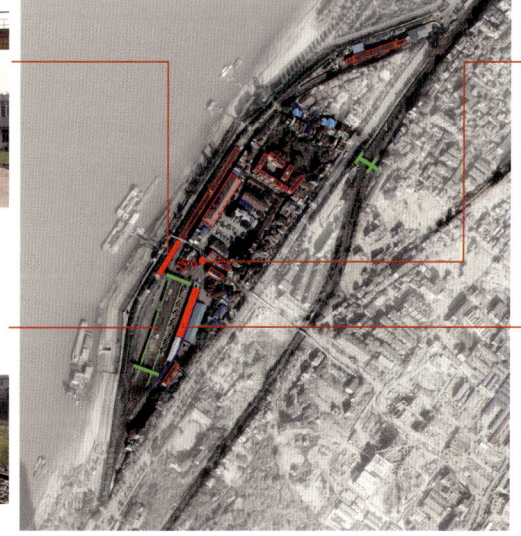
货场零售仓库

图4-1-10 月亮湾货场拆除前主要建（构）筑物

图4-1-11 闲置状态下的铁轨、机车等留存物

图4-1-12 四美塘仓库
（资料来源：李瑞摄于2018年）

图4-1-13 工人俱乐部
（资料来源：李瑞摄于2018年）

---

① 汪瑞宁.武汉铁路百年[M].武汉：武汉出版社，2010.

4.1.2.3 价值评估

（1）历史价值

大动脉中徐家棚火车站是粤汉铁路北端的终点站，是南北交通的重要停靠点和中转站，是城市工业发展繁盛时期的重要见证者。随着车站的建设，粤汉铁路及轮渡的开通，居民纷至沓来，车站带动了武昌城区建设。从最早的粤汉铁路到中华人民共和国成立后的武九铁路，徐家棚火车站经历了铁路交通体系化的过程，以及从蒸汽化到电力化的变革过程，是武汉铁路发展的重要里程碑。

徐家棚火车站作为湖北工业遗产中唯一的编组站，相对其他车站来说，空间更具丰富性、独特性和完整性，为研究交通运输类工业遗产提供了历史样本。

（2）社会文化价值

粤汉铁路筹建初期，为了不重蹈京汉铁路路权外化之覆辙，国人曾一起抗争反对铁路路权外化，徐家棚火车站正是在这一历史背景下开始建设的。此外车站片区的居民多是铁路系统的职工，特定工人群体及家属因工作而生活在一起，"沟边街""洋园""粤汉里"等地名相继诞生。因此车站片区是铁路工人集体记忆的场所，是工人群体拥有认同感和归属感的地方。

（3）经济价值

徐家棚火车站现占地面积约17.7万平方米，当下处于城市中心区，是一个连接武昌老城和青山滨江片区，与江岸区武汉天地、汉口江滩遥望，土地价值较高的地方，可以通过空间再利用带动自身和周边城市片区的发展，给城市注入活力，潜力巨大。此外，车站本身具有的文化价值可以依托现存的建（构）筑物，通过"文化资本"得以再生，将空间的历史文化转换为空间的消费体验，不仅可提升经济价值的内涵，而且可减少人力、财力的损耗。

4.1.2.4 徐家棚火车站工业遗产的保护

武汉市政府在"武昌生态文化长廊"项目（图4-1-14）建设中，将徐家棚火车站片区更新后的目标设定为铁路文化体验段（包括铁路文化公园、铁路文创天地）和月亮湾城市阳台，车站片区将会部分保留铁路轨道等具有文化内涵的建（构）筑物。建议进一步保护前文提到的机修车间、四美塘仓库、武北铁路工人俱乐部等具有标

（a）铁路文化公园　　　　　　　（b）铁路文创天地　　　　　　　（c）月亮湾城市阳台

图4-1-14 "武昌生态文化长廊"规划

（资料来源：图a、b来源于武汉城市铁路建设投资开发有限责任公司编制的《武九铁路文化公园规划设计》，2018年；图c来源于《楚天都市报》报道的《月亮湾城市阳台全面开建》，2018年）

识性、蕴含集体记忆的空间元素，适宜性引入新功能，并对历史信息进行充分挖掘，通过空间激活重塑历史文化。

4.1.3 徐家棚火车轮渡码头

徐家棚火车轮渡码头又称"下河线"，代表着一种特殊的水陆联运方式。轮渡码头位于徐家棚火车站长江段江边，于1937年建成运营，与长江对岸汉口江岸火车站轮渡码头一起，共同承担京汉铁路与粤汉铁路之间跨江中转客货运输的重任，其轮渡运输方式自建成之后持续二十余年，直至1957年10月武汉长江大桥通车后结束。徐家棚火车轮渡码头（后称"武汉粤汉码头"）遗址含基桩、路基、钢轨等部分，上述各组成部分与"武汉号"轮渡一起皆为粤汉铁路工业遗产的组成部分。2019年粤汉铁路工业遗产被列入第二批中国工业遗产保护名录，作为粤汉铁路工业遗产的有机组成部分，徐家棚火车轮渡码头保护更新目前已纳入武汉长江江滩改造规划中。

4.1.3.1 历史沿革

1921年轮渡开办，史称汉口轮渡。1922年6月因入不敷出而撤销。

1937年3月10日，在原基础上重建火车轮渡。[①]1938年8月被迫停航，抗战时期武汉沦陷前火车轮渡大部分设备撤至重庆。

1947年抗战胜利，武汉铁路轮渡恢复通航。但在1949年前夕轮渡设施遭到国民党军队破坏，又一次被迫停航。

1949年5月火车轮渡设施扩修后恢复通航（图4-1-15）。

图4-1-15　徐家棚火车轮渡码头历史照片
（资料来源：陆明祥摄）

1953年2月成立武昌轮渡段，所有轮渡的各项设备、船只由武昌轮渡段负责检修。

1957年10月15日因武汉长江大桥建成通车，火车轮渡任务量锐减。

1958年10月29日武汉轮渡正式停航，武汉轮渡段撤销，船只、引桥、检修设备及工作人员均移交给上海铁路局，成立了芜湖轮渡。[②]

4.1.3.2 徐家棚火车轮渡码头工业遗产

（1）总平面布局

从徐家棚车站延伸出来的铁轨到长江边分向形成5条牵引线，5条牵引线的走向均与水流方向成斜交关系（图4-1-16）。原本铺设有铁路路轨的5组钢筋砼石墩与既有牵引线呈平行关系，错落有致地依次排列在江边。

因长江水位变化较有规律且与岸线高差较大，为了不影响枯水季节低水位时的运输，轮渡

[①] 董玉梅.百姓摄影[M].武汉：武汉出版社，2010：17.
[②] 董玉梅.百姓摄影[M].武汉：武汉出版社，2010：18.

图4-1-16 火车轮渡码头总平面布局
（资料来源：百度地图，李瑞改绘）

图4-1-17 徐家棚车站延伸出的铁路线
（资料来源：刘建林摄于2005年）

设计之初即针对不同水位设置了多条轮渡铁路线。同时为避免码头坡度太大，低水位线设置的引桥更长。实际运行中枯水期水位低下时往往采用1号码头；而当丰水期水位上涨、1号码头被淹时，往往启用2号码头；一旦遇到洪水汛期，就得启用标高最高的5号码头。[①]

（2）建（构）筑物遗存概况

目前徐家棚车站有两股铁轨在长江二桥下方穿过防汛大堤延伸至长江边（图4-1-17）：一股路轨延伸出两条支线，其一穿桥下而过，止于5号码头硕大的钢筋砼墩旁（图14-1-18），另一条从桥下穿过指向4号码头；另一股路轨往东北方向延

图4-1-18 5号码头硕大的钢筋砼石墩
（资料来源：董玉梅，《百姓摄影》，2010）

---

① 胡勇谋.82年前的今天，武汉火车轮渡码头竣工，粤汉铁路火车轮渡过大江[N].楚天都市报，2019-3-10.

（a）钢筋砼石墩和钢轨桁架

（b）既有铁轨

图4-1-19　4号码头遗存
（资料来源：李瑞摄于2018年）

伸，原为1—3号码头总牵引线，现成为滨江公园"彩虹铁轨"景观组成部分。具体情况如下：

①4—5号码头。5号码头是原最高水位码头，目前留有以断面形式呈现的铁轨线路和一组钢筋砼石墩，以及部分原随水位涨落而升降的钢轨桁架。4号码头是原次高水位码头，目前留有一组半掩埋于河滩的钢筋砼石墩和钢轨桁架。历史上留存至今的铁轨，目前部分掩埋在河滩中，部分外露延伸至江水中（图4-1-19）。

②3号码头和武汉轮渡段。3号码头是中水位码头，目前留有一组钢筋砼石墩和少量钢轨桁架，随水位变化时而可见时而不见（图4-1-20）。现码头旁为武汉轮渡段（图4-1-21），停靠有"武汉号""武昌号"渡轮2艘，战甲1号驳船1艘，趸船2艘及附属设施。武汉轮渡段为备战单位，主要承担战时长江铁路运输任务和战备训练工作。①

图4-1-20　3号码头钢筋砼石墩和钢轨桁架
（资料来源：李瑞摄于2018年）

---
① 张笃勤，侯红志，刘宝森．武汉工业遗产[M]．武汉：武汉出版社，2017：140．

③1—2号码头。1号码头是原最低水位码头，2号码头是原次低水位码头，随着水位变化枯水期可见，丰水期则不见（图4-1-22）。

4.1.3.3 非物质文化遗产

（1）基本作业流程

徐家棚火车轮渡码头在水陆联运的交通方式中，承担着将岸上行驶的客货列车转换成"水上列车"的重任。轮渡在武昌及汉口两岸对接流程如图4-1-23所示。

4.1.3.4 价值评估

（1）历史价值

徐家棚火车轮渡码头是中国历史上第二个火车轮渡码头，其运输方式首次实现了中国南北交通大动脉的无缝连接，在我国铁路—水路联合运输史上具有开创性的历史意义（图4-1-24）。

图4-1-21　武汉轮渡段
（资料来源：王永胜摄）

图4-1-22　2号码头深入长江中的钢筋砼石墩和钢轨桁架遗存
（资料来源：李瑞摄于2018年）

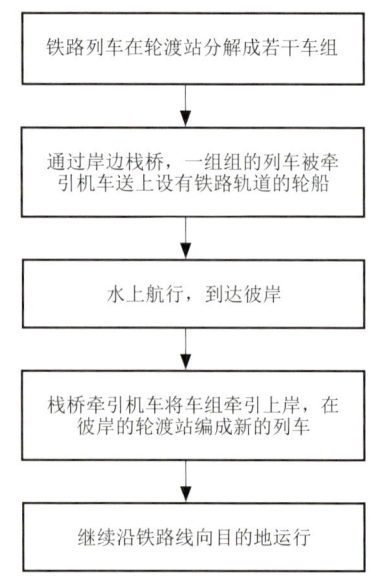

图4-1-23　轮渡两岸对接流程示意
（资料来源：根据董玉梅《百姓摄影》中文字稿，李瑞自绘）

图4-1-24　1970年代末火车轮渡码头的壮观景象
（资料来源：董玉梅，《百姓摄影》，2010）

（2）社会文化价值

火车渡轮码头的发展，直接带动了徐家棚地区的繁荣兴盛。火车坐轮渡不仅曾是一道城市人文景观，也曾为隔江而居的长江两岸居民的通勤、日常往来、游览带来极大的交通便利，码头上川流不息的人流成为城市集体记忆的一部分。"武汉号"驾驶舱陈列柜中存放的几摞航行日志中不仅如实记录了徐家棚火车轮渡的航行状况，更是航行者们甘苦经历的见证物。

（3）科技价值

遗留的钢筋砼石墩、深入水的轨道、"武汉号"等空间要素，承载了我国近代先进的水陆联运交通方式及其建造技术的信息。徐家棚火车轮渡码头属于半永久性码头，在水位变化时，可通过调节吊塔使得栈桥坡度适应船舶位置（图4-1-25），便于列车车厢顺利平稳地进入渡船，其工业遗产为后续研究火车轮渡码头的建构技术提供样本；此外，"武汉号"曾是我

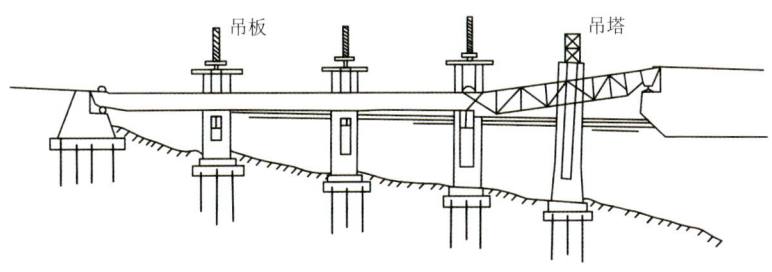 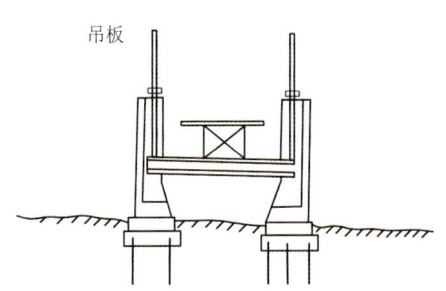

图4-1-25　徐家棚火车轮渡码头空间断面示意图
（资料来源：李瑞参考《火车轮渡码头设计一些经验》改绘）

图4-1-26 轮渡码头保护更新规划效果图
（资料来源：微信公众号ArchDaily，《Sasaki公布武汉长江江滩改造规划》）

国内河运输中最先进的船舶，是特为缩短船舶靠岸时间而设计建造的。

4.1.3.5 徐家棚火车轮渡码头工业遗产的保护

2019年2月佐佐木建筑事务所（Sasaki）公布了武汉长江江滩改造规划，其中包括武汉徐家棚火车轮渡码头的保护再生设计方案（图4-1-26）。设计师以尊重场所空间要素、适宜介入新功能的方式，保留对码头中的钢筋砼石墩和钢轨桁架并将其转为景观要素，结合水位变化，围绕其形成多条可观可游的行动路径，力图打造一处能够唤起人们集体记忆的城市公共场所。

4.1.4 武昌车辆厂

武昌车辆厂是徐家棚火车站的调车场，系根据1945年国民政府交通部铁路会议拟定的"战后五年建设计划及铁路总机厂之车辆制造设计纲要"而创建。1949年后车辆厂重建由苏联专家组指导、铁道部专业设计院完成设计，名为铁道部武昌车辆工厂。武昌车辆厂不仅是徐家棚火车站的调车场，也是全国唯一一家以保温车制造为主的车辆设计修造基地和铁路冷藏运输装备开发研制基地。①

4.1.4.1 历史沿革

1945年国民政府交通部拟定"战后五年建设计划及铁路总机厂之车辆制造设计纲要"。

1947年9月筹备处选址武昌徐家棚赵家墩即现今武昌区和平大道750号建厂（图4-1-27）。

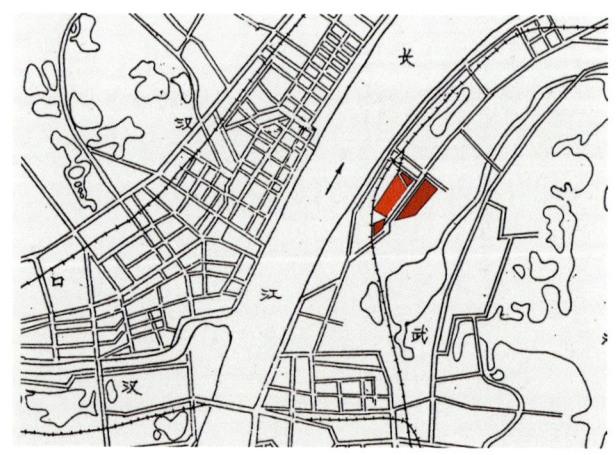

图4-1-27 武昌车辆厂区位图
（资料来源：《武昌车辆工厂志（1949—1985）》）

---

① 铁道部武昌车辆工厂. 武昌车辆工厂志（1949—1985）[Z].

1953年2月浙江萧山配件厂并入武昌车辆厂。

1986年工厂划归铁道部机车车辆工业总公司。

1994年铁道部武昌车辆工厂更名为武昌车辆厂。

2000年实行政企分开。原中国铁路机车车辆工业总公司一分为二，组建成南车集团公司和北车集团公司，武昌车辆厂隶属于南车集团公司。

2002年更名为中国南车集团武昌车辆厂。[①]

2007年11月，武昌车辆厂会同江岸车辆厂开始整体搬迁至武汉市江夏区，武昌车辆厂旧厂土地被腾退，厂房已被拆除。

4.1.4.2　武昌车辆厂工业遗产

（1）总平面布局

武昌车辆厂距武昌火车站7公里，西邻长江，离江堤百余米（图4-1-28）。工厂在武昌至黄石的铁道干线上建有专用铁路线进入工厂生产区，整个厂区由生产、生活两大区域组成，生产区和生活区分别布局于和平大道西东两侧（图4-1-29），工厂另有一煅冶车间在生产区以北约1公里处。

2010年，上海绿地集团拍得武昌车辆厂厂区地块，厂区原址现已建起一座华中新地标绿地国际金融城。武昌车辆厂搬迁后留下和平大道以东大片职工生活区，目前工业聚落遗产留存状况相

图4-1-28　2005年武昌车辆厂鸟瞰
（资料来源：刘建林摄于2005年）

---

① 铁道部武昌车辆工厂．武昌车辆工厂志（1949—1985）[Z]．

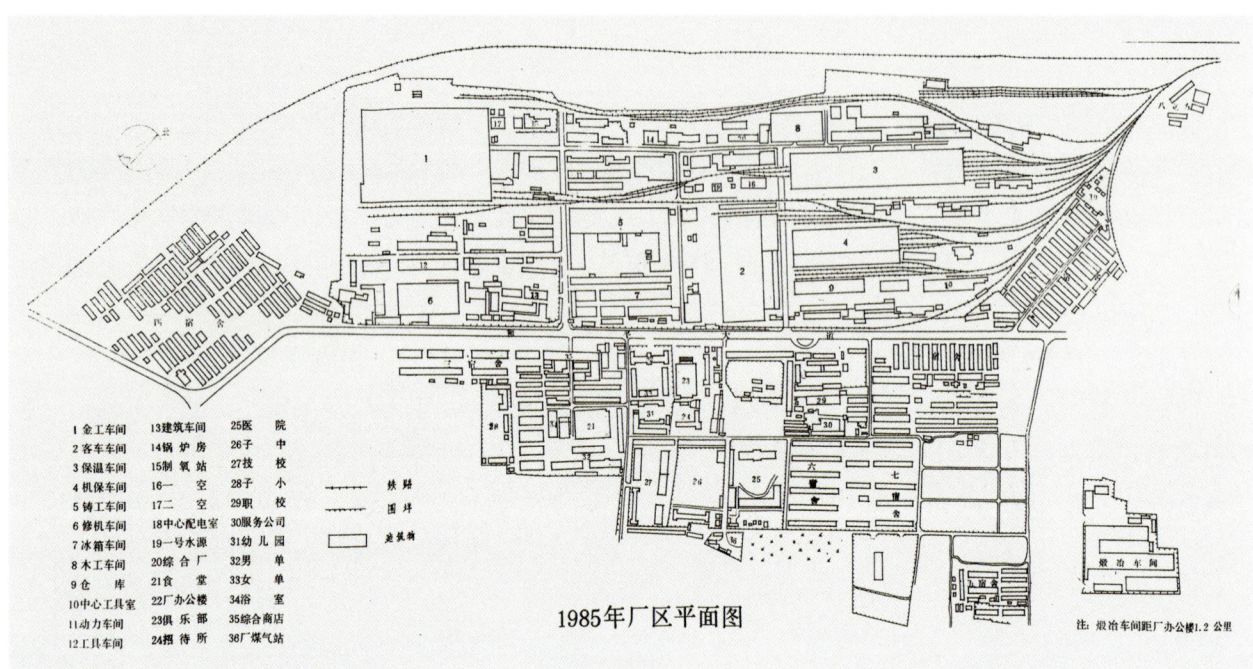

图4-1-29　1985年武昌车辆厂总平面
（资料来源：《武昌车辆工厂志1949—1985》）

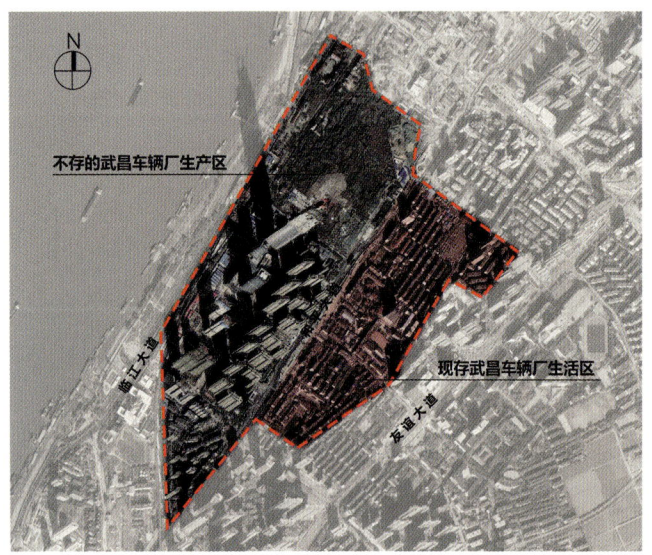

图4-1-30　2019年武昌车辆厂现状总平面
（资料来源：百度地图，朱子路改绘）

对完整（图4-1-30）。

（2）建（构）筑物遗存概况

武昌车辆厂生活区内留存有1950年代建成的子弟学校、职工食堂，1980年代建成的职工医院、老年人大学，1950—1980年代建成的单身职工宿舍、职工住宅等。配套公共建筑大多是钢混结构或砖混结构，外立面多涂以白色颜料，整体简洁朴素；居住建筑统一为砖混结构、红砖砌筑立面，门洞处偶有拱券式样并带有苏式风格混凝土装饰线脚，或在混凝土外廊栏杆上采用组合花纹式样，风格因楼层的不同有些许差异（图4-1-31）。

车辆厂工业聚落遗产中，各时期历史特色及痕迹清晰：1956年以前所建职工住宅均为平房；1957年后所建多为三层楼房，目前遗存

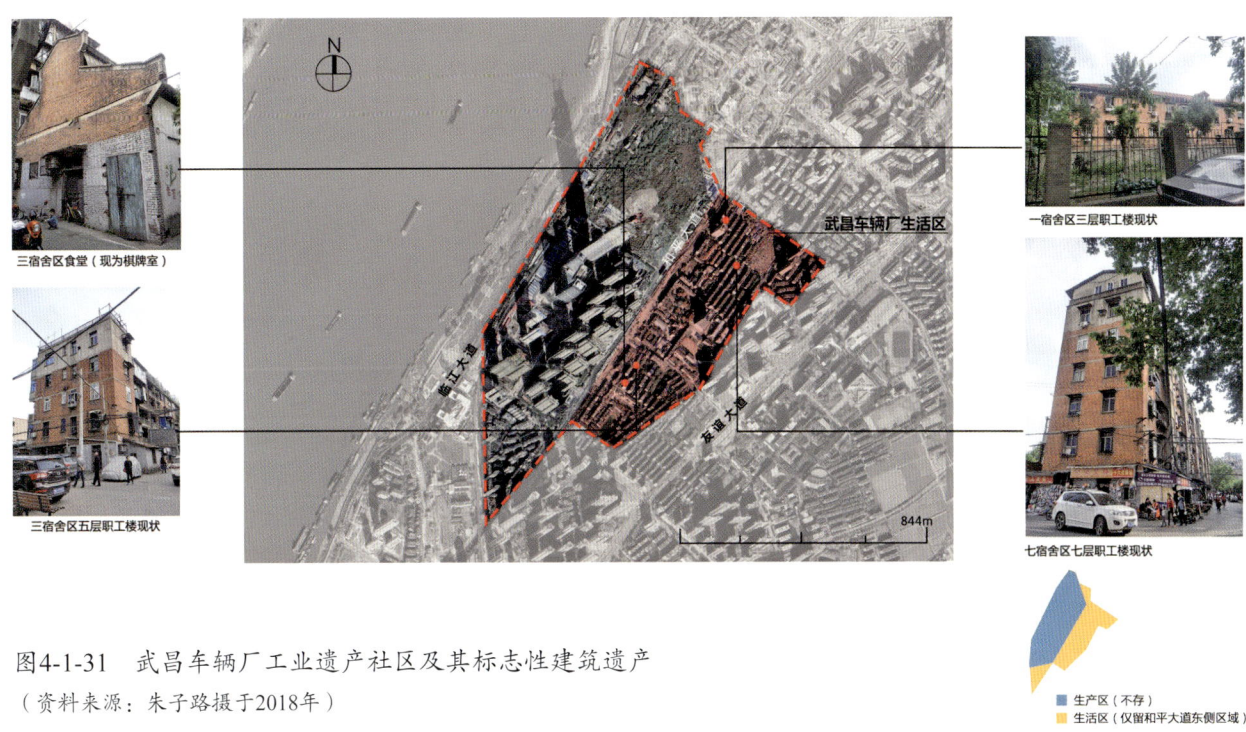

图4-1-31 武昌车辆厂工业遗产社区及其标志性建筑遗产
（资料来源：朱子路摄于2018年）

主要集中在一宿舍区；1973年后所建多为五层楼房，目前遗存主要集中在三宿舍区；1980年后所建多为八层楼房，目前遗存大量集中在五、六、七宿舍区。

①一宿舍区。一宿舍区位于生活区的北部，为建厂时期最早的一批三层红砖楼房，坡屋顶，砖混结构，门洞处采用苏式风格的简洁混凝土装饰构件及线脚。

②三宿舍区。三宿舍区位于生活区中心位置，因此距离多种生活福利设施较近。三宿舍区为一批1960年代的五层红砖楼房，砖混结构，平屋顶，其阳台栏杆样式颇具特色，为混凝土材质的波浪形纹样，整体立面因此富有节奏感。目前多数阳台已被居民自建部分所封堵。

4.1.4.3 非物质文化遗产

现存铁道部武昌车辆工厂编纂的《武昌车辆工厂志（1949—1985）》，详细记述了武昌车辆厂从1946年到1985年40年间的发展历程，包括基本建设、经营管理、技术管理、产品及职工生活。

4.1.4.4 价值评估

（1）历史价值

武昌车辆厂是中华人民共和国成立初期最早建立的一批重工业企业之一，它的建立带动了武汉特殊车辆工业的快速发展，截至21世纪初期，武昌车辆厂已发展为全国500家最大交通运输设备制造工业企业之一，在武汉乃至全国车辆制造行业中占据重要地位。

（2）社会价值

武昌车辆厂的职工生活区作为工业聚落遗产留存下来，其社区空间肌理依旧，社区生活面貌依旧，邻里关系和社区网络关系维系良好，已成为承载一个特殊群体特殊年代集体记忆的载体。

4.1.4.5 武昌车辆厂工业遗产的保护

武昌车辆厂职工生活区内集中了自建厂初期至1990年代建造的居住类建筑，区内设施齐全，生活富有生机，已成为一部反映城市发展的鲜活历史。建议将工业聚落遗产整体保护。

4.1.5 杨泗港货运码头

杨泗港又称武汉港汉阳港区，由原交通部、长江航务管理局在"一五"时期规划设计，1959年破土动工，是被列为国家重点建设项目的港口扩建工程。① 港区包含仓库堆场部分和码头部分，空间范围随着发展逐步扩大。2009年杨泗港纳入"新港长江城"项目规划中，2011年杨泗港货运码头陆续搬迁阳逻集装箱二期码头。2017年码头被列入武汉市第二批三级工业遗产拟录名单。

4.1.5.1 历史沿革

1956年4月交通部内河航运管理局提出武汉港扩建计划。同年7月交通部批准扩建武汉港。

1957年5月交通部水运规划设计院完成武汉港扩建规划，同年12月25日破土动工（图4-1-32）。

1963年9月部分工程竣工验收，名为杨泗庙作业区（图4-1-33）。

1965年4月1日更名为长航武汉港管理局汉阳作业区。

1985年1月作业区更名为长航武汉港汉阳港埠公司。

1986—1993年，投资1650万元扩建散货码头，建设规模为2个泊位。

1993—1996年，投资8303万元将栈桥升降机型式的7—8号码头改造为装机平台式码头。

1996年组建武汉集装箱运输公司，港区岸线长648.6米，拥有6座码头共7个泊位，其中集装箱专用泊位2个。

2000年末汉阳港埠公司港区岸线长1030米，拥有6座码头，共9个泊位（其中散装码头4座，重件码头2座）。②

图4-1-32　武汉港汉阳水陆联运港区码头
（资料来源：郑少斌，《武汉港史》，1994）

图4-1-33　杨泗港货运码头
（资料来源：武汉市汉阳区地方志办公室，《汉阳历史文化精粹》，2015）

---

① 吴明益.汉阳区志[M].武汉：武汉出版社，2008.
② 郑少斌.武汉港史[M].北京：人民交通出版社，1994.

2011年，杨泗港码头自6月1日起迁至阳逻港。

4.1.5.2 杨泗港码头工业遗产

（1）总平面布局

杨泗港位于武汉长江大桥上游的北岸鹦鹉洲头，距武汉关6.5公里（图4-1-34）。港区岸线长1650米，陆域纵深170～340米，陆域面积65.86万平方米（图4-1-35）。

汉阳鹦鹉洲杨泗庙沿江地段适合兴建水陆联运港区，该处江宽水深，水域从1925年以来无显著变化，陆域可利用岸线4000米，纵深广阔，发展不受限制，距京广铁路的汉阳车站仅2.5公里，水陆中转十分便利。[1]

（2）建（构）筑物遗存概况

杨泗港是长江干线最大的水陆中转枢纽之一（图4-1-36），是国家西煤东运经济战略部署的重要通道。该港口目前遗存1—2、6、7—8、9—12号系列码头（图4-1-37），各码头介绍如下（表4-1-1）：

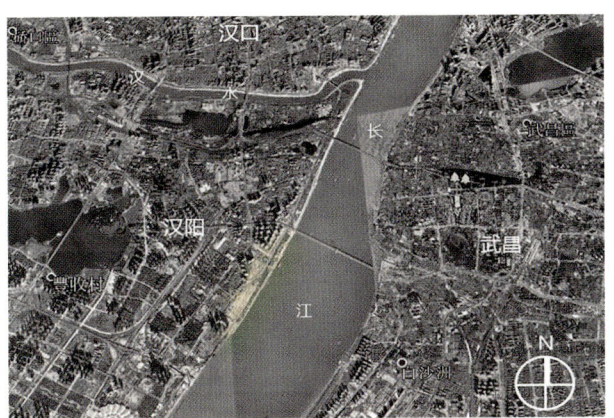

图4-1-34　杨泗港区位图
（资料来源：百度地图，罗劲草改绘）

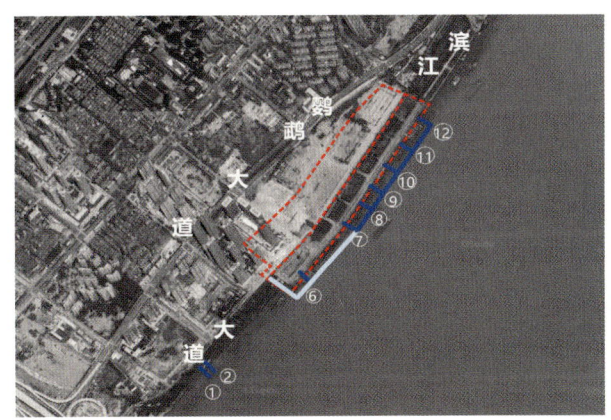

图4-1-35　杨泗港总平面布局及码头泊位
（资料来源：百度地图，罗劲草改绘）

图4-1-36　杨泗港码头鸟瞰
（资料来源：罗劲草摄于2018年）

图4-1-37　杨泗港码头框架结构
（资料来源：李瑞摄于2018年）

---

[1] 武汉地方志编纂委员会. 武汉市志（1980—2000）第一卷. 总类. 城市建设[M]. 武汉：武汉出版社，2006.

表4-1-1 杨泗港码头信息记录表

时间	码头编号	泊位（个）	结构形式	岸线长（米）	年通过能力（万吨）	货物吞吐量（万吨）
1957	1—2号	不详	高桩墩台式码头	约90	不详	不详
1986	6号	不详	浮吊式码头、梁栓体系	不详	不详	不详
1994	7—8号	不详	趸船配升降架结构型式的浮码头	240	不详	不详
1994	9—12号	5	直立式砼	408.6	不详	约30
1996	7—8号	2	高桩框架式	240	60（1996年）	3（2000年） 76.06（2002年）
1996	9—12号	5	直立框架结构	408.6	不详	50（1996年） 17.3（2000年） 6.5（2002年）

①杨泗港1—2号码头。1—2号码头是建设初期的高桩墩台式矿货码头，主要负责煤炭的输入输出任务（图4-1-38、图4-1-39）。

②杨泗港6号码头。杨泗港上6号码头曾是浮吊式码头，主要运输重件、煤炭货物。目前和2007年新建的两个码头呈并置关系，其支撑码头平台的梁栓体系在结合部经过节点加强处理，其结构和新建码头明显存在差异性（图4-1-40）。

③杨泗港7—8、9—12号码头。杨泗港7—8号码头位于长江北岸，武汉长江大桥上游约4.8公里处，始建于1958年。1994年至1996年曾对其进行改造扩建，是武汉港第一座集装箱专业码头。

改建后的7—8号码头岸线全长211.4米。码头为高桩框架式结构，码头平台宽28米（其中前平台宽14.5米，后平台宽13.5米）；集装箱泊位两座引桥分别宽14米和7米，重件泊位引桥宽9米，引桥均长44米。

杨泗港9—12号码头位于武汉长江大桥上游，武汉港汉阳港区，距武汉关约7公里，系武汉港原汉阳作业区9—10号码头向下游延伸岸线200米扩建而成。9—12号码头扩建改造工程于1980年5月9日开工，1984年6月15日竣工投产，是长江中上游地区第一座大型直立框架式码头。

改建后的9—12号码头岸线全长408.6米，宽14.5米，设有杂货泊位5个，码头为高桩框架结构，由前方栈桥和后方5座引桥组成。前方栈桥分为码头和平台两部分。沿码头前沿纵向每隔24～27米设置一排系船柱，每排4层，每层高差4米左右。平台码头面有两股火车道，一股门机道。连接后方库场的5座引桥各长50米，宽9米。

4.1.5.3 价值评估

（1）历史价值

杨泗港货运码头曾是国家西煤东运经济战略部署的重要通道，20世纪末还从事国际标准集装箱的装卸运输，成为武汉第一座集装箱作业专业码头。杨泗港码头历经了多个时期的发

图4-1-38　1—2号码头泊位历史状况
（资料来源：武汉港务集团汉阳港埠分公司，http://www.wuhanport.com/article，400.shtml）

图4-1-39　1—2号码头泊位当下状况
（资料来源：李瑞摄于2018年）

图4-1-40　与新建码头并置的6号码头泊位
（资料来源：李瑞摄于2018年）

展，现留存有不同时期码头建设更新的痕迹，其不断变化更替的建设历史见证了武汉港口工业的兴衰变化。

（2）社会文化价值

杨泗港货运码头主要承担华东电网、三峡建设、西部开发等国家重点工程和项目的物资中转任务，不仅推动了全省城乡经济发展，也促进了武汉自身社会经济的发展和大量相关人员的就业。此外，杨泗港货运码头是典型的港口工业空间，承载了特色鲜明的港口文化和港口企业精神文化。

（3）科技价值

1—2号码头是建设初期的高桩墩台式矿货码头，9—12号码头是长江中上游地区第一座大型直立框架式码头。码头技术、结构具有鲜明的特征，且与其初始功能具有紧密联系。依托现有留存物，可探究技术结构形塑下的码头空间。此外，杨泗港货运码头空间结构特色明显且码头泊位之间具有差异性，为研究码头技术空间和结构逻辑提供了良好样本。

4.1.6 汉冶萍铁路及沿线车站

汉冶萍铁路，又称大冶铁路，被学界公认为湖北乃至中南地区第一条铁路。铁路沿途依次修建了铁山、盛洪卿、下陆、石堡等4座车站，目前留存下来的有老下陆火车站和老铁山火车站。

4.1.6.1 历史沿革

1892年，张之洞为将大冶铁矿高品质矿石运往汉阳铁厂，从大冶铁矿修建了一条至石灰窑（现黄石港）的铁路，沿途依次修建了铁山、盛洪卿、下陆、石堡4座火车站。

1913年汉冶萍公司筹办大冶铁厂，这条铁路从长江边延伸到了厂区内，工程至1919年完工。

1938年侵华日军入侵黄石地区，国民政府交通部派专员拆除铁路共计3.97公里，一些钢轨被迫沉入江中。日军抵达黄石后修复铁路，恢复通车。

1955年后铁路先后成为武汉到大冶的武大铁路和铁山到铜绿山的运矿铁路。

1956年后车站经历过几次扩建，担负着下陆工业区运输任务。[1]

1975年在紧邻老站之处新车站建成。老下陆火车站停用，遭废弃。

2012年黄石市政府将老下陆火车站和老铁山火车站定为历史建筑。

目前，汉冶萍铁路的战略地位和功能作用渐渐下降，当地将利用汉冶萍铁路既有铁路开通旅游小火车线路，兼顾日常通勤功能。该工程于2019年底开工建设，计划于2022年中旬通车运营。经历一个多世纪的兴衰变迁，汉冶萍铁路的结构形态呈现出丰富的演变过程（图4-1-41）。

（a）1893年

（b）1919年

（c）1955年

（d）当下规划中

图4-1-41 汉冶萍铁路结构形态及其演变

（资料来源：王彬阳绘制）

---

[1] 黄石市地方志编纂委员会.黄石市志[M].上海：中华书局，2001.

4.1.6.2 汉冶萍铁路工业遗产

汉冶萍铁路由德国工程师时维礼主持勘测设计和施工,全部采用德国技术和设备,于1892年开始修建,经过百年风雨,目前留存有老下陆火车站(图4-1-42、图4-1-43)、老铁山火车站和依旧使用中的铁路线。

(1)总平面布局

汉冶萍铁路正线由铁山至石灰窑,铁路尽端是1938年日军入侵黄石后改建的卸矿机,用于将从黄石掠夺的矿石等资源快速运输到轮船上,经长江运往日本。

汉冶萍铁路是黄石交通网络的重要组成部分。清朝末年黄石地区以铁路、长江航运为主的工业交通网络初步形成。汉冶萍铁路与黄石"入"字型城市格局有着直接联系。其分支之一是1892年建成的汉冶萍运矿路线,它是矿石等原材料运输的生命线;另一分支是运矿码头以及众多沿江厂矿形成的长江航线,相关厂矿包括华新水泥厂、黄石电厂、大冶铁厂和源华煤矿等企业[①](图4-1-44)。

图4-1-42 老下陆火车站及汉冶萍铁路历史图片
(资料来源:刘文祥供稿)

图4-1-43 老下陆火车站翻修前照片
(资料来源:http://www.hsghy.cn/)

---

① 刘金林.中国城市轨道铁路制度规范化的早期探索——以近代黄石汉冶萍铁路为例[J].遗产与保护研究,2018,3(6):27-31.

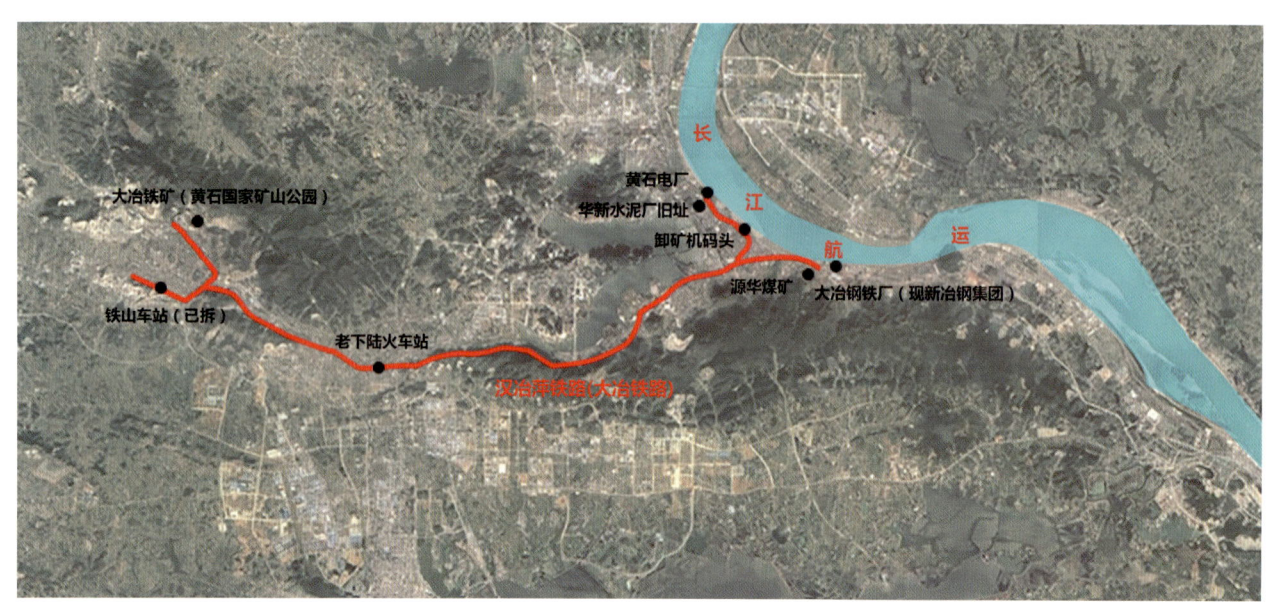

图4-1-44　汉冶萍铁路及沿线工业企业分布图
（资料来源：王彬阳绘制）

（2）建（构）筑物遗存概况

①老下陆火车站。大冶铁矿到石灰窑段的铁路已被学界公认为湖北乃至中南地区第一条铁路，因此，老下陆车站应是中南地区现存最古老的火车站（图4-1-45、图4-1-46）。

老下陆火车站为四坡屋顶单层建筑，现存有候车厅及站牌等。车站平面呈长方形，东西长20.5米，南北进深8.25米，净高4米，占地面积172.2平方米，南面站台处立有6根罗马风格的立柱，柱帽与柱身之间以精美浮雕装饰（图4-1-47）。车站于2018年翻修，其后处于空置状态。

车站建筑结构为砖木结构，灰砖砌筑墙体，屋顶采用木桁架承重。外墙体均为清水墙，白色水泥砂浆勾缝；室内墙面均用掺草筋白灰粉刷；天棚为木板条，石灰掺草筋抹成平顶；门均为镶板门，窗为玻璃窗，有贴脸板和窗帘盒；门窗均刷国漆。[1]

图4-1-45　汉冶萍铁路及老下陆火车站鸟瞰
（资料来源：王彬阳摄于2018年）

---

[1] 张华智. 黄石老下陆火车站旧址现状调查及规划保护[J]. 城市建设理论研究：电子版，2013.

图4-1-46　2018年翻修后的老下陆火车站

（资料来源：王彬阳摄于2018年）

图4-1-47　2018年翻修前后的柱头状况

（资料来源：https://baike.baidu.com/）

②老铁山火车站。老铁山火车站始建于1903年，后在战争中被毁。1958年为服务武钢的生产和建设，武大铁路修通，包括老铁山火车站在内的沿线各站站场和设施重新修建并交付使用（图4-1-48）。铁山车站是为黄石工业服务的重要区段站，为周围的厂矿企业办理来自大冶铁矿、大冶有色金属公司各种货物运输业务。

③铁路及铁轨等设施。汉冶萍铁路黄石段虽

图4-1-48　老铁山火车站鸟瞰

然被拆毁,但是黄石地区仍然保留有最初修建时期的铁轨。在大冶铁矿博物馆收藏有运矿铁路的铁轨(图4-1-49),铁轨侧面清晰可见"1891"和"德国玻昏"字样,正是当年铁轨从德国进口的物证。

4.1.6.3 价值评估

(1) 历史价值

老下陆火车站是从铁山到石灰窑运矿铁路线的中心站点,是湖北省现存最古老的火车站,是黄石地区近代工业起步和工业文明的标志。老下陆火车站及运矿铁路记录了汉冶萍工业的发展历程,保存至今的车站和铁路见证了中国近代冶炼史、矿业史、铁路史。

汉冶萍运矿铁路是现存的中国近代最早、营运时间最长的城市轨道铁路,在近代铁路制度方面建立了《旅客运输规程》《安全巡视章程》《机车修理章程》等规范化管理制度,在中国铁路史上占有重要的历史地位。①

(2) 社会文化价值

一百多年间,老下陆火车站为机车供给煤、水,提供火车修理等业务,且运送大量矿石、工业原材料、工业成品至各目的地,为钢铁生产提供了有力保障,为民族企业提供了服务。汉冶萍运矿铁路是黄石地区第一条铁路,它的修筑和运营改变了传统的运输方式,也对黄石地区的经济和社会发展影响深远。铁路将黄石地区零散的矿冶区联系起来,深刻影响了黄石的城市空间格局。此外,车站的建设吸引、聚集了一批铁路技术工人及搬运工人,并改变了他们的生活和工作状态。虽然目前车站已停运,但这一工业遗产承载了工人、下陆人甚至黄石人的集体回忆。

(3) 科技价值

汉冶萍运矿铁路的修建,引进了当时先进的德国技术,从前期采用进口钢轨到后续采用汉阳铁厂生产的钢轨,体现了民族工业科学技术的进步。

图4-1-49　标有"1891""德国玻昏"及英文字母等信息的钢轨
(资料来源:王彬阳摄于2018年)

---

① 刘金林. 中国城市轨道铁路制度规范化的早期探索——以近代黄石汉冶萍铁路为例[J]. 遗产与保护研究,2018,3(6):27-31.

（4）艺术价值

老下陆火车站尽管规模不大，但设计极具特色。车站建筑由德国工程师设计，体现了中西融合的艺术特征。建筑整体采用中式建筑风格，而门前的6根罗马柱以及蜂窝状柱头设计体现了外来建筑文化风格特征。

4.1.7 汉冶萍煤铁厂矿旧址卸矿机码头

汉冶萍煤铁厂矿旧址卸矿机码头坐落于黄石市黄石港区长江边上，曾是黄石历史上最早的一座铁路、水路联运机械化码头（图4-1-50）。2006年，汉冶萍煤铁厂矿旧址被公布为全国重点文物保护单位，卸矿机码头是其中不可分割的重要组成部分。

4.1.7.1 历史沿革

1938年，日本侵略者占领黄石地区，为了加快掠夺矿产资源，将长江边的东矿码头改造成使用机械化设施卸矿装船的矿石运输卸矿机码头。

图4-1-50 卸矿机码头拆卸前历史照片
（资料来源：http://www.hsghy.cn/）

1939年，卸矿机码头开始挖基打桩。

1940年，卸矿机码头开始安装。

1941年5月，卸矿机码头竣工投产。

1976年，黄石港务局投资141.96万元重新修复卸矿机码头。

1981年建成投产，设立一个泊位，靠泊能力3000吨级，年综合通过能力28万吨。

2006年5月25日，汉冶萍煤铁厂矿旧址（含卸矿机码头）被公布为全国重点文物保护单位。[①]

4.1.7.2 卸矿机码头工业遗产

卸矿机码头从1941年竣工投产至今已有近80年历史，目前处于废弃状态。当年用来运输的设备和机器大多已被拆除，只留下浸泡在江水中的两座水泥台墩、一个贮矿槽和皮带运输机甬道（图4-1-51）。

（1）卸矿机码头运输流程

卸矿机码头由两排矿仓和皮带运输机两大部分组成。两排矿仓共有8个，矿仓上部铺设铁轨，以供火车运矿、卸矿。每个矿仓都设有卸矿口，卸矿口下架设皮带运输机，通过卸矿口将铁矿石自动卸到皮带运输机上，再传送至江边，然后由两部卸矿机直接装船（图4-1-52）。另在江边建有露天贮矿场1个，贮矿槽1座。当年建设不到两年时间，一座使用火车自动卸矿、输送带自动装船的机械化码头建成投产，与之相匹配的码头泊位可停靠3000吨级海轮。

（2）建（构）筑物遗存概况

①卸矿槽。卸矿槽是卸矿机码头两大组成部分之一，形态为漏斗状，两排卸矿槽共有8个矿

---

① 黄石市地方志编纂委员会.黄石市志[M].上海：中华书局，2001.

图4-1-51　卸矿机码头旧址鸟瞰图
（资料来源：王彬阳摄于2018年）

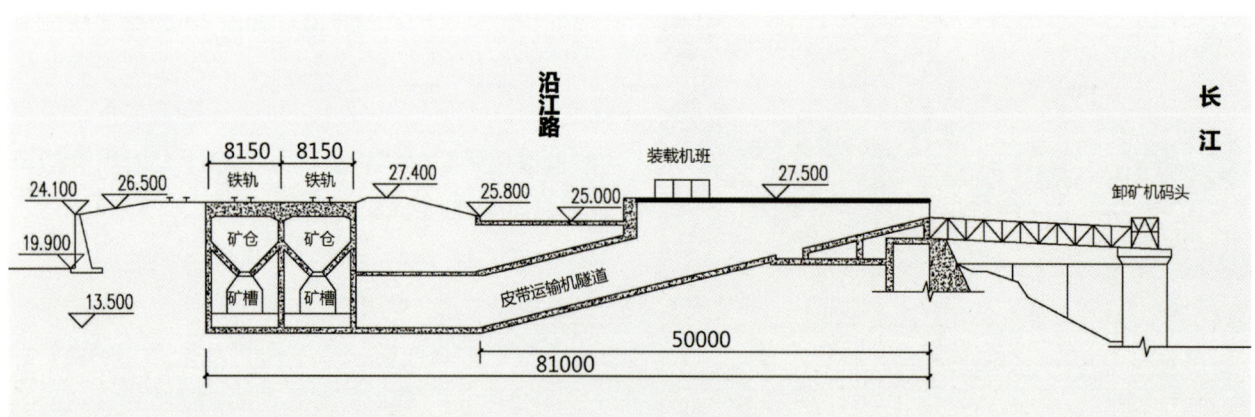

图4-1-52　卸矿机码头主体空间结构及矿石运输工艺流程示意图
（资料来源：王彬阳根据卸矿机码头加固工程加固布置图改绘）

仓，每个矿仓有45个60厘米×50厘米的卸矿口。卸矿槽上部铺有铁轨（图4-1-53），火车开到卸矿槽上部铁轨承台，矿石即可直接通过镂空的卸矿口卸往下部的矿石槽内（图4-1-54）。

②皮带运输机隧道。皮带运输机隧道是卸矿机码头两大组成部分之一，皮带运输机采用机械运输，把矿石从卸矿槽运到江边卸矿机码头上。图4-1-55中是皮带运输机被拆除后的运输隧道。

③卸矿机码头。卸矿机码头位于皮带运输机的末端。当年用来运输的设备和机器人多已经被拆除，目前浸泡在江水中的两座直径为8米的钢筋砼台墩中的一座的上部，还遗存有部分钢框架构件（图4-1-56）。

4.1.7.3 价值评估

（1）历史价值

卸矿机码头始建于1930年代侵华日军占领黄石期间，是日本侵略者掠夺我国矿产资源的铁

图4-1-53　卸矿槽上方铁轨
（资料来源：王彬阳摄于2018年）

图4-1-54　位于底部的卸矿槽
（资料来源：王彬阳摄于2018年）

图4-1-55　皮带运输机隧道
（资料来源：王彬阳摄于2018年）

图4-1-56　立于长江边的钢筋砼石墩和部分钢框架
（资料来源：王彬阳摄于2018年）

证。此外，卸矿机码头是黄石历史上最早的一座铁路、水路联运机械化码头，为后代了解近代黄石水运码头提供了较好的研究样本。

（2）社会文化价值

机械化的卸矿机码头相比之前的人工挑矿，大大提高了黄石地区铁矿石运输效率，1939年码头建成之前的年运矿量为25万吨，1942年码头建成之后年运矿量增长至140万吨。抗战结束后，卸矿机码头也在持续使用，承担了大量矿石的运输任务，为黄石经济和社会发展奠定了基础。

4.1.7.4 卸矿机码头工业遗产的保护

建议整体保护的基础上，重点保护体现卸矿机工艺流程和工作原理、将铁矿石从火车运送上船的3处工业遗产空间：矿仓和矿槽、皮带运输机隧道、水泥墩构筑物（图4-1-57）。建议将沿江公共空间体系建设中的步行路径与上述3处重点工业遗产整合一体设置，引导社会大众通过工艺流程的解读更好地理解工业遗产的价值，同时激发新的社会文化价值。

4.1.8 汉阳铁厂矿砂码头遗址

历史上的汉阳铁厂坐落在汉阳县境内汉江与长江交汇处（今武汉市汉阳区原国棉一厂处），沿汉江右岸和长江左岸的大别山（今龟山）呈纵向展开（图4-1-58、图4-1-59）。现存的汉阳铁厂遗址仅有龟山北侧山脚下的凝铁以及长江沿岸的矿砂码头遗址（今南岸嘴公园南侧临江处）两处。汉阳铁厂是汉冶萍公司的重要组成部分，是

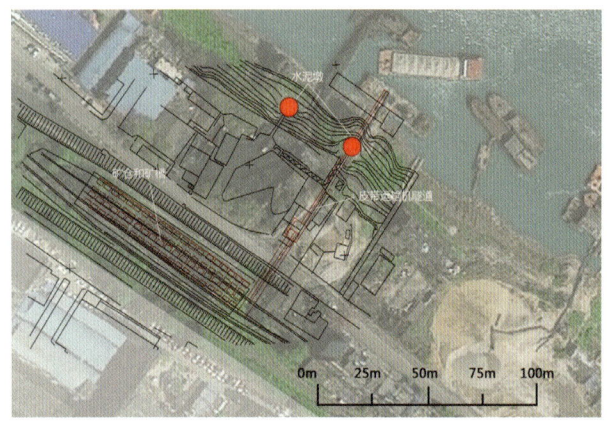

图4-1-57　卸矿机码头工业遗产组成及其分布图
（资料来源：王彬阳绘制）

图4-1-58　汉阳铁厂全景图
（资料来源：汉阳钢厂档案馆）

第4章 湖北工业遗产典型案例实录

图4-1-59 汉阳铁厂局部俯瞰
（资料来源：湖北省档案馆）

中国历史上第一家采用新式机械设备进行大规模生产、规模最大的钢铁煤联合企业，因此入选中国工业遗产保护名录（第一批）。

4.1.8.1 历史沿革

1890年7月22日，由湖广总督张之洞主持在湖北龟山下动工兴建汉阳铁厂，1893年9月建成投产。

1896年4月11日，该厂改为官督商办企业。为解决材料和设备问题，1898年开发江西萍乡煤矿，用马丁炉改造全厂冶炼设备，以制造钢轨。

1908年3月26日，汉阳铁厂、大冶铁矿和萍乡煤矿合并组成汉冶萍煤铁矿有限公司。至辛亥革命前，有炼铁炉3座，炼钢炉6座，年产生铁约8万吨，钢近4万吨，钢轨2万余吨。卢森堡人欧仁·吕贝尔任铁厂总工程师。

1938年，武汉保卫战前夕，汉阳铁厂西迁重庆成立新的钢铁公司，10月24日，武汉卫戍区司令部和警察局将汉阳铁厂难以拆运的设备炸毁。

1945年，抗战胜利后，部分设备回迁武汉，成立华中钢铁公司。国民政府成立经济部汉阳铁厂保管处。

1948年6月，华中钢铁公司接收汉阳铁厂财产。至此，汉阳铁厂宣告终结。

4.1.8.2 汉阳铁厂矿砂码头工业遗产

（1）总平面布局

汉阳铁厂早期从大冶运进铁矿石，从萍乡等

地运进煤焦，向国内外销售钢铁产品，主要依靠长江水上运输。极为便利的水上运输条件是汉阳铁厂选址的重要依据（图4-1-60），因此汉阳铁厂总平面呈现沿江纵向布局的特点。厂区有铁路专线通往长江、汉水各码头（图4-1-61）。美国钢铁锡板公司经理马尔根在《中国汉阳钢铁厂、煤焦铁矿、制钢计略》一文中表示，中国只有此一厂能做到让世界各国的轮船都能到达。

（2）建（构）筑物遗存概况

①"定汉神铁"。1924年10月，汉阳铁厂因经费拮据及日债束缚而停产，汉阳铁厂31年间共生产铁250万吨，钢55万吨。现存于汉阳铁厂旧址的一块凝铁重达200余吨，为1924年10月汉阳铁厂生产停产形成的遗留物，人称"定汉神铁"。

②汉阳铁厂矿砂码头旧址。码头旧址位于晴川阁北侧（图4-1-62、图4-1-63），建于1890年，此码头用于运送原料和产品。现为武汉市文物保护单位（图4-1-64）。

4.1.8.3 非物质文化遗产

《汉冶萍公司志》是由刘明汉、马景源编

图4-1-60 1904年"武昌江夏南乡略图"中的汉阳铁厂及其码头

（资料来源：《武汉历史地图集》）

图4-1-61 1934年"汉阳街市图"中的汉阳铁厂总平面图

（资料来源：《武汉历史地图集》）

图4-1-62 汉阳铁厂矿砂码头旧照

（资料来源：湖北省档案馆）

图4-1-63 汉阳铁厂矿砂码头遗址区位图

（资料来源：百度地图，任昕毅改绘）

写的地方志，记述了汉冶萍公司生产、建设、开发、管理等各项事业发展的历史。据《汉冶萍公司志》记载：汉冶萍公司全称为汉冶萍煤铁厂矿有限公司，是中国最早的钢铁联合企业。隶属汉冶萍公司的汉阳铁厂是以炼铁、炼钢、轧钢为主的钢铁厂，配有机修、发电、运输等辅助设施和砖厂等。《汉冶萍公司志》中对钢铁冶炼工艺作了如下记载：

炼铁（图4-1-65）：汉阳铁厂炼铁的原料、燃料均根据各自的化学成分按比例配制。在生产过程中，正常情况下每24小时高炉重装料22次，高炉温度在400~500摄氏度之间，每3~4小时出铁一次，高温铁水倒入模具中，冷却后形成铁块。

炼熟铁：汉阳铁厂熟铁由矿石用炭直接还原

图4-1-64　汉阳铁厂矿砂码头遗址
（资料来源：邹炎摄于2018年）

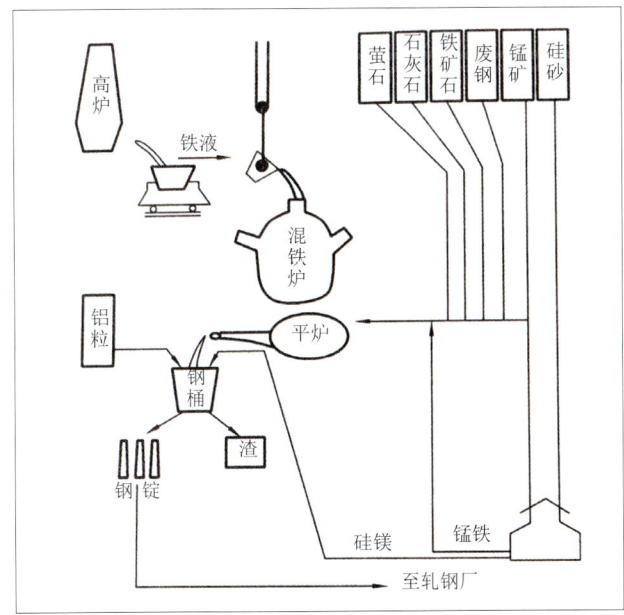

（a）平炉炼铁工艺

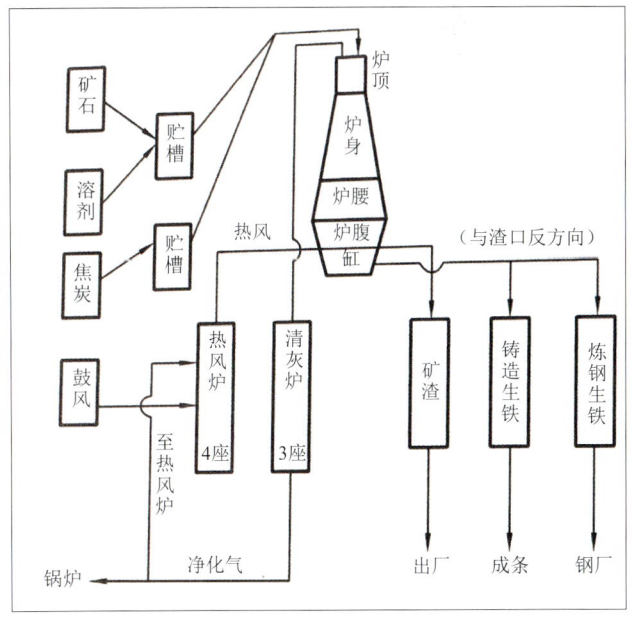

（b）高炉炼铁工艺

图4-1-65　炼铁工艺流程示意图
（资料来源：《汉冶萍公司志》）

而成，或由生铁经融化并将杂质氧化而成。生产中每12小时装料6次，每次装料250公斤。

炼钢：汉阳铁厂炼钢原料为生铁、镜铁，以不同比例组成。炼钢方法有两种方法，一为酸性炼钢，采用贝塞麦底吹转炉生产；另一为碱性炼钢，采用马丁平炉生产。

轧钢：汉阳铁厂轧钢是按产品用途选定钢种，然后依其形状和规格尺寸准备所需坯料。其轧制程序为：加热、轧制、安装、轧辊。

4.1.8.4 价值评估

（1）历史价值

汉阳铁厂是张之洞在湖北创办的最重要的企业之一，是当时亚洲最大最早的钢铁联合企业汉冶萍公司的重要的组成部分。19世纪末，武汉初步建立了近代工业体系，汉阳铁厂在湖北近代工业体系的构建中充当了核心角色，弥补了近代湖北新式工业的空白。另一方面，由于传统的冶炼技术比较落后，本土产品的质量一直落后于外资企业，汉阳铁厂的建立在很大程度上抵御了当时帝国主义国家的经济侵略，为民族工业的发展做出了重大的贡献。

汉阳铁厂引进了当时西方先进的钢铁冶炼技术，推动了上游开采业的调整升级，同时提高了下游企业对钢铁制品的质量需求，直接推动了湖北重工业的崛起，为近代中国冶金技术的发展做出了重大的贡献。

（2）社会文化价值

汉阳铁厂从1891年建厂至1948年终结，近60年的发展历程，见证了湖北近代重工业的兴衰史。汉阳铁厂不仅反映了汉冶萍企业大量普通劳动者的艰辛付出，承载了几代"钢铁人"钢铁兴国的梦想，更折射了中国近代民族工业的艰难历程。"定汉神铁"历经战火留存至今，象征着"钢铁人"和汉冶萍工业企业坚毅的性格与不懈的精神。

4.1.8.5 汉阳铁厂矿砂码头工业遗产的保护

历史上的汉阳铁厂由于规模宏大又历经战火洗礼，其设备设施分散在多地，造成其工业遗产保护和利用的困境，目前武汉除了遗留的凝铁和矿砂码头外，留存物已很难寻踪。但政府和民间团体力图通过多方面措施对其有限遗产尤其是非物质文化遗产进行保护与开发。具体措施包括：①2011年汉阳铁厂矿砂码头被评定为武汉市文物保护单位；②在2012年武汉市工业遗产保护专项规划中，汉阳铁厂矿砂码头被列入一级工业遗产名单；③数字化时代依托网络平台建立了"张之洞与武汉数字博物馆"，图文史料以数字的方式与汉冶萍相关工业遗产一并向受众展出，以唤起城市的集体记忆。

4.1.9 汉口平汉铁路南局旧址

清末民初，京汉铁路（北平—汉口）以黄河为界分南北两局管理。汉口至郑州属南局，在原法租界的托美领事街（今胜利街174号）兴建四层砖木结构办公楼，即现汉口平汉铁路南局旧址（图4-1-66），现又称武汉铁路分局汉口生活段，作为武汉铁路中力集团武铁物流有限公司办公楼使用。平汉铁路南局建于1920年，旧址位于江岸区胜利街174号，北向临近蔡锷街。由曾担任平汉铁路局局长的夏光宇进行设计[①]，外观至今保存完好，内部空间格局也基本保持不变，因其具有较高建筑艺术

---

① 引自 http://dfz.wuhan.gov.cn/html/wh/zhishuo/mingyoujianzhu/2014/0828/47679.shtml。

图4-1-66 平汉铁路南局旧址鸟瞰

（资料来源：丁晨星摄于2018年）

价值，被评为湖北省文物保护单位、武汉市一级工业遗产。

4.1.9.1 历史沿革

1895年年底，清政府决议兴建卢汉线，原打算"官督商办"，但当时清政府信誉扫地，华商"各怀观望"，不得已只好举借外债。[①] 1898年清政府向比利时公司借款450万英镑。[②]

1900年，卢汉铁路尚未竣工，慈禧太后将卢汉铁路从卢沟桥延伸至北京正阳门西侧，从此卢汉铁路改称京汉铁路。

1906年4月，京汉线全线通车。清政府于1908年将铁路从比利时公司赎回。1909年将京汉铁路以黄河为界分南北两端管理，并设立了京汉铁路南北管理局。

1927年，京汉铁路局南局管辖汉口至郑州段，局址即在汉口胜利街。同年南京国民政府成立，将北京改成北平，京汉铁路即被改为平汉铁路，京汉铁路局也随之更名为平汉铁路局。

1928年平汉铁路管理总局南迁至汉口，称交通部汉平铁路管理局。

1929年4月管理局再迁至北平，改成平汉路局。结果在1930年3月，平汉路局再次分为南北两局，为了和北平的平汉铁路局分开来，汉口胜利街的平汉铁路局称为南局。

1938年武汉沦陷后，平汉铁路局南局大楼被日军占领，铁路局职工被迫纷纷撤离武汉。由此，平汉铁路管理局被迫迁至外地。抗日战争胜利后，铁路局又迁回胜利街原址。[③]

---

① 引自 https://baike.baidu.com/item/%E6%B1%89%E5%8F%A3%E5%B9%B3%E6%B1%89%E9%93%81%E8%B7%AF%E5%B1%80%E6%97%A7%E5%9D%80/19949703。
② 胡榴明. 武汉百年建筑经典：三镇风情[M]. 北京：中国建筑工业出版社，2011.
③ 张笃勤，侯红志，刘宝森. 武汉工业遗产[M]. 武汉：武汉出版社，2017.

1946年，平汉铁路局改名为平汉区铁路管理局。

1949年8月，平汉区铁路管理局撤销，成立汉口铁路分局和武昌办事处。后来，在此基础上成立武汉铁路分局，旧址现为武汉铁路中力集团公司办公楼。

4.1.9.2 汉口平汉铁路南局工业遗产

（1）总平面布局

汉口平汉铁路局旧址位于武汉市江岸区二曜路174号，距二曜路与蔡锷街交叉路口约600米。大楼为4层砖混结构建筑。大楼总平面取严谨对称布局，平面呈E形。该大楼现为武汉铁路中力集团武铁物流有限公司办公楼。

（2）建（构）筑物遗存概况

大楼主立面整体取对称式构图，遵循三段纵五段古典建筑形式设计原则（图4-1-67）。外墙采用汉阳铁厂矿砂砖砌筑，以砖块不同的砌筑方式自然形成外墙面装饰纹样。主入口建有门廊，两根多立克风格立柱形成门廊空间的结构支柱；大楼左右两翼形体凸出形成中轴前方半围合空间，强化了平汉铁路南局的突出地位（图4-1-68）。

底层设罗马式拱券长廊，骑楼式公共空间介于室内与室外之间，半开敞式柱廊既丰富了城市街道空间形式，又便于行人躲避风雨，对于像武汉这样冬冷夏热、雨量充沛的城市具有特殊的意义。

外墙为汉阳铁矿砂砖砌筑，砌工精细。大楼外立面砖饰工艺精美考究，尤其是由弧形砖块错开重叠成的图案，小如环珠，大若织网，呈现出波浪形的砖纹形式，使整个墙面富于细微的动势变化（图4-1-69）。精致的装饰与建筑两侧粗犷雄浑的骑楼形成鲜明的对比，展现了折衷主义风格建筑的特点。

建筑二、三楼外墙呈规则排列玻璃长窗，上

图4-1-67 平汉铁路南局旧址立面

图4-1-68 平汉铁路局旧址主入口

（资料来源：江鹏摄于2019年）

图4-1-69 外墙立面细部

（资料来源：江鹏摄于2019年）

图4-1-70 阳台托梁细部

（资料来源：江鹏摄于2019年）

部挑出的阳台下由卷草弧形牛腿柱支撑（图4-1-70），每组牛腿柱间设有带拱心石的拱券门，门上端饰有精美的砖雕及弧形门楣。

4.1.9.3 价值评估

（1）历史价值

汉口平汉铁路南局诞生于一个特殊的历史时期，一方面经历了清政府甲午战争战败后寻求自救的历史时刻，另一方面见证了清政府决定自主修建铁路而带来的武汉民族钢铁工业发展。该建筑作为平汉铁路的南端管理局，也见证了平汉铁路百余年的沧桑历程：从最早的卢汉铁路到京汉铁路再到平汉铁路，每一次更名都记录着重要的历史事件，也串起了一幅近代中国的画卷。此外，平汉铁路南局旧址也是武汉铁路历史变迁发展较早的见证者，总体来说其具有较高的历史价值。

（2）艺术价值

汉口平汉铁路南局旧址大楼的建筑形式是西方建筑形式在武汉乃至在中国演变发展的缩影，是近代建筑遗产中的宝贵财富，记录了中西文化交流的历史时刻，展现了西方近代建筑风格。大楼由平汉铁路局局长夏光宇设计，是一幢折衷主义风格的建筑，局部带有巴洛克式风格特征。平面呈E字形布局，立面呈对称式布局，底层设罗马式拱券长廊，形成骑楼式公共空间，功能与美观兼得。建筑保留完好，其设计手法为学习西方近代建筑提供了良好的参照。

（3）社会文化价值

在大量丧失中国铁路修筑权、经营管理权、投资权的背景下，铁路管理局的成立凸显出清政府对于铁路权积极又复杂的心态，反映了中国社会对于掌控铁路权的观念开始觉醒，表现出维护国家主权和利益的思想。此外，在承载一代代铁路人记忆的同时，汉口平汉铁路南局的建立使得近代外来铁路文化的传入更加顺畅，人们对铁路的认识也经历了一个由浅入深的过程，促进了铁路知识在近代中国的传播，在推动近代中国传统社会文化变革的同时，也促进了中国传统文化与外来文化的融合。

4.1.10 汉口民生轮船公司旧址

民生船舶公司也称民生轮船公司，或民生实业股份有限公司，其创建人为卢作孚，1925年10月创办于四川省合川县（另说为1926年6月），1926年11月在武汉设立办事处，即汉口民生轮船公司。[1]民生轮船公司是1949年前中国最大的华人轮船公司、最大的民族资本轮船公司，在我国民族资本企业中具有举足轻重的地位。

民生轮船公司大楼为砖混结构的四层办公大楼（图4-1-71），建设时间为1923年至1925年。该建筑现为武汉市优秀历史建筑。

4.1.10.1 历史沿革

民生轮船公司创办之初，只有一艘70吨的"民生"号小客轮，航线为重庆至合川。后几年迅速发展，曾联合华人轮船公司与外国轮船公司抗衡。[2]

1926年11月在武汉设立办事处，即汉口民生轮船公司。

1930年起，民生轮船公司先后合并其他公司，收购了一批中外轮船。

1935年开始运营长江上游航运，航线由川江延伸至宜昌以下的长江航线，可由武汉直达上海。

图4-1-71　汉口民生轮船公司旧址鸟瞰
（资料来源：江鹏摄于2019年）

1937年，民生轮船公司的轮船已增加到46艘。[3]

1938年10月武汉沦陷之前，卢作孚指挥民生公司船队，抢运从宜昌往四川撤退的军事和民间的人员物资，前后四十天日夜奋战，将滞留宜昌的人员物资全部运抵四川，创造长江航运运输史的奇迹，被称为是中国的"敦克尔克大撤退"。1940年代末，民生轮船公司的航线已远达东南亚沿海国家。[4]抗战胜利后民生公司进入鼎盛时期，成为长江上最大的一家私营航运公司。

1949年，民生轮船公司将总公司办公地转到武汉，办事处就设立在今天的轮船公司旧址。

1952年，民生轮船公司完成公私合营。

---

[1] 凌耀伦. 民生公司史 [M]. 北京：人民交通出版社，1990.
[2][3][4] 胡榴明. 武汉百年建筑经典：三镇风情 [M]. 北京：中国建筑工业出版社，2011.

1956年，民生轮船公司并入长江航运管理局，原办事处大楼也由长江航运管理局接管。

1984年卢作孚的儿子卢国纪在重庆重建民生公司，武汉民生轮船分公司就设在武汉市江岸区青岛路7号。如今，原旧址大楼临近鄱阳街的前楼，由鼎安里餐饮服务有限公司使用，作为鼎安里民国主题餐厅。

4.1.10.2 汉口民生轮船公司旧址工业遗产

（1）总平面布局

汉口民生轮船公司旧址位于汉口鄱阳街7号，位于上海村（鼎安里）开向鄱阳街的两个弄堂口之间，距鄱阳街与江汉路步行街交叉路口约700米。该建筑朝内部分称后楼，是住宅区；朝外临近鄱阳街的部分称前楼，是商住楼和办公楼。建筑总平面构图整体严谨，前楼和后楼之间由一段开敞的中庭联系。

（2）建（构）筑物遗存概况

民生轮船公司办公楼正面临鄱阳街，建筑立面简洁大气，略带古典韵律，为折衷主义风格建筑。建筑墙基厚重，腰线和檐口线简洁凝练（图4-1-72）。原建筑二层和三层建有大小凉台，屋顶建有浮雕花饰女儿墙，今已不存。1949年至今办公楼历经多次维修改造，老建筑原貌基本还在。

4.1.10.3 价值评估

（1）历史价值

民生轮船公司由著名实业家卢作孚于1925年发起筹办，是中国近代最大的一家民族资本航运企业。汉口民生轮船公司大楼的建立表明武汉水运交通的兴盛，是武汉水运交通史的重要组成部分，见证了近代中国在水运交通上的自立自强。公司历经多个时期的发展，曾与四川军阀、国民政府、外国垄断资本发生过联系，承载着丰富的历史信息，具有较高的历史价值。

（2）社会文化价值

民生轮船公司建设初期，坚决反对高级船员只能由外国人担任的做法，实行高级船员由中国人担任的制度。对中普级船员，实行招考录取、专业培训、考工考绩、奖惩并用等制度，革除了

图4-1-72　汉口民生轮船公司旧址沿街立面
（来源：江鹏摄于2019年）

当时沿袭的外轮"买办""包办"的陈规陋习。船上各项业务由公司统一管理，表现出企业的进取精神，提高了中外同业竞争中的地位。民生轮船公司在抗战中积极参与保存中国工业命脉，为大后方建设和抗战胜利做出了贡献。

民生轮船公司作为民办的重要轮船公司，中华人民共和国成立后的重建引发广泛关注。1985年，民生轮船公司率先开辟了江海联运，建立了武汉至周边地区多条水运航线，促进了武汉地区交通运输和经济的发展，加强了武汉地区与沿海地区的联系与交流。

（3）艺术价值

汉口民生轮船公司旧址大楼的设计体现了古典风格和现代风格的交融渗透。建筑立面的形式语言中带有古典韵律，装饰细节上带有简化的腰线和檐口线，体现了对西方近代建筑风格的兼容并蓄，带给人视觉美感。

4.1.11　中铁大桥局办公楼

中铁大桥局办公楼建于1955年，是为建设武汉长江大桥而修建的总指挥站。大楼为一座苏俄风格的四层砖混结构建筑，采用传统的三段式构图，兼具西方建筑的稳健厚重与中国传统建筑的灵气秀雅（图4-1-73）。

4.1.11.1　历史沿革

1949年，我国第一届政治协商会议通过建设长江大桥的议案。

1953年，完成长江大桥桥址的初步设计，并成立武汉大桥工程局。

1955年，中铁大桥局办公楼建成。

2003年，中铁大桥局对大楼进行了一次大型维护。

2006年8月12日，该建筑被武汉市人民政府列为"优秀历史建筑"。[1]

图4-1-73　武汉中铁大桥局办公楼正立面
（资料来源：罗劲草摄于2018年）

---

[1] 宋磊. 武汉中铁大桥局办公大楼：乱坟岗上的建筑经典[N]. 长江日报，2014-4-10.

4.1.11.2 中铁大桥局办公楼工业遗产

（1）总平面布局

中铁大桥局办公楼位于汉阳大道莲花湖畔，武汉长江大桥汉阳桥头堡下（图4-1-74）。办公楼于1955年在一片荒坟湖汊中建起，建成初期及建成后很长一段时间内，周边都很荒凉。

（2）建（构）筑物遗存概况

中铁大桥局办公楼建造之时，正值中苏友好时期，且长江大桥建设项目为苏联援建我国的"156项目"之一，因此办公楼既有苏联风格又有中国古建筑艺术风格。整体建筑设计取左右对称的传统三段式构图，主立面形体处理取中段微突出、左右两段退后的方式，以突出空间主次关系。入口6根粗大的华表型立柱采用中式柱子以中式柱廊设计。左右两侧面的三楼采用了拱券风格的圆窗，一二楼则采用了方窗。窗户的边沿有着统一的贯穿到底的线条，窗户之间用由上而下的长柱进行分割，和中间高大的立柱一起组合成完整统一的形象。办公楼的正中门廊上部是中国传统古建筑中额枋的形象，上面刻有关于赵州桥的传说的雕塑，流光溢彩，金碧辉煌，使建筑带有浓厚的民族风格和鲜明的建桥行业特点（图4-1-75）。[1]

大楼除引入圆拱、大立柱等苏式建筑元素，也吸取宝塔、须弥座、回形纹等传统元素，引入中国古代宫殿的梁柱结构，还用线描浮雕的形式，描绘了赵州桥与现代建设者，寓意继承传统，开创新时代。[2] 2003年大楼进行了一次大型维护。工程带来的外观变化包括墙面装饰线和立柱被粉刷成白色，原来的暗红色雕花横梁被贴上金箔等。除此之外，中铁大桥局努力保持了大楼原貌。

4.1.11.3 价值评估

（1）历史价值

中铁大桥局伴随武汉长江大桥的建桥计划应运而生，在修建武汉长江大桥时，中苏两国的政府要员和技术人员在此处会晤、发出指令，进行方案设计。该大楼首先见证了建设武汉长江大桥贯通武汉三镇这一宏伟工程，同时参与和亲历了武汉桥梁建设乃至武汉城市突飞猛进的发展。建筑建成60多年来依然保存完好，于2006年被武汉

图4-1-74 中铁大桥局区位图
（资料来源：百度地图，罗劲草改绘）

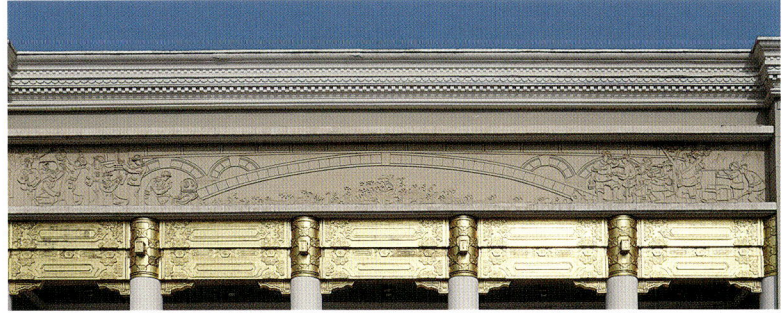

图4-1-75 办公楼正中上部额枋和雕刻
（资料来源：罗劲草摄于2018年）

---

[1] 武汉市城建档案馆. 武汉百年建筑系列电视片[Z]. 武汉教育电视台，2013.
[2] 宋磊. 武汉中铁大桥局办公大楼：乱坟岗上的建筑经典[N]. 长江日报，2014-4-10.

市人民政府列为"优秀历史建筑"。

(2)社会文化价值

1955年4月,中铁大桥局提出"建成学会"的口号。在"建成学会"的精神鼓舞下,桥梁建设者人人争做贡献,顽强拼搏,不畏艰难困苦,展示了中国工人阶级的牺牲精神和英雄气概。大楼承载了一代代建桥人的思索与奋斗,是桥梁建设者集体记忆的空间载体。

(3)艺术价值

中铁大桥局办公楼的设计者为我国著名桥梁设计专家唐寰澄,大楼为四层砖混结构,采用传统三段式构图,中轴对称,装饰美观。大楼将苏式建筑元素的圆拱、大立柱与中国传统建筑元素的宝塔、须弥座、回形纹等相结合,实现了外来建筑艺术与中国传统元素的完美融合,具有较高的艺术价值。

4.1.12 武汉长江大桥

武汉长江大桥于1957年建成通车,为中国跨越万里长江的第一座大桥。大桥贯通长江南北公路、铁路,把武汉三镇连成一个整体(图4-1-76)。大桥的建成对武汉市乃至全国的经济、文化和国防建设都起到了极为重要的作用。长江大桥的整体工程除了武汉长江大桥本身之外,还有一系列配套工程,包括汉水铁路桥、汉水公路桥等。这些工程不仅是长江大桥整体工程的重要组成部分,同时也承担了长江大桥主体工程前期试验和练兵的任务。

4.1.12.1 历史沿革[①]

1913、1919、1935、1949、1950年,桥梁专家先后五次对武汉长江大桥进行规划论证。

1949年,我国第一届政治协商会议通过建设长江大桥的议案。

图4-1-76 1960年代的武汉长江大桥
(资料来源:老照片:1960年代武汉长江大桥旧影集[EB/OL]. https://www.toutiao.com/a6638145598505632269/?tt_from=weixin&utm_campaign=client_share&wxshare_count=1&timestamp=1547998328&app=news_article&utm_source=weixin&iid=24608643711&utm_medium=toutiao_ios&group_id=6638145598505632269)

[①] 武汉地方志编纂委员会. 武汉市志. 交通邮电志[M]. 武汉:武汉大学出版社,1989.

1950年初，中央指示铁道部进行武汉长江大桥的筹建工作。同年2月，铁道部成立测量钻探队展开工作。

1953年，长江大桥桥址的初步设计完成，武汉大桥工程局成立。

1954年，苏联派遣专家组对长江大桥的建设给予技术援助。

1955年9月，正桥工程正式动工。

1956年10月，大桥各桥墩下沉管柱从管柱内向江底盘钻孔的工作全部完成（图4-1-77）。

1957年3月16日大桥桥墩工程全部竣工，5月4日大桥钢梁合龙。9月25日武汉长江大桥全部完工，10月15日正式通车。

1962年，长江大桥图案入选第三套人民币。

2013年5月3日，武汉长江大桥被列为全国重点文物保护单位。[1]

2018年，武汉长江大桥入选首批"中国工业遗产保护名录"。

4.1.12.2 武汉长江大桥工业遗产

（1）总平面布局

武汉长江大桥的桥址西起汉阳龟山南坡，东止于武昌蛇山黄鹤矶头。由于"龟蛇锁江"，江面狭窄，选址于此处建桥桥体长度最短（图4-1-78）。

（2）建（构）筑物遗存概况

武汉长江大桥全长1670米，正桥长1156米，武昌岸引桥211米，汉阳岸引桥303米，正桥和引桥宽均22.5米。上层公路桥车行道宽18米，两侧人行道各宽2.25米（图4-1-79）。

① 结构及大桥桥身

大桥正桥为8墩9孔，桥跨结构采用三孔一联等跨的平弦菱形连续钢桁架梁，共三联，每孔跨

图4-1-77 大桥建设初期桥墩和桥梁建设
（资料来源：刘宇、刘梦莹，《大桥》，2017）

---

[1] 彭小华. 品读武汉工业遗产[M]. 武汉：武汉出版社，2013.

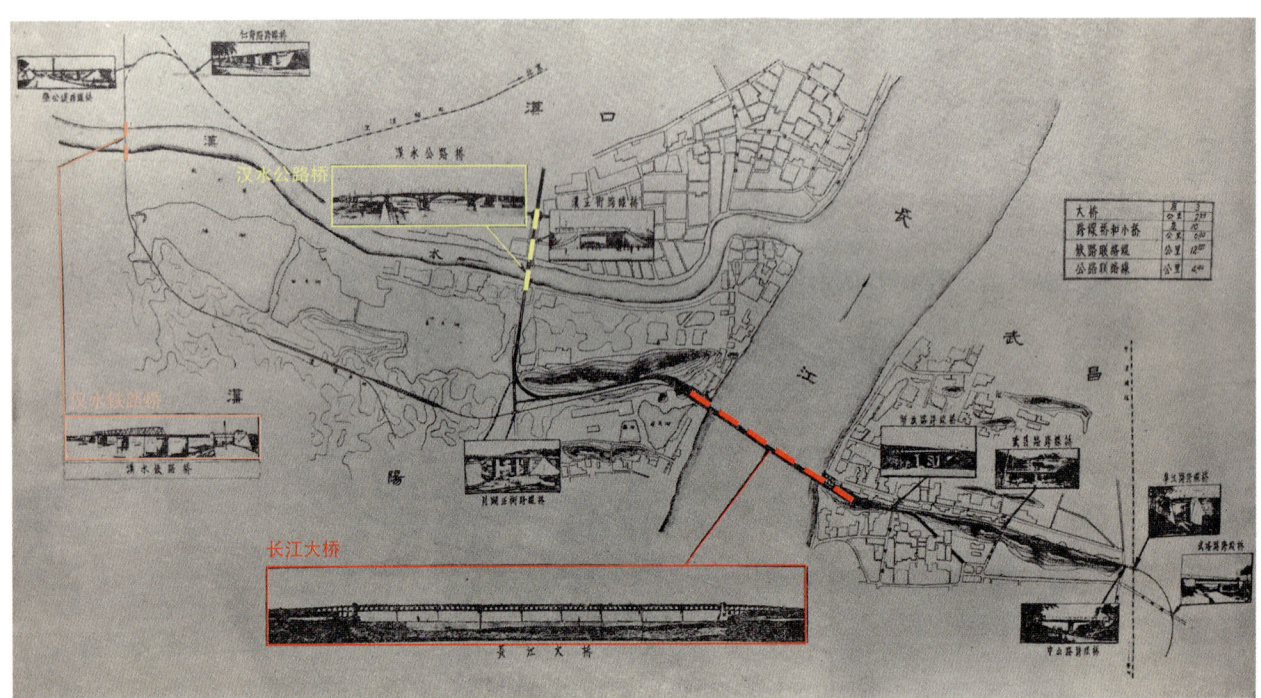

图4-1-78 武汉长江大桥工程总平面图

(资料来源:茅以升,《武汉长江大桥》,1958;罗劲草改绘)

图4-1-79 武汉长江大桥鸟瞰

(资料来源:李瑞摄于2018年)

度128米，其连续梁由一组铰式固定支座和三组辊轴式活动支座组成（图4-1-80）。公路桥面设计为纵梁与桥面钢筋混凝土板共同受力，桥面与三联连续梁相应的支座处用梳型钢板连接。正桥和引桥均为沥青混凝土桥面。①

全桥栏杆分为两个部分，钢结构的正桥两侧为民族风格的各种雕花铸铁栏杆，混凝土结构的引桥为空格钢筋混凝土栏杆。正桥铸铁栏杆以精美细巧的中华民族风格花式栏板装饰其间（图4-1-81）。②

② 引桥及桥头堡

汉阳段引桥有17孔，每孔跨度17.2米，其中5孔是公路铁路两用的，其余12孔则是公路部分（图4-1-82）。武昌岸引桥12孔，靠江边的7孔，每孔跨度为17.2米；其余5孔形如长廊，每孔跨度16.06米。③

武汉长江大桥的桥头堡主要有三方面的作用：军事作用、观景作用以及作为大桥重要建筑的标志性作用。桥头堡位于正桥和引桥分界处（图4-1-83），共设有2座桥台，桥台为钢筋混凝土箱型结构，并设有桥头建筑美化大桥。桥头堡高45米，共8层，在公路路面两端各有两个民族风格的堡亭。桥头堡的堡亭为四方八角，上有重檐和红珠圆顶。桥头堡内自底层至6楼设有电梯，并有通向各层的人行楼梯。桥头堡内上下各层设有大厅、展览室等（图4-1-83）。④

图4-1-80　武汉长江大桥桥梁结构图
（资料来源：中铁大桥局，《武汉长江大桥》笔记本图书，2017）

  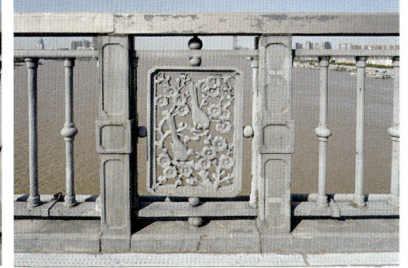

图4-1-81　武汉长江大桥栏杆装饰
（资料来源：罗劲草摄于2018年）

---

①③ 吴明益. 汉阳区志[M]. 武汉：武汉出版社，2008.
② 彭小华. 品读武汉工业遗产[M]. 武汉：武汉出版社，2013.
④ 许远，黄李涛. 武汉长江大桥解读[J]. 华中建筑，2010，（11）:166-169.

图4-1-82 武汉长江大桥外观及汉阳段引桥

(资料来源:刘建林摄于2007年)

(a)汉阳段桥头堡

(b)武昌段桥头堡内陈列厅

(c)桥头堡剖面

(d)汉阳段桥头堡堡亭

(e)武昌段桥头堡电梯厅入口

图4-1-83 武汉长江大桥桥头堡组图

(资料来源:图a、d、e由罗劲草摄于2018年,图b由李瑞摄于2018年,图c由武汉大桥局提供)

③ 大桥与周边建成环境

武汉长江大桥作为武汉的标志性建（构）筑物之一，与周围的大禹神话园、黄鹤楼、龟山电视塔、晴川饭店等一起，形成了长江两岸整体建成环境（图4-1-84），而且桥下沿江地带还建造了供人们休闲散步的江滩步道，使大桥周边成为武汉公共活动举办频率极高的城市公共场所。

此外，武汉长江大桥周边建有多标高、多层次、多方位的观景平台，一系列观景平台的设置不仅缓解了武汉长江大桥因尺度巨大带给人的视觉不适感和心理压力，更方便游人多角度、多方位、在不同高度观赏大桥和周边景色（图4-1-85）。

④ 大桥配套工程之汉水铁路桥

1953年11月27日，汉水铁路桥在汉阳罗家埠至汉口太平洋之间破土动工。建设过程中遭遇过1954年洪水，通航水面因此提高了2米，因此桥梁的设计方案做出相应调整。1954年11月25日汉水铁路桥竣工，同年12月28日通车。汉水铁路桥全长300.72米，9墩10孔，桥墩高达30米，最大跨度为55米，桥梁式样中间为承花梁，两端为标准钢板梁和钢筋混凝土梁（图4-1-86）。

图4-1-84 长江大桥与黄鹤楼

图4-1-85 大桥建成纪念碑及观景平台

（资料来源：罗劲草摄于2018年）

图4-1-86 汉水铁路桥外观

（资料来源：罗劲草摄于2018年）

武汉长江大桥配套工程之江汉一桥，其相关内容将在后续案例中详细介绍。

4.1.12.3 非物质文化遗产

自武汉长江大桥建成以来，以大桥为主题的出版物、纪念物等文化产品十分丰富且形式多样（图4-1-87）。由茅以升编写，科学普及出版社在1957年出版的《武汉长江大桥》中保存记载了建造长江大桥时相关技术图纸、资料以及事迹，对长江大桥的建设背景进行了直观的介绍。

2017年武汉长江大桥建桥60周年之际，中铁大桥局出版了《武汉长江大桥》的笔记本图书，该图书不仅可以作为笔记本使用，而且书中还记录了长江大桥建成的历史，收录了大桥建设方案

图4-1-87 武汉长江大桥主题的相关出版物
（资料来源：任昕毅整理）

的手绘图，以此纪念和留住长江大桥的集体记忆。部分武汉长江大桥测绘图纸如图4-1-88所示。另，《大桥》一书中载有与武汉长江大桥密切相关的城市大事件的艺术作品和照片（图4-1-89）。

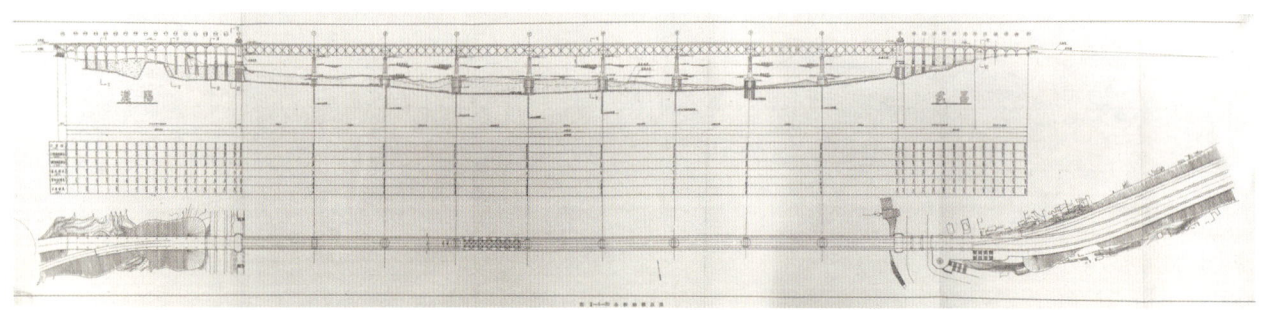

（a）武汉长江大桥平、立面图

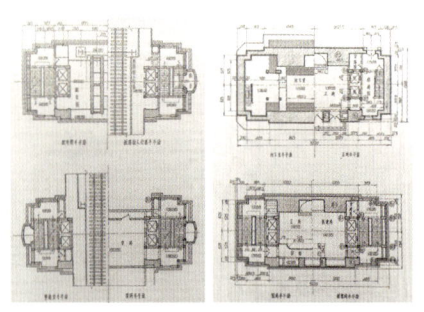 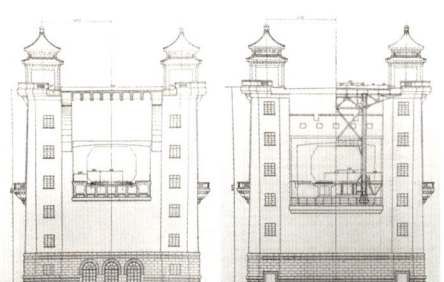 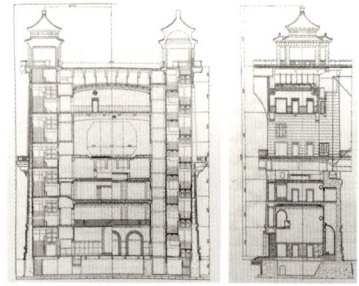

（b）桥头堡平面图　　　　　　（c）桥头堡立面图　　　　　　（d）桥头堡剖面图

图4-1-88 武汉长江大桥测绘图
（资料来源：中铁大桥局，《武汉长江大桥》，2017）

（a）艺术作品中的"五一"劳动节与长江大桥　　（b）武汉国际马拉松赛事与长江大桥

图4-1-89　城市大事件与武汉长江大桥
（资料来源：刘宇、刘梦盈，《大桥》，2017）

4.1.12.4　价值评估

（1）历史价值

武汉长江大桥不仅是中国跨越万里长江的第一座大桥，也是我国公铁两用桥梁建设中的第一座里程碑。大桥的通车结束了武汉三镇彼此割裂难连通的状况，将三镇连接成一体，极大地便利了三镇之间往来的行人车辆。同时从全国范围来看，武汉长江大桥的建成使得平汉铁路和粤汉铁路实现了连通，中国南北交通由此发生了根本性的变化，促成武汉成为全国重要的铁路枢纽城市。

在大桥建设的筹备阶段及建设初期，苏联专家对大桥建设给予了较大帮助，在勘察设计及施工阶段均提供了大量技术上的支持。虽然后来中苏关系破裂，但建桥工作依然在桥梁专家茅以升先生的主持下完成，大桥整个建设过程见证了历史上中苏关系的变化过程。

（2）科技价值

武汉长江大桥在桥墩施工中运用的"大型管桩钻孔法"技术，在1950年代属首创。这项技术由苏联专家组建议，由中苏两国工程人员共同研究创造。它不仅避开了"气压沉箱法"的弊端，同时还大大提升了大桥施工速度，降低了部分造价。采用这种施工方法使得施工不受洪水影响，也不因季节停滞。除此之外，在钢梁架设过程中，采取了"墩旁托架悬臂架设法"等先进施工工艺，为大桥优质高效建成发挥了重要作用。

（3）社会文化价值

武汉长江大桥的建成通车，将武汉三镇连成一体，不仅实现了"一桥飞架南北，天堑变通途"的梦想，而且对武汉乃至全国的经济、文化和国防建设均起着极为重要的作用。通车60多年来，每日通行火车上百对，汽车近十万辆，创造的经济及社会效益巨大。

在大桥建设的整个进程中，全国上下在人力、物力以及精神上给予大桥建设全力支持，同时形成了一股"长江大桥热"，人们以各种方式表达对大桥的热爱、传承大桥精神，如邮票、钱币、商品等物品上印记着大桥形象，甚至父母还给孩子取与大桥相关的名字。直至今日，武汉长江大桥依然是武汉著名的地标性建（构）筑物之一，众人依然会在大桥留影，依然有一系列城市活动和大事件围绕大桥展开，大桥持续以多种形式留存在人们的生活和记忆之中。

（4）艺术价值

武汉长江大桥不仅是一座集铁路、公路、水路多种交通方式于一体的三用桥，也是一座城市桥。当下的长江大桥是1950年代在全国广泛征集设计创意的基础上选定的极富桥梁工程美学和民族建筑特征的设计。在桥址设计上，大桥利用天然的地理地貌作为桥梁的引线，与龟蛇两山浑然一体，宛如天成。在桥面两侧的栏杆上，均装饰有取材于我国民间传说或神话故事的花板。在桥头堡的堡亭设计上，取四方八角形，有重檐和红珠圆顶。大桥从外观到内构、从钢梁到桥台，乃至其栏杆、灯柱、窗棂、壁饰、雕塑等，都显现出"端庄朴实，经济实用，既具有民族风格，又体现了时代精神"的美学特征。

4.1.13 江汉桥

江汉桥又称江汉一桥，是在汉江上建造的汉口和汉阳之间的首座桥梁，也是整个汉江上建成的首座大桥（图4-1-90）。江汉桥的建成解决了原本被汉江阻隔的汉口和汉阳之间通行困难的问题，结束了汉江曾经"白浪如山那可渡，狂风愁杀艄帆人"的局面。同时，江汉桥作为武汉长江大桥的配套工程，不仅是武汉长江大桥整体工程的重要组成部分，而且承担了长江大桥主体工程试验和练兵的任务。

4.1.13.1 历史沿革

1853年，太平军为渡过汉江占领汉口，曾在江汉桥桥址处架设浮桥。

图4-1-90　江汉桥全景

（资料来源：武汉大桥工程局，《武汉长江大桥》，1957）

1954年2月，铁道部大桥工程局完成江汉桥初步设计，9月完成技术设计。同年冬由大桥工程局二桥处开始施工。1955年12月25日竣工。1956年1月1日通车。

1986年11月3日，武汉市人民政府做出加宽改造江汉桥的决定。1988年5月改造竣工。

1996年再次进行了加宽改造，将原桥面18米扩宽至21.5米。①

4.1.13.2 江汉桥工业遗产

（1）总平面布局

江汉桥临近汉江与长江汇合之处，位于汉阳武胜码头和汉口武胜路之间，北连汉口汉正街，南接汉阳古琴台（图4-1-91、图4-1-92）。

图4-1-91 江汉桥总平面
（资料来源：百度地图，罗劲草改绘）

图4-1-92 俯瞰江汉桥
（资料来源：罗劲草摄于2018年）

---

① 吴明益. 汉阳区志[M]. 武汉：武汉出版社，2008.

图4-1-93　江汉桥桥墩及结构
（资料来源：罗劲草摄于2018年）

图4-1-94　江汉桥铸铁栏杆
（资料来源：罗劲草摄于2018年）

（2）建（构）筑物遗存概况

①桥身外观及结构

江汉桥桥长322.37米，桥宽25.5米（18米+2×3.75米）。两岸为U形桥台。正桥为三孔不等跨（54.3米+87.37米+54.3米）连续钢板梁和钢桁架拱混合结构的城市公路桥梁，两岸引桥均为2孔205米变截面钢筋砼连续梁。江中2墩的桥墩呈圆端形（图4-1-93）。沿河两岸有4个引桥墩。汉口岸桥台，管桩直径40厘米，桩长20米，共计189根；汉阳岸桥台，管桩直径40厘米，桩长30米，共计94根。[①]

②引桥及桥头建筑

江汉桥的建成正值国家开展增产节约运动，为了降低造价，实际上没有建引桥。现在我们看到的外观是在2005年通车50年之后，武汉市政府投资一亿多进行整体大修之后的新面貌。在2005年的这一次整体大修中，当年建桥时为了节省开支而采用的简化的混凝土桥栏杆被换成了铸铁材质，与长江大桥的栏杆相同（图4-1-94）。当年被取消的桥头碑塔的位置建起了四座航标灯塔式的构筑物（图4-1-95），蕴含领航之意。除此之外，在1956年江汉桥通车之际，毛泽东主席题写的"江汉桥"三个大字，被刻在新建成的桥头建筑的基座上。

图4-1-95　江汉桥桥头灯塔式构筑物
（资料来源：罗劲草摄于2018年）

---

① 吴明益.汉阳区志[M].武汉：武汉出版社，2008.

4.1.13.3 价值评估

（1）历史价值

江汉桥作为万里长江第一桥的配套工程，也作为汉口和汉阳之间在汉江上的首座桥梁，其通车标志着武汉三镇城市交通从此进入新时代，也揭开了"一桥飞架南北，天堑变通途"的序幕。江汉桥与长江大桥组成的三镇交通大动脉首次将武汉三镇连为一体，为促进三镇交流，形成新的城市景观和城市空间布局做出了重要贡献。

（2）科技价值

江汉桥的建设通车为武汉长江大桥的建设锻炼了队伍，积累了经验，此后正规化水平不断提高，工程设备越来越齐全。工程的下部基础部分进展很顺利，解决了用"送桩"打水下桩、水下封底混凝土、钢板桩围堰捶打、合拢、抽水、防渗漏等一系列问题，为长江大桥的基础施工积累了经验。①

（3）社会文化价值

江汉桥的建成通车，直接改变了武汉的城市交通格局，带动了周边地区的大力发展，为促进武汉三镇交流做出了贡献。再者，江汉桥孕育了其特有的桥文化，与桥有关的人名、地名、店名等开始出现在我们城市中，真实地反映了武汉三镇人民对武汉汉江第一桥的热切盼望与欣喜之情，形成了一种特有的文化现象。②

4.2 仓储业类工业遗产

4.2.1 汉口德商瑞记洋行仓库及办公楼

德商瑞记洋行仓库（后称胜利仓库）及办公楼位于现武汉市江岸区胜利街与四唯路交会处，靠近历史上的三阳路铁路支线，其位置兼有长江水运及铁路运输双重便利的交通优势。德商瑞记洋行仓库已被列入武汉市第二批三级工业遗产名单。仓库当下留存有三栋建筑，总建筑面积约为2万平方米，拟改造更新为武汉地铁博物馆。

4.2.1.1 历史沿革

1854年，德籍犹太人安诺德兄弟在上海合资设立了德商瑞记洋行。随后在汉口设立分行，除从事军火、五金交电、木材以及土产进出口贸易外，从1890年开始合资经营上海—汉口的内河航运，拥有当时最先进的轮船两艘。

1901年，汉口德商瑞记洋行仓库A栋建成。此时，汉口瑞记洋行主要经营土产商品出口，如蛋品、桐油、五倍子、牛羊皮、芝麻、肠衣、皮油、苎麻等，还出口钨锑矿砂，并进口匹头、呢绒、军毯、机器设备、五金、钢铁等其他杂货，以及进行保险业务。

1917年，中国对德宣战，瑞记洋行在华资产被英国汇丰银行代管，瑞记洋行实际停止经营。

1919年一战后，瑞记洋行复业，改名为安诺德兄弟公司，并在香港重新注册，中文名称为英商安利洋行。③

1929年至1935年，汉口英商安利洋行在原瑞记洋行仓库旁建了仓库B栋，并在相邻街区（今四唯路11号）建造了五层钢筋混凝土结构的办公楼C栋（图4-2-1），由景明洋行设计，建筑面积5822平方米。后英商安利洋行因经营不善被新沙逊洋行兼并。

---
① 汪瑞宁. 武汉铁路百年[M]. 武汉：武汉出版社，2010.
② 汪瑞宁. 江汉飞虹五十年[J]. 世纪行，2006,(22):46-47.
③ 引自 http://blog.sina.com.cn/s/blog_5382ef0f0101gb03.html.

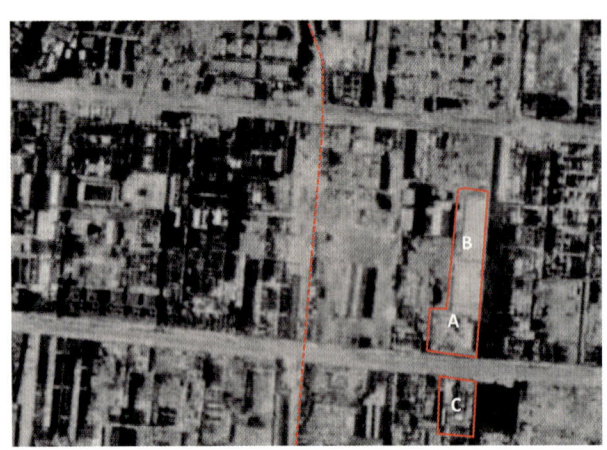

图4-2-1　1945年英商安利洋行大楼及仓库分布
（资料来源：美国《生活》杂志）

1945年，日本海军军部占领仓库后，业务全部交给日本三井洋行，并占据了英商安利洋行大楼作为日军军部。

1945年抗战胜利后仓库复业，曾为民生轮船公司物资存放地。

1949年，中南军政委员会租用C栋英商安利洋行大楼作为办公地，军委会撤销后该大楼改为胜利饭店。

1953年，中南军政委接收英商安利洋行仓库后，将A栋交付于中国人民银行武汉分行，B栋交付于武汉商业储运公司使用，其后，中国人民银行武汉分行又将A栋仓库沿胜利街一侧的8间库房置换给武汉港务局使用。

1970—1980年代，仓库改称为"胜利仓库"，并在AB栋前加建5层仓库D栋，A栋一层101库房由市商业储运公司内部人员集资开办家俬城。

1990年代，A栋恢复仓储功能，三层301库由市商业储运公司和武汉游子乡置业公司联营，B栋仓库主营自行车机械配件等。

2016年至2019年，AB栋拟改造为地铁博物馆。AB栋南侧加建的仓库因与2015年武汉地铁总部大厦建设用地冲突，已遭拆除；A栋顶层一度围绕20世纪初德商瑞记洋行仓库主人住宅加建的空中临时住宅，也已腾退拆除。

4.2.1.2　德商瑞记洋行仓库工业遗产

（1）总平面布局

瑞记洋行仓库位于武汉市江岸区胜利街及四唯路交会处，属于原汉口德租界区，现南侧为在建的地铁总部新办公大楼。仓库周边拥有丰富的历史文化资源，交通便利，人流量大，具有明显的区位优势。

（2）建（构）筑物遗存概况

原德商瑞记洋行建筑现存A、B两栋仓库建筑以及C栋办公楼建筑（图4-2-2）。A栋为原金银券仓库（推测建于1901年），三层钢混结构，保留建筑面积9000平方米；B栋为原胜利仓库（推测建于1933年前），四层钢混结构，保留建筑面积4200平方米；仓库总建筑面积为13200平方米（图4-2-3）。

①A、B栋仓库遗存

A、B两栋仓库建造年代不同，因此两栋建筑的梁柱结构体系存在差异，A、B栋交接处存在第三个时期建造的痕迹，即另一个时期的加建建筑作为连接体将A、B两栋整合成一体。仓库南北两立面不同时期建造痕迹明显（图4-2-4、图4-2-5）。

仓库建筑结构和空间特征明晰，表现在：建筑结构坚固，柱网规整（图4-2-6）；各层仓库层高不等，一层6.4米、二层4.8米、三层3.4米，分别用于存放不同体积和重量的货物。A栋为规格不等的大空间，不同仓库隔墙开有货物搬运转换的门斗；B栋为无分隔的完整大空间（图4-2-7）。

图4-2-2 德商瑞记洋行仓库（AB栋）及办公楼（C栋）鸟瞰
（资料来源：丁晨星摄于2018年）

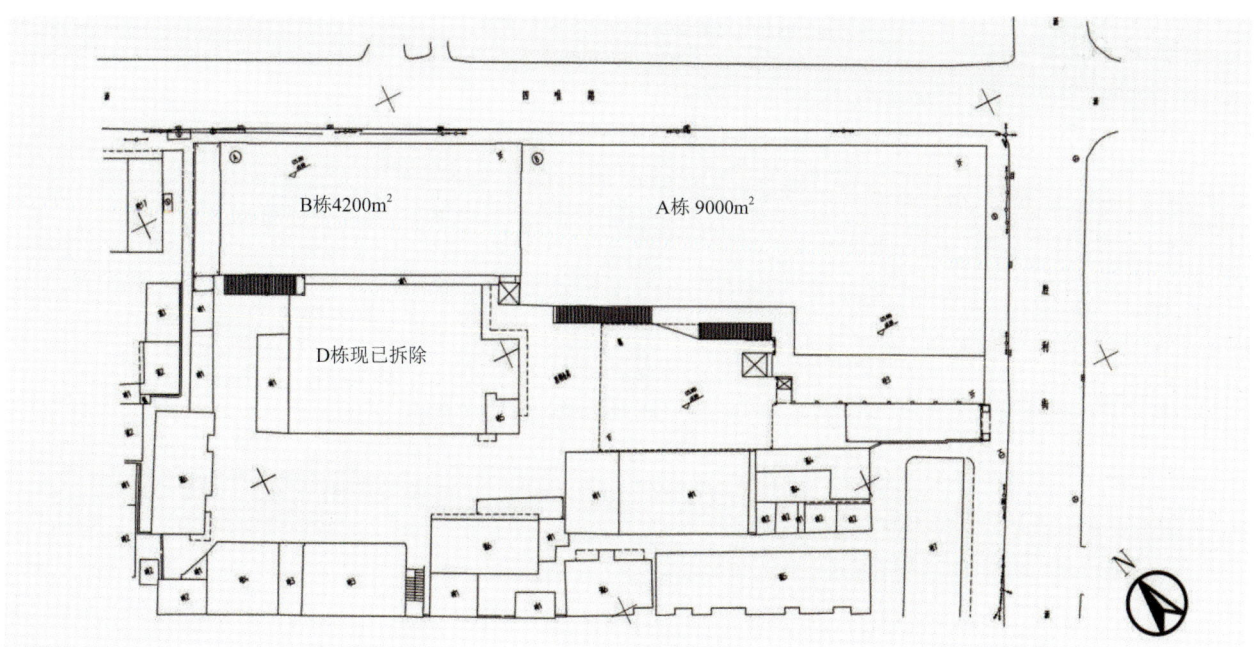

图4-2-3 德商瑞记洋行仓库总平面图
（资料来源：中信建筑设计研究总院）

图4-2-4 A、B栋仓库北侧沿四唯路立面
（资料来源：庞子锐摄于2017年）

图4-2-5 A、B栋仓库南立面
（资料来源：廖雅兰摄于2017年）

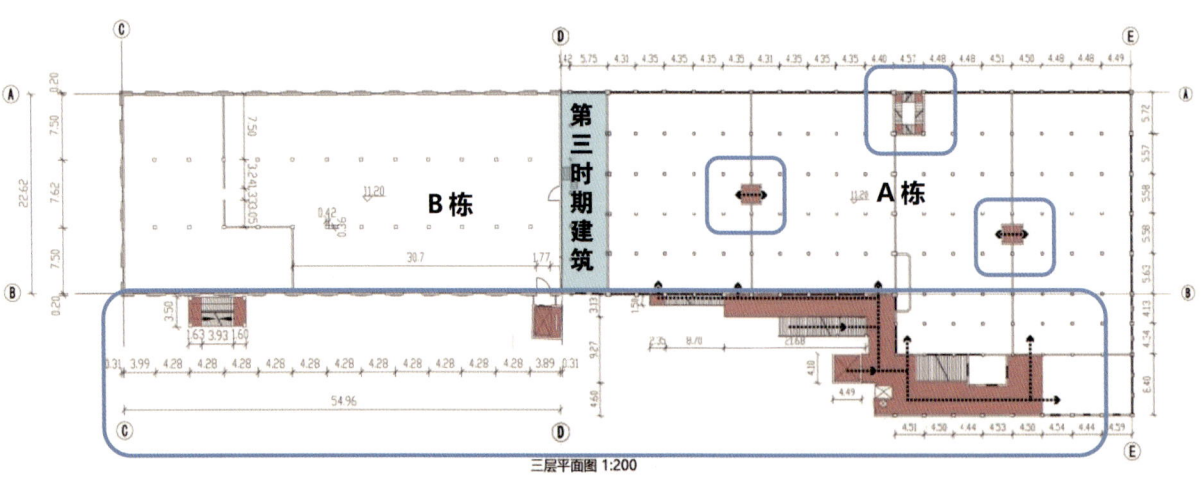

图4-2-6 仓库二层平面图
（资料来源：丁晨星根据中信建筑设计研究总院测绘图改绘）

图 4-2-7　A、B 仓库内部空间
（资料来源：丁晨星摄于 2018 年）

②大台阶和外廊

仓储建筑中货物的运输方式十分关键，德商瑞记洋行仓库丰富的竖向交通体现了这一特质，南侧连接各层外廊的大台阶踏面尺寸约为 300 毫米，踢面高度约为 80 毫米，小尺度的踢面方便搬运工负重攀登时以"小碎步"的方式向上行进（图 4-2-8）。仓库楼梯平台及外廊挑梁均处理成变截面形式，显示建设年代结构的实用性和合理性。此处建筑各层外廊平台宽阔，最宽处约为 4.5 米，便于搬运中临时堆放货物，也作为搬运时各层之间的转换平台使用（图 4-2-9）。

③标语和口号

仓库内部遗留的多种痕迹传递出丰富的历史信息（图 4-2-10），各间仓库以编号命名，内墙面上画有标尺，用以划分区域并估测货物堆放的长度。墙面有"仓库重地""严禁烟火"等标示，体现了空间的仓储属性。此外墙面还留有许多"红色口号"，是特殊时代的历史印记。

④C 栋洋行办公建筑遗存

英商安利洋行办公楼位于四唯路 11 号（图 4-2-11），建筑为 6 层钢筋混凝土结构，由景明洋行设计，分两次施工完成：第一次在 1930—1931 年，由李丽记营造厂承建一层样间；第二次在 1933—1935 年，由钟恒记营造厂承建第二层以上全部建筑。大楼占地面积 1075 平方米，总建筑面积 5822 平方米，造价 13.6 万银元。英商安利洋行大厦属现代派摩登建筑，所用的木料均选用舶来木料，五金材料也由国外运来。墙体用优质红砖中间浇灌水泥建造，外墙再嵌有上海泰山砖瓦厂新制的面砖，墙面依楼层水平向装饰白色线条，与深红色墙面砖形成鲜明的色块对比。建筑内部各层在钢筋混凝土楼板上加铺柚木地板，坚固而舒适；内部水电、暖气设备齐全，并且设置有电梯。

4.2.1.3　**价值评估**

（1）历史价值

德商瑞记洋行为近代中国著名的洋行之一，其汉口分行在历史上的汉口德租界具有举足轻重的地位。近代时期今三阳路以南、四唯路以

图4-2-8　踢面尺寸较低适合人力搬运的大台阶

（资料来源：王楠摄于2019年）

图4-2-9　仓库上层宽敞的外廊

（资料来源：王楠摄于2019年）

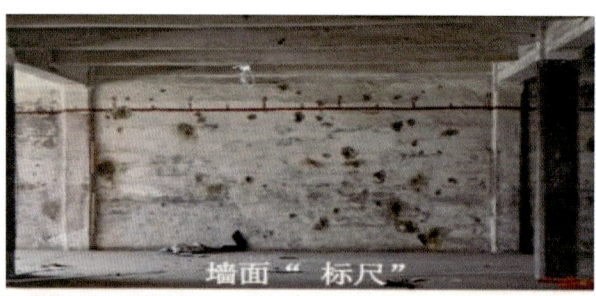 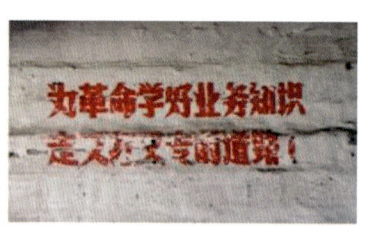
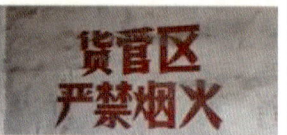 

图4-2-10　仓库墙面多种标示及历史标语

（资料来源：廖雅兰摄于2017年）

图4-2-11　英商安利洋行（原德商瑞记洋行）办公楼

（资料来源：王楠摄于2019年）

北、中山大道以东、沿江大道以西有近一半土地曾经归瑞记洋行所有。从1906年汉口德租界工部局设立到1917年德租界被收回的12年间，瑞记洋行的大班（经理）赫仁斯派尔格尔（W.Herensperger）先后9年任工部局董事，另一位大班杜伯尔（W. F. Dubber）也曾于1913年任工部局董事。此外汉阳兵工厂、巩县兵工厂、大冶炼钢厂、汉口第一纱厂、裕华及震寰等纱厂以及汉口打包厂使用的主要钢铁、打包机器设备等，常由瑞记洋行重新注册后的英商安利洋行供应。[①]汉口德商瑞记洋行仓库作为原德租界典型的仓储类工业遗产，见证了汉口在近代西方工业革命影响下的城市商贸及工业发展过程，是汉口商贸活动及工业文明的历史物证，具有重要的历史价值。

（2）科技价值

汉口德商瑞记洋行仓库是武汉现存近代仓库中最早使用钢筋混凝土结构的仓库建筑之一。建筑采用变截面梁，体现了经济适用条件下建造的形式设计逻辑和构造合理性；同时，瑞记洋行仓库为保证存储空间的完整性和利用率，交通空间采用附着于主体建筑之外外挂梯的形式，包括缓坡大台阶、皮带传输机、滑道、吊笼、水塔等工业构筑物，以及突出屋面的两个电梯井和沿四唯路一侧用于分离瑞记洋行大班和一般管理人员的经典的双螺旋双向人行楼梯，构成仓储建筑特有的识别性特征要素。此外仓库完整地保留和呈现了货物搬运的技术空间及设备：从人力到皮带传输机再到垂直升降吊笼、电梯设备，体现了由体力劳动逐渐过渡到机械化生产相对完整的过程，搬运技术升级过程在仓储空间中得以再现，反映了其技术价值。

（3）社会文化价值

汉口德商瑞记洋行仓库巨大的建筑体量、鲜明的产业特征、有标识性的特征构件，均具有典型的仓储建筑丰富的表现力和视觉冲击力，有助于不同主体身临其境地体验并形成场所认同感和空间共鸣，促使人们快速勾连起近代城市仓储繁忙的历史画面，通过物质与非物质的遗产素材理解和感受汉口仓储遗产在特定场所环境中的社会文化价值。汉口德商瑞记洋行仓库的完整性和真实性使其成为汉口仓储类建筑研究的典型样本，其演变过程丰富了汉口仓储类工业遗产的研究资料，有助于仓储类工业遗产的价值挖掘。

4.2.2　汉口英商太古洋行仓库

英商太古洋行于1873年在汉口设立分行，分上、中、下太古分行。历史上的上太古在沿江大道82—86号（今民生路至江汉关一带）（图4-2-12），中太古在沿江大道104—105号（今南京路至天津路一带），下太古在沿江大道169—172号（今黄浦路至分金炉）一带。1904年至1929年间，汉口

图4-2-12　1920年上太古码头沿岸仓库

（资料来源：http://hankou.virtualcities.fr/Photos/Images?ID=19821）

---

① 引自 http://blog.sina.com.cn/s/blog_5382ef0f0101gb03.html。

太古洋行在沿江大道一带共有仓库16处，总计87间，总面积约138224平方米，可容纳43399吨货物。值得一提的是，太古洋行一系列仓库的选址和建设，往往与长江航道沿岸码头之间存在内在的储、运匹配关系。

4.2.2.1 历史沿革

1873年英商太古洋行在汉口设分行，并陆续在汉口原租界区长江沿岸的上、中、下首段兴建码头及仓储设备。

1875年，太古洋行在苗家巷地段建上太古仓库2座，供上太古码头货物装卸使用。

1904年，上太古一号仓库建成，为二层砖墙铁皮屋顶库房。

1918年，太古洋行为了控制长江航运，在长江和汉水交汇处，紧邻江汉关划地兴建了4层混合结构的上太古6库（图4-2-13），在中太古沿岸建造了蓝烟囱轮船公司仓库1座（图4-2-14），并在沿江大道94号由魏清记营造厂建造办公楼1栋。

1920年左右，太古洋行在洞庭街、南京路之间修建了中太古10库（图4-2-15）。至抗战爆发前夕，太古洋行共有仓库24座。

1953年，汉口港务局接管蓝烟囱仓库1座，1955年又接管了太古洋行仓库15座共41间，共2.56万平方米。[①]武汉港务局将蓝烟囱仓库使用权换给

（a）1910年　　　　　　　　　（b）1920年　　　　　　　　　（c）1930年

图4-2-13　历史上不同时期的上太古6库

（资料来源：http://hankou.virtualcities.fr/Photos/Images?ID=19821）

图4-2-14　1920年太古代理蓝烟囱轮船公司仓库

（资料来源：http://hankou.virtualcities.fr/Photos/Images?ID=19821）

---

① 郑少斌.武汉港史[M].北京：人民交通出版社，1994.

图4-2-15　1920年中太古10库
（资料来源：http://hankou.virtualcities.fr/Photos/Images?ID=19821）

中国人民银行武汉分行使用。

1956年，上太古6库归入汉口第一作业区，改编为港22库，作为港务局办公及仓库使用；中太古10库新编为33—34号库，一层（港33库）作为危险品专用库，二层（港34库）港务集团供应科；蓝烟囱仓库新编为30—32号库，一至三层均作为银行特殊品仓库使用。

1960—1970年代，汉口作业区撤销，仓库维持港口生产性使用，与码头港务业务密切相关。

1980年代，上太古6库所对应的生产性港18码头主要以堆存杂货为主，1984年吞吐量24万吨，一次堆存量达3777吨，有效堆存面积6295平方米。①

1990年后，因港务局机构调整，上太古6库一层前部由货运部使用，后部由旅社使用；二层为机关办公室；三层作供应仓库使用；四层调作调度室、工会、职工教室及会议大厅。随着武汉港新客运站建成，原中太古10库对应的港23码头生产性功能停止，仓库调整为港申船务公司和武汉港务集团档案室使用。

2000年，汉口城区地产开发日盛，上中下太古仓库均被大规模拆除，上太古6库转给武汉海关使用；蓝烟囱仓库由银行出租，赁方将原三层仓库加建为四层楼，建筑结构及屋顶形式变动较大。

4.2.2.2　英商太古洋行仓库工业遗产

（1）总平面布局

太古洋行现存3座仓库，分布于武汉市江岸区民生路至天津路之间（图4-2-16）。

（2）建（构）筑物遗存概况

太古洋行仓库工业遗产现存3处，因建筑权属不同，在空间使用上各自独立：上太古6库仍作为机关办公使用；中太古10库一层为食品、轴承仓库，二层为宾馆、台球厅、羽毛球馆，三层加建为船务公司和武汉港汉口派出所办公场所；蓝烟囱仓库作为"汉口文创谷"改造项目之一，正改造为金库创意产业园。

①上太古6库

上太古6库现为武汉海关机关办公楼（图4-2-17），

---

① 根据段光明提供的武汉港务局相关历史资料整理。

紧邻武汉关博物馆，目前尚无保护身份。原对应的港18码头尚在，但其场所环境已经转变，现处于武汉客运轮渡码头地铁2号线上，成为游客及渡江旅客途经之地。仓库因相对较早停止业务转为办公性质，建筑整体结构及质量留存较完整，但建筑外立面清水红砖和石材装饰均在历次维修中遭到了不恰当的处理，涂抹覆盖了原有墙面材质，而且室外楼梯新加建了雨棚。

②中太古10库

现中太古10库整体建筑质量及内部结构保留较为完整，目前尚无保护身份（图4-2-18）。建筑仍保持着部分仓库功能，一层分为4个库房，部分库内加建了夹层，分别出租给速食、轴承、船配仓库等短途配送供应仓库；二层台球厅、羽毛球馆已闲置，北侧的华鑫快捷宾馆利用其中的一跨柱距建造了十余间客房，南侧部分闲置；三层屋顶加建为合院式的办公用房，中心建有篮球场，现为武汉港申船务公司和长航公安局汉口派出所办公

图4-2-16　现存太古洋行仓库区位图
（资料来源：武汉市规划局）

使用。当前建筑周边是高密度住宅区，且主入口有一定遮挡，仓库具有识别性特征的近24米长的外直跑楼梯下的空间加建利用为辅助用房，整体风貌难以窥见。仓库原对应生产的港23码头已由生

图4-2-17　上太古6库办公及仓库旧址
（资料来源：王楠摄于2018年）

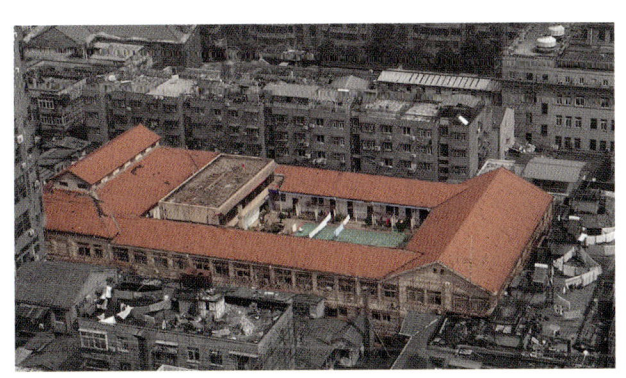

图4-2-18　中太古10库旧址
（资料来源：王楠摄于2018年）

图4-2-19　蓝烟囱仓库旧址
（资料来源：王楠摄于2018年）

产性码头转变为武汉游轮码头，用来停靠来自各地的游轮。

③蓝烟囱仓库

蓝烟囱仓库现作为江岸区文创谷项目之一，建筑尚无任何保护身份（图4-2-19）。目前拟改造为金库创意产业园，拟招商业态包括咖啡、画廊、公寓酒店、餐厅等。在更新改造过程中仓库原有结构、运货楼梯、厚重的库门等元素有所保留，但内部砌筑了隔墙进行空间划分，建筑外立面在后期使用中开窗形式混乱，对原建筑外立面的秩序性破坏较大；对仓库二层外围护墙体进行了局部拆除，并将楼板向外出挑作为平台；四层为加建层，且屋顶形式改变较大，打破了建筑原有的建筑风貌和整体比例。

4.2.2.3　价值评估

（1）历史价值

上、中太古仓库作为码头仓储工业遗产，反映了近代汉口航运业和仓储码头业的繁荣，以及以英商太古洋行为代表的英国商人在汉口地区的经济贸易史、交通运输史；太古洋行仓库作为英商在汉口地区的棉、茶等大宗贸易货物存储的空间史证，记录了近代英国在汉口经济、政治、文化等方面扩张势力的历史事件及其所涉及的空间形态变化。

（2）科技价值

汉口英商太古洋行仓库是近代汉口多层仓储建筑的典型代表之一。以中太古10库为例，其无梁楼盖结构体系在仓储类建筑结构选型中具有先进性和代表性。瑞士设计师于1910年发明世界上第一座无梁楼盖仓库，而1923年汉口太古洋行建设即运用了这一新的结构技术，并建成了中太古10库（图4-2-20）。因仓库建筑内大梁直接影响库容和装卸作业，无梁楼盖板结构体系的运用使得仓储空间摆脱了梁的制约，增加了净空高度，释放出的梁下空间可满足更多货物存储的需要，同时平滑天花板改善了仓库室内采光、通风和卫生条件且便于布置管道。无梁楼盖的运用还加快了施工进度，节省了建材成本。

此外，汉口英商太古洋行仓库建筑结构涵盖钢筋混凝土、砖混以及无梁楼盖板仓库，有单层坡屋、多层平屋等，展现了近代汉口仓储类建筑设计及技术的多样性、先进性和杰出成就，对近代武汉建筑史的研究具有重要的科学价值。

（a）一层内部

（b）二层内部

图4-2-20　中太古10库
（资料来源：王楠摄于2018年）

（3）艺术价值

太古洋行仓库建筑作为近代工业建筑的先锋代表，其设计理念、设计风格和形式逻辑都展现了工业建筑独特的工业美学价值，且其工业美学价值引导了公众艺术审美取向，更早地向市民传达了现代建筑的认知经验。

4.2.3　汉口日清汽船仓库旧址

日清汽船仓库（后称东亚海运仓库），位于今沿江大道152—153号（原俄租界合作路），据《武汉港史》记载："日清公司有码头3座，设趸船4艘，共有泊位4个，码头总长1030英尺，码头后方建有平栈1座，三层1座，四层1座，容货量16000吨。"[1]日清汽船仓库旧址中，沿江大道的二层建筑较早建成，随后增建了三层建筑面积约5700平方米的沿江仓库，以及其后建筑面积约7260平方米的四层仓库（图4-2-21）。

4.2.3.1　历史沿革

1907年，日清汽船会社（又称日清汽船株式

图4-2-21　日清汽船码头及仓库
（资料来源：伊势屋发行明信片）

---

[1] 郑少斌. 武汉港史[M]. 北京：人民交通出版社，1994.

会社）的成立，统合了长江流域从事航运的日本各轮船公司。

1910—1930年的20年间，日清汽船会社在汉贸易扩大，在合作路和兰陵路之间陆续修建了单层、三层、四层仓库各一座，形成日清仓库建筑群，占地面积约1.1万平方米，仓库建筑面积约1.8万平方米，并完善了具有临时仓库作用的码头趸船设备等（图4-2-22）。

1937年，日清汽船公司被东亚海运公司合并，改为东亚海运仓库，主要用于战时存放日军军火。

1953年，东亚海运仓库由中南军政委统一接收，分别交由武汉商业储运司、武汉港务集团使用。1950年代B、C两栋仓库均作为省粮油、省服装批发仓库使用。

1955年后，A栋仓库一层改为职工医院门诊部，E栋原有建筑拆后，港务局在此建设了四层职工医院，与A栋关联作为医疗空间使用。

1960年后，为解决职工居住问题，A、C栋仓库均改为港务局职工宿舍。

1980年至1990年，仓库曾短暂供部队使用，曾在A栋二层开办过部队舞厅，C栋二层用作部队的血库，一、三层仍用作港务局职工宿舍和仓库；1980年代末C栋出租给合升服装厂，外部加装一部吊笼运货，在制衣厂职工增多的情况下，相应加建了为工人提供生活服务的小卖部食堂等空间；A栋延续了居住功能，B、C栋常被用作仓库使用。随着市场经济的发展，沿江沿街的B栋曾进驻证券公司和若干小公司，原坡屋顶被拆除一半改为网球场，皮带运输机也被拆除，B、C栋建筑二层之间加建了连廊。

1990年至2006年，在江滩的规划改造中，A栋建筑街角部分被拆除辟为广场，成为人们日常活动的公共空间；B栋一层改为咖啡餐饮商铺，二、三层于1995年后租给不同制衣厂使用；C栋作为湖北省食品出口公司仓库使用；D栋于2006年部分改为酒吧。

4.2.3.2 日清汽船仓库工业遗产

（1）总平面布局

日清汽船仓库旧址位于武汉市江岸区原俄租界内，合作路和兰陵路之间沿江大道一侧地块内，沿江大道一侧布置东西向仓库2栋，于其后布置南北向仓库2栋以及原港务局职工医院住院部建筑1栋（图4-2-23）。

（a）1910沿江道路及日清仓库　　（b）1920沿江道路及日清仓库　　（c）1930汉口码头及日清仓库

图4-2-22　日清汽船仓库历史照片
（资料来源：人文武汉论坛）

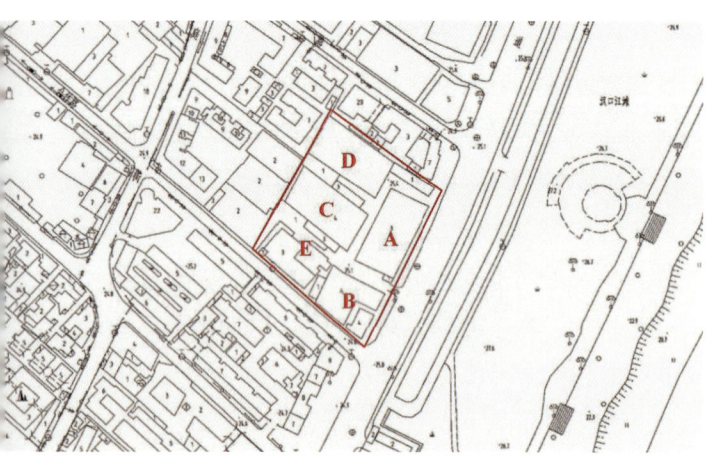

图4-2-23　日清汽船仓库旧址区位图
（资料来源：武汉市规划局）

（2）建（构）筑物遗存概况

日清汽船公司仓库现存4处工业遗产，4处建筑目前的空间状况各不相同，其中部分空间仍保留仓储功能（图4-2-24）。

A栋现多出租给外地务工人员居住，保持着职工宿舍时期改造的公用卫生间和水洗房，原大进深仓库为适应居住空间被多次分隔成小空间，建筑平面及内部结构有所改变，内部住户又将夹层分隔为两层增加使用面积，被分隔后的内走廊采光严重不足。原仓库生产给水、排水、供电等设施并不适合居住，作为居住地后生活管线乱搭乱建错综复杂，带来严重的安全隐患。

2019年3月武汉军运会前夕，AB栋建筑外立面进行了"修旧如旧"的风貌修缮（图4-2-25），外部具有仓储识别性的缓坡大台阶保留了下来（图4-2-26）。

B栋历史空间使用状态较为丰富，外立面装饰较为丰富，立面分为三段构图，窗楣与柱头上有欧式建筑风格的装饰。因建筑位于沿江大道上，沿街立面多次被作为风貌整治对象而改变。

C栋历史空间在使用中较多延续了仓库的空间功能。内部结构变化少，其生产痕迹和原仓库建

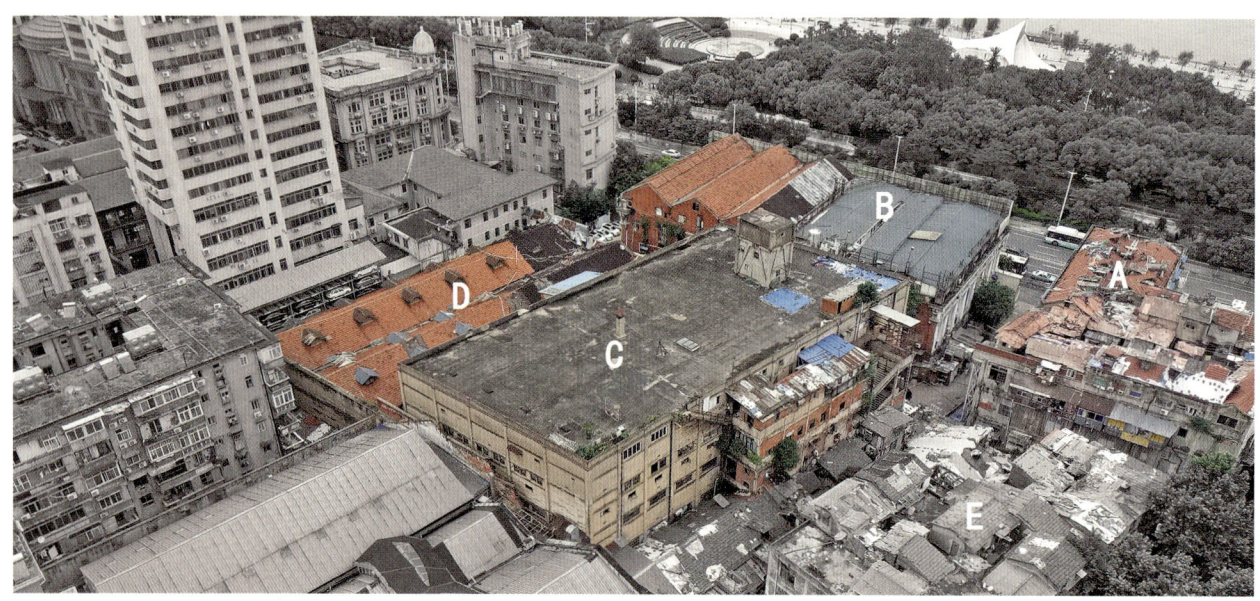

图4-2-24　日清汽船公司仓库旧址
（资料来源：王楠、丁晨星摄于2018年）

图4-2-25 日清汽船仓库AB栋沿街立面
（资料来源：丁晨星摄于2018年）

图4-2-26 A栋仓库室外大台阶
（资料来源：王楠摄于2018年）

筑的吊笼、水塔、大台阶等识别性特征要素有一定保留，但因持续生产负重下建筑损耗较大，整体结构受到较为严重的破坏。当前一层作为小型货车和社会停车场，四层作为日化品仓库，库内被分隔为小间仓库出租，因其分隔后采光不足，使用者在屋顶凿"天窗"进行采光。其余空间已空置被标记为危房。

D栋现改为KTV会所使用，已对内部空间进行了装修。

4.2.3.3 价值评估

（1）历史价值

日清汽船仓库建筑群反映了近代汉口航运业和仓储码头业的繁荣，也反映了以日清汽船仓库为代表的近代日本商人在湖北地区的贸易史、运输史。日本侵华期间，采取开发中国占领区资源供战时军需生产的"以战养战"策略，存储了大量掠夺性资源如工矿、棉花和军火，日清汽船仓库反映了当时日本的策略意图。作为日本对华贸易掠夺和对华航运投资扩大化历史事件的空间载体，日清汽船仓库是研究日清公司及日本航运在汉口历史的重要实物资料。

（2）科技价值

日清汽船仓库建筑群保留有较完整的生产空间序列，入库货物搬运轨迹往往通过轮船—驳船—人力/机械码头搬运—进出库搬运—转运等环节形成一次完整的仓储活动。仓库不同时期的扩建逻辑十分清晰，其空间布局中反映出的工业流程具有技术价值。由多层混合结构、钢筋混凝土结构建构成的仓库建筑群，柱网尺寸为5.5米×6米，处于沿江一侧的建筑强调装饰性，而处于街区内部的建筑更注重生产的实用性。货物通道面向码头设置，场所环境具有明确的生产指向性。

当下，日清汽船仓库中的C栋仍沿用仓储功能，但不同的是所存放货物已不再依赖于长江水运码头而转为依托陆路运输，因此纵使汉口江滩公园建设切断了原仓库与码头的生产链关系，但并未妨碍仓库的正常使用。

（3）社会文化价值

日清汽船仓库目前仍有部分原港务局职工居住，对于曾和仓储遗产有依附关系的记忆主体来说，可通过分析物质与非物质要素挖掘人们精神上的记忆与感受。物质要素包括仓储的生产以及日常生活空间，如仓库曾作为港务职工医院、制衣厂食堂、军队俱乐部和城市浪花广场等，这些公共空间具有人们交往互动凝结成的特殊的情感价值。非物质要素包括影像、档案、生产标语等，记录了过去生产生活的场景，是历史时期企业精神、文化、理念对当时时代文化和观念的反映。

4.2.4 三北轮船公司汉口分公司

三北轮船公司总部设于上海，由近代中国民族实业家、航运大王虞洽卿创办于1913年。因公司当时有慈北、姚北、镇北3艘轮船而得名三北轮船公司。三北轮船公司汉口分公司旧址位于武汉市江岸区沿江大道167号，由三北大楼及三北仓库组成。2014年三北轮船公司旧址被认定为武汉市第四批二级优秀历史建筑，现为武汉市第二批二级工业遗产。

4.2.4.1 历史沿革

1913年三北轮船公司由浙江商业大亨虞洽卿创办。

1914年三北轮船公司在汉口洞庭下路正对江边辟建了三北码头。

1915年三北轮船公司汉口分公司成立，三北轮船主要行驶于长江全线及国内外航线，上行航线运输货物主要为砂糖、棉线，下行航线主要运输五谷杂粮、药材和香皂等其他货物。

1922—1924年在汉口沿江大道、洞庭小路，建成"前店后库"式的四层办公楼和仓库建筑，建筑由汉协盛营造厂施工建造，常被称为"三北大楼"和"三北仓库"。[1]

1953年三北轮船公司的三北码头、四层办公楼及仓库归入公私合营，在武汉港务局新编号中为港47—50库（一层47库、二层48库、三层49库、四层50库）。其中三北大楼改为港务局职工宿舍，三北仓库底层分别由中矿、市五金（五金用品）、市仓储公司（日用百货服装）租用，二层由中矿（五金矿产资源）、市仓储公司租用，三、四层由市仓储公司租用。

1970年代，仓库屋顶加建为五层，作为港务局职工住宅，武汉纺织储运公司借用部分用作服装批发仓库，并对仓库内部空间加以分隔。

1980年代改革开放后，三北仓库底层的租用方改变，由德燕贸易商行、明珠台球城租用，二层由勤劳服饰有限公司租用。

1990年代三北头码头为长江航道局汉口航道

---

[1] 黄兰田. 我所知道"三北"的来历[Z]. 武汉文史资料，1996年，03：ISSN 1004-1737.

站打捞专用码头，码头在江边占地面积5000平方米，1950年代公私合营前曾作为大达公司码头使用。

2000年江滩整治期间，三北大楼外立面粉刷一新，一层先后开办商铺、餐饮、百货商店等。

2012年前后，该地段被列入港务集团的整体开发规划，除一层自营停车服务业务外，二层以上仓库空间停止出租，空间被封存。

2019年3月武汉军运会前夕，沿江历史建筑进行全面整改，三北轮船大楼及仓库外立面进行了"修旧如旧"的风貌修缮。

4.2.4.2 三北轮船公司工业遗产

（1）总平面布局

三北轮船公司旧址位于武汉市江岸区原俄租界内，沿江大道与洞庭小路路口交汇处。三北办公大楼及三北仓库在街区内呈矩形（图4-2-27）。两栋建筑彼此相对独立，但街角弧形塔楼将两部分连成一体；形体围合形成"天井"，作为公共交通空间。三北大楼沿江大道一侧为四层砖木结构，紧邻其后的大楼为四层钢筋混凝土结构建筑。

（2）建（构）筑物遗存概况

三北轮船公司现存工业遗产2处：三北大楼和三北仓库。

① 三北大楼。大楼底层为商铺及餐饮，底层商业多次变换经营业务，底层外立面被反复改造，受到不同程度的破坏，材料反差较大且拼贴严重；建筑二至五层现为原仓库工人或港务职工加建居住，内部自发改造开办有民宿、宠物医院等，内部空间因多次自发加建而使走廊拥挤、采光较差且管线设施凌乱并老化严重。2019年武汉军运会前夕，沿江历史建筑进行全面整改，三北轮船大楼及仓库外立面进行了"修旧如旧"的风

图4-2-27 三北轮船公司总平面图
（资料来源：武汉市规划局）

貌修缮（图4-2-28）。

② 三北仓库。原三北仓库与三北码头相对应，码头现已拆除。当前仓库一层改为社会停车库（图4-2-29），车库中留有历史使用痕迹及标语，建筑出现不均匀沉降，墙体及柱体出现裂缝和破损，门洞局部塌陷；二层以上仓库封库闲置。三北仓库的面江山墙面一侧设置有货物楼梯，并铺有货物滑道，天井内装有吊笼，货物由洞庭小路一侧的铁门进出（图4-2-30）。仓库停止生产后屋顶、天井及走廊空间加建为辅助居住的厨房、卫生间、杂物间等。

4.2.4.3 价值评估

（1）历史价值

三北轮船公司是民国时期全国规模首屈一指的民族资本航运企业。至抗战前，三北轮船公司拥有大小船只65艘，共计9万多吨位，而汉口分公司作为三北水运业务从沿海向内河扩展的重要驿站，其办公大楼及仓库建筑作为实物展现了中国近代实业派先锋人物虞洽卿所代表的近代华商轮

图4-2-28 三北轮船公司办公大楼及仓库旧址
（资料来源：丁晨星摄于2018年）

图4-2-29 三北仓库内部现状
（资料来源：王楠摄于2018年）

图4-2-30 沿洞庭小路的仓库
（资料来源：王楠摄于2018年）

船公司，在列强林立的时代突破重围建立起一个民族航运公司，并在汉口开办大宗货物运输及客运业务的壮阔史实，对推动我国航运业的发展做出了重要贡献，也是研究三北轮船公司及民族航运史的产生及发展的重要资料。

（2）社会文化价值

三北轮船汉口分公司旧址位于原俄租界、现江岸区一元街历史风貌街区。现街区内历史文化遗产类型多样、资源丰富，是武汉历史文化传承和爱国主义教育基地。作为民族资本企业，三北轮船公司的三北大楼及三北仓库是武汉码头历史文化的重要载体，是普及航运及仓储知识、了解近代汉口华商航运历史文化的历史空间，具有社会文化价值。

（3）艺术价值

三北大楼正立面以列柱、轴线和装饰表现出古典的庄重雅致，又通过侧立面秀丽的简化柱式表现出鲜明的现代气息，同时仍保留有古典主义的手法。大楼立面为三段式构图，底层为第一段，二至四层为第二段，每层有透空廊，廊栏和落地长窗相间，使建筑外立面影调深浅交替，富有层次感和表现力。主入口转角处是五层楼的半圆形平顶塔楼，塔顶为石砌围栏，面向三北码头统领全局，并将两侧楼体连为一体。塔楼的设计不仅是为了美学效果，也是为了对江面上航道及码头的作业情况进行监管。其后的三北仓库则以壁柱与悬窗分隔墙面，朴实简洁的红砖清水墙面及凸出的腰线和檐线作为立面装饰，体现了不同于三北大楼的工业建筑机器美学风格。

4.2.5 沙市打包厂

沙市打包厂原名为"英商汉口打包股份有限公司沙市分公司"，又称"沙市打包公司"，位于今荆州市沙市区临江路67号。因沙市紧邻长江黄金航道，且荆州是我国主要的产棉区之一，沙市开埠之后，相继出现了打包厂和纱厂。彼时，沙市打包厂储存的产品可沿长江运输到汉口、重庆和上海等地，或经两沙运河运往洛阳和西安，经公安虎渡河到洞庭湖沿岸城市，以供沿岸棉纺厂加工成纱线。棉花输出在沙市整个出口（主要为埠际贸易）中所占比例从1902年的20%猛增至1925年的84%，沙市堪称棉业巨擘，到1928年沙市已成为江汉平原最大的棉花集散地。2011年，沙市打包厂入选荆州城区第一批优秀历史建筑名录。

4.2.5.1 历史沿革

1926年11月，汉口棉商刘季五买下沙市"洋码头"两块空地，开工兴建沙市打包厂。

1927年，国内棉花市场迅猛发展，刘季五在汉口创办了英商汉口打包股份有限公司沙市分公司（以下简称沙市打包厂）。

1930年，沙市打包厂又在江边设置浮动码头一库，以便装卸货物。

1930年至1932年，沙市打包厂北楼、南楼相继建成使用。

1940年6月，日军入侵沙市后打包厂遂告停业，厂内主楼成了日军堆放军用物资的仓库。抗战胜利后沙市打包厂才得以复工。

1953年，沙市打包厂实行公私合营，属湖北省棉花公司沙市转运供应站，是本地骨干工业企业之一。

1980年代末，打包厂停业（图4-2-31）。

2016年，打包厂拟打造为沙市1876文化创意园[①]。

4.2.5.2 沙市打包厂工业遗产

（1）总平面布局

沙市打包厂位于沙市江堤外的临江左路，沙市港东侧（图4-2-32、图4-2-33）。全厂占地面积1.7万平方米，包括南北主楼、打包修理车间、动力车间及物料仓库4栋，以及办公楼1栋、办公兼住宅楼1栋，建筑面积7291平方米。主体库房为钢筋混凝土结构，现浇楼板，外墙为水泥砂浆粉刷（图4-2-34）。

主要打包车间南楼和北楼与河岸平行布置。其余建筑办公楼及动力车间位于西北部，物料仓库以及附属水厂布置在西侧和东侧。

（2）建（构）筑物遗存概况

沙市打包厂工业遗产包括主要车间、办公区、附属建筑三个部分（图4-2-35、图4-2-36）。

①主要车间。打包厂南、北两座大楼（图4-2-37），均高22米，长100米，宽23米，高4层，上建钢筋混凝土水塔，分别于1932年和1930年完工。两主楼相向对立，相距8.9米。两楼之间建有共用楼梯，安装传输设备，第四层有平台相连。两楼之间顶部由钢桁架支撑的坡顶覆盖，两楼相向设置的外廊由悬臂大梁支撑，全楼安装铁棂玻璃窗（图4-2-38）。主要车间是荆州市现存最完整、规模最大、最早建设的近代工业建筑（图4-2-39）[②]。

②厂区办公楼。厂区有办公楼2栋，其中普通办公楼一栋、经理办公楼一栋。两楼均为钢筋混凝土结构，现浇楼板。经理办公兼住宅楼专为

图4-2-31　沙市打包厂全景（1989年摄）
（图片来源：荆州市档案馆）

---

① 张俊. 荆州古城的背影[M]. 武汉：湖北人民出版社，2010.
② 资料来源于荆州市规划设计院。

图4-2-32 沙市老码头与沙市打包厂鸟瞰

（资料来源：王煜霏摄于2019年）

图4-2-33 沙市老码头与沙市打包厂区位图

（资料来源：百度地图，王煜霏改绘）

图4-2-34 沙市打包厂鸟瞰

（资料来源：王煜霏摄于2019年）

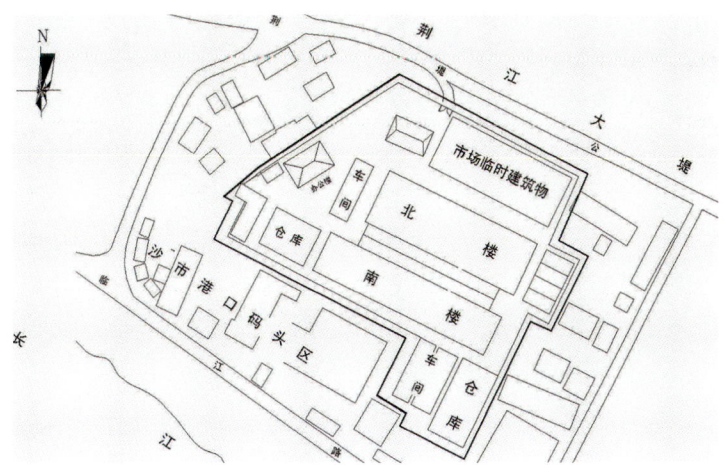

图4-2-35 沙市打包厂总平面图

（资料来源：荆州市文物处，姜东华绘制）

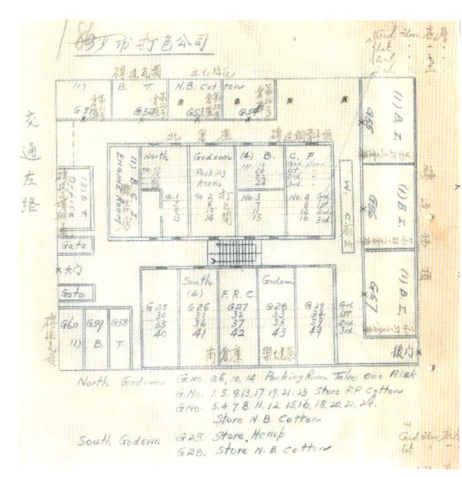

图4-2-36 沙市打包厂平面示意图

（资料来源：荆州市档案局）

（a）北楼立面

（b）南楼室内

图4-2-37　南北两楼

图4-2-38　南北两楼及相向设置的外廊和覆顶

图4-2-39　主楼东立面

（资料来源：王煜霏摄于2019年）

英国经理白礼士设计和建造，办公楼内专门修建了一套豪华的英式卧室。修卧室的红砖从德国进口，地面采用红色水磨石，楼梯护栏镶嵌有铁花作为装饰[1]（图4-2-40）。

③附属建筑。打包厂动力车间及物料仓库紧邻主楼建设，便于与主楼配合生产（图4-2-41）。

4.2.5.3　非物质文化遗产

（1）工艺流程

打包是整个棉花加工生产的最后一道工序，是直接面向市场的关键环节。沙市打包厂依据打包工艺流程配套设计了办事房、打包修理车间、动力车间、物料仓库等，并设有货栈

---

[1] 张俊. 荆州古城的背影[M]. 武汉：湖北人民出版社，2010.

44间，每间可容机包百件左右，轧出的皮棉、剥下的棉短绒以及回收清理出的棉纤维，经过续棉、压缩，捆扎成标准包运销各地。打包厂南、北两座大楼中有一部共用楼梯，用于运输货物，并在第四层有平台相连（图4-2-42、图4-2-43）。

（2）相关文献

沙市打包厂作为沙市开埠时期的重要遗产，有关信息收录于《沙市文史资料》（图4-2-44）。

4.2.5.4 价值评估

（1）历史价值

沙市打包厂作为央商汉口打包股份有限公司的分公司，由汉口棉花商刘季五等人及英国安利洋行筹办，是荆州现代工业史上的第一家中外合资公司；同时，沙市打包厂作为当时荆州第一大厂，相继开展了货物堆放、代办保险、代办棉业运输等业务，成为荆州工业发展的重要部分。在

（a）普通办公室

（b）厂区办公室经理办公室

图4-2-40　厂区办公楼

（资料来源：王煜霏摄于2019年）

（a）动力车间

（b）打包厂主楼前的物料仓库

图4-2-41　厂区其他建筑

（资料来源：图a由王煜霏摄于2019年）

沙市打包厂建立之前，沙市棉花全都须转运到上海打包出口，沙市打包厂的出现，无疑让运输方式和包装技术都有了全面更新，是开埠后西方资本及新技术涌入中国长江沿岸促进经济发展的缩影。

（2）科技价值

沙市打包厂两主楼为德国工程师罗伯特设计，由汉口明德昌巽营造厂承建。建筑为全框架结构，现浇楼板，工程使用的钢筋、水泥和红砖等都从汉口运来，体现了西方工业技术向中国腹地城市的二次转移过程。由于主楼建在河漫滩上，为防止建筑物下沉，还专门用木质基础桩固定到地层深处，同时在两楼的地下室内引水进来作配重处置，以保持大楼基础稳固。在1935年荆州大洪水中以及1940年日军飞机机关炮扫射后，主楼均未受太大影响，可见厂房工程质量的坚固卓越。

此外，沙市打包厂主要采用机器对棉花、化纤、麻、毛等轻泡松散的物资进行压缩打包，据沙市海关记载，沙市打包厂机器设备全部由英国安利洋行在国外购置。主要打包设备包括千吨液压打包机、卧式八缸水压

图4-2-42　历史上的北楼运输设备

（资料来源：张俊，《荆州古城的背影》，2010）

图4-2-43　北楼运输设备

（资料来源：姜东华摄于2009年）

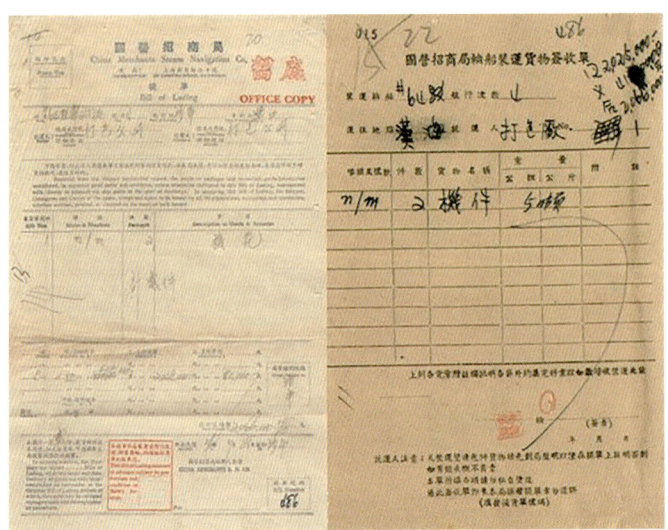

图4-2-44　打包厂货物签收单

（资料来源：荆州市档案局）

泵浦机、200马力柴油引擎机。南北主楼楼顶还建有消防水塔,每间库房都装有灭火喷淋装置,①在当时国内各打包厂公司中可称首屈一指,具有典型的科技价值。

(3) 社会文化价值

沙市打包厂不仅仅是百年建筑,更是荆楚大地一段重要的经济、政治、历史、文化的凝聚与镌刻。沙市打包厂近代的"飞工"制度,②是当时中外资本家根据沙市失业人数多,为节省劳资而采取的一种特殊的按日取酬,而不用承担劳务责任的用工制度。通过现存人物口述历史及保留的历史影像,可勾勒出近代沙市打包业时代的生产及生活风貌。

4.2.5.5 沙市打包厂工业遗产的保护

建议重点保护以下4处沙市打包厂的工业遗产:南楼、北楼、经理办公楼、普通办公楼。对于其他有关遗产(图4-2-45中编号5～8),在开发过程中有条件的也应尽量保护。

4.2.6 荆州粮食加工厂稻谷圆库

荆州粮食加工厂稻谷圆库位于今湖北省荆州

图4-2-45 沙市打包厂工业遗产分布图
(资料来源:百度地图,王煜霏改绘)
1—南楼;2—北楼;3—经理办公楼;4—普通办公楼;5—动力车间;6～8—物料仓库

---

① 引自《民国剪影 沙市打包厂》,http://192.168.73.132/www.sohu.com/a/233964273_556544。
② 飞工:工人到厂门口领到"飞子"后(一种四寸来长、两寸来宽,烙有火印的竹签),方能进厂干活,故名"飞工"。沙市打包厂"飞工"制度见http://www.sohu.com/a/162516128_779643。

市荆州区荆中路西段南侧,荆州博物馆对面,属现代粮食加工生产工业建筑(图4-2-46)。稻谷圆库建于1970年代末,现已停用。[①] 2011年,稻谷圆库入选荆州市第一批优秀历史建筑名录。

4.2.6.1 历史沿革

荆州粮食加工厂稻谷圆库是改革开放后当地为粮食存储而建设的。1979年开始建设,1980年投入使用。该厂于2005年前后停产停业,办公楼和车间供该厂职工居住使用,筒仓底层空间作为仓库租给商户使用。[②]

4.2.6.2 荆州粮食加工厂稻谷圆库工业遗产

停产后的荆州粮食加工厂的主要建筑稻谷圆

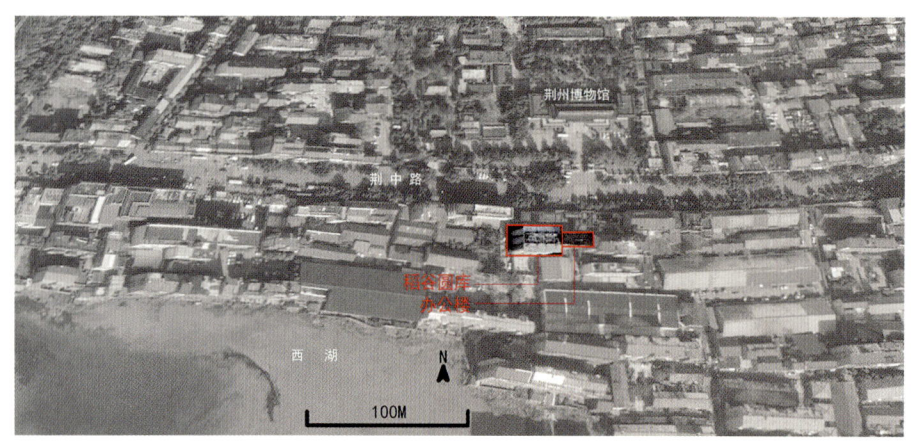

图4-2-46 荆州粮食加工厂稻谷圆库区位图
(资料来源:百度地图,王煜霏改绘)

图4-2-47 荆州粮食加工厂稻谷圆库鸟瞰
(资料来源:王煜霏摄于2019年)

---

① 资料来源于《荆州市老工业基地调整改造规划研究报告(工业遗产)》。
② 资料来源于荆州新闻网:张良波、杜援朝、保龄,《特约记者行:历史建筑中的"老"与"青"》。

库、办公楼均保存完好（图4-2-47）。

（1）总平面布局

稻谷圆库由12个筒仓组成，南北两侧与生产车间连接形成整体，底部呈倒锥形，粮食由筒仓下口出仓，并与粮食加工车间直接连接，进而减少搬运流程，提高效率。

（2）建（构）筑物遗存概况

荆州粮食加工厂稻谷圆库目前可划分为稻谷圆库及办公楼、附属设施两个分区。

①稻谷圆库及办公楼（图4-2-48、图4-2-49）。稻谷圆库由4横3纵共12个筒仓组成，底部呈倒锥形，建筑高度20米左右，筒仓建筑面积约676平方米，筒体为钢筋混凝土结构。每个筒仓单元的内部直径约为5.2米，层高约16米，筒仓壁厚0.62米。稻谷圆库的东侧与办公楼相连。

②附属设施。荆州粮食加工厂原有厂门等设施保留下来。

4.2.6.3 非物质文化遗产

荆州粮食加工厂稻谷圆库由12个相互独立的筒仓集结一体构成，每个筒仓的空间设计均由粮食储运的工艺流程决定（图4-2-50）：上部空间储粮，下部漏斗状空间用于粮食装袋出仓（图4-2-51、图4-2-52），同时与粮食加工车间相连，整体筒仓空间序列中涵含了完整的粮食加工工艺流程。

4.2.6.4 价值评估

（1）历史价值

荆州粮食加工厂稻谷圆库作为在改革开放初期兴建且具有行业代表性的粮食加工仓储类工业遗产，反映了改革开放后荆州粮食加工厂从建厂到停产40年间的发展与变革历程，具有重要的历史价值。

（2）科技价值

荆州粮食加工厂稻谷圆库由12个立筒组成，每个立筒分为两部分，其底部为漏斗形。其工艺流程特点在于粮食从下部出仓与粮食加工车间连接，形成自动化生产线，以减少仓库到生产车间的运输流程，达到节约时间和成本的目的。其建筑特殊的造型不仅极具感染力，更重要的是蕴含了粮食储运的工艺逻辑，对于研究粮食加工与存储工艺有一定的科技价值。

图4-2-48　近观稻谷圆库
（资料来源：姜东华摄于2009年）

图4-2-49　稻谷圆库南立面
（资料来源：姜东华摄于2009年）

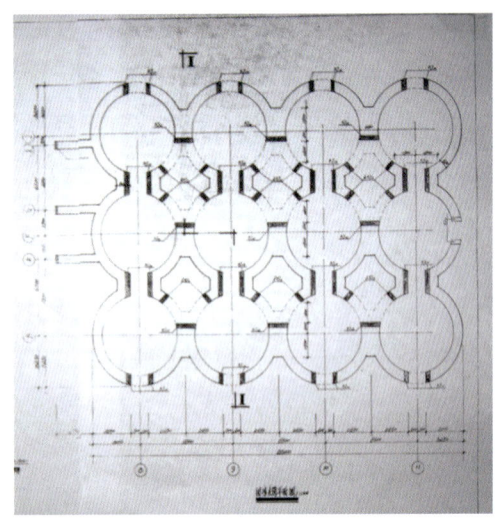

（a）平面图

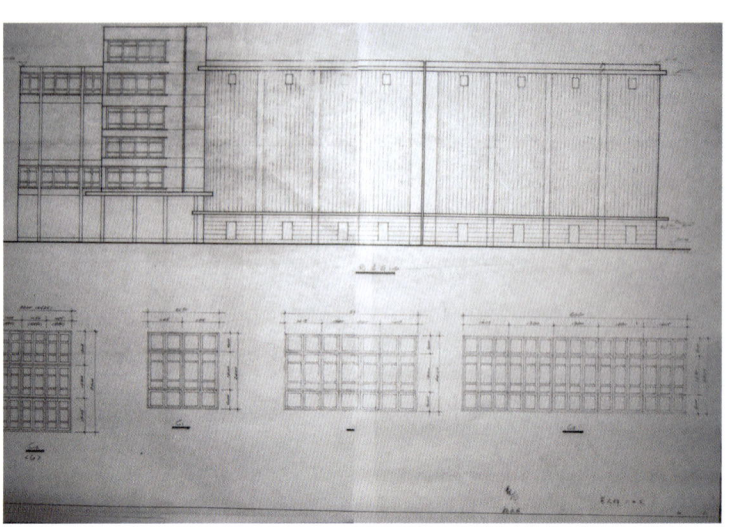

（b）立面及部分剖面图

图4-2-50　稻谷圆库平面、立面图

（资料来源：荆州市文物处，杨永成绘制）

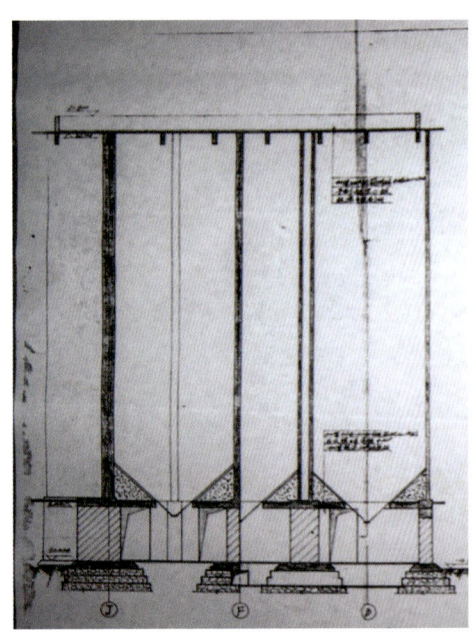

图4-2-51　稻谷圆库剖面图

（资料来源：荆州市文物处，杨永成绘制）

图4-2-52　稻谷圆库底部粮食待出仓

（资料来源：徐宁摄于2017年）

（3）社会文化价值

荆州粮食加工厂稻谷圆库见证了荆州改革开放初期粮食加工与存储的生产状况，它承载了荆州粮食加工业真实的与相对完整的历史信息，其作为供人们更好地理解改革开放初期粮食加工业的生产状况与工人生活状态的空间文化载体，具有一定的社会文化价值。

4.2.6.5 荆州粮食加工厂稻谷圆库工业遗产的保护

建议重点保护稻谷圆库工业遗产（图4-2-53、图4-2-54）中的稻谷圆库和与稻谷圆库一体存在的办公楼。

保护身份：根据2011年荆州市城区第一批优秀历史建筑名录，荆州市粮食加工厂是荆州市优秀历史建筑。

保护现状：主体建筑保存完整，结构稳定，但生产设备无留存。该厂停产后，立筒库底层出租给商户作为仓库，车间、办公楼由该厂职工居住使用，商户和居民在使用中对建筑造成了损坏。受自然因素影响，如高温、暴雨、寒潮、冰冻等，屋面、墙面、门窗及装修也有损坏。

具体保护措施建议：落实使用人的日常维护责任，加强业务指导，杜绝人为破坏和不合理使用。①

图4-2-53 荆州粮食加工厂稻谷圆库工业遗产分布图
（资料来源：百度地图，王煜霏改绘）
1—稻谷圆库；2—办公楼

图4-2-54 稻谷圆库及办公楼
（资料来源：徐宁摄于2019年）

---

① 资料来源于《荆州市老工业基地调整改造规划研究报告（工业遗产）》。

4.3 食品业类工业遗产

4.3.1 武汉肉类联合加工厂

武汉肉类联合加工厂（简称肉联厂）位于武汉市江岸区堤角，处于长江和朱家河交汇处，是国内第一家大规模的肉类联合加工企业，是我国第一个五年计划期间苏联援建的"156项目"之一。

4.3.1.1 历史沿革[①]

1952年肉联厂开始筹建，1958年建成投产。

1979年宰猪15785头，创下建厂后日宰生猪的最高记录。

1992年肉食品经营市场全面放开，此后10年连续出现巨额亏损。

1998年屠宰加工线停产，被武汉市政府列为全市20家特困企业之一。

2000年肉联厂被武汉商贸控股集团"收编"。

2002年肉联食品有限公司成立，冷储为主业。

2007年武汉肉联食品有限公司与武汉万吨冷储有限公司宣布联合重组，成立新的武汉肉联食品有限公司。

4.3.1.2 肉联厂工业遗产

（1）总平面布局

武汉肉联厂占地面积56万平方米。北依张公堤，东北临朱家河，东南濒长江，与武钢隔江相望。京广铁路从厂区中心穿过，有专用铁道与京广线接轨；厂区紧靠长江航道，建有专用码头，可以停泊货轮和冷藏船舶；公路汽车运输线路可以与省内外主要干道沟通，交通十分方便。原设有多个相关产品的分厂，厂与厂之间相邻布局（图4-3-1、图4-3-2）。

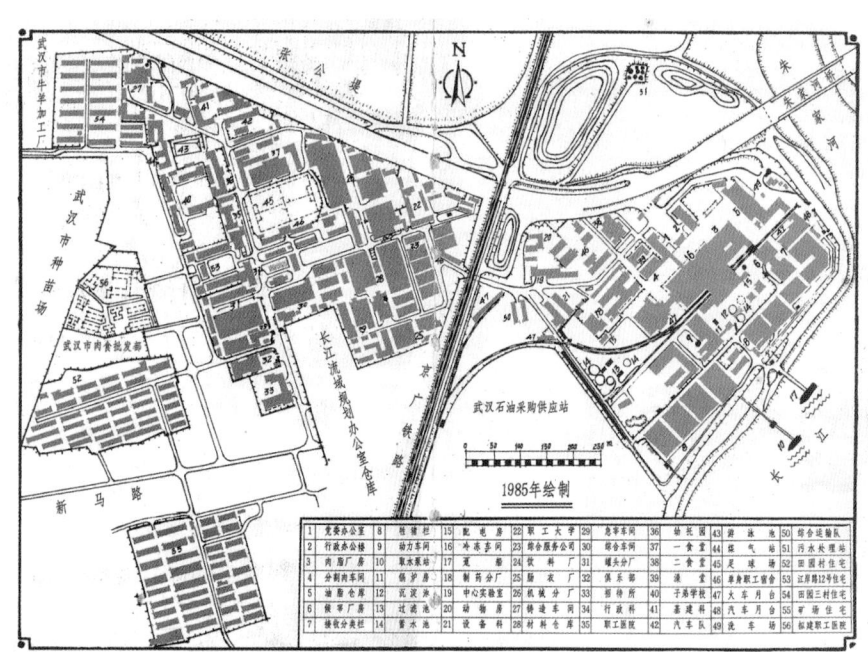

图4-3-1 1985年武汉肉联厂总平面图

（资料来源：武汉肉联厂修志办公室，《武汉肉联厂志》，1990）

[①] 武汉肉联厂修志办公室. 武汉肉联厂志 [Z]. 1990.

图 4-3-2　武汉肉联厂鸟瞰

(2) 建(构)筑物遗存概况

①候宰大楼

候宰大楼建于1956年,是屠宰工艺的第一步,是给生猪沐浴麻醉和放血的地方,通过天桥与七层的肉脂厂房相连。厂房用5米×5米柱网,面阔6开间,进深7开间,5～7层有多处通高空间,楼板留有宰杀工艺孔槽,厂房一侧设有一层到七层可直达的坡道,坡道与生猪仓库相连。整个候宰大楼为红砖建筑,立面简洁规整,檐口略有装饰,建筑对称性强,结构为钢筋混凝土框架结构,占地面积为1050平方米,建筑面积为7063平方米(图4-3-3)。现一层作为仓库,部分空间出租;二、三层设有一个加工工作间,且有办公室,已无原有厂房痕迹;四层外租办公;五、六、七层弃置,虽设备已全部拆除,但是保有原有厂房的坑道、孔洞等痕迹。

②肉脂厂房

肉脂厂房是肉联屠宰场最核心的生产车间,承担着生猪剥皮、去骨、分割的生产工作。肉脂厂房建于1950年代,占地面积约为1910平方米,总建筑面积为9560平方米,5层钢筋混凝土无梁楼板结构。肉脂车间中央设有中庭,占地面积338平方米。面对中庭的墙壁与建筑外墙均开有矩形窗,顶层墙壁开窗较多,同时窗高减半,车间整体保存完整。

③1号冷库与2号冷库

1号冷库与2号冷库是肉联厂主要的冷藏仓库,建于1950年代,占地面积约为6380平方米,总建筑面积为31900平方米,5层钢筋混凝土框架结构,配备有6部货运电梯。1号冷库与2号冷库外墙没有开窗,南北均设有月台与顶棚。厂房结构、设备、管道保存完好,至今仍然延续着冷库仓储功能。1、2号冷库和肉脂厂房连接在一起构成厂区的主体建筑,主体建筑北侧为厂区大门(图4-3-4)。冷库南面建有水塔,有"失落之塔"之称(图4-3-5)。

④3号冷库

该冷库是与核心的2号冷库相连接的冷藏仓

（a）大楼东立面

（b）候宰大楼（右）与肉脂厂房（左）之间的空中连廊

图4-3-3　生猪候宰大楼

（资料来源：丁晨星摄于2019年）

图4-3-4　冷库、肉脂厂房及厂区大门

图4-3-5　"失落之塔"及厂区环境

（资料来源：汪子欣、丁晨星摄于2019年）

库，建于1980年代，目前仍沿用冷库的功能。为7层钢筋混凝土框架结构，进深4.5米，开间4.6米，层高4.4米，配有2部货运电梯和一部楼梯，楼梯井内有起重机器。南北均设有月台与顶棚，交通空间开窗，冷库空间不开窗。主体厂房结构与立面保存完好，北面有加建4层的办公用房，这一部分结构独立，与厂房相比开窗多，光线好。

⑤生猪仓库

生猪仓库是储存活猪的地方，一共3层，建于1958年。柱网有4.5米×4米和6米×4米两种，面阔七开间，进深六开间，3层布局相同，与候宰大楼之间有通道和电梯间，连接部分为后期加建。立面简洁规整，檐口略有装饰，建筑对称性强，为混凝土框架结构，占地面积960平方米，建筑面积2880

平方米。现已作为仓库使用。

⑥分割肉车间

分割肉车间与核心厂房等同为1950年代第一批建设的建筑，是4层钢筋混凝土框架结构，层高4.2米。为了与东侧办公楼相连，匹配层高，分割肉车间底部有七级台阶，其三层与东侧办公楼相连。立面上，一二层与三四层有明显区分，开窗形式不同。三四层悬挑1.4米，在外立面上明显突出。厂房内部有部分管道遗留。现二三层已被改造为员工宿舍，四层正在装修，重新分隔了空间。

4.3.1.3 非物质文化遗产

（1）武汉肉联厂工业流程

武汉肉联厂主要涉及以下生产要素：生猪原料、肉脂加工、冷冻冷藏、综合制品、生化制药、罐头加工、肉类机械制造。肉联厂以"肉类联合加工"为主，除了生产鲜、冻猪肉之外，还进行猪肉制品、小包装产品、罐头、药品、综合制品、机械产品等多层次加工，为多品种生产的联合企业。其所涉及的核心厂房分布见图4-3-6，基本生

图4-3-6　1985年核心厂房以及分厂分布
（资料来源：武汉肉联厂修志办公室，《武汉肉联厂志》，1990；汪子欣改绘）

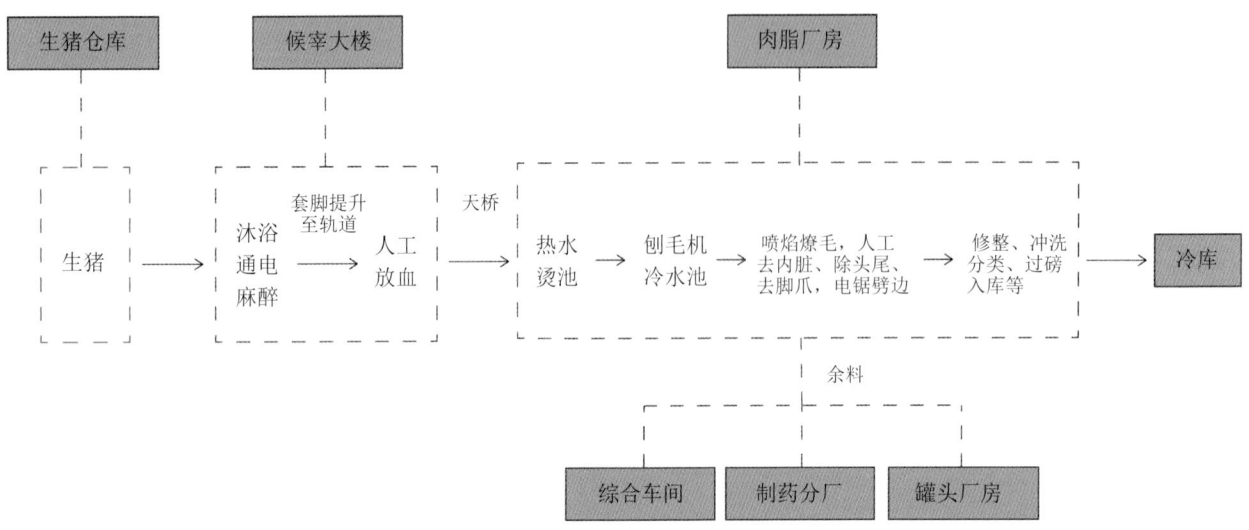

图4-3-7 肉联厂生猪屠宰工艺流程
（资料来源：武汉肉联厂修志办公室，《武汉肉联厂志》，1990；汪子欣改绘）

产流程见图4-3-7。

（2）肉联厂相关文献

1990年纂修的《武汉肉联厂志》整个篇目根据工厂内部构成要素分类并按事物的逻辑联系顺序排列，系统地阐述了肉联厂的基本情况、基础建设、生产、管理等大事，其中用大量的篇幅来记述生产建设和生产经营，兼顾物质与精神的描述。

4.3.1.4 价值评估

（1）历史价值

武汉肉联厂于1958年建成投产，是当时国内规模最大、第一座采用先进技术的肉类联合加工厂。武汉肉联厂与武汉钢铁公司、武汉重型机床厂、武汉长江大桥一起，并称为武汉对外"四大家族"。1954年2月15日肉联厂向苏联出口了第一批冻肉，是中南地区出口冻肉的最早记录。

（2）社会文化价值

1950—1970年代，武汉肉联厂是武汉市对外开放的四个重点单位之一，先后接待了来自57个国家或地区的210批外宾，包括党政要人、社会团体、驻华使节和一些知名人士。其中有当时越南人民的领袖胡志明、新西兰共产党总书记威尔科克斯、智利副总统德尔佩德雷加尔等。此外，肉联厂除生产区外，还建有辅助生产性空间，且功能配套较为完善，厂区职工及其子女的工作和生活空间配套完备，一应俱全，相关空间环境承载了他们的集体记忆。

（3）科技价值

武汉肉联厂中主要涉及生产环节的建筑物和设施设备得到较好保存，且部分仍处于使用状态，这为人们了解当时先进的屠宰工业流程提供了更加直观的物质性空间载体。

（4）艺术价值

武汉肉联厂的建筑整体呈现苏联红砖式风格，立面简洁规整，檐口略有装饰，建筑对称性强。

4.3.1.5 肉联厂工业遗产的保护

建议重点保护以下5处体现生猪屠宰工艺的主要流程和生产特征的工业遗产（图4-3-8，其中3、4、5为主体厂房）：生猪仓库、候宰大楼、肉脂厂房、1号冷库、2号冷库。

对于其他有关遗产，如3号冷库、办公楼、分割肉车间，再开发过程中有条件的也应尽量保护。

后期新建的建筑，如4号冷库、5号冷库，可以酌情考虑保护。

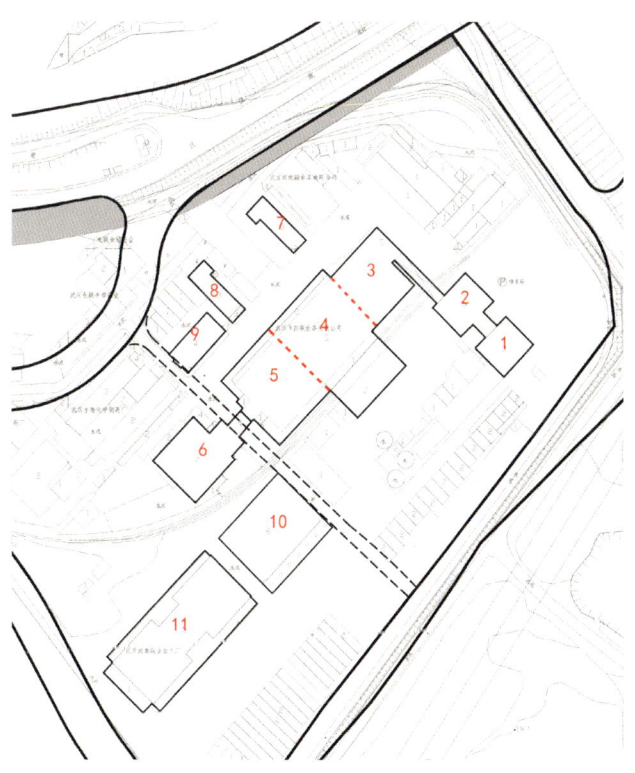

图4-3-8 肉联厂遗产分布图
（资料来源：武汉市规划设计有限公司，汪子欣改绘）
1—生猪仓库；2—候宰大楼；3—肉脂厂房；4—1号冷库；5—2号冷库；6—3号冷库；7—办公楼；8—办公楼；9—分割肉车间

4.3.2 五峰精制茶厂

五峰精制茶厂（宜红茶工业遗产）位于湖北省宜昌市五峰土家族自治县渔洋关镇钟岭路3号，其前身为创办于1941年的五鹤茶厂。1974年在五鹤茶厂原址开始扩建，1975年6月30日竣工生产。占地面积12000平方米，总建筑面积8672平方米。①

4.3.2.1 历史沿革②

1938年，民国时期财政部贸易委员会在渔洋关桥河开办五峰精制茶厂，遗址在现厂址东北侧的今五峰土家族自治县人民医院。

1941年，中国茶叶公司又在原地建立"五鹤茶厂"，并在水泥司设立分厂和采花台、富足溪制茶所。

1974年，在赵家坡山东麓扩建厂区，更名为"五峰精制茶厂"，该厂于1975年6月竣工投产，当年精制红茶15万千克。

1975年，更名为"五峰国营茶厂"。

1984年，五峰土家族自治县成立后，原五峰国营茶厂更名为"五峰土家族自治县民族精制茶厂"，为国家定点民族用品生产厂家。

2011年8月22日，五峰土家族自治县人民政府（五政发〔2011〕20号文件）公布"五峰精制茶厂（宜红茶工业遗产）"为第二批县级重点文物保护单位。同年成立五峰精制茶厂（宜红茶工业遗产）文物管理所，并在厂入口大门南侧竖立文物保护标志。

2016年，修缮毛茶审评室、木模车间等2栋建筑的屋面，将建筑部分区域改造为"五峰茶源地陈列室"对外开放参观。

①② 源自五峰县政府工遗办提供的文字档案。

2017年3—6月，修缮毛茶车间屋面。

2017年9月，归真集团五峰茶业有限责任公司将该厂遗址以"宜红茶工业遗产"名义整体申报国家工业遗产。

4.3.2.2 五峰精制茶厂工业遗产

（1）总平面布局

五峰精制茶厂（宜红茶工业遗产）坐落于赵家坡山东麓，厂区内地貌西高东低，东西窄、南北宽。现占地面积约13770平方米，厂内建筑面积约8672平方米。该厂现存工业建筑遗产总体保存较好（图4-3-9）。

厂区内现存建筑物共21幢，依地形呈长方形布局，无中轴线格局，分前、中、后三路自西向东排列。前路自南向北依次为：茶叶仓库→精制车间→燃料室→配电室→门卫房→入口大门→厂办公楼→旧办公楼→职工宿舍楼等9幢建筑物。中路自南向北依次为：精茶审评室→包装车间→毛茶车间→毛茶审评室→成品仓库→制车间等6幢建筑物。前路与中路之间的南侧有过道相连。后路自南向北依次为：板箱车间→擀茶车间→木模车间等3幢建筑物。中路与后路之间的北侧有公厕1幢，南侧有过道相连。该厂空间功能布局分为3个区域，分别为生活区、办公区和生产区（图4-3-10）。

图4-3-9 五峰精制茶厂鸟瞰图

序号	建筑名称	建设年代	建筑面积(平方米)
1	入口大门	1941	31.25
2	门房	1941	98
3	配电室	1941	63.3
4	燃料室	1941	115.6
5	精制车间	1941	1300.5
6	茶叶仓库	1941	243.7
7	包装车间	1941	553.7
8	毛茶车间	1941	453
9	板箱车间	1941	646.8
10	擀茶车间	1941	407.3
11	木模车间	1974	256.2
12	审评室	1974	120
13	成品仓库	1974	1122
14	粗制车间	1941	470.3
15	办公室	1974	882
16	宿舍	1974	1940

图4-3-10 五峰精制茶厂总平面图
（资料来源：五峰县政府工遗办）

（2）建（构）筑物遗存概况

五峰精制茶厂空间功能布局分为生活区、办公区和生产区三个片区。其中生产区为核心区域，主要的制茶车间都保留在此，目前基本保留了其制茶工业原貌特征，厂房内部制茶设备也保留齐全。主要建（构）筑物包括精制车间、板箱车间、包装车间、擀茶车间及其他辅助用房等。

①精制车间。精制车间是制茶最主要的生产车间之一，是厂区内最大也是保护最完整的车间，建筑面积1300多平方米，石木结构，木桁架屋顶，内部保存完好，遗存大量的传统制茶机器（图4-3-11）。精制车间内主要进行以下工作：茶叶烘干机烘干茶叶→平圆筛区分粗茶和细茶→通过茶叶风力选别机、精抖筛进一步筛选粗茶和细茶→齿切机将粗茶进行切割→手工去头尾。

②板箱车间。板箱车间集中堆放茶叶包装所需的材料，车间只有一层，建筑面积约为制茶车间的一半，石木结构（图4-3-12a）。

③包装车间。包装车间是茶叶生产的最后一个车间，其工序为灌堆→成品分类→打火→烘干→拣茶→精选茶叶、剔除杂物→包装出货等。该车间规模较小，建筑面积仅550多平方米，单层石木结构，木桁架屋顶，内部保留着完整的生产设备（图4-3-12b）。

④擀茶车间。制茶工序的第一个车间，为二层石木结构建筑，建筑面积约1000平方米，目前损坏较为严重（图4-3-12c）。

⑤毛茶审评室。毛茶审评室于1975年修建，二层砖木结构，建筑面积约280平方米。2016年，为配合"宜红茶工业遗产"申遗工作，修缮了毛茶审评室、木模车间等两栋建筑的屋面，并将毛茶审评室二楼辟为"五峰茶源地陈列室"（图4-3-13）。连接毛茶审评室和木模车间的长廊改造为五峰茶源地和茶叶样品包装展示长廊（图4-3-14）。

4.3.2.3 非物质文化遗产

五峰精制茶厂（宜红茶工业遗产）现存的建筑遗产和精制设备（图4-3-15）反映了当时茶叶加工的工业化生产管理和工艺流程的进步和变化，整个工艺流程延续和保存了当地在长期生产、生活中形成的一种固有的传统制茶方法和工艺，极具科学性（图4-3-16），保证了其宜红茶的独特品位。

（a）车间外观

（b）车间内部

图4-3-11 精制车间

（资料来源：李悦、谢丽萍摄于2018年）

（a）板箱车间　　　　　　　　　（b）包装车间　　　　　　　　　（c）擀茶车间

图4-3-12　厂区车间系列

（资料来源：李悦、谢丽萍摄于2018年）

图4-3-13　毛茶审评室外观

（资料来源：李悦、谢丽萍摄于2018年）

（a）长廊内景　　　　　　　　　　　　（b）长廊外观

图4-3-14　连接毛茶审评室和木模车间的长廊

（资料来源：李悦、谢丽萍摄于2018年）

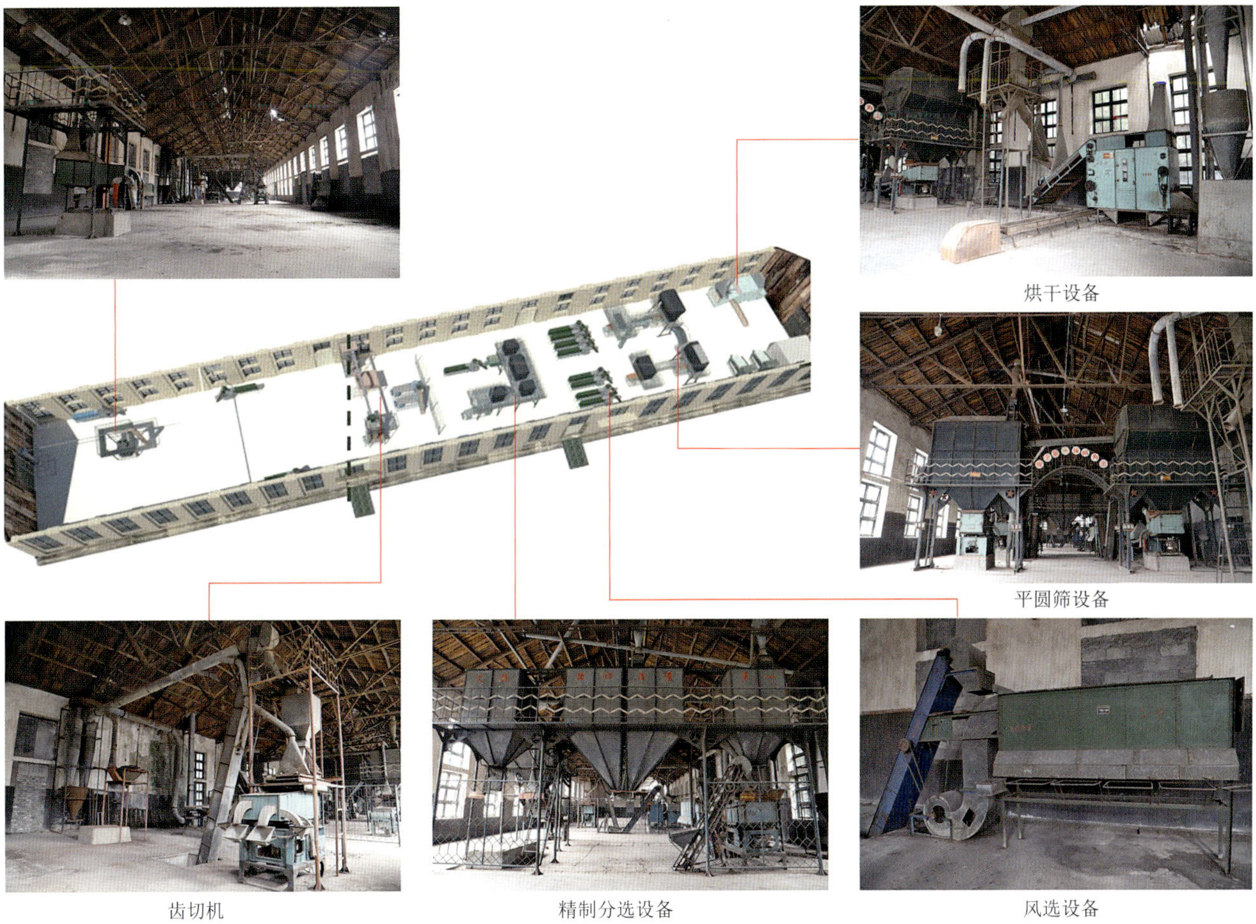

第 4 章　湖北工业遗产典型案例实录

烘干设备

平圆筛设备

齿切机　　　　　精制分选设备　　　　　风选设备

图4-3-15　精制茶制作流程设备
（资料来源：李悦拍摄绘制）

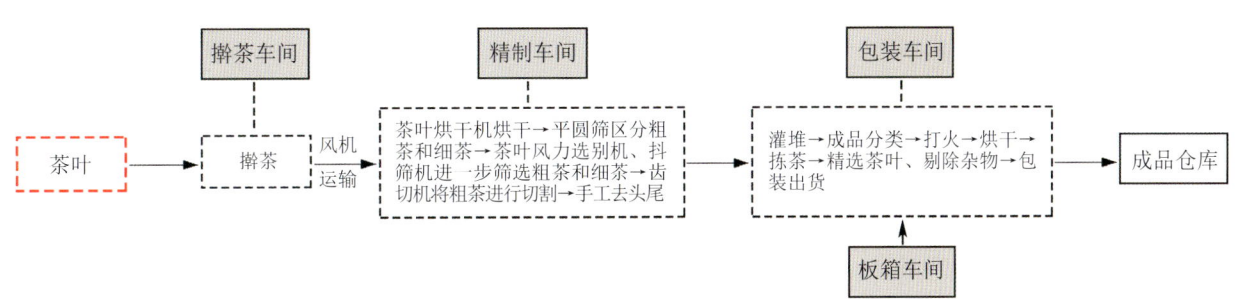

图4-3-16　制茶基本流程
（资料来源：李悦绘制）

155

4.3.2.4 价值评估

（1）历史价值

五峰精制茶厂自1938年建厂以来，历经1974年扩建和1980年代的增修，成为鄂西南地区保存最为完好的宜红茶加工遗址。其先后获得原国家轻工业部授予的轻工业出口创汇先进企业、轻工业出口产品展览会铜质奖章等多项荣誉。作为宜红古茶道的重要组成部分，五峰精制茶厂反映了五峰作为宜红茶源地的事实，也是渔洋关作为宜红茶主要加工基地和集散地的重要依据。

（2）艺术价值

五峰精制茶厂内的建筑根据当地山多岭陡、石多土少、潮湿多雨、夏热冬冷等环境特点而建造，体现了土家族的民风民俗、艺术审美。纵观整个遗产群，外形厚重粗犷、轻重协调，形态庄重，给人一种视觉上的粗犷洒脱，展现着淳朴深沉的建筑风格和艺术美感。

（3）科技价值

五峰精制茶厂现存的建筑遗产和精制设备反映了当时茶叶加工的工业化生产管理和工艺流程。该厂是鄂西地区首家依靠先进工艺制造红茶并实现外贸出口的重点民族企业，在轻工业企业中占据了十分重要的地位，为振兴我国轻工业做出了重要贡献。该厂编制的《湖北五峰精制茶厂技术标准》详细说明了茶叶的选材、加工、储存等工艺流程的技术要求，成为当时五峰茶叶加工企业通用标准，也为后来五峰茶叶加工技术的发展和成熟奠定了技术基础，具有重要的科学价值。

该厂还遗存了大量的传统手工制茶工具和用具，造型精美，工艺精湛，表现出土家族匠师高超的制作技术和别具匠心的创作精神，具有极高的科学技术价值。

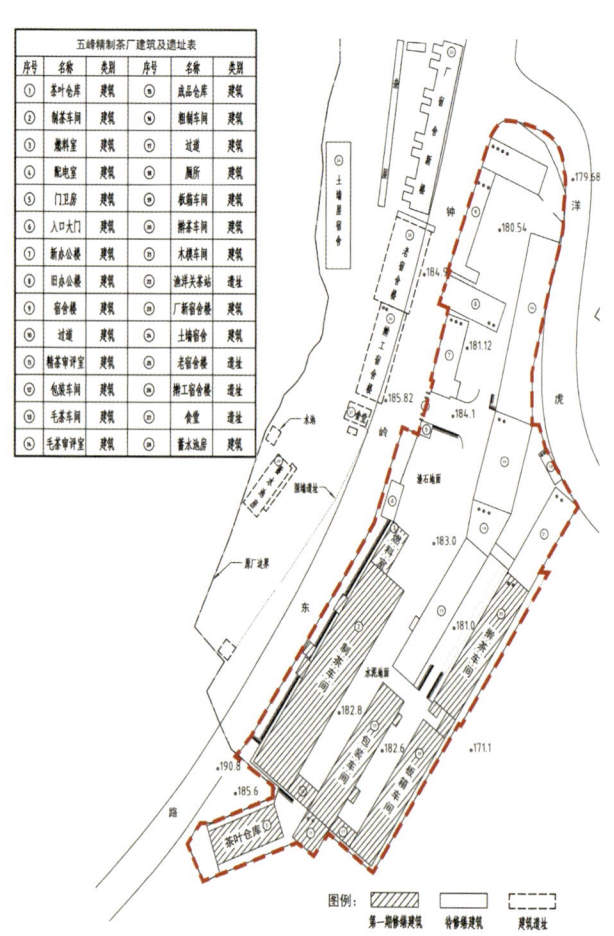

图4-3-17　五峰精制茶厂遗产分布图
（资料来源：五峰县政府工遗办）

（4）社会文化价值

五峰精制茶厂作为宜红茶工业遗产，是万里茶道文化线路上重要的实物遗产，填补了鄂西一带一路文化线路的空缺，对推动当地社会、经济、文化和旅游事业的发展起到里程碑式的作用，具有十分重要的社会价值。

4.3.2.5　五峰精制茶厂工业遗产的保护

建议重点保护以下5处体现制茶工业主要流程和生产特征的工业遗产（包括其内部设备），即图

4-3-17中第一期修缮建筑：擀茶车间、精制车间、包装车间、板箱车间、茶叶仓库。

对于其他有关遗产，在再开发过程中有条件的也应尽量保护。

4.3.3 福新第五面粉厂

福新第五面粉厂位于今武汉市硚口区宗关地区铁桥北村2号，该厂由著名民族企业家荣德生、荣宗敬投资建造，由荣德生女婿李国伟主持建造，于1919年建成投产，是我国始建于20世纪初重要的民族工业遗产。近代中国具有较大影响力的企业家荣氏兄弟荣德生、荣宗敬创立了茂新、福新、申新系列企业，其中共有21家工厂，在汉口有申新第四纱厂和福新第五面粉厂，现均已被列入武汉第五批文物保护单位。

4.3.3.1 历史沿革

1918年10月，上海荣宗敬、荣德生兄弟资本集团投资30万银元，在汉口宗关街建成沿江五层厂房一座，占地37市亩（2.47万平方米）成立了福新面粉公司，这是华中地区最大的面粉厂，也是全国最大的面粉厂之一（图4-3-18）。

1919年10月工厂投产。1928—1937年，该厂生产的"牡丹"牌面粉远销欧美各国和日本。

1925年公司扩建钢筋水泥五层新厂房一座（图4-3-19），同时在歆生路（今江汉路）福新里购地建造三层商铺建筑8栋，两层住房12栋，又在湖北路（今扬子街）新德里购地建造营业部用房。

1938年，公司西迁重庆，部分机器运往宝鸡，剩余70%设备和几十万袋面粉留存在美国沙逊洋行栈房。

1945年抗战胜利后，公司回到武汉恢复建厂。

1949年武汉解放后，在人民政府的扶持下，该厂接受国家加工订货。

1954年3月，改为国营武汉市第一面粉厂，设置面粉、面条、机修和包装四个车间，主要生产面粉和筒子面。

2011年1月，武汉第一面粉厂宣告破产。[①]

图4-3-18 福新面粉厂历史照片
（资料来源：雷鹏，《武汉工业百年》，2009）

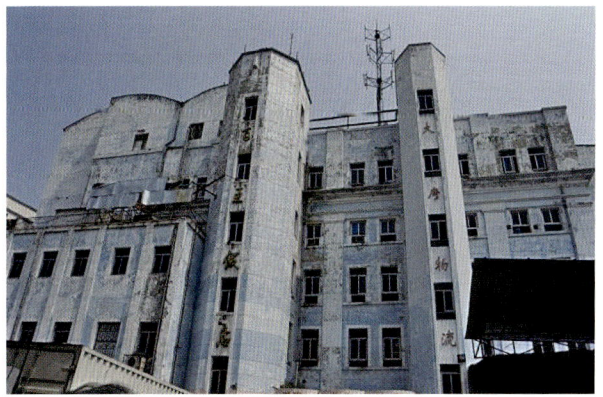

图4-3-19 福新面粉厂主厂房历史照片
（资料来源：卢齐摄）

---

① 武汉市硚口区地方志编纂委员会. 硚口志[M]. 武汉：武汉出版社，2007.

2012年，福新第五面粉厂作为一级工业遗产列入第一批武汉市工业遗产名录。

2014年至今，改建成1919老场坊。

4.3.3.3.2. 福新第五面粉厂工业遗产

2010年，武汉第一面粉厂（原福新第五面粉厂）开始拆除，到2017年仅剩汉江边一栋整体五层局部六层的钢筋混凝土大楼和两栋两层办公楼。钢筋混凝土大楼外立面经过修缮与重新粉刷，保存完好，内部在保存原有结构的基础上进行了重新整修（图4-3-20），2014年改建为"1919老场坊"，作为文化创意园对外招商，但运营状况不理想。到2019年，"1919老场坊"已停止运营，厂区遗留的钢筋混凝土大楼和两座办公楼即将被拆除。

（1）总平面布局

福新第五面粉厂位于硚口区，紧临汉江（图4-3-21），在福新第五面粉厂拆除之前，整个厂区内除有厂房、仓库、办公楼以外，还建有员工宿舍，其具体分布有待考证。

（2）建（构）筑物遗存概况

截至2012年，厂区只剩下两栋五层建筑，到2017年，位于厂区中央的一栋建筑被拆除，福新面粉厂只剩下一座整体五层局部六层的钢筋混凝土大楼和两栋破损的办公楼。到2019年，原厂区

图4-3-20　被改建为"1919老场坊"的生产车间大楼

（资料来源：孙玥拍摄于2016年）

用地已用于房地产开发，厂区建筑处于被完全拆除的境地（图4-3-22）。

整体五层局部六层的钢筋混凝土大楼曾经是福新面粉厂生产车间以及办公楼，于1919年建成。当时从汉江运来的原材料通过管道直接输送到大楼内部，从顶楼开始加工，到一楼已经成为袋装面粉。建筑整体为框架结构，空间基本保存完好，外立面经过修缮和粉刷，不规则的外形和凹凸的立面独具特色（图4-3-23）。该大楼被列入武汉市文物保护单位（图4-3-24）。

4.3.3.3 非物质文化遗产

（1）"牡丹牌"面粉

福新面粉厂投产当年，有钢磨22部，动力500匹马力，日产面粉6000包，是全国最大的面粉厂之一。生产的"牡丹牌"面粉，依据质量高低分为绿牡丹、红牡丹等不同档次，因为品质精

图4-3-21　2017年福新面粉厂卫星图
（资料来源：百度地图，周昭改绘）

图4-3-22　正在遭拆除的生产车间大楼
（资料来源：周昭拍摄于2019年）

图4-3-23　车间大楼大门
（资料来源：周昭拍摄于2019年）

图4-3-24　武汉市文物保护单位标识
（资料来源：周昭拍摄于2019年）

良赢得广阔的市场，一度远销欧洲。在1929年《茂新、福新、申新总公司三十周年纪念册》中有这样的记载："由洋商购运牡丹牌粉数十万包，前往英、荷等国接济，销路益形畅旺"，《武汉市志·商业志》中也有相同记载："福新面粉厂日产能力6000～6500包，所产'牡丹牌'面粉，颇负盛誉，出口欧洲各国，麸皮销往日本。"可见"牡丹牌"面粉当时已成为优质面粉的代名词。

（2）《茂新、福新、申新总公司三十周年纪念册》

《茂新、福新、申新总公司三十周年纪念册》于1929年出版，该刊为荣氏旗下茂新福新面粉厂、申新纺织厂成立三十周年的纪念刊，记录了荣氏企业及旗下各厂三十年来的发展经营概况，反映了其三十年来所取得的辉煌成绩。福新第五面粉厂作为荣氏企业的一员，该纪念册对其建厂位置、设厂资金、设备引进和产品等方面情况进行了大致介绍，并配以图片。

4.3.3.4 价值评估

（1）历史价值

1920年代前后，面粉工业在武汉盛极一时，武汉年产面粉500万袋，产量居全国第四，为华中制粉中心。[①] 汉口福新第五面粉厂是武汉地区第一家大型面粉制造厂，其建成和生产改变了武汉以往靠手工作坊制造面粉的局面，是1920年代亚洲著名的面粉生产商，生产的面粉远销海外20多个国家，是汉口轻工业的领军者。抗战期间面粉厂被迫迁往重庆，部分机器运往宝鸡，内迁的面粉厂成为抗战后方重要的物资供应基地，其分布在西南、西北各地的工厂为大后方的军民生活保障做出了重大贡献。[②]

（2）科技价值

福新第五面粉厂在制造工艺和流程技术上十分先进，其制粉技术在当今仍然具有重要意义。现在有些面粉厂的工艺技术仍然不及福新第五面粉厂先进，灰分0.5%以下的面粉出粉率还达不到40%。[③]

（3）社会文化价值

福新第五面粉厂历史悠久，它承载了众多市民对于武汉这座城市的记忆。福新第五面粉厂作为当时中国面粉行业中的佼佼者，代表着武汉近代轻工业史的一段光辉历程，是武汉城市荣誉的一部分。

4.3.4 汉口英商和利汽水厂

和利汽水厂建于1918年，由英商柯三、克鲁奇二人合伙筹建，位于现汉口中山大道与岳飞街交界处，背靠汉口江滩。该厂被列入湖北省文物保护建筑，武汉市第一批一级工业遗产（图4-3-25）。

4.3.4.1 历史沿革

1891年，英商柯三、克鲁奇合资在汉口中山大道与岳飞街交界的法租界开设了汉口第一家机器制冰厂，中文名为"和利冰厂"。

1920年，柯三在和利冰厂东侧购置一大块土地，创办"和利水厂"，1922年开始生产"和利牌"汽水（图4-3-26a），因此工厂又被称为和利汽水厂。

[①] 武汉地方志编纂委员会.武汉市志.工业志[M].武汉：武汉大学出版社，1989.
[②] 刘春光.建国初期汉口福新面粉厂等级生产技术[J].现代面粉工业，2018：2-7.
[③] 刘光辉.民国制造：汉口福新第五面粉厂制粉探析[J].大麦与谷类科学，2017：51-57.

图4-3-25 和利汽水厂街景图

(资料来源：刘英姿、[法]蓝博，《汉口法国租界及其建筑》，2013)

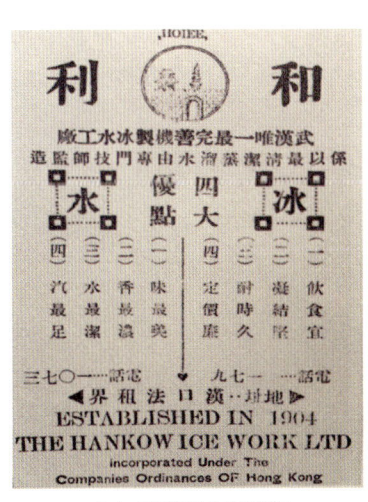

(a) 和利汽水厂商标

(b) 和利汽水厂向难民提供饮用水

图4-3-26 和利汽水厂历史图片

(资料来源：《老房子的述说——武汉近现代建筑精华集萃》)

1938年，柯三转卖工厂给华商刘耀堂。不久，日军入侵，武汉沦陷，大量难民进入法租界避难，和利汽水厂每天免费提供大量干净饮用水，救济难民（图4-3-26b）。

1952年工厂公私合营并入美的食品公司。

2003—2005年工厂旧址被餐饮店租用，2007年被武汉市政府挂牌"优秀历史建筑"，为省级文物保护单位，整栋房屋开始封闭保存。[①]

2012年，武汉工业遗产保护专项规划完成，和利汽水厂被列入首批一级工业遗产名单。

2019年3月武汉军运会前夕，沿江历史建筑进行全面整改，和利汽水厂外立面进行了"修旧如旧"的风貌修缮。

4.3.4.2 汉口英商和利汽水厂工业遗产

和利汽水厂属古典主义建筑，北非殖民风格，是小餐厅经典样式。设计者和建筑单位不详，砖木结构，共有两层。曲状的正立面，正中有门斗，第二层有阳台，屋顶有女儿墙，房顶很明显作为露台使用（图4-3-27）。[②]

4.3.4.3 价值评估

（1）历史价值

英商和利汽水厂是继老汉口第一家机制冰厂建成后，毗邻制冰厂兴建的一座老汉口汽水厂，日产汽水曾达到2000打。历史上和利汽水厂曾是垄断冷饮市场的龙头企业之一，其汽水生产在食品业类工业中的领先地位凸显了其历史价值。

（2）艺术价值

英商和利汽水厂属于文艺复兴风格建筑，建筑空间及立面均取对称布局，二层中段局部设有外廊，两端阳台及窗台形体均呈半圆形出挑。入口上设有门头挑廊，与屋顶女儿墙栏杆连为一体。整个建筑在檐口、楼面板分隔、阳台扶手栏杆等多处均以连续流畅的横向富有装饰性线脚勾勒，整体设计简明精致。

（a）汽水厂沿街界面

（b）汽水厂正立面

图4-3-27 和利汽水厂现状

（资料来源：丁晨星摄于2019年）

[①] 资料来源：https://www.027p.cn/1819.html 汉口租界背后，那些不为人知的汉口往事。
[②] 丁援，李杰，吴莎冰.武汉历史建筑图志[M].武汉：武汉出版社，2017.

4.4 船舶业类工业遗产

4.4.1 中交二航局船机厂

原名交通部第二航务工程局船机修造安装公司，简称二航局船机厂，始建于1956年，现为中国港湾集团第二航务工程局第六工程分公司，位于武汉市青山区红钢城二街坊21号，是集船舶制造、大中型钢结构制作安装、机电设备安装和输油工程、高速公路、桥涵、给排水工程及航务各种工程施工于一体的综合性全民所有制企业。该公司占地面积27万平方米，建筑面积1.77万平方米，岸线总长248米，泊位趸船1座，拥有1组下水滑道，2座水平船台。

4.4.1.1 历史沿革①

1955年，交通部第二船务工程局（简称二航局）承建裕溪口港，同年12月，二航局根据交通部船务工程总局的指示，以机具管理科修理组为基础，组建了"第二船务工程局机具管理科检修厂"。

1956年，该厂名改为"第二航务工程局船舶机具检修厂"，属船务工程总局直接领导。

1958年初，船务工程总局在武汉兴建修造厂。裕溪口建港第一期工程即将全面竣工时，船务工程局决定将船舶机具检修厂由裕溪口迁至武汉。

1958年9月，二航局决定将"船舶机具检修厂"改名为"船舶机具检修一厂"；以原航船机具检修第一、第二工区的机械修理力量为基础，组建"船舶机具检修二厂"，厂址设在汉口黑泥湖路。同月，经武汉市人民政府批准，二航局在青山蒋家墩地区征地建厂，新厂占地面积为70050平方米（包括厂区用地23650平方米，生活用地12000平方米，长江大堤外江边修船场地34400平方米）。

1959年5月，船舶机具检修一厂从裕溪口迁至武汉青山蒋家墩新址。

1959年8月，二航局又将检修一、二厂合并为"航务工程局船舶机械检修厂"。

检修厂在完成船机修理制造任务的同时，继续进行厂房建设。1959年至1960年又完成了铆焊、内燃机修理、木工等4个车间和仓库、办公用房共计建筑面积5582平方米的基本建设。同时相继建成职工宿舍、食堂等配套用房，建筑面积共6000余平方米（其中一栋砖混结构三层楼房2283平方米，其余均为砖木结构平房）。

1962年6月，该厂改名为长航局机具检修厂。

1963年1月，该厂改名为交通部第二航务工程局机械检修厂。同年11月，为完善船机管理体制，又将该厂改名为交通部第二航务工程局船舶机械处。

1984年更名为交通部第二航务工程局船机修造安装公司（图4-4-1）。

1992年，该公司负责的黄石长江公路大桥双壁钢围堰整体吊装一次成功，在长江建桥史上属首创。

2006年10月，二航局改制，成立中交第二船务工程局有限公司，同时，二航局船机修造安装公司改为二航局六分公司。

---

① 资料来源：二航局党委工作部，《二航局六分公司建厂史》。

图4-4-1 原船机修造安装厂原貌
（资料来源：二航局党委工作部）

4.4.1.2 中交二航局船机厂工业遗产

（1）总平面布局

原二航局船机厂的旧址在武汉市青山区红钢城二街坊21号，位于长江中下游武昌段天兴洲南面。厂区北临临江大道，南临红钢二街，西临建设八路，东望建设十路。厂区由生产区、工人生活区、办公区和舾装码头几部分组成，其中舾装码头位于现武汉天兴洲长江大桥南岸引桥西南方向的长江沿岸地段，与南侧主厂区之间隔着临江大道，是专供船舶进行舾装工作的码头（图4-4-2）。

（2）建（构）筑物遗存概况

二航局船机厂原舾装码头占地67830平方米，包含滑道、船棚、平台、横移坑，现已全部拆除规划为青山江滩的后期建设用地。但厂区内工业遗产现存一处钢结构车间（图4-4-3、图4-4-4、图4-4-5），车间建筑占地3000平方米，相关操作场所涉水域沿岸线长3230米左右。现钢结构车间规划建设为"青山工业印象馆"，目的在于既保留工业建筑的特征，又能充分体现江滩人与景、新与旧、动与静的融合，彰显地域工业文化特色。

4.4.1.3 价值评估

（1）历史价值

钢结构车间作为原二航局船机厂唯一留存的工业建筑遗产，是制作和安装钢结构拳头产

（a）1975年测绘图

（b）1992年测绘图

（c）厂区卫星图

图4-4-2 二航局船机厂总平面图
（资料来源：a、b由二航局档案室提供；c底图截自百度地图，陈宇轩改绘）

图4-4-3 原钢结构车间内部
（资料来源：二航局党委工作部）

图4-4-4 原钢结构车间内施工状况
（资料来源：二航局党委工作部）

图4-4-5 钢结构车间现状
（资料来源：陈宇轩摄于2018年）

品的空间，见证了早期该厂为中国交通基础设施建设做出的巨人贡献，具有重要的历史价值（图4-4-6）。

（2）科技价值

改制后的二航局六公司与日本石川岛播磨株式会社合作，其设计制造、安装的秦皇岛煤码头钢制漏斗、皮带机工程荣获国家银质奖；其制造安装的武钢工业港八、九号码头大型变截面箱形梁属国内首创（图4-4-7），荣获国家银质奖；其设施设备及工业产品都具有较高的科学技术价值。

图4-4-6 曾建成的110米趸船下水
（资料来源：二航局党委工作部）

图4-4-7 车间内钢箱梁制作
（资料来源：二航局党委工作部）

（2）社会文化价值

中交二航局船机厂为青山区乃至全国各地基础设施建设奠定基础，留存的钢结构车间是青山区重要的城市工业记忆，同时承载着厂职工艰苦奋斗、同甘共苦的集体记忆，具有一定的社会价值。

4.4.2 红光港机厂

红光港机厂，是隶属交通部长江航务管理局的全民所有制企业，是原交通部最早兴建的港口机械制造厂之一。1989年已发展为长江上规模较大，能自行设计、生产5～16吨级轮胎起重机的专业生产厂家，产品分布在众多沿海和内河港口，以及有关厂、站的货场，为发展我国港口装卸机械做出了贡献。厂址所在地的宜昌市五龙，在长江以南，与宜昌城区滨江公园隔江相望，与葛洲坝水利枢纽毗邻（图4-4-8）。该区域是以受侵蚀作用为主的基岩组成的丘陵，为武陵山脉石门支脉之余绪，临江处多为悬崖陡壁，唯厂区一带有河漫滩。厂区枕青峰，面长江，环山带水，地形如圈椅状，西北面有磨基山青峰耸峙，东南和西南有五龙山五岭屏障（图4-4-9）。①

4.4.2.1 历史沿革②

1966年5月，交通部开始组建港口机械的专业制造队伍，发展港机制造工业，以提高水上运输的综合能力。

1966年7月，交通部水运局确定宜昌市五龙为第二港机厂的建厂地点。

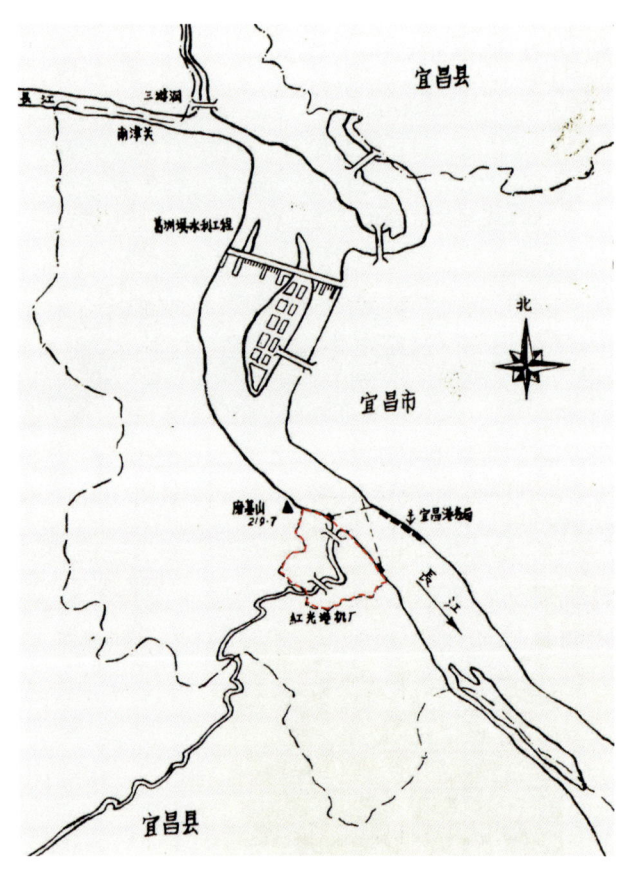

图4-4-8 厂区区位图
（资料来源：段天眆，《红光港机厂史》，1991）

---

①② 长江航运史编写委员会，《红光港机厂厂史》。

图4-4-9　厂区鸟瞰

（资料来源：段天昉，《红光港机厂史》，1991）

1967年，交通部决定将第二港机厂改为红光港机厂。

1967年7月，红光港机厂建设工程破土动工。

1969年5月以后，红光港机厂由以基建为主转向以试生产为主的过渡阶段。

1976年，红光港机厂一期工程基本完成，于1977年10月通过了长江航运管理局的竣工验收。

1981年，红光港机厂开始由单纯生产性企业向生产经营性企业转变。

1989年，该厂拥有铸钢铸铁、金属结构、机械加工、装配、维修等五个主要生产车间及一个车船运输队。

4.4.2.2　红光港机厂工业遗产

（1）总平面布局

红光港机厂占地面积为177034平方米，建筑面积为68648平方米，厂区岸线长约850米，纵深约630米。工厂平面布置分为生产区和生活区，分别在五龙溪两岸（图4-4-10）。生产区在五龙溪之东的下五龙狮子包两侧。生产区东侧为冷加工区，依次为发电房、空压站、总变电所、维修车间、第一机加工车间、第二机加工车间、装配车间、生产科、供应科、企业管理办公室、内部银行及仓库区、运输队；西侧为热加工区，依次为铸钢车间、铸铁锻造车间、热处理房、电镀房、乙炔站、金属结构车间，工厂各职能科室均设在热加工区临江处。现厂区还有部分厂房在生产，

图4-4-10　厂区总平面图

（资料来源：百度地图，李悦改绘）

图4-4-11 处于闲置状态中的浮吊
（资料来源：任昕毅提供）

其余厂房都已废弃，没有得到较好保护，损坏严重，部分厂房也已遭拆毁。留存的浮吊设备已报废处理（图4-4-11）。①

生活区包括五龙溪西岸的上五龙、老姚家湾、新姚家湾、张家湾等处，建有职工家属宿舍及各项生活设施。厂工会及活动室、教育科、总务科设在上五龙家属区；职工子弟学校设在上五龙的山脊上；厂供水池设在雷滚岩上，取水泵船在岩下近岸的长江中。生活区多数建筑都已被拆毁，目前仅保留有职工子弟学校，已被改造为袁裕校家庭博物馆。②

（2）建（构）筑物遗存概况

①厂区

红光港机厂东侧厂区空间布局基本未变，厂区中的厂房一部分已被拆除，一部分处于闲置状态，还有一部分仍在使用中，但整体上均未得到良好的保护。

现存最完整的厂房（功能不详），位于厂区最南侧紧邻空旷试验场的一处场地内。厂房为常规矩形平面的双跨空间，红砖砌筑，外立面开有水平向带形长窗，坡屋顶侧翼开有高侧窗。出于厂房内部和试验场地之间设备往返运输的需要，厂房山墙端呈半开敞状。厂房内部空间开敞通透，吊车梁和部分设备保留完好（图4-4-12）。

②生活区

红光港机厂原生活区除了职工子弟学校以外，其他都已被拆除。职工子弟学校现租给袁裕校个人，经过了一定的整修，用来收藏和陈列袁家4代自清末到中华人民共和国成立百年来的生活生产实物和非物质的家庭文化遗产。袁裕校家庭博物馆现为中国首个平民家庭博物馆（图4-4-13～图4-4-15）。

4.4.2.3 非物质文化遗产

（1）厂史厂志

由长江航运史编写委员会编写的《红光港机厂厂史》现收藏于武汉图书馆，是一部记录了红光港机厂1966年至1989年历史的厂志，主要分为四个部分，分别为筹建时期（1966—1979年），形成批量生产能力时期（1971—1975年），生产发展上升时期（1976—1979年）以及转轨转型、振兴企业时期（1980—1989年）。

---

①② 长江航运史编写委员会，《红光港机厂厂史》。

图4-4-12　厂房内部结构图

（资料来源：陈婵摄于2018年）

图4-4-13　改建后的家庭博物馆入口

（资料来源：李悦摄于2018年）

图4-4-14　家庭博物馆内展品

（资料来源：李悦摄于2018年）

图4-4-15　家庭博物馆朝向庭院立面

（资料来源：陈婵摄于2018年）

（2）其他资料

红光港机厂作为宜昌"三线"建设时期的重要遗产，在宜昌"三线"建设过程中发挥着重要的作用，因此被收录于由宜昌市政协文史委员会编写的《三线建设在宜昌》（宜昌市文史资料第40辑）一书中。《三线建设在宜昌》（宜昌市文史资料第40辑）一书收录了62篇关于宜昌在"三线"建设时期各企业的发展历程与生产生活状态，系统地呈现了宜昌"三线"建设时期的历史风貌，对于深入研究和阐释"三线"精神的核心内容及其时代意义，宣传和弘扬其积极精神具有重要意义。

4.4.2.4 价值评估

（1）历史价值

红光港机厂是原交通部最早兴建的港口机械制造厂之一，为发展我国港口装卸机械做出了应有的贡献，见证了我国港机工业的振兴，具有重要的历史价值。

（2）社会文化价值

红光港机厂在五龙河畔扎根了几十年，承载了宜昌港口装卸的历史记忆。职工子弟学校作为唯一留存的辅助生产性空间，承载了工厂相关人员的生活记忆。改造后的子弟学校作为家庭博物馆，通过丰富而翔实的家庭史料，填补了我国家庭志史上的一个空白，展现了百余年来中国社会的一个缩影，是一部鲜活的历史教材。

（3）经济价值

目前红光港机厂职工子弟学校已改造成袁裕校家庭博物馆，是宜昌市文化产业发展的重要地标，也是挂牌的国防教育基地、省情市情教育基地等各种基地，以育人基地的身份发挥着潜在的经济价值。

4.4.2.5 红光港机厂工业遗产的保护

该厂生活区基本已经拆除，原职工子弟学校已被改造为家庭博物馆，在保护过程中应对其进行重点保护。目前生产区损坏严重，应采取积极有效的措施对重要厂房进行维护；同时应对历史上起过重要作用的浮吊设备进行保护。

4.4.3 中国船舶重工集团有限公司第七一〇研究所

中国船舶重工集团有限公司第七一〇研究所（以下简称七一〇研究所）始建于1958年，是我国舰船科技、海洋工程重点骨干研究所，现总部位于长江之滨的湖北省宜昌市，在北京、上海、武汉、三亚设有分支机构，是国家863、973高技术项目研究单位以及国家一级保密资格单位、湖北省最佳文明单位，是以军为本、军民融合，集技术创新、产品研发、装备制造于一体的国家重点骨干研究所。七一〇研究所是我国水中兵器总体技术研究所之一，我国已经公开报道过的海军几大"利器"，都有他们研发生产的各类装备。七一〇研究所在维护我国领土主权完整方面，发挥着不可替代的作用。[①]

4.4.3.1 历史沿革

1958年，七一〇研究所始建于上海复兴岛。

1963年，七一〇研究所搬迁至江苏省扬州市。

1968年，七一〇研究所在宜昌县艾家镇建厂。

1970年，为支援国家"三线"建设，七一〇研究所1000余名职工和家属溯江而上，搬迁至宜昌江南的艾家镇七里冲。

---

① 中国船舶重工集团公司第七一〇研究所官方网站（http://www.csic710.com.cn/）。

1971年3月,全所彻底从江苏扬州搬进宜昌县艾家镇七里冲,开始了长达20年的"三线"建设,在一个小山沟里逢山开路、遇水架桥,通水通电,仅用两年半的时间就建成了近7万平方米的建筑群,有专用实验室、科研办公楼、试制工厂、学校、住宅、幼儿园、粮店、商店等(图4-4-16)。

1990年,七一〇研究所搬迁至宜昌市区,原厂址作为部分实验基地。

2014年,原厂部分科研、办公大楼转给宜昌和祥尊长园改造为养老院。

2015年,该养老院建成并对外开放。

4.4.3.2 七一〇研究所工业遗产

(1)总平面布局

中国船舶重工集团有限公司第七一〇研究所旧址位于宜昌县艾家镇七里冲。整个厂区随道路沿线展开。道路以北为生活区,分布有食堂、宿舍、学校等服务型设施;道路以南为生产区,分布有各车间厂房及研究办公用房等生产服务设施(图4-4-17)。

图4-4-16 厂区历史全貌
(资料来源:《强军报国六十载,宜昌这个央企让所有人佩服》,https://mp.weixin.qq.com/s/CnQDfC_9jF3ismOpiKxpGw)

图4-4-17 厂区总平面图
(资料来源:百度地图,李悦改绘)

（2）建（构）筑物遗存概况

中国船舶重工集团有限公司第七一〇研究所现已基本搬离原厂址，原厂址留有较多的建筑遗产。随着周围居住人口的增多，该地区建有较多的民居，呈点状分布其中，对原有空间布局产生较大影响。七一〇研究所大部分遗留建筑处于荒废状态，没有得到较好保护，但各时期建筑对比鲜明。

①厂区现状

目前道路南侧生产区留存有两处依山而建、布局相对完整的生产性空间组团，其中部分厂房处于生产状态，保存较好；部分厂房处于闲置荒废状态，较为破败且无人管理（图4-4-18）。道路北侧的生活区基本荒废，建筑损坏严重，且部分已遭拆除。厂区范围内因后续建有大量民宅，与厂区既有建筑夹杂分布，不同时期不同类型的空间特质对比鲜明。

②生活区现状

道路北侧的生活区部分，原宿舍和学校（图4-4-19）大多已经荒废甚至被拆除，建筑损坏严重。有部分建筑被当地居民用作商铺（图4-4-20）

图4-4-18　厂区闲置厂房
（资料来源：李悦摄于2018年）

图4-4-19　厂区原宿舍
（资料来源：罗劲草摄于2018年）

图4-4-20　厂区建筑用作商铺
（资料来源：李悦摄于2018年）

或行政办公等用途，维持了建筑原貌。原生活服务区（图4-4-21）保存完整，但也没有得到较好维护，建筑自然损坏较严重。

③科研办公区现状

原有科研办公区于2014年租赁给宜昌和祥尊长园，该园利用旧址建立了一所康养中心（图4-4-22），2015年完成改建并对外开放。改造过程中原建筑布局和主体结构保持不变，仅对内外墙面进行重新粉刷。

原科研办公大楼（图4-4-23）现为养老院宿舍（图4-4-24），共三层，一层为健身活动区及超市，二、三层为老人居住区。原打煤厂（图4-4-25）现为养老院宿舍，一层为展示厅、琴棋书画活动区及日间照料中心，二、三、四、五层为老人居住区。既有建筑之间加建了玻璃连廊作为连接体，方便老人出行（图4-4-26）。

4.4.3.3 价值评估

（1）历史价值

七一〇研究所是我国舰船科技、海洋工程重点骨干研究所。从成立至今研制出一大批高技术

图4-4-21 原配套生活区及服务区

（资料来源：陈婵摄于2018年）

图4-4-22 改建后的康养中心鸟瞰

（资料来源：和祥尊长园宣传视频）

图4-4-23　原科研办公楼
（资料来源：网络①）

图4-4-24　改建后的养老院宿舍
（资料来源：陈婵摄于2018年）

图4-4-25　原打煤厂
（资料来源：网络②）

图4-4-26　楼栋间加建的玻璃连廊
（资料来源：和祥尊长园员工摄）

装备，填补了百余项技术空白，开创了我国水下攻防大业，成为海洋装备重要的供应商，见证了我国国防建设、科技事业和国民经济的发展，具有重要的历史价值。

（2）科技价值

七一〇研究所立足宜昌，布局北京、上海、青岛、三亚等地，逐步建成"水下无人攻防联合实验室"和两个产业平台，有科研成果400余项，获得国家科学技术进步一等奖等多项奖项，为我国逐步实现"海洋梦、强军梦"做出贡献，具有较高的科学价值。

（3）社会文化价值

七一〇研究所遗址群处于宜昌县艾家镇七里冲，研究所的落地带动了当地的基础设施建设和经济发展。厂区的建设过程展现出"三线"建设时期当地居民与各工作人员不怕吃苦、积极响应

①②《强军报国六十载，宜昌这个央企让所有人佩服》，https://mp.weixin.qq.com/s/CnQDfC_9jF3ismOpiKxpGw。

国家号召的奉献精神。七一○研究所工业遗产作为无数"三线人"的情感寄托和集体记忆，社会价值在其众多价值中较为突出。

4.4.3.4 七一○研究所工业遗产的保护

该厂区面积较大，遗存建（构）筑物较为丰富，建议对该厂区进行动态保护。不仅要保护其重要的单体建筑和重要设备等，还要保护其建筑与地形的关系、建筑群体布局、工业景观以及相关档案等非物质内容。在改造再利用的过程中要遵守原真性原则。

4.4.4 武昌造船厂

武昌造船厂位于武昌区长江与巡司河交汇处的东岸，其前身是1934年建立的武昌机器厂。1930年代初，湖北省共有船舶百余艘，皆因使用多年而修理频繁，以往由民营船厂修理，工期长且耗费大，因此湖北省建设厅提议设立官办工厂。武昌机器厂后因隶属关系与生产经营的变更，几易厂名，相继沿用过湖北省航业局修船厂、湖北省万县机械厂、湖北省机械厂、江汉船舶机械公司等厂名，1953年定名为武昌造船厂（图4-4-27）。

4.4.4.1 历史沿革①

1934年4月20日，湖北省政府委员会确定筹办武昌机器厂，这是当时武汉最大地是唯一的官办兼营造船业务的机器厂。该厂系将已停办的纺纱官局、织布局、白沙洲造纸厂、制币局、官纸印刷局等遗留下来的厂房、设备合并组建而成，除生产农机具及配件外，还制造浅水轮船、趸船，修理船只和汽车。

1937年7月，武昌机器厂与1929年创办的民营企业江汉造船厂合并，成为以修造船舶为主的大型工厂，更名为湖北省航业局修船厂。

1939年11月，因日本侵华武汉时局紧张，湖北省政府下令工厂西迁，该厂先后迁至宜昌、巴东等地，最后工厂搬至四川万县明镜滩周家大院。

1943年1月，更名为湖北省万县机械厂。

1945年10月，抗战胜利后，工厂迁回武昌，接收了20多家日伪产业的机床设备，扩建了7个工场和分场，继续兼营修船业务，更名为湖北省机械厂。

图4-4-27 1985年厂区鸟瞰

（资料来源：武昌造船厂，《中国船舶工业总公司武昌造船厂》，1988）

---

① 武汉市武昌区地方志编纂委员会.武昌区志[M].武汉：武汉出版社，2008.

1949年武汉解放后，湖北机械厂与汉阳船舶修造厂合并；同年11月11日成立华中地区的大型造船企业——江汉船舶机械公司，划归中央管理，为国家船舶工业局的第一个直属造船厂。

1952年，江汉船舶机械公司直属重工业部领导，同年12月，工厂被正式列为国家基本建设单位。①

1953年1月1日起，江汉船舶机械公司正式更名为武昌造船厂，隶属第一机械工业部船舶工业局。

1952—1957年，武昌造船厂扩建，成为"一五"期间苏联援建我国"156项目"落户武汉的项目之一。

4.4.4.2 武昌造船厂工业遗产

（1）总平面布局

武昌造船厂占地面积80多万平方米，目前仍处于生产状态（图4-4-28）。厂区沿江岸呈线状布局，生产性厂房沿岸展开，辅助性生产部门则面向主轴线一侧，如档案馆、办公楼。

厂内有总长367米、能承担5000吨级船舶的纵向下水滑道1座，高跨室内船台4座，低跨室内船台2座，露天船台8座，在全长1300米的江岸线上设有3座专用码头，拥有机械、动力、焊接等各类设备2500余台，并形成从钢材预处理、下料加工、分段装配、总段装配到船体大合龙的生产流水线。厂内设有6个主要生产车间、4个辅助生产车间，另设有机械制造和铸造2个分厂及设计室、中心试验室、焊接试验室、计算机站等机构。

厂区东侧为职工生活区及后勤管理部门。生活区内留有由晚清时期的武昌监狱改建而来的职工住房、1950—1980年代的职工宿舍、职工医院及招待所。后勤管理区域内有工人俱乐部、职工食堂、技术学校及灯光球场。

图4-4-28　厂区现状鸟瞰

（资料来源：朱子路摄于2019年）

---

① 武汉地方志编纂委员会.武汉市志.工业志[M].武汉：武汉大学出版社，1999.

第4章 湖北工业遗产典型案例实录

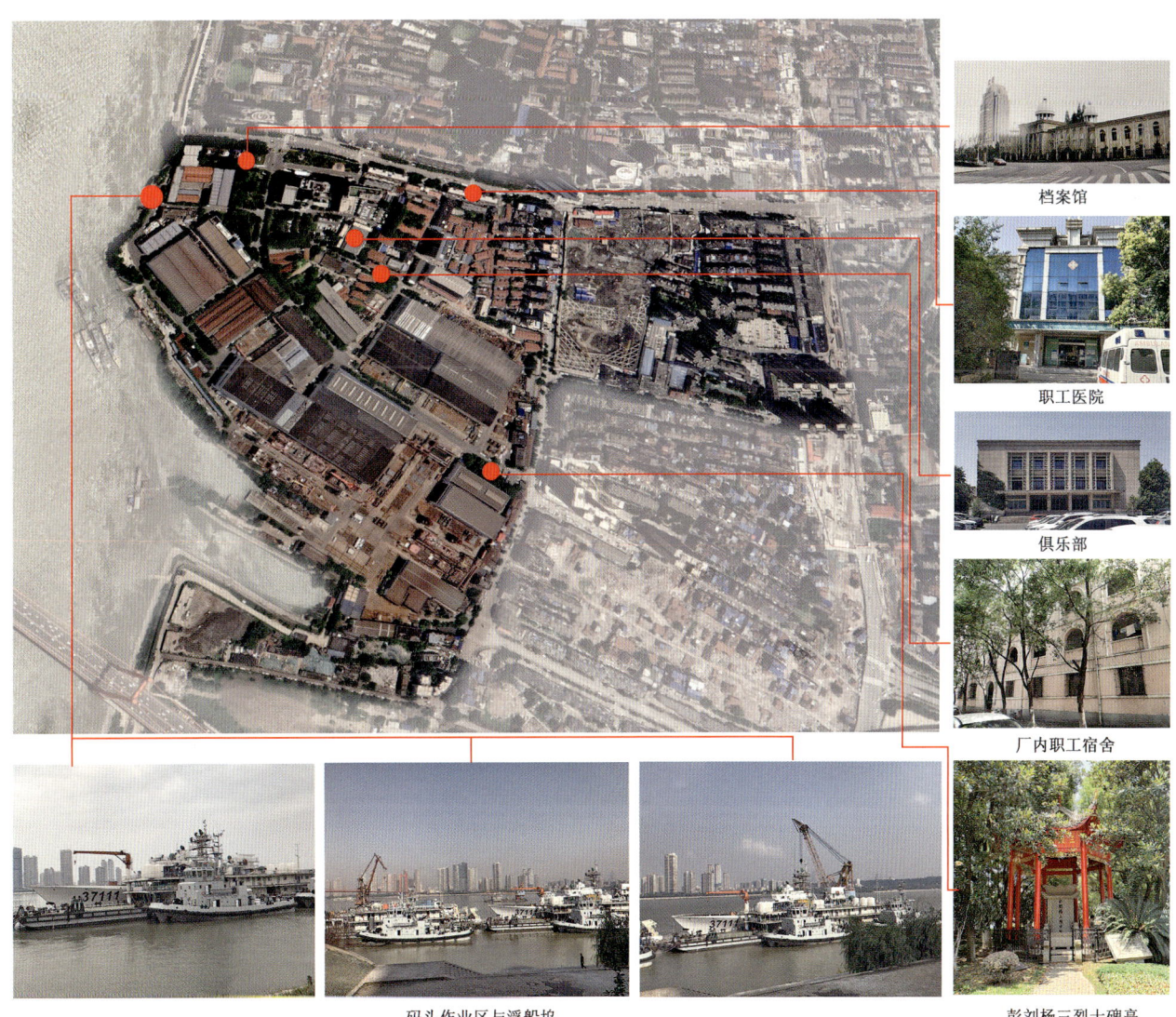

图4-4-29 厂区工业遗产现状

（2）建（构）筑物遗存概况（图4-4-29）

①档案馆

武昌造船厂的档案馆位于厂区正门西侧，建筑面向城市道路一侧的主立面设计采用古典三段式对称构图，且装饰性细部设计丰富，沿街立面极富韵律感；而建筑背向城市道路一侧设计语言的运用，更为简洁和更具实用性（图4-4-30、图4-4-31）。

②职工俱乐部

武昌造船厂职工俱乐部为典型的苏式建筑，表现为纪念性的对称构图，拥有敦实厚重的体量及简洁的细部装饰（图4-4-32、图4-4-33）。

图4-4-30　档案馆沿街立面

（资料来源：武昌造船厂，《中国船舶工业总公司武昌造船厂》，1988）

图4-4-31　档案馆背立面局部

（资料来源：朱子路摄于2019年）

图4-4-32　俱乐部鸟瞰

（资料来源：朱子路摄于2019年）

图4-4-33　俱乐部侧立面

（资料来源：朱子路摄于2019年）

③码头作业区及浮船坞

武昌造船厂沿江一线设有浮船坞及码头作业区，终年生产运作繁忙。在此处向上游远眺可见颜色鲜艳的鹦鹉洲长江大桥，向下游可见壮观的武汉长江大桥。

④彭刘杨三烈士纪念亭

武昌造船厂建设时，将辛亥革命武昌起义历史遗迹——彭楚藩、刘复基、杨洪胜三烈士的一座碑亭纳入厂区南门入口内部，该亭于1956年被列为湖北省文物保护单位。

4.4.4.3　价值评估

（1）历史价值

武昌造船厂所在地是清末湖北官办纺纱局、织布局原址；武昌造船厂的职工生活区所在地原为清末武昌监狱，内部局部用房为监狱建筑改造而来；而且武昌造船厂是在1934年武昌机厂的工业基础上改扩建而来，于1950年代成为武汉"156项目"之一，因此，武昌造船厂的建设发展史具有重要的研究意义。另外，武昌造船厂作为中西部规模最大的造船厂，为我国船舶工业的发展做出了巨大贡献。

（2）社会文化价值

当前仍在生产运转中的厂区，作为活态工业遗产在长江之滨扎根已久，承载了武昌港口装卸、船舶制造的历史记忆，也见证了自长江大桥建成以来，武汉城市快速发展的全过程。工厂的工业社区遗产内部历史性建筑丰富，承载了历代职工的集体生活记忆。

（3）艺术价值

武昌造船厂管理性用房及职工宿舍设计形式丰富，既有本土建筑式样，也不乏苏式建筑式样以及苏联标准化工业住宅式样。

4.5 仪器仪表业类工业遗产

4.5.1 国营湖北华中精密仪器厂

国营湖北华中精密仪器厂（又称国营向阳仪器厂，代号二三八厂，现为湖北华中光电科技有限公司）位于宜昌市宜都聂家河镇车湾村，由原第五机械工业部施工建设，于1969年建成投产。该厂除了生产大型3米测距机，还要担负宜都市内其他两个军用光学仪器厂的小规模齿轮、铸造件、机修用大型零件、250公斤锻锤以上锻件的加工，以及宜都地区的区域计量鉴定和电器修理的协作任务。

4.5.1.1 历史沿革

1966年，国营湖北华中精密仪器厂开始筹建。

1967年，工厂建设破土动工。

1968年为厂区全面建设时期（图4-5-1），湖北省建筑第六施工队正式进厂建设厂房。

1969年，工厂建成投产。

1970年，第一台海军3米测距机研制成功。

1980年，工厂更名为国营湖北华中精密仪器厂（图4-5-2）。

1985年，工厂成功开发手持式激光测距机。

2004年，工厂整体搬迁至孝感，更名为湖北华中光电科技有限公司。①

图4-5-1　1960年代后期建设中的办公楼
（资料来源：厂区老职工提供）

图4-5-2　1980年代工厂更名后的厂区大门
（资料来源：厂区老职工提供）

① 源自《国营第二三八厂简史（1966—2006）》。

4.5.1.2 国营湖北华中精密仪器厂工业遗产

（1）总平面布局

国营湖北华中精密仪器厂位于宜都城南偏西、武陵山和巫山余脉的低山区与长江沿岸丘陵地带的结合处，距宜都市19公里。厂区处在丘陵环抱中，依山就势布局建设。整个厂区围绕一小山体呈环状布局，位于厂区最高地的是子弟学校，次高地是一组供厂区职工集体活动和娱乐的公共设施，其他功能性空间均以此为中心环绕其分布，整体呈不规则向心形态分布（图4-5-3）。家属区与公共活动设施相邻设置，其中后者处于厂区相对中心位置（图4-5-4）；生产区及办公区单独成一区，由围墙与其他区隔开（图4-5-5）。整个厂区占地面积约116万平方米，总建筑面积为14.4万平方米。①

图4-5-3 厂区平面图

（资料来源：皮晓敏，《废弃三线厂区再利用的景观环境文化研究》，2007；李悦重绘）

图4-5-4 生活区鸟瞰

（资料来源：李悦摄于2018年）

图4-5-5 生产区及办公区鸟瞰

（资料来源：李悦摄于2018年）

---

① 皮晓敏. 废弃三线厂区再利用的景观环境文化研究[D]. 西安：西安建筑科技大学，2007.

(2) 建（构）筑物遗存概况

①厂区公共活动设施

位于生活区半山腰的是一组由工人俱乐部、露天剧场、剧场配套放映室组成的厂区公共活动设施（图4-5-6），其中工人俱乐部是整个厂区保存最完整、规模最大、最具特色的公共建筑。主体建筑为砖混结构，观演类建筑设计逻辑清晰，外观端庄大方，形式多样但不显繁杂，反映了备战时期对经济与美观的追求。露天剧场充分利用自然地形地貌特征建成，剧场的后上方建有电影放映室、篮球场等配套设施，放映室建筑外墙开有形态特色鲜明且韵律感极强的八个窗洞，放映窗口就隐含在八个窗洞之中，整个建筑设计既具有功能性又兼具美学特色。

（a）工人俱乐部

（b）露天剧场

（c）露天剧场配套放映室

图4-5-6　厂区工人俱乐部等公共设施

（资料来源：李悦摄于2018年）

②子弟学校

子弟学校位于整个厂区地势最高处，Y字形的平面布局，五层砖混结构（图4-5-7），竖向交通核心筒居中，建筑的三翼均为外廊联系，每翼外表面色彩不一，整个立面简洁而生动，虚实结合。每层通过连廊与旁边的凉亭相接，这些区域是公共活动的场所（图4-5-8）。

③宿舍区

宿舍区多为五层平顶红砖房，形式简洁，均顺应山体等高线依山而建（图4-5-9）。

④光学大楼

几乎所有产品上的光学零部件，从光学玻璃毛坯的切割到冷加工的粗加工、精加工直到特种工艺，全部工艺流程的制作及工序检测、完工检测等，全部在光学大楼完成。大楼高四层，一、二、三层为七车间即光学车间，二层有用于测量光学零件物理参数的光学物理室，四层是电子装配车间，手持式激光测距机的组装测试调试即在此车间完成。光学大楼一侧建有配套仓库（图4-5-10）。

光学大楼立面为横向三段式构图，中段四

图4-5-7　子弟学校鸟瞰
（资料来源：陈博摄）

图4-5-8　子弟学校配套凉亭
（资料来源：陈博摄）

图4-5-9　宿舍区
（资料来源：厂区志职工提供）

（a）光学大楼

（b）仓库外观

图4-5-10　光学大楼及配套仓库
（资料来源：图a由厂区老职工提供，图b由李悦摄）

层，两侧三层，砖混结构，主体建筑红砖砌筑。屋顶为独特的弧形框架结构。

4.5.1.3 非物质文化遗产

（1）厂史厂志

国营湖北华中精密仪器厂厂志《国营第二三八厂简史（1966—2006）》，共有6册，详细记载了从1966年建厂到2006年四十年间的发展历程，重点介绍了向阳仪器厂的建设发展与技术产品。

（2）其他资料

由宜昌市政协文史委编辑的《三线建设在宜昌》（宜昌市文史资料第40辑）以及宜都市政协学习和文史资料委员会编辑的《三线建设在宜都》，均在其收录的相关文章中，针对其所在地"三线"建设时期包括国营湖北华中精密仪器厂在内多个企业的发展历程、生产生活状况有详细介绍。其中前刊收录62篇与"三线"工业相关的文章，后刊介绍了宜都8家"三线"建设时期的重点工业企业，国营湖北华中精密仪器厂是两刊中重点介绍的工业企业之一。两刊文章通过一些老职工及职工子女的回忆与描述，不仅展现了"三线人"的生活生产状态，更彰显了这一特殊群体艰苦创业、敢打敢拼、团结协作、无私奉献、不怕牺牲的"三线"精神。

4.5.1.4 价值评估

（1）艺术价值

国营湖北华中精密仪器厂在丘陵环抱中依山势而建，以一小山为中心呈不规则向心形态布置，其空间格局是建设时期"山、散、洞"布局原则的典型体现。一系列红砖房在绵延起伏的青山间错落有致，因地制宜，融入自然，形成了独特的工业景观。尤其是工人俱乐部与室外剧场设计中人工与自然的完美融合，相互塑造，具有较高的艺术价值。

（2）科技价值

国营湖北华中精密仪器厂作为精密光学仪器厂，代表着当时最高端的光学仪器生产水平，集中展现了20世纪六七十年代我国精密光学仪器生产领域的生产技术、工艺流程以及厂房规划建设等多方面的科技水平和能力，对我国光学仪器生产发展历程具有重要的研究价值。

（3）社会价值

国营湖北华中精密仪器厂作为宜昌市"三线"建设工业遗产的重要组成部分，反映了20世纪六七十年代我国工人阶级和知识分子的精神面貌和当时宜昌特定的社会风貌，是宜昌"三线"建设时期最深厚的集体记忆和核心"文化符号"。该厂作为无数工厂职工的情感寄托、集体记忆和"三线"精神的物质载体，具有较突出的社会价值。

4.5.1.5 国营湖北华中精密仪器厂工业遗产的保护

目前整个厂区保存完好，因此在对其保护再利用时具有完整性保护的基础。除了工业遗址本身、建筑物、构件、机器和装置，还应该包括工业景观、环境以及与其相关的档案和工人回忆等非物质内容。同时对其相关配套设施、研究所、住宅等，也应该给予同样的保护。

建议重点保护以下三处体现厂区特色的工业遗产：①室内外剧场及其配套设施；②子弟学校；③光学大楼。

4.5.2 国营湖北长江光学仪器厂

国营湖北长江光学仪器厂（简称长光厂，代号二八八厂，现武汉长江光电有限公司），位于宜昌市宜都姚家店乡油榨坪（原肖家冲）村，由原第五机械工业部施工建设，于1969年建成投

图4-5-11　宜昌原厂区全貌图
（资料来源：厂区老职工提供）

产。主要生产军用光学测距机、枪用瞄准镜、电子发光照明器等多种光电仪器及小型机械产品，是我国军工民用光电仪器行业加工和总装骨干厂家之一。厂区占地面积45万平方米，工厂生产工房、职工宿舍及单身宿舍、其他生活及服务用房建筑面积共计131131平方米，其中职工宿舍及单身宿舍建筑面积49031平方米，其他生活服务用房建筑19185平方米。[1]1996年该厂更名为武汉长江光电有限公司，搬迁至武汉，成功转型为世界最大的民用枪瞄准镜生产企业。位于宜昌的整个老厂荒废闲置，整体留存状况完整（图4-5-11）。

4.5.2.1　历史沿革

1966年长江光学仪器厂开工建设。

1969年12月，长江光学仪器厂建成并通过验收。

1970年，该厂正式投产。

1977年，该厂生产的首批民用体瞄供应市场。

1996年，长江光学仪器厂更名为武汉长江光电有限公司，搬迁至武汉，隶属中国兵器装备集团公司，成功转型为民用枪瞄准镜生产企业，宜昌旧厂废弃。[2]

4.5.2.2　国营湖北长江光学仪器厂工业遗产

（1）总平面布局

国营长江光学仪器厂的建筑布局比较分散，很多居住区与周围的农舍融合在一起，厂内的生活设施也比较齐全。厂区设有办公区、休闲娱乐区、厂房区、学校、医院、住宅区、商业服务区、小型景观与农作物区、主要交通干道、防空洞等。建筑均依山势而建，呈现出参差错落的形态（图4-5-12）。生产性设施分别置于三条山沟

---

[1] 宜昌市政协文史委. 三线建设在宜昌（宜昌市文史资料第40辑）[Z]. 2016.
[2] 国营第二八八厂厂史编纂委员会. 国营第二八八厂简史（1966—1986）[Z]. 1986.

第4章 湖北工业遗产典型案例实录

图4-5-12　厂区鸟瞰
（资料来源：李悦摄于2018年）

中，生活性设施散布在山沟外三处地点，一弯公路串起三点，连接三沟，贯通南北两个山口。从东山俯瞰，整个厂区依山沟呈多方向辐射状展开分布（图4-5-13）。[①]生活区和生产区以围墙分开，生活区宿舍、学校、电影院、俱乐部等设施齐备，主要娱乐区和商业服务区集中分布。

（2）建（构）筑物遗存概况

①生产区

主要生产区顺应山脚呈一字形展开，从右至左依次为两栋办公楼、技术科和总装车间，均采用对称式布局，砖混结构，整体风格大气严整（图4-5-14）。

办公楼位于厂区生产序列的开端，矩形对称

[①] 国营第二八八厂厂史编纂委员会. 国营第二八八厂简史（1966—1986）[Z]. 1986.

图4-5-13 厂区平面图
（资料来源：国营第二八八厂厂史编纂委员会，《国营第二八八厂简史（1966—1986）》，1986）

性布局，立面三段式构图。内部采用内廊式平面布局，中部和尽端布置了大厅和会议室。无柱大空间内的梁采用拱形梁，同时部分梁采用变截面梁，以节省材料。

紧邻上述办公楼，同样采用对称性布局的是技术科大楼。技术科大楼地基升高与办公楼处在同一地坪高度，形成了一条严整的办公建筑空间序列。建筑为砖混结构，整体使用青砖砌筑，圈梁与过梁合二为一，采用当时较为常见的做法，此建筑现已荒废。

总装车间大楼位于厂区东南角的两条主要道路的交叉口处，三面临街，呈V形布局。建筑外立面中轴对称，采用横向长窗和平屋顶的设计，风格硬朗庄重。建筑整体比例考究，现已荒废。

锅炉房位于厂区一入口处，该建筑为砖混结构，主体材料为红砖，柱头和过梁为混凝土构

（a）生产区局部鸟瞰

（b）锅炉房

（c）办公楼

（d）技术科大楼

（e）总装车间

图4-5-14 主要生产区及其建筑
（资料来源：李悦摄于2018年）

件。建筑依山而建，由丰富的形体组合而成，各部分相互交错连接，形成整体。

②厂区娱乐设施

厂区内娱乐设施主要是剧院（图4-5-15）。老剧院位于厂区中部较为开敞的场地，与灯光球场相邻。其主体呈T形，由前部的三层前厅和后部大空间组成。前厅中间部分三层，两侧为两层，砖混结构，墙体主要材料有红砖和毛石，在主要结构受力部分使用红砖，在受力较小的部分用毛石，红砖上使用不规则碎毛石装饰，二者相得益彰，形成极具特色的立面风格。后部大空间则用青砖砌筑，形成鲜明对比。后因厂区人数增多，又在入口处建了新剧场，新剧场为五层砖混结构，中轴对称形式，立面采用竖向分割，设计木格栅装饰。该剧场现已荒废。

③宿舍区

宿舍区呈行列式整齐排布（图4-5-16），五层红砖结构，各栋宿舍中间围合成公共活动空间。

④子弟学校

子弟学校为U形合院式布局，为学生提供了一个内向活动的场所。教室为三层砖混结构，采用外廊式布置。入口台阶处两侧还依稀可见当时的红色标语（图4-5-17）。

(a) 老剧院

(b) 新剧院

图4-5-15　厂区剧院
（资料来源：李悦摄于2018年）

图4-5-16　宿舍区
（资料来源：李悦摄于2018年）

图4-5-17　子弟学校
（资料来源：李悦摄于2018年）

4.5.2.3 非物质文化遗产

（1）厂史厂志

该厂存有厂志《国营第二八八厂简史（1966—1986）》，由国营第二八八厂厂史编纂委员会编，详细记载了从1966年建厂到1986年二十年间的发展历程，重点介绍了长江光学仪器厂的建设发展与技术产品。

（2）其他资料

由宜都市政协学习和文史资料委员会编辑的《三线建设在宜都》，重点介绍了宜都8家"三线"建设时期的工业企业，国营湖北长江光学仪器厂是其中重点介绍的工业企业之一。刊中回顾了1966—1976年艰苦创业时期，企业从转产生产的1米地炮测距机到独立研制0.8米地炮测距机，积极探索民品研发，相继研制了体育瞄准镜、大型复印机、大屏幕电视投影仪、水准仪、激光平面干涉仪等产品，其中激光平面干涉仪性能精度达到国内先进水平，填补了我国此项技术空白。此外，刊中大量纪实性回忆文章不仅展现了"三线人"的生产生活状态，更彰显了"三线人"艰苦创业、敢打敢拼、团结协作、无私奉献、不怕牺牲的"三线"精神。

4.5.2.4 价值评估

（1）历史价值

国营湖北长江光学仪器厂作为宜昌市"三线"工业遗产之一，反映了宜昌在社会主义建设时期所取得的重大成就，是宜昌工业化和城市发展的见证。"三线"建设时期，宜昌的战略地位得到确认以后，其工业面貌才彻底改观，工业骨架才逐渐形成。国营湖北长江光学仪器厂所承载的历史背景、历史事件、历史人物等均是宜昌工业化进程中特殊时期的见证。

（2）艺术价值

国营湖北长江光学仪器厂结合复杂的自然地形地貌，因地制宜，融入自然，在深山间绵延起伏，红砖房在青山间错落有致，形成了独特的工业景观。厂区布局自由灵活但可见规划，与一旁的乡村农宅形成鲜明对比，增强了其识别性。"三线"工业遗产的艺术价值使其明显区别于一般工业遗产，为人们解读特殊备战时期的建筑风格提供依据。

（3）科技价值

国营湖北长江光学仪器厂作为重点军工厂，无论是生产工艺还是建造技术，均展现出一定的特殊性和革新性。生产工艺上，长江仪器厂作为精密光学仪器厂，代表着当时最高端的光学仪器生产水平。建造技术上，在备战背景下采用因地制宜、因陋就简的干打垒建造技术，并就地取材，采用当地的天然石材与红砖，有效节约了运输时间与成本；为了追求隐蔽，消除厂房特征，车间由坡顶改平顶，由集中式改为分散式，核心厂房还入洞设计，由此具有较高的科学技术价值。

4.5.2.5 国营湖北长江光学仪器厂工业遗产的保护

相比于国营湖北华中精密仪器厂，国营湖北长江光学仪器厂的厂房建筑形式更鲜明，种类更多样，且形成了一定的生产序列，靠近入口处保存状况较好，越往山沟深处，毁坏越严重。在对其进行保护时，应该结合其生产流程，首先以"生产线""产业链"这样的非物质遗产为主要线索，重点保护其主要生产车间和特色车间。

4.6 机械业类工业遗产

4.6.1 襄阳轴承厂

襄阳轴承厂是国家"四五"计划期间的重点建设项目，是第二汽车制造厂配套的轴承厂、国家大型一档企业、国内最大的汽车轴承专业生产厂家，也是我国轴承出口五大基地之一。厂区位于襄阳市襄城区轴承厂路，全厂占地面积86万平方米，建筑面积35.5万平方米。

4.6.1.1 历史沿革[①]

1968年7月8日，第一机械工业部发文指示洛阳轴承厂负责襄阳轴承厂的建设。11月，襄阳轴承厂厂址选定在泥嘴镇与新集之间的邓家湾。

1981年11月25日至27日，襄阳轴承厂基本建设竣工验收，验收通过后正式全面投产。

1988年2月3日，轴承厂"七五"技改项目之一——钢球分厂新厂房竣工验收。7月20日，国家公布全国第一批大型企业名单，襄阳轴承厂被列为大型一档企业。

1990年5月10日，该厂汽车轴承研究所研制的第一支等速万向节问世。

1991年2月，原襄樊市标准件厂并入襄阳轴承厂，定名为标准件分厂。

4.6.1.2 襄阳轴承厂工业遗产

（1）总平面布局

襄阳轴承厂厂区位于摩旗山东侧山脚，其中生产区紧靠山沿，采取集中式的布置；生活区位于生产区北侧，包含各类生活功能用房。公共配套用房如食堂、大礼堂则布置在生产区和生活区之间（图4-6-1）。

生产区以厂区内中央主干道为核心，东侧为仓库运输专用道，通过支路将各车间联系起来（图4-6-2）。生产资料从北侧两个大门进入，经过工艺流程运转，成品原由南侧汽车库运出，城市格局的变化使得工业产品改为由东侧道路运

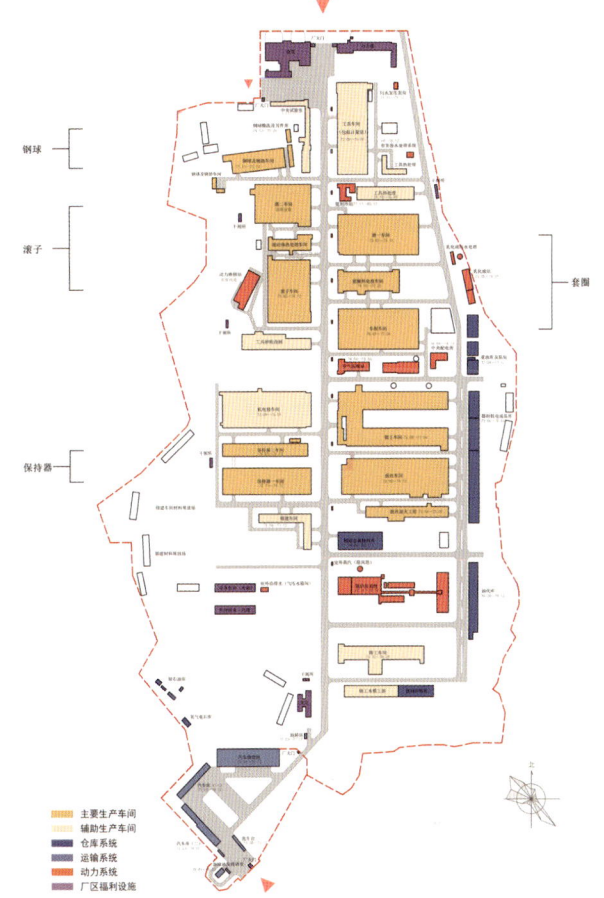

图4-6-1　襄阳轴承厂总平面图

（资料来源：吴建根据1981年襄阳轴承厂厂区竣工总平面图重绘）

出。目前厂区基本保留了建厂初期的格局，尤其是生产区改动较少，仅厂区南部后续有分厂加建和部分功能用房调整到北侧入口东部；生活区基本保持原有格局，但早期住宅现存较少。

（2）建（构）筑物遗存概况选介

厂区内建筑类型丰富，建筑风貌留存状况良好；厂房基本保持原貌，少有更新，持续的生

[①] 贾信德，廖国泰. 襄阳轴承厂志 [M]. 北京：中国书籍出版社，1992.

图4-6-2　襄阳轴承厂局部鸟瞰

（资料来源：吴建、刘振生摄于2018年）

产经营使得厂房内部保存状况良好。生活区内的大礼堂室外的观演区由工厂人员加建了房屋，主体建筑常年闲置，保存状况不佳；有红砖、青砖建造的单元式住宅楼数幢，形式特征保存状况良好；东侧子弟学校闲置，荒草丛生。目前，厂内生产活动已全面转移到襄阳高新区新厂区，老厂区处于闲置状态中。

①锻工分厂

锻工分厂主要生产各类轴承套圈毛坯、工模具和用于设备维修的锻件毛坯（图4-6-3）。锻工车间筹备组成立于1969年5月。1970年1月与拔丝车间筹备组合并（图4-6-4），1972年又与拔丝车间筹备组分开。1973年建立锻工车间。1985年5月，改制为锻工分厂（图4-6-5）。

②磨二分厂

磨二分厂主要承担向心球轴承、圆柱滚子轴承、长圆柱滚子轴承、角接触球轴承、推力球轴承、推力滚子轴承等6大类型轴承内外圈的磨加工和装配任务。磨工车间筹备组成立于1969年5月。1973年成立磨二车间。1985年5月，改制为磨二分厂（图4-6-6）。

图4-6-3　锻工分厂生产车间

（资料来源：吴建摄于2018年）

图4-6-4　历史上的拔丝车间

（资料来源：贾信德、廖国泰，《襄阳轴承厂志》，1992）

③滚针套分厂

滚针套车间于1971年6月成立,主要生产万向节用无内圈滚针轴承和汽车转向双列圆锥滚子轴承。分厂生产线按半封闭设计,除滚动体、盖子、垫子、毡圈等由兄弟分厂提供,以及橡胶圈、螺帽、梅花垫等必须购买外,其余零件加工从投料到磨削,装配都在分厂内完成(图4-6-7)。

4.6.1.3 非物质文化遗产

(1)轴承生产流程

轴承主要由钢球、滚子、套圈、保持器四个

图 4-6-5 锻工分厂现状外部

(资料来源:吴建摄于2018年)

(a)外部

(b)内部

图 4-6-6 磨二分厂

(资料来源:吴建摄于2018年)

(a)外部

(b)内部

图4-6-7 滚针套分厂

(资料来源:吴建摄于2018年)

零部件组成,因此襄阳轴承厂主要的生产车间呈现出以上四个零部件相关厂房成片布局的特征,且采取集中式布局。厂房按照生产流程进行组织,生产原料分别从厂区北侧东西入口进入,依次经过钢球片区、滚子片区、套圈片区、保持器片区,经过完整的生产工序,工业产品则由厂区南侧出口运出。锻造片区位于套圈片区和保持器片区之间,和两者都有联系。动力车间靠近厂区东侧干道,方便燃料的输入和动力的输出(图4-6-8)。

(2)厂史厂志

《襄阳轴承厂志》记述时间主要从1968年至1990年底,个别情况延至1992年,采用志、记、图、表、录等写作形式,实事求是地记载了襄阳轴承厂的历史和现状,力求体现时代特点和行业特色。

4.6.1.4 价值评估

(1)历史价值

襄阳轴承厂作为我国五大轴承生产基地之一,襄阳地区具有代表性的"三线"建设时期工业企业,具有重要的历史价值。其厂区生产活动由初始时期一直延续至今,是完整见证襄阳乃至鄂西北地区工业发展的工业遗产样本。

(2)科技价值

依托轴承研究所,襄阳轴承厂研制产品多次获得国家奖项,主要成就包括:1982年轴承厂生产的产品7815E圆锥滚子轴承获国家银质奖,1984年襄轴自行研制的24000转/分大功率(6.3千瓦)电主轴获得成功,1991年7608E圆锥滚子轴承获国家银质奖。其产品代表了我国汽车轴承工业的发展水平,相关工业遗产则是轴承技术发展的重要空间载体,具有较高的科技价值。

(3)社会文化价值

"襄轴"作为襄阳地区具有较大影响力的工业企业被市民熟知,并逐渐成为城市结构的有机组成,生产活动迁往新工业区,留下了闲置的生产空间。但基于襄阳轴承厂范围内完整的物质生活要素建立的工业社区,至今仍保持活力。厂区内相关工业遗产是反映厂区居民生活变迁的有效样本,是保留产业工人时代集体记忆的重要载体;相关非物质遗产如企业精神、企业文化是地区社会文化的重要组成部分。

(4)经济价值

襄阳轴承厂遗留了大面积的闲置厂房,厂房集中式布置,多为集中式大空间,且结构坚实牢固,整体具有"低龄化"的特点。其厂区紧邻城区,一面靠山,既有有利的交通条件,又有优美的自然环境。综合来看,其再利用可能性高,具有较大的经济价值。

4.6.1.5 襄阳轴承厂工业遗产的保护

襄阳轴承厂的工业遗产从整体厂区、单体建筑到工业聚落,留存状况和品质在襄阳地区均相对突出,其生产区基本延续了建厂初期的空间格局,主厂房尺度大且空间完整,同时生活区还留存有一些初始时期由红砖、青砖砌筑而成的职工住宅,因此建议对襄阳轴承厂生产区中的重点工业遗产分布区以及生活区中的特色工业遗产社区,进行整体性保护和适宜性再利用(图4-6-9)。

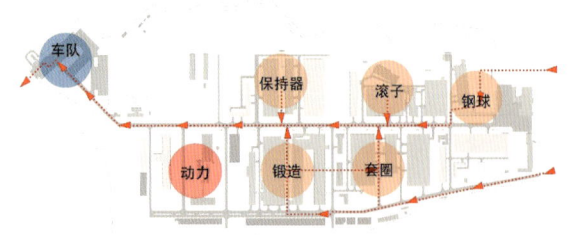

图4-6-8 襄阳轴承厂厂区布局组织图
(资料来源:吴建绘制)

4.6.2 武汉汽轮发电机厂

武汉汽轮发电机厂位于武汉关山工业区，于1958年建成投产，占地面积54.1万平方米，建筑面积21.7万平方米。属于以机电工业为主的关山工业区内的大型产业聚落（图4-6-10），是中南地区第一座电站汽轮机、汽轮发电机制造厂，也是全国六大电站汽轮发电机制造企业之一。[1] 2011年整个生厂区被拆迁，现存有完整的生活区。

4.6.2.1 历史沿革[2]

大约1740年，周天顺炉坊诞生于武昌崇福山下大堤口。1866年，周庆春将炉坊从武昌崇福山下大堤口迁至汉阳双街，更名为周恒顺炉冶坊。

1895年，周恒顺炉冶坊仿制轧花机成功，开创了武汉三镇民营机器制造业的先河。

1900年，周恒顺机器厂渐成雏形。

1905年，周仲宣将周恒顺炉冶坊改名为周恒顺机器厂。

1989—1909年，周恒顺机器厂初步发展，陆续生产出蒸汽机、卷扬机、抽水机、蒸汽抽水

图4-6-9 襄阳轴承厂遗产分布图
（资料来源：百度地图，吴建改绘）

图4-6-10 武汉汽轮发电机厂2000年整体鸟瞰
（资料来源：李俊，《关山渡若飞》，2008）

---

[1] 彭小华，品读武汉工业遗产 [M]. 武汉：武汉出版社，2013.
[2] 李俊，关山度若飞 [M]. 武汉：武汉出版社，2008.

机、制茶机、造币机、煤气机、轮船等多种机器产品，创造了中国工业制造的三个第一：1905年生产出中国第一台轧油联合设备，1907年生产出中国第一台抽水机，1907年生产出中国第一台卷扬机。周恒顺机器厂成为武汉仅次于扬子机器厂的第二大机器工厂。

1938年，武汉沦陷前夕，周恒顺机器厂内迁重庆，与卢作孚的民生轮船公司合营，1939年更名为"恒顺机器厂股份有限公司"。

1946年抗战胜利后，恒顺机器厂回迁汉阳。

1950年机器厂与中南工业部公私合营，改称中南工业部公私合营中南恒顺机器厂。

1954年武汉遭遇特大洪水，工厂迁往武昌官布局旧址（今解放桥附近），改组为武汉动力机厂。

1958年，武汉兴建关山工业区，武汉动力机厂在关山兴建厂区并与武汉永华电机厂合并，更名为武汉汽轮发电机厂。

1963年厂名更改为武汉汽车发动机厂。

1965年底，以该厂为基础成立武汉汽车制造总厂，管理包括武汉、株洲、长沙汽车工业的10个工厂和1个研究所。

1968年武汉汽车制造总厂撤销，仍恢复为武汉汽车发动机厂。

1970年厂更名为武汉汽轮发电机厂。

1981年后，该厂由于车型陈旧而失去市场。

1986年，由武汉汽轮发电机厂等核心企业组建成中国长江动力公司（集团）。

2011年长江动力集团开始搬迁，武汉汽轮发电机厂和长江动力集团旧址内厂房被全部拆除。

4.6.2.2 武汉汽轮发电机厂工业遗产

武汉汽轮发电机厂生产区已被拆除，但生活片区至今留存完整，属活态工业遗产住区。住区整体空间格局保持完好，多由建厂初期整齐划一、行列式布局的住宅建筑组成（图4-6-11），住区的主体建筑为红砖砌筑的三层单元式住宅，多栋建筑上留有特定历史时期的标语口号，岁月痕迹明显（图4-6-12）。

（1）总平面布局

武汉汽轮发电机厂位于关山路口，在关山工业区一同建设的10个新建工厂中规模最大、占地面积最广。它东与湖北鼓风机厂接壤，南与湖北

图4-6-11 汽轮发电机厂生活区鸟瞰

（资料来源：江鹏、郝锦皓摄于2020年）

（a）行列式住宅及其公共空间　　　　　　　　　　（b）三层单元式住宅

图4-6-12　生活区住宅现状

电机厂毗邻，西至鲁巷，北与华中工学院（现华中科技大学）一路之隔（图4-6-13）。规划中的铁路专用线横穿厂区，南面连接余家湾火车站，向北直通武东工业区，与粤汉铁路接轨。汽轮发电机厂的生活区与生产区以关山大道为界，纵长区域内的住区呈南北向分布（图4-6-14）。

（2）建（构）筑物遗存概况

厂区内部分宿舍楼被新建高层住宅取代，留下的单栋宿舍楼涵盖1950—1990年代的类型。厂区内仍留有为生活服务的功能性用房，如职工医院、子弟小学等。

①9号宿舍楼

9号楼为1950年代红砖砌筑的三层楼房，室内空间因局部加建而阴暗拥挤，建筑整体造型凹凸有致，山墙面及正立面门洞处均有白漆刷上的时代口号如"大立毛泽东思想""伟大的领袖毛主席万岁"等（图4-6-15）。

②6号楼

6号楼同为1950年代红砖砌筑的三层楼房，建筑由三部分组成：两侧红砖砌筑的居住功能空间夹着中间被水泥粉刷过立面的公共空间部分。公共空间部分有楼梯间及公共厕所浴室等功能。立面一层部分同样被水泥粉刷，山墙面同样刷有时代标语（图4-6-16）。

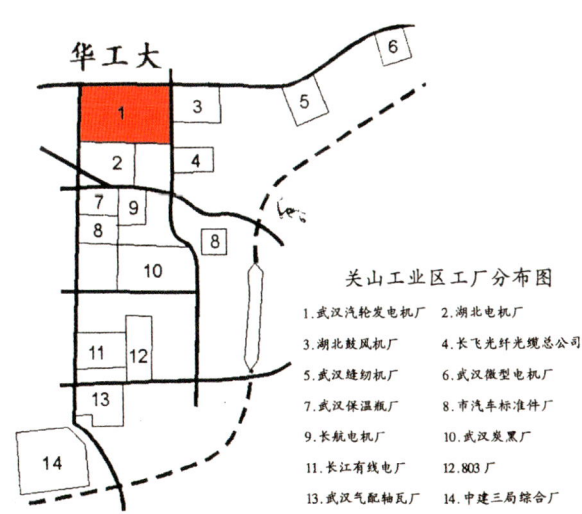

图4-6-13　汽轮发电机厂在关山工业区中的位置
（资料来源：武汉市城市规划管理局，《武汉市城市规划志》，1999）

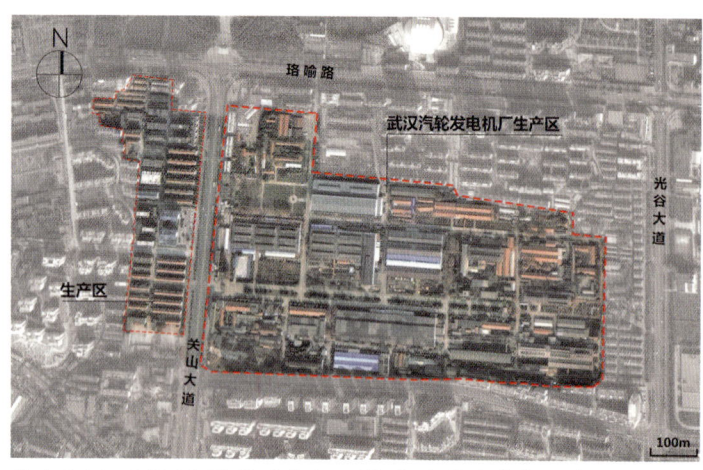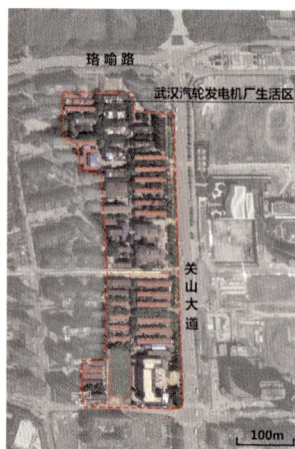

图4-6-14 2006年汽轮发电机厂总平面图（左）及生活区现状平面图（右）
（资料来源：百度地图，朱子路改绘）

图4-6-15 9号宿舍楼及其特定时代标语痕迹
（资料来源：朱子路摄于2019年）

图4-6-16 6号宿舍楼及其特定时代标语痕迹
（资料来源：朱子路摄于2019年）

4.6.2.3 非物质文化遗产

《关山渡若飞》是一本记录了长江动力集团武汉汽轮发电机厂自1958年建厂以来50年厂史的厂志。其中选取历史片段介绍了长江动力集团1950年代的艰苦创业、1960年代的动荡求生、1970年代的恢复发展、1980年代的大落大起、1990年代的轰轰烈烈到21世纪的再创辉煌的发展过程。

4.6.2.4 价值评估

（1）历史价值

武汉汽轮发电机厂是由我国机器制造业先驱之一的周恒顺机器厂演变而来，从清乾隆时期的周天顺炉坊到近代周恒顺机器厂，延续至今已有200多年的历史，对研究我国机器制造业的产生和发展历程及脉络有重要意义。

另外，作为"二五"时期国家重点建设项目之一，武汉汽轮发电机厂是国内唯一既制造火电机组又生产水电设备的企业，与武重、武锅一起构成"武"字头三大装备制造企业，是中南地区第一座电站汽轮机、汽轮发电机制造厂，也是全国六大电站汽轮发电机制造企业之一。[①]研究这段工业生产的历史，对于了解我国"二五"时期生产力及科技水平具有重要意义。

（2）社会价值

虽然武汉汽轮发电机厂厂区已被拆除，但当前留存下来的工业遗产住区的时代特征明显：20世纪五六十年代的一批三层职工筒子楼全部采用砖混结构，红砖双坡屋顶，墙面留有鲜明的时代标语痕迹；宜人的街区尺度，沿街道成行的茂密樟树环境，以及嵌在社区内部的长动医院和幼儿园共同延续着社区原有的空间肌理；原住民共同维系着原有的社区关系与生活氛围，并与工业遗产社区一同承载着重要的集体记忆，已成为"活的历史"。

4.6.2.5 武汉汽轮发电机厂工业遗产的保护

建议整体保护工业聚落及以下5处保存较完整、留存有较多岁月痕迹及历史信息的工业活态遗产：2号、3号、5号、6号、9号职工楼（图4-6-17）。对于其他有关遗产（图4-6-17中红线内未

图4-6-17　生活区建议保护范围及重点保护对象分布图
（资料来源：百度地图，朱子路改绘）

---

① 彭小华. 品读武汉工业遗产[M]. 武汉：武汉出版社，2013.

编号的建筑），再开发过程中有条件的也应尽量保护。

4.6.3 湖北煤矿机械厂

湖北煤矿机械厂直属原煤炭工业部，专业生产薄煤层轻型刮板输送机。根据《咸宁市志》记载，该厂位于湖北咸宁永安镇东（今咸宁市咸安区东），毗邻京广铁路、武广高速铁路、京珠高速、杭瑞高速、107国道，交通十分便捷。湖北煤矿机械厂于1970年建成投产，厂区占地面积30.8万平方米，建筑面积7.5万平方米，厂区规模居当时驻县各工厂之冠。[1]

4.6.3.1 历史沿革[2]

1970年，张家口市煤机厂分迁到湖北省咸宁市，定名为"湖北煤矿机械厂"。

1975年，分迁完毕，湖北煤矿机械厂建成投产，为县团级单位，直属于煤炭工业部。

2009年11月，经企业改制，该厂成为由技术、销售、生产、管理等部门骨干人员联合创办的股份制企业，并更名为"湖北煤矿机械有限责任公司"。

4.6.3.2 湖北煤矿机械厂工业遗产

（1）总平面布局

湖北煤矿机械厂位于咸宁市咸安区长安大道27号。整个厂区沿青龙山南侧山脚分散布置，贯穿厂区的煤机大道西连长安大道，南接青龙路。厂区生产区、生活区从西到东依次排开。厂内生产区分设有运输、圆环链、铸工、锻工、铆焊、机工、装配、工具、机修动力车间和21个办公科室，厂内生活区建有职工子弟学校、幼儿园、职工医院及供销社等（图4-6-18）。

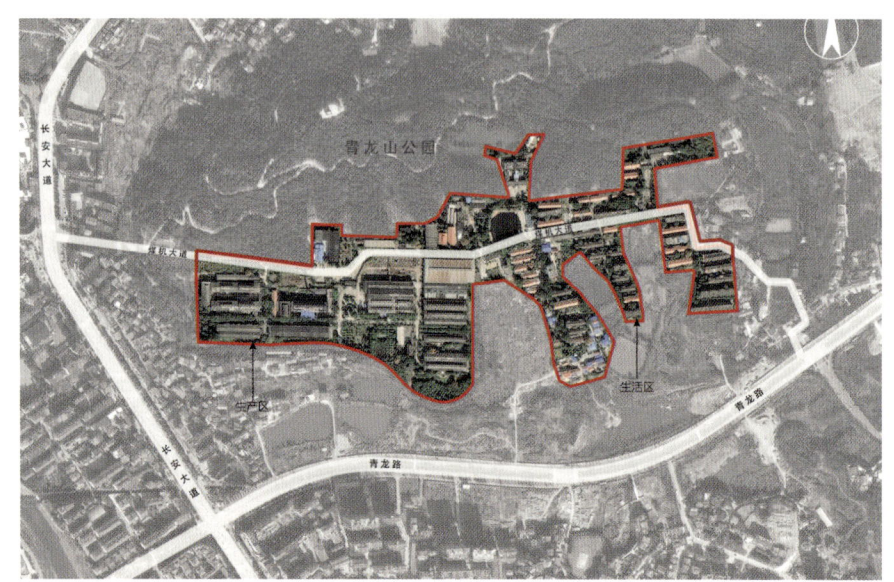

图4-6-18 煤机厂总平面图
（资料来源：百度地图，江鹏改绘）

---

[1] 湖北省咸宁市地方志编纂委.咸宁市志[M].北京：中国城市出版社，1990.
[2] 湖北省志编辑委员会.湖北省志.工业（上）[M].武汉：湖北人民出版社，1995.

（2）建（构）筑物遗存概况

该厂厂区整体保留完好（图4-6-19），生产区的原铆焊与总装车间、圆环链车间、铸锻车间、机工机修车间、热处理车间以及配套的风机房、生产资料仓库都已闲置许久，大多保留完好。生活区除部分职工宿舍拆除外，原职工宿舍区改制为咸安区梅园社区，原职工医院改为咸安区老人护理院，原子弟学校作为中小学教师继续教育学院被继续使用。另外，厂区内仍保留具有时代特征的雕塑与部分机械设备。

①铆焊车间与总装车间

铆焊车间与总装车间依照工序要求，紧凑并排布局，现作为友宁钢化玻璃厂房被继续使用。其中铆焊车间为框架结构单坡红砖厂房，三层通高空间，采用高侧窗采光；总装车间为两层通高的框架结构，双坡屋顶，红砖墙立面。

铆焊车间与总装车间内部均设有吊车滑轨，由T形柱承重，车间内的通高大空间更适用于铆焊设备的布置，利于机械设备的总装（图4-6-20）。

②机工车间、热处理车间与机修车间

机工车间与热处理车间均已闲置许久，四周被樟树环绕。其中，机工车间由三间坡顶红砖厂房并排组成，山墙立面大致分为车间入口、高侧窗和坡顶山尖三层；热处理车间为单间双坡红砖厂房，仅山墙面设有大片矮窗，其余均为高侧窗采光。

图4-6-19　厂区大门现状
（资料来源：甘钧全摄于2020年）

（a）铆焊车间及总装车间

（b）铆焊铸造设备

（c）铸造设备

图4-6-20　厂区系列车间及设备
（资料来源：甘钧全摄于2020年）

图4-6-21 机工车间、热处理车间及机修车间
（资料来源：甘钧全摄于2020年）

机修车间现在仍作为机修车间使用，该车间为红砖砌筑厂房，除高侧窗采光外，车间还在钢桁架支撑坡顶处设有采光带（图4-6-21）。

③铸锻车间

铸锻车间现已停产，但作为仓库继续使用。铸锻车间另设有高炉对原料进行预处理，铸锻烟气通过管道和侧窗排出车间，所以该车间除圈梁和T形柱处，其余空间均布置为侧窗。车间内设有滑轨用于预处理后材料运输，以及后续铸锻工序处理（图4-6-22）。

④圆环链车间

圆环链车间为后期建成，车间立面为砂石抹面，立面上设有三层侧窗采光。车间是由T形柱、圈梁及钢制三角架坡顶构成的框架结构。该车间现作为水泥及混凝土预制品的仓库（图4-6-23）。

⑤风机房与生产资料仓库

风机房和生产资料仓库形制大体一致，均由框架结构和坡屋顶组成大空间，方便设备的布置和生产原料的储存。立面均是红砖墙面，设高侧窗采光通风，入口设在山墙面正中（图4-6-24）。

⑥生活及配套设施

生活区由围墙与生产区隔开，设有职工住区大门，使煤机厂生活区独立于生产区。宿舍楼建于建厂初期，为三层砖混结构，九开间外廊布局。建筑的一端设有公共洗漱间，另一端设楼梯间。厂区职工医院为一座二层砖混结构建筑，整体设计朴实无华，但通过屋顶细微出檐、窗楣装饰性线脚、居中入口处上下二层贯通的四柱处理，反映出其时代特色和设计品质（图4-6-25）。

图4-6-22 铸锻车间
（资料来源：甘钧全摄于2020年）

图4-6-23 圆环链车间
（资料来源：甘钧全摄于2020年）

（a）风机房　　　　　　　　　　　　　　　（b）生产资料仓库

图4-6-24　风机房与生产资料仓库

（资料来源：甘钧全摄于2020年）

（a）职工医院

（b）职工住区大门　　　　　　　　　　　　　（c）职工宿舍

图4-6-25　生活区建（构）筑物

（资料来源：甘钧全摄于2020年）

4.6.3.3　价值评估

（1）历史价值

湖北煤矿机械厂作为生产煤矿用薄煤层轻型刮板输送机的专业厂家，经历了特殊的发展时期，见证了我国煤矿机械制造的发展历程。此外，作为"三线"建设时期的产物，湖北煤矿机械厂同样见证了全国支援"三线"建设的光荣历史，是湖北煤矿机械工业发展的记录者，对于了解"三线"建设时期我国煤矿机械的科技水平具有重要意义。

（2）科技价值

湖北煤矿机械厂研制和生产的多种产品先后荣获国家银质奖和部优、省优荣誉称号以及省部级科技成果奖。其中圆环链获1982年国家质量银奖，产品出口西德、印度等国；刮板输送机荣获原煤炭工业部科技进步三等奖、湖北省新产品金龙奖。湖北煤矿机械厂的产品研发与技术改进均代表了中国煤炭机械工业的科技发展水平，该厂的车间正是其科学技术价值的重要空间载体。

（3）社会文化价值

湖北煤矿机械厂虽已闲置许久，但仍保留有大量能够反映特定时期时代风貌特征的重要空间信息。红砖框架厂房、砖混结构的职工宿舍楼，以及配套的职工医院和子弟学校共同延续着工厂生活区的原有空间肌理，仍维系着当初的社区关系与生活氛围。这些具有时代特征的遗产空间要素与社区中的人一同承载着光辉岁月的集体记忆，成为了"活的历史印记"。

4.6.3.4 湖北煤矿机械厂工业遗产的保护

建议整体保护工业聚落及其中7处保存较为完整的工业遗产：①铆焊与总装车间；②铸锻车间；③热处理车间；④机工车间；⑤圆环链车间；⑥机修车间；⑦生产资料仓库（图4-6-26）。

对于其他相关遗产（图4-6-26中红线内未编号的建筑），在再开发过程中也应通过再利用尽量保护。

4.6.4 卫东机械厂

卫东机械厂始建于1964年，厂区位于襄阳市襄城区环山路孙家冲1号，厂区占地54万平方米。于1966年建成投产，原为"三线"建设时期手榴弹生产厂。1968年湖北金属制品厂并入，增加了军用雷管生产。随着时代变迁，1986年全国无手榴弹订货计划，生产转向民用，主要生产爆破产品。

4.6.4.1 历史沿革

1964年，武汉江岸机器修造厂整体搬迁到襄阳，与襄阳铁工厂合并为"南河农具厂"，开始

图4-6-26　煤矿机械厂工业遗产分布图

（资料来源：百度地图，江鹏改绘）

土木建设。

1965年，第五机械工业部将厂名定为846厂，第二厂名为"国营湖北南河农具厂"。

1966年，工厂建成投产。

1968年，"国营湖北金属制品厂"并入"国营湖北南河农具厂"，更名为"国营卫东机械厂"。

1984年，工厂军转民，组织关系隶属于襄樊市。

2004年，改制为民营股份有限公司"湖北卫东机械化工有限公司"。

2009年，更名为"湖北卫东控股集团有限公司"。①

4.6.4.2 卫东机械厂工业遗产

（1）总平面布局

卫东机械厂三面环山，与另一个"三线"企业汉丹机械厂一山之隔，厂区因地制宜布置在山坳处。厂区东西两侧分别为生产区和生活区，之间以"孙冲湖"隔离缓冲，既确保人员安全，又互不干扰。出于对爆破产品的安全性考虑，生产区厂房布局分散，各厂房以土坡相隔；生活区布局则相对规整，沿等高线分为四组，中间两组为后期单元住宅楼及大学生公寓，两侧山坡上则分布了早期的单层住宅（图4-6-27）。

图4-6-27　卫东机械厂总平面图
（资料来源：吴建绘制）

---

① 柳波．卫东记忆 [Z]．湖北卫东控股集团有限公司，2014．

（2）建（构）筑物遗存概况

生活区建筑风貌保存相对较好：各时期的住宅共存，以砖混结构为主；大礼堂保存完好，基本保留了原始的木屋架，主立面装饰亦清晰可见；大学生公寓、食堂等都集中分布在大礼堂周边。生产区格局基本保持，但厂区东南部因由军品生产到民品生产的转变，以及工艺水平的改良，修建了新库区，厂区主要建筑被拆除改建，只基本保留了中部的老厂房。厂区主要建筑遗存类型丰富，空间品质良好（图4-6-28）。由于城市市区逐渐扩张而厂区主要生产爆破产品，出于安全性考虑，厂区计划搬离城区，因而即将闲置。

（a）生产区鸟瞰　　　　　（b）大门及门卫室　　　　　（c）机修厂房

（d）家属楼　　　　　　（e）单身公寓　　　　　　（f）电影放映场

（g）防空洞入口　　　　（h）大礼堂主立面　　　　（i）大礼堂内部

图4-6-28　卫东机械厂厂区鸟瞰及厂区建筑遗产
（资料来源：吴建摄于2018年）

4.6.4.3 价值评估

（1）历史价值

卫东机械厂是襄阳地区机械业类具有代表性的"三线"建设时期工业企业，有重要的历史价值。其厂区生产活动由初建时期一直延续至今，完整见证了襄阳乃至鄂西北地区的工业发展。

（2）社会文化价值

卫东机械厂厂区范围内拥有基于完整的物质生活要素建立的工业社区，至今仍保持活力。厂区内相关工业遗产是反映居民生活变迁的有效样本，是保留产业工人时代集体记忆的重要载体。

（3）科技价值

卫东机械厂研制的产品多次获得国家奖项，其产品反映了我国军事工业的发展历程，相关工业遗产则是技术发展的重要空间载体。该厂获得的具体奖项有：某式手榴弹属国内领先水平，更新了一代装备，于1978年获全国科学大会奖励；利用某技术研制成功的平炉出钢口穿孔弹属国内首创，1986年获省科技进步二等奖；成功研制导火索点火具，取代拉火管，获工程兵科技进步三等奖。

4.6.4.4 卫东机械厂工业遗产的保护

卫东机械厂现已不再生产，主要生产区已闲置，但生活区仍有大量居民。建议对卫东机械厂生活区内以大礼堂为核心的建筑群进行保护，包括工人礼堂、电影放映室、职工食堂、大学生公寓等。结合襄阳文旅开发的相关规划，综合考虑厂区功能置换与再利用。

4.7 电机电器业类工业遗产

4.7.1 襄阳国营青山机械厂

襄阳国营青山机械厂又名航空电源设备制造厂（代号：3015），1987年9月，该厂并入东风汽车集团（原第二汽车制造厂），成为东风公司的一个专业厂，但在航空军品研制及生产方面仍由航空部管理，并保留企业在航空部"国营第3015厂"的代号。1995年4月，该厂改制为东风公司独立子公司，生产的主要产品有汽车起动机、汽车发电机、电涡流缓速器、汽车行驶记录仪和汽车电器电子产品。现主要工业遗产位于襄阳市襄城区环城南路，主要由两部分构成——东风汽车电驱有限责任公司和青山实业有限公司。

4.7.1.1 历史沿革[①]

1965年，航空工业部建设万里中级学校。

1969年，该校改建为航空电源设备制造厂，代号3015，第二厂名为"襄阳国营青山机械厂"，负责国家飞机电源的设计研制及生产任务。

1981年，军品生产任务陡降90%，该厂开始军转民探索，企业将某型号航空机械电源发电机应用于汽车用发电机上，并开始小批量生产。

1987年9月，经国家计委、经贸委批准，改变该厂航空军工企业的隶属关系，整体划转并入东风汽车集团（原第二汽车制造厂）。

1988年10月，该厂汽车电机生产装配线竣工并通过国家验收。

1995年4月，改制为东风公司独立子公司，成

---

① 中共襄樊市委党史研究室、襄樊市三线建设调整改造规划办公室，《襄樊军工四十年》。

立东风汽车电气有限责任公司。

1997年4月，东风汽车工程研究院电气电子研究所在公司成立。

2018年11月18日，东风电驱动系统有限责任公司在襄阳挂牌成立。东风电驱动系统有限公司由东风汽车电气有限责任公司、东风汽车电子有限责任公司整合成立，布局新能源和节能汽车项目。

4.7.1.2 襄阳国营青山机械厂工业遗产

（1）总平面布局

青山机械厂主要厂区遗产位于襄阳市襄城区环城南路。厂区东、西、南三侧靠山，北侧为厂区主要出入口（图4-7-1、图4-7-2）。厂区南段部分主要为生产区，北段部分主要为生活区——包括宿舍、前万里技校、电影放映场、大礼堂等。

（2）建（构）筑物遗存概况

青山机械厂建（构）筑物遗存较多且类型丰富多样，其中不仅有一般生产性厂房建筑，有上、下层功能不一的辅助生产性建筑如管理办公楼等，还有就地取材运用天然石块砌筑而成的化工库，以及顺应地形地貌特征建成的露天电影场、汽车库等。此外，还完整保留了电影放映设备（图4-7-3）。

4.7.1.3 价值评估

（1）历史价值

青山机械厂建立在原万里技校的基础上，和汉江机械厂拥有相似的建厂经历，但汉江机械厂在城市去工业化中被整体拆除，使得青山机械厂成为此建厂模式的孤例，其相关的建（构）筑物遗产则是这段历史的记录者。在三线企业"军转民"的过程中，青山机械厂顺利完成了由军品生产到民品生产的转变，企业持续经营，其相关遗产是这一历史阶段的有力见证。

图4-7-1 青山机械厂总平面图
（资料来源：百度地图，吴建改绘）

（2）社会文化价值

青山机械厂作为襄阳地区具有较大影响力的工业企业被市民熟知，并逐渐成为城市结构的有机组成。青山机械厂区范围内的工业社区，由于保留了完整的物质生活要素至今仍保持活力。厂区内相关工业遗产反映了居民的生活变迁，是产业工人的集体记忆；相关的企业精神、企业文化是地区社会文化的重要组成部分，是重要的非物质文化遗产。

图4-7-2　青山机械厂鸟瞰

（资料来源：东风汽车电驱有限责任公司办公室提供）

（a）主厂房搭配工具库　　　　（b）主厂房搭配管理室　　　　（c）化工库

（d）汽车库　　　　　　　　（e）露天电影场　　　　　　（f）电影放映机

图4-7-3　厂区主要建（构）筑物及设备遗存

（资料来源：吴建、刘振生摄于2018年）

（3）科技价值

青山机械厂，是我国较早的航空电机、汽车电机生产厂家。1988年10月，该厂汽车电机生产装配线竣工并通过国家验收，该生产线使汽车电机年生产能力达到20万台，其中无刷发电机生产线是国内第一条大批量生产的自动线。其相关遗产是我国汽车电机、电器、电子产品技术发展的重要空间载体。

（4）经济价值

青山机械厂遗留了大量的闲置厂房，这些闲置厂房集中布置，多为集中式大空间，结构坚实牢固；其厂区北紧邻城区，三面靠山，同时具有便利的交通条件和优美的自然环境。综合来看，其再利用可能性较高，具有较高的经济价值。

4.7.1.4 襄阳国营青山机械厂工业遗产的保护

建议重点保护以下4处体现青山机械厂主要历史风貌的工业遗产（图4-7-4）：①青山实业片区（原万里技校）；②东风汽车片区；③东风汽车电驱公司东南角片区；④东风汽车电驱公司西南角片区。对于其他有关遗产，再开发过程中可有条件地进行保护。

4.7.2 武汉电视机厂

武汉电视机厂位于武昌中北路，1980年代武汉电视机厂连续4年跻身全国电子企业百强，累计上缴国税1.1亿多元，其生产的"莺歌"电视机在武汉更是家喻户晓。①武汉电视机厂仅生产机壳等部分零件，显像管、电源电路等由其他厂家生产。该厂生产的莺歌牌电视机最初是9英寸的黑白电视机，1980年代又生产出14英寸、18英寸的彩色电视机。曾经风靡大江南北的"莺歌"电视机如今只剩下商标权。2013年武汉电视机厂作为三级工业遗产被列入武汉市第一批工业遗产名录。

4.7.2.1 历史沿革

1969年，武汉变压器厂成立电视机生产车间。

1973年8月，以该厂电视机车间为基础，在武昌中北路新建生产电视机的专业工厂，即武汉无线电四厂，后更名为武汉电视机厂。

1978年，武汉电视机厂生产出第一台莺歌牌黑白电视机。

1980年代，该厂主要产品为莺歌牌黑白和彩

图4-7-4 青山机械厂遗产分布图
（资料来源：百度地图，吴建改绘）

---

① 武汉地方志编纂委员会.武汉市志.工业志[M].武汉：武汉大学出版社，1999.

图4-7-5 电视机厂区位图及总平面图
（资料来源：百度地图，朱子路改绘）

色两类电视机。1985年黑白和彩色电视机产量共18万台，发展最高峰时期年生产能力各15万台以上，连续4年跻身全国电子企业百强，累计上缴国税1.1亿多元，出口创汇2000万美元。

1990年代中期以后，中国家电市场的竞争开始激烈起来，企业的旧体制成为发展的最大束缚，和许多国企老字号一样，"莺歌"电视机被市场浪潮所吞没。其后几次试图重启"莺歌"品牌，都未能如愿。

2002年，电视机厂已彻底关闭，老厂区由武汉工业控股集团托管，厂房大半出租给其他企业。

4.7.2.2 武汉电视机厂工业遗产

（1）总平面布局

武汉电视机厂位于沙湖之滨，中北路一侧（图4-7-5）。厂内总体为前区办公后区生产格局，占地总面积18600平方米，建筑面积22636平方米，其中生产空间建筑面积15586平方米。拥有3个生产车间、2个分厂和1个贸易公司。

（2）建（构）筑物遗存概况

位于武昌中北路的武汉电视机厂，近2万平方米的土地上留存的厂房、仓库、办公楼，因停产多年而显残旧，少数房屋被出租给其他公司，变成了汽车维修中心、资产评估公司和仓库等。厂区内大多数厂房都已闲置，大门紧闭，铁门和锁锈迹斑斑。位于总厂后方的几栋空置仓库周边杂草丛生，废弃的物品四散（图4-7-6）。

①YSKQJ车间

该建筑为框架结构，三分之二为通高空间的车间，车间三面墙上方开有一组圆形洞口，但室内侧窗被框架梁完全挡住。建筑另三分之一空间为两层的办公室。建筑外立面刷有粉红色涂料，建筑壁柱

图4-7-6 电视机厂鸟瞰
（资料来源：朱子路摄于2018年）

外露且自带竖向装饰线条，壁柱之间的外墙面上标有"YSKQJ"字样（图4-7-7）。

②办公楼

四层办公大楼为框架结构，有现代建筑的通长带形窗和以黄色马赛克瓷砖线条装饰的立面。该办公楼被出租给标迪车务使用，外侧加建临时车棚（图4-7-8）。

4.7.2.3 非物质文化遗产

"神州辽阔，处处有莺歌"曾是"莺歌"品牌家喻户晓的广告词。电视机厂虽已停产，但"莺歌"品牌未间断注册，商标权并未丢失。电视机的商标底色为红色，一只振翅飞翔的黄莺下写着大写拼音字母"YINGGE"。"莺歌"广告词及商标作为武汉电视机厂的非物质文化遗产，记

图4-7-7　YSKQJ车间立面及室内
（资料来源：朱子路摄于2018年）

图4-7-8　厂区办公楼正面及侧面
（资料来源：朱子路摄于2018年）

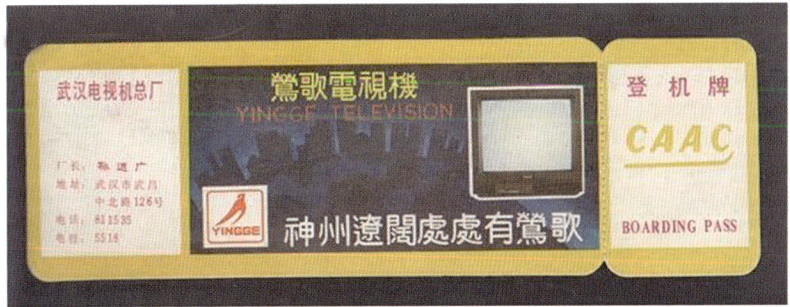

图4-7-9　莺歌牌黑白电视机及"莺歌牌"商标
（资料来源：www.997788.com）

录了"莺歌"电视机曾经的辉煌（图4-7-9）。

4.7.2.4　价值评估

（1）社会文化价值

1980年代，武汉电视机厂的"莺歌"电视机曾作为武汉的四大家电品牌名扬四方，湖北电视机几乎都是武汉造的"莺歌"。当年"神州辽阔，处处有莺歌"的广告词家喻户晓，这一时代记忆已刻在老武汉人的心中。

（2）历史价值

中北路上武汉电视机厂、无线电二厂、滨湖机械厂、半导体器件厂、武汉手表厂于20世纪六七十年代相继相邻而建，共同组成中北路电子工业区，因此武汉电视机厂是武昌中北路工业区发展的见证。

（3）艺术价值

厂内留有一栋1970年代建的特色鲜明的办公大楼，另有一栋1970年代的车间建筑，其立面突出的壁柱及圆形洞口形式独特，反映了工业建筑的时代风貌。

4.7.2.5　武汉电视机厂工业遗产的保护

如今，武汉电视机厂已被列为武汉市三级工业遗产，可对原建筑物进行一定程度的改建，但须尽可能保留既有建筑结构和主要设计特征，实现工业特色空间与现代生活的有机结合。武汉电视机厂厂房还保留完好，建议将厂房改造成博物馆或文化类城市公共建筑，使之为武汉市民服务。

4.7.3　湖北第二电机厂

湖北第二电机厂始建于1970年代初，原名湖北电机厂分厂，又名湖北变压器厂。该厂曾是湖北省内生产变压器容量最大、电压等级最高的企业，是原机械工业部重点企业，当时系国家定点生产大型变压器的厂家之一。该厂地处湖北省咸宁县南门，距京广铁路主干线约0.8公里，距武汉市80公里，交通运输方便。

4.7.3.1　历史沿革[①]

1970年，工厂从武汉市湖北电机厂以变压器车间为基础分迁来咸宁。

1970年3月，厂区建设破土动工，同年10月建

---

① 《当代湖北工业》编辑委员会．当代湖北工业．企业卷[M]．北京：经济日报出版社，1988．

成,定名为"湖北电机厂分厂"。

1972年5月,变压器生产线投产。

1973年,电机生产线投产,同年与湖北电机厂分开后,改名为湖北咸宁电机厂。

1974年,该厂更名为湖北第二电机厂。

1980年12月,经湖北省机械工业厅批准增挂"湖北变压器厂"厂牌,即一个厂同时使用"湖北第二电机厂"和"湖北变压器厂"的厂名。

1984年11月,经城市经济体制改革后该厂被下放到咸宁市(图4-7-10)。[①]

2006年10月,湖北第二电机厂和湖北变压器厂改制为民营企业,转型为湖北阳光电气有限公司,由湖北华博阳光电机有限公司和湖北阳光电器有限公司组成。

2015年,湖北阳光电气有限公司停产(图4-7-11)。

4.7.3.2 湖北第二电机厂工业遗产

(1)总平面布局

湖北第二电机厂位于咸宁市南门外青龙山下永安大道90号,北接永安大道,南抵文笔大道,西临毕曹街,东望桂花北路(图4-7-12)。厂区占地面积15.3万平方米,建筑面积5.3万平方米,生产空间建筑面积3.4万平方米(图4-7-13)。厂内分电机、变压器、冷焊、铸造、模样具、机修动力6个车间和14个行政科室,并附设有职工宿舍区和子弟学校。

(2)建(构)筑物遗存概况

自厂区停产后,厂房被出租作仓库使用,原厂区内车间大多闲置但保留完好,仍留存有变压器总装车间、电机一号车间、电机二号车间、准备车间和冷焊车间。原职工宿舍区改建为阳光社区。除此之外,原厂区其他建筑均被拆除。

①变压器总装车间

变压器总装车间建筑面积约为6650平方米,框架结构,车间大体分为两部分通高空间,两部分高低不一;车间四周墙壁通过高侧窗进行采光。车间为白色粉刷立面,入口山墙面标有"阳光电气""变压器总装车间"的字样(图4-7-14)。

图4-7-10 历史上的厂区大门

(资料来源:咸宁市志)

图4-7-11 厂区大门现状

(资料来源:甘钧全摄于2020年)

[①] 湖北省咸宁市地方志编纂委.咸宁市志[M].北京:中国城市出版社,1990.

图4-7-12　厂区总平面图

（资料来源：百度地图，江鹏改绘）

图4-7-13　厂区鸟瞰

（资料来源：甘钧全摄于2020年）

②电机一号车间

电机一号车间建筑面积约为8900平方米，框架结构，红砖填充外墙立面，钢制三角架坡屋顶，采用高侧窗采光。内部空间大体分为两部分：一部分为两层通高空间，内设两层吊车滑轨，主要用于大型电机组装；另一部分为单层，主要用于电机零配件生产组装。电机一号车间现作为仓库使用（图4-7-15）。

③电机二号车间

该车间与电机一号车间大体一致，框架砖混结构，山墙立面分为入口、高窗与坡屋顶山墙三段。横向立面分为矮窗与高侧窗两层通高空间。车间内部设双层吊车滑轨。该车间主要负责电机电器生产与总装工序，现作为仓库使用（图4-7-16）。

④冷焊车间和准备车间

该车间由冷焊和铸造准备车间两部分组成，总建筑面积5600平方米。冷焊车间由两间坡屋顶厂房组成，内设T形柱承重吊车滑轨，主要用于机械冷焊加工。准备车间与冷焊车间并排，主要负责模具和机械铸造的准备工作，与机械冷焊加工

图4-7-14　变压器总装车间

（资料来源：甘钧全摄于2020年）

（a）外部　　　　　　　　　　　　　　　　　（b）内部

图4-7-15　电机一号车间
（资料来源：甘钧全摄于2020年）

（a）外部　　　　　　　　　　　　　　　　　（b）内部

图4-7-16　电机二号车间
（资料来源：甘钧全摄于2020年）

形成一道机械加工工序。两者均为红砖墙立面，高侧窗采光方式，现已闲置多时（图4-7-17）。

⑤职工宿舍

职工宿舍区位于生产厂区东边，由办公区域将生产、生活区分隔开来。宿舍楼大体分为两种：一种为两层砖混结构，八开间内廊式，红砖墙立面，建筑山墙两端外设竖向交通楼梯（图4-7-18）；另一种为三层砖混结构，十五开间内廊式，砂石抹灰立面，在建筑的两端三分之一处各设有入口及楼梯。现部分职工宿舍已被拆除，其余的也在等待拆除。

4.7.3.3　价值评估

（1）历史价值

湖北第二电机厂是"三线"建设时期的产物，见证了"三线"建设发展过程，是"三线"建设在湖北发展的具体体现，也是咸宁电机电器工业发展的见证者，更是我国电机、变压器技术发展的重要空间载体。

（2）科技价值

湖北第二电机厂系国家定点生产大型变压

器的厂家之一。其产品除主要为湖北省电力、水利、石化煤炭、冶金等部门建设配套外，也为省外如河南、广西、广东、北京、河北等地建设配套，同时也出口到孟加拉国。该厂自主积极研发大中型电动机及电压互感器，培养了大量的专业工程技术人员。

（3）社会文化价值

湖北第二电机厂作为"七五""八五"期间工业发展的早期例证，是湖北省内生产变压器容量最大、电压等级最高的企业，是了解咸宁现代历史文化的重要空间载体，承载了许多相关生活人群的地域归属感和认同感，具有一定的社会文化价值。

4.7.3.4 湖北第二电机厂工业遗产的保护

建议重点保护以下5处体现湖北第二电机厂主要历史风貌的工业遗产：①变压器总装车间；②电机一号车间；③电机二号车间；④准备与冷焊车间；⑤小变压器车间（图4-7-19）。

（a）外部

（b）内部

图4-7-17　冷焊车间和准备车间

（资料来源：甘钧全摄于2020年）

图4-7-18　职工宿舍

（资料来源：甘钧全摄于2020年）

图4-7-19　湖北第二电机厂遗产分布图

（资料来源：百度地图，江鹏改绘）

4.8 能源及基础设施业类工业遗产

4.8.1 827厂

827厂位于宜昌市夷陵区乐天溪镇莲沱村，由原核工业部第二十二建设公司施工建造，于1970年建成投产，属于"三线"建设时期的工业遗产。该厂建厂的同时投资兴建了一条专用公路——宜莲公路。宜莲公路起于市区夜明珠，经南津关、三游洞、天柱山至莲沱827厂，全长32.3公里，是一条完全在崇山峻岭中开辟出的一条通道，工程异常艰巨（图4-8-1）。827厂现已停止生产，厂区保留完整，处于闲置状态。

4.8.1.1 历史沿革

1970年，827厂在宜昌县（今宜昌市夷陵区）莲沱村晒经坪兴建。

1970年12月，通往827厂的宜（昌）莲（沱）公路动工修建。

1973年，宜（昌）莲（沱）公路建成通车。

827厂生产一段时间后便停产，厂区处于长期闲置状态至今。

1987年，827厂宜昌货场与原宜昌市联运联营服务公司合并组建了国有独资公司——宜昌联运公司。

2009年8月，该企业由市交通局整体划转到市国资委管理。

2010年5月，公司结合企业改制方案，进行了改革重组，组建了国有控股公司——宜昌联运置业发展有限责任公司[①]。

4.8.1.2 827厂工业遗产

（1）总平面布局

827厂地处深山峡谷间的沿江坡地，厂区建筑群面向长江，顺应等高线布局，层层拾级而上（图4-8-2）。建筑群规模庞大，分布相对集中，功能分区明确。厂区范围内地势较低处是公共建筑区域和辅助用房，厨房和新建的居委会前设有广场；建筑群中段为两排层数为4层的居住建筑和办公楼，建筑质量整体较好；厂区范围内地势较高处建有仓库，仓储建筑形式多样。

（2）工业建筑物遗存概况

①厂区食堂

食堂位于厂区的东南角，处于坡地最低临江处。主建筑为单层大空间坡屋顶，红砖砌筑，通过一段连廊与后面的厨房相连，整体布局呈"工"字形（图4-8-3）。

图4-8-1 厂区鸟瞰

（资料来源：http://dy.163.com/v2/article/detail/E4BJ1IQ60528UJPE.html）

---

① 宜昌市政协文史委. 三线建设在宜昌（宜昌市文史资料第40辑）[Z]. 2016.

第4章 湖北工业遗产典型案例实录

图4-8-2 厂区总平面图
（资料来源：百度地图，李悦改绘）

（a）食堂鸟瞰　　　　　　　　　　　　　　　　（b）食堂内部

图4-8-3 厂区食堂
（资料来源：陈婵摄于2018年）

②宿舍区

宿舍楼多为五层砖混结构，红砖砌筑，沿主要道路层层拾级而上，在一片绿色中整齐排布（图4-8-4）。建筑物开简单方形窗，阳台向外挑出，立面形成韵律感。因地势高差，多建造外挂楼梯、连廊，体现山地特色。

③办公区

办公区为一片独立区域，通过围墙与外部生活区分隔开。办公楼为梁柱框架结构，青砖饰面，外廊式布置，在一片红砖瓦房中较为独特（图4-8-5）。

图4-8-4　顺应自然地形建造的宿舍区
（资料来源：http://dy.163.com/v2/article/detail/E4BJ1IQ60528UJPE.html）

（a）办公区入口　　　　　　　　　　　　　　　　（b）办公楼

图4-8-5　办公区
（资料来源：陈婵摄于2018年）

4.8.1.3 价值评估

（1）艺术价值

827厂坡地特征明显，建筑均顺应等高线进行布局，层层拾级而上，顺应地势，以一条蜿蜒山路串联起整个厂区，空间布局简洁有序。建筑单体形式简单朴实，高差处理手法多样，以红砖房为主，掩映在一片绿树间。厂区依山面江而立，加上与之相映的莲沱大桥，工业景观特色显著。

（2）经济价值

827厂整体性保护较好，单体建筑结构保留完整，立面表皮损坏较小。同时，场地具有得天独厚的区位优势，紧邻长江，靠近三峡观坝和三峡人家风景区，坡地地势独特，气候条件宜人，这些为其适应性改造再利用提供较大可能。

4.8.2 沙市热电厂

沙市热电厂位于荆州市东南柳林洲，是一座中温中压的供热电厂，1964年始建，1966年1号机组安装工程完成，1973年达到五机六炉的规模。同年曾一度改烧煤为烧油，并陆续兴建一条长40公里的输油管道和1万立方米的钢质油罐。1976年建成一座砖混结构的炼油车间，年处理原油30万吨。沙市热电厂主厂房高39.95米，现浇框架结构，桩基础，建筑面积7325平方米。经多次改造扩建，厂区占地面积已达30多万平方米，总建筑面积约6万平方米。由沙市第一建筑公司和湖北省电力安装二公司分别承担土建和电机安装工程。

4.8.2.1 历史沿革[①]

1958年2月，沙市着手开始筹建新电厂，于1960年初破土动工，后因自然灾害影响，于1961年停建，停建时土建部分已完成汽轮机、锅炉基础、除氧煤仓、运行层建筑，烟囱已砌至21米。

1965年3月底，沙市热电厂开始复建，由湖北省电力设计院设计，沙市建筑一公司施工，湖北省电力二处安装。

1973年前后，因煤源紧张和运输困难，电厂由烧北煤改为烧本省煤。但本省煤含硫高，灰粉大，因此工厂自主试行煤炉渗油燃烧并取得成功。1974年，热电厂由部分燃油改为全部燃油。至此电厂开始了一系列燃煤炉的改造和其他燃油设施的建设。

1973年，新建成500立方油罐一座。

1974年6月，两套1000吨油罐系统建设项目竣工。

1975年4月，40公里输油管道工程竣工。

1975年11月，万方油罐工程竣工。

1976年春节前后，全厂职工奋战81天改炉烧磷肥成功。

1977年9月，处理原油30万吨的炼油工程完工。

1984年4月24日，国家计委批准了沙市热电厂扩建一台2.5万千瓦高温高压背式供热机组，扩建工程于1984年7月23日破土动工，于1986年10月投产。

2008年，该厂老机组全部实行关停。

沙市热电厂于2009年才彻底关停，现厂址用作煤炭储备及运输。

4.8.2.2 沙市热电厂工业遗产

从建厂到停产，沙市热电厂几十年的发展历程留下了大量的工业遗产。

---

① 《当代湖北工业》编辑委员会. 当代湖北工业. 企业卷[M]. 北京：经济日报出版社，1988.

（1）总平面布局

沙市热电厂厂区位于长江中下游，紧邻长江黄金航道，可直通汉口、上海和重庆，水陆交通十分便利（图4-8-6）。热电厂总占地面积约259342平方米，总建筑面积67749.44平方米，厂区包括办公楼、生产车间及储煤场。

热电厂主要办公楼及生产车间与长江垂直布局，储煤场位于办公楼和生产车间东南边（图4-8-7）。

（2）建（构）筑物遗存概况

沙市热电厂目前遗存状况较好的为生产车间、办公楼、储煤场三个分区。

①生产车间。生产车间主厂房高39.95米，现浇框架结构，桩基础，建筑面积7325平方米（图4-8-8）。主体厂房为大空间大跨度建筑物，内置货轮机组，现已关停。

②办公楼。目前保存较好的两栋办公楼的立面造型具有一定时代特色（图4-8-9）。

③储煤场。储煤场主要通过传输设备与主要厂房相连（图4-8-10）。

图4-8-6 沙市热电厂鸟瞰

（资料来源：王煜霏摄于2019年）

图4-8-7 沙市热电厂总平面图

（资料来源：百度地图，王煜霏改绘）

图4-8-8 主要生产车间

（资料来源：徐宁摄于2019年）

图4-8-9　办公楼

（资料来源：徐宁摄于2019年）

（a）原煤传送带及构筑物

（b）原煤堆场及设施

图4-8-10　储煤场

（资料来源：徐宁摄于2019年）

4.8.2.3　价值评估

（1）历史价值

沙市热电厂是荆州计划经济时期兴建的电力工业代表性企业，对荆州沙市的工业发展有着巨大的影响。厂区历经了多个发展时期，技术及厂内工业建筑的持续更新，使得厂区工业遗产能够反映不同时代的工业面貌特征，因此，厂区承载了真实及相对完整的工业历史信息。

（2）社会文化价值

沙市热电厂在建设过程中受到自然灾害的影响，但建设者们克服困难、勇往直前。1980年代，工厂在面对煤源和运输困境时，工人自行研发煤炉渗油燃烧的方式并取得成功，为后续一系列燃煤炉的改造和其他燃油设施的建设提供了大力支持。热电厂这一空间载体折射出建设者和工人们不惧艰难、团结奋斗的集体精神，承载着大家共同生产、生活的美好回忆，也可以帮助后人理解计划经济时期人们的生产和生活。

（3）科技价值

连续发展的沙市热电厂整体格局完整，清晰

图4-8-11 沙市热电厂工业遗产分布图
（资料来源：百度地图，王煜霏改绘）
1—生产车间；2—办公楼（一）；3—办公楼（二）

反映着热电厂重要的生产工艺流程及生产线，对于后期研究其工业技术发展具有关键意义。

4.8.2.4 沙市热电厂工业遗产的保护

建议重点保护如图4-8-11所示的3处沙市热电厂的工业遗产，包括主要生产车间和两栋办公楼。对于其他有关遗产，在再开发过程中有条件的也应尽量保护。

4.8.3 宗关水厂

宗关水厂，原名既济水厂。既济公司以水电为主业，办有水厂、电厂，电又含"火"之意，以"既济"作为公司名，取水火既济之意。一百余年来水厂历经无数战火最终得以幸存，厂区内的老泵房在2006年被改造为武汉自来水事业百年历史展示馆，现已列入国家一级工业遗产名录。

4.8.3.1 历史沿革

1906年，宁波商人在江汉路成立"汉镇既济水电股份有限公司筹备处"，既济水厂建设破土动工。水厂设计由英国工程师穆尔完成。

1909年9月4日，既济水厂通水，该厂正式投入使用，日供水能力只有2.3万立方米，仅供少数人饮用。

1937年，宋子文兼任汉口既济水电公司董事长。一直到中华人民共和国成立，既济水厂始终是汉口唯一的公用自来水厂，至中华人民共和国成立前夕，日供水量约5万立方米。中华人民共和国成立后，水厂改为国营企业，规模不断扩大，逐渐改造成现代化的自来水厂（图4-8-12）。因地处宗关，人们一直称其为宗关水厂。

1976年起，该厂先后完成了取水、加氯、加矾、沉淀、过滤、清水等系统的更新改造。1985年12月扩建。

1993年7月，宗关水厂被确定为武汉市保留历史优秀建筑（二级保护建筑物），同年，武汉市人民政府公布宗关水厂老泵房为武汉市历史优秀

图4-8-12　1960年的宗关水厂
（资料来源：雷鹏，《武汉工业百年》，2009）

建筑。

1998年，该厂进行股份制改造，由武汉市三镇实业控股股份公司包装在沪上市，所吸纳资金用于新一轮的设备改造。[①]

2005年7月，宗关水厂被公布为武汉市优秀历史建筑。

2006年5月，宗关水厂老泵房被改造为武汉自来水事业百年历史展示馆。

2003年7月至2006年9月完成宗关水厂改造，2002—2005年污水处理厂增加到6座，日污水处理能力达到113万立方米。

2012年，水厂被公布为武汉市一级工业遗产。

2014年，水厂被列为湖北省文物保护单位。

4.8.3.2　宗关水厂工业遗产

（1）总平面布局

宗关水厂厂区位于沿江大道与解放大道之间，占地约18.4万平方米。主入口位于厂区南部沿河大道上，取水口就在主入口对面的汉江水面上（图4-8-13）。

（2）建（构）筑物遗存概况

宗关水厂工业遗产主要有三处，一处是宗关水厂原来作为泵房的轮机房；一处是位于厂区大门的公事楼，也就是办公楼；最后一处则是早期水处理设施。

图4-8-13　宗关水厂卫星图
（资料来源：百度地图，周昭改绘）

[①] 武汉市硚口区地方志编纂委员会. 硚口志[M]. 武汉：武汉出版社，2007.

①轮机房

轮机房是一层砖木结构的厂房建筑，作为泵房使用，2005年底停用，2006年后不再用于自来水生产，原有生产空间予以保留，修整后功能置换为水厂会议室及自来水博物馆。轮机房平面规整，大致分为三个空间，较小的空间现在作为会议室使用，曾经是制水车间的两间较大的空间现作为博物馆使用。轮机房墙体为红砖砌筑，建筑外墙原为清水砖墙，暴露砖砌工艺的肌理形成建筑的朴素之美。后在修缮过程中，外墙采用了红漆涂刷并勾勒出白色灰缝，违背了历史建筑保护的"真实性"原则（图4-8-14）。①

②公事楼

宗关水厂公事楼于1909年建成，一共两层，为砖木结构。现在为武汉市优秀历史建筑、市级文物保护单位。公事楼占地面积约为600平方米，屋顶形式为红瓦四坡屋顶。建筑外立面呈对称分布，连续券廊为建筑整体增添了韵律感（图4-8-15）。

（a）历史图片

（b）现状

（c）立面图

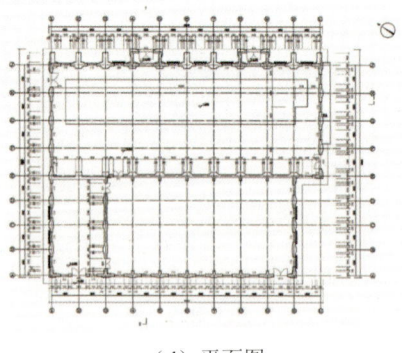

（d）平面图

图4-8-14　宗关水厂轮机房

（资料来源：图a源自辛亥革命博物馆，《那个年代的武汉——晚清民国明信片集锦》，2015；图c、d源自寇寰，《武汉宗关水厂历史建筑遗产调查与价值评估》，2015）

---

① 寇寰. 武汉宗关水厂历史建筑遗产调查与价值评估[J]. 建筑文化，2015，（2）：168-172.

(a) 历史图片

(b) 现状

(c) 立面图

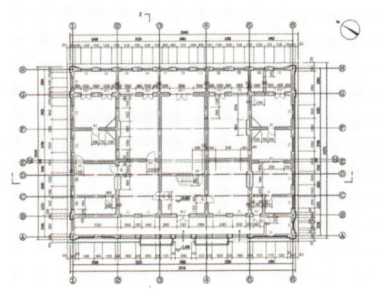
(d) 平面图

图4-8-15 宗关水厂公事楼
（资料来源：图a源自雷鹏，《武汉工业百年》，2009；图b由孙玥拍摄于2016年；图c、d源自寇寰，《武汉宗关水厂历史建筑遗产调查与价值评估》，2015）

建筑立面材料原为清水砖墙。基座采用较为质朴的水泥砂浆预制板，简洁稳重。立面主体清水砖墙采用英式"一丁一顺"砌法，外廊拱券均采用砖砌工艺砌筑而成。建筑原貌可见直接外露的砖砌外墙面肌理，反映了近代建筑逻辑的真实性。[①]

③水处理设施

现今在宗关水厂的内部还有相关水处理设施的遗存，整体状况保存完整，沉淀池、滤清池等设施仍保持原貌（图4-8-16）。

4.8.3.3 非物质文化遗产

宗关水厂是武汉最早建成的水厂，武汉人喝的第一口自来水就来自宗关水厂。在水厂建成之前，人们都是在公共水井处取水，但公共水井的供水量和安全得不到保障。水厂建成改变了武汉市民手工取水的方式，100多年以来，宗关水厂一直在运转，直到现在仍然承担着汉口主城区七成的供水任务。

宗关水厂生产自来水的工艺流程一般包括混凝反应处理、沉淀处理、过滤处理、滤后消毒处

---

① 寇寰. 武汉宗关水厂历史建筑遗产调查与价值评估 [J]. 建筑文化，2015,（2）:168-172.

图 4-8-16　宗关水厂早期水处理设施

（资料来源：周国献摄于 2017 年）

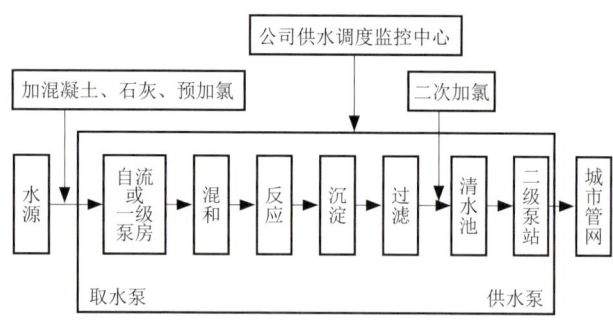

图 4-8-17　自来水生产基本流程

理四个部分，如图 4-8-17 所示。

4.8.3.4　价值评估

（1）历史价值

宗关水厂是 20 世纪初由民族资本家创办的武汉第一座自来水厂，开启武汉供应自来水之始，其产业门类在当时的武汉属首例，而武汉自此也成为全国继上海、广州、天津之后第四个拥有自来水厂的城市。厂区建成距今已有一百余年历史，内部留存工业遗产反映了当时西方文化影响下的近代城市基础设施工业建设的时代背景，因此，水厂对于研究武汉近代工业史具有重要意义。

（2）社会文化价值

自来水厂的建立是城市现代化的一个标志，结束了人力取水的方式，开启了机械供水时代。机械供水是现代都市生活中重要的一环，为市民生活带来了巨大的变革，承载了大量武汉市民的历史记忆。老泵房现在作为"武汉市自来水事业百年历史展示馆"，馆内保留了水泵原物、电机和部分既济水电当年铺设的自来水管道等物品，这些物品在当时处于行业领先水平，对研究武汉自来水产业的发展历程具有重要价值，也具有向公众科普自来水知识的重要意义。

（3）艺术价值

宗关水厂现存轮机房以及公事楼具有百年历史，且外貌、空间保存品质均较好，建筑形式独特，充分反映了当时西方文化影响下的建造工艺及设计审美，具有很高的艺术价值。

4.8.3.5　宗关水厂工业遗产的保护

在厂区内部建筑方面，目前保留下来的主要有公事楼和老泵房两处，设施方面主要保留了早期水处理设施，这里以老泵房为重点来记述有关宗关水厂的保护与更新。

（1）保留策略

宗关水厂厂区内部肌理随着制水工艺的升级会发生相应的改变，厂区内部布局变化已无法考证。但现有保留下来的早期水处理设施、公事楼以及老泵房都基本维持了最初的结构和形体。

（2）改造策略

宗关水厂老建筑的改造主要集中在老泵房改为自来水博物馆这一项目上，2006年老泵房停止使用并改造为博物馆。老泵房作为原制水车间内部空间主要包括两部分，均为大跨度空间，现被改造为水厂机械设备的展示区和宗关水厂相关历史资料的陈列区，空间利用合理（图4-8-18）。

老泵房改造为自来水博物馆一方面使原建筑得到保留并重新赋予其新的功能，另一方面作为自来水博物馆，无论是水厂机械设备还是历史资料的展示都可用于介绍自来水的生产工艺和宗关水厂的历史沿革，也可以让人们了解宗关水厂在武汉乃至中国自来水供应史上的重要位置。

4.8.4　汉口美最时电灯厂

汉口美最时电灯厂隶属于德国美最时洋行。美最时洋行总部设于德国柏林，在英、法、意、美等国都设有分支机构。在我国上海设有分总行，并在天津、青岛、汉口、广州、香港等地设立分行。汉口分行设于1862年，又称为美最时汉行，以经营货物出口为主，进口为辅，并经营保险和轮船等业务，除上述业务外，1908年另设有电灯厂一所，取名汉口美最时电灯厂。厂址初设在英租界，后因德租界范围扩展，迁至德租界。美最时电灯公司电灯厂现存一栋建筑，被评为武汉市第二批三级工业遗产，厂址位于武汉市江岸区二曜路沿江大道194号，占地4000多平方米。

4.8.4.1　历史沿革

20世纪初，德商美最时洋行在汉口开设分行已近40年，在租界工商业界其作为百货商和出口商的重要地位众所皆知。美最时洋行汉口分行（以下简称美最时汉行）内部机构主要分为进口部、出口部、保险部、轮船部和电灯厂等。[①]

图4-8-18　自来水博物馆内部空间及雕塑展示
（资料来源：周国献摄于2017年）

---

① 袁继成.汉口租界志[M].武汉：武汉出版社，2003.

1908年，美最时洋行为解决汉口德租界的照明用电，出银约4万两，在德租界江岸街二码头（今二曜路口）开设美最时电灯公司，供应德租界街灯及私人用灯等全部用电，该公司占地约4000平方米。以德国人英格尔为主任工程师，高姓华人为师傅，有职工20余人。

1914年，第一次世界大战开始时，美最时洋行汉分的德国人均撤离回国，财产托荷兰总领事馆代管，行址由北洋政府作为卢汉铁路局办公之用。第一次世界大战后，美国商人参与投资，美最时汉行改为中国合作公司。其附属的美最时电灯厂所属权由美国商人拥有。[①]

1919年，该公司改归湖北政府官办，由汉口警察厅厅长担任公司总理。

1922年，德国美最时洋行花费重金赎回财产，并与汉口市政局签订为期15年的营业合同。当时租界区居民约500户，该厂每年收入可观。

1931年武汉遭遇洪水，美最时电灯厂没入水中，停止发电达3星期之久。大水期间，辖区内电力由既济水电公司接供。

1937年8月，既济水电公司出资购买美最时电灯辖区内所有输、配电线路和用户电表，租用总容量为740千瓦的发电设备，租期3年。随后，既济水电公司将该厂改为第十一发电所，选定9名工人继续担任发电工作。[②]

1938年10月，武汉沦陷后，美最时电灯厂被售予日军使用。

1940年，美最时洋行将电厂两部柴油机售予日本人使用，电厂停办。

1942年10月，美最时汉行因第二次世界大战而全面停业，仅留少数人看管财产。

1944年，美最时汉行蛋厂、电灯厂以及栈房（除牛皮厂外）和华籍职工住宅等被美机炸毁。抗日战争胜利后，美最时汉行大班何伯乐、阿尔美登及门达等3人被遣送回国。

1980年代，为了适应新功能，满足华源电力公司职工的居住要求，在原美最时电灯厂华籍职工住宅建筑的基础上局部进行了加建，以作为华源电力退休老职工宿舍。

4.8.4.2 汉口美最时电灯厂工业遗产

（1）总平面布局

汉口美最时电灯厂旧址位于武汉市江岸区沿江大道与二曜路的交叉路口，距二曜路沿江大道路口500米左右（图4-8-19）。现存美最时电灯厂建筑的北面即武汉市华源电力公司，该建筑已改建作为华源电力退休老员工宿舍，南面临近武汉市政府，毗邻长江码头，水陆交通极为便利。

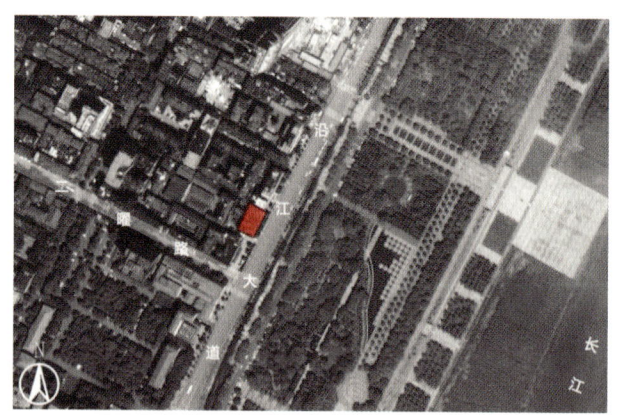

图4-8-19 美最时电灯厂区位图

（资料来源：百度地图，江鹏改绘）

---

①② 武汉地方志编纂委员会. 武汉市工业志[M]. 武汉：武汉大学出版社，1999.

（2）建（构）筑物遗存概况

汉口美最时电灯厂工业遗产现仅存原电灯厂华籍职工住宅，已从初始的工业建筑变为了如今的底商住宅。1944年电灯厂被炸毁时住宅只剩下建筑外立面和部分室内空间。后来为满足华源电力退休职工住宿问题，华源电力公司在原有建筑四层高的基础上局部加建一些房间，将原来侧立面的顶层和山花进行了改造，目前从建筑的外部形态特征中依然能辨识出不同时期的建造痕迹，以及更早期的形式语言，比如外立面保留的三段式构造、折衷主义的大山花和内部铸铁工艺的楼梯栏杆（图4-8-20）。

4.8.4.3 价值评估

（1）历史价值

汉口美最时电灯厂是在多元文化交织与碰撞中形成的具有自身独特文化体系的空间，最初为德租界及其周边地区提供电力。其不仅见证了武汉电力机械工业的开端和发展，代表了武汉近代早期电力工业的发展水平，更是研究武汉电力工业发展的重要资料。再者，美最时电灯厂也是武汉沦陷后日本侵略者凭借武力和欺诈手段进行经济掠夺的有力证据。因此美最时电灯厂具有重要的历史意义。

（2）社会文化价值

汉口美最时电灯厂培养出众多在汉早期的电力工业人才，其对推动武汉电力工业发展做出了重要贡献。工厂作为汉口近代工业发展的早期例证，是了解武汉租界历史文化的空间载体。此外，建筑本身记录了社会生活的真实性，承载了相关人员艰苦奋斗、与侵略者抗衡等事件的种种记忆，具有一定的社会文化价值。

（3）科技价值

汉口美最时电灯厂引进国外当时先进的建造技术和设备，采用近代西方柴油、煤炭发电机组发电，反映了当时电力行业的科技水平。美最时电灯厂遗存建筑本身也反映了近代工业建筑单体特征，是当时工业建筑建造技术的成果。

（a）建筑外观

（b）建筑内公共楼梯

图4-8-20 美最时电灯厂留存建筑

（资料来源：丁晨星摄于2018年）

4.8.5 青山热电厂

青山热电厂位于武汉市青山区苏家湾,厂区占地面积35.56万平方米,始建于第一个五年计划期间,为武钢的配套工程,是苏联向我国援建的156重点项目之一。1955年11月21日开工,1981年全部建成(图4-8-21),其发电机装机总容量为67.4万千瓦,居湖北省各火电厂之首。青山热电厂也是国内高温高压大型热电厂之一,目前仍在生产中,属于活态工业遗产。

4.8.5.1 历史沿革

1953年6月,武汉冶电业局成立了武汉热电厂筹备处,委托燃料工业部电业管理总局53420查勘组承担厂址勘查任务。在历时10个月的选厂工作中,查勘组先后对大冶狮子山、武昌中矶、青山地区等处进行了综合查勘,对重点地段进行了地形测量和钻探,提出大冶狮子山电厂扩建和青山热电厂新建方案。根据苏联专家建议,国家有关部委于1954年4月决定,将拟建的武汉热电厂和华钢电厂合并为一座3台2.5万千瓦机组的热电厂。厂址选定在青山,正式命名为青山热电厂。该厂经6期工程全部建成,历时26年。

青山热电厂第一期工程由苏联专家帮助设计,提供锅炉、汽轮机及发电机等主要设备,并派专家

图4-8-21　1982年青山热电厂鸟瞰
(资料来源:张明理、吴正钊、邓斌,《湖北省青山热电厂志》,1982)

组具体指导建设。从第二期护建工程开始，后续工程都是由水电部武汉电力设计院（现中南电力设计院）设计，主要设备均由国内自行设计制造。

4.8.5.2 青山热电厂工业遗产

（1）总平面布局

青山热电厂属于武汉钢铁厂的配套能源工程项目，故需紧靠武汉钢铁厂布局。建设之初，考虑到重工业对城市居住区环境污染的影响，为避开主导风向东北风，将厂区布局在武汉钢铁厂的西北角。厂区平面遵循苏联式轴对称的宏大叙事风格，呈现出清晰的主次轴线关系。尤其主轴线上的厂前区及中心对称的厂区大门、办公楼，与轴线终点的高耸烟囱共同组成富有节奏感的空间序列（图4-8-22）。

（2）建（构）筑物遗存概况

青山热电厂处于持续使用状态，历经60多年的发展，厂区内部厂房及设施设备持续更新，受限于重点企业的保密性，通过比对当下与历史时期卫星地图，可知目前厂区办公大楼保持原貌未变（图4-8-23）。而生产设备仍在持续更新，至今仍担负武汉市工业民用电力供应的一部分职责。

4.8.5.3 价值评估

（1）历史价值

青山热电厂是建于"一五"时期的"156项

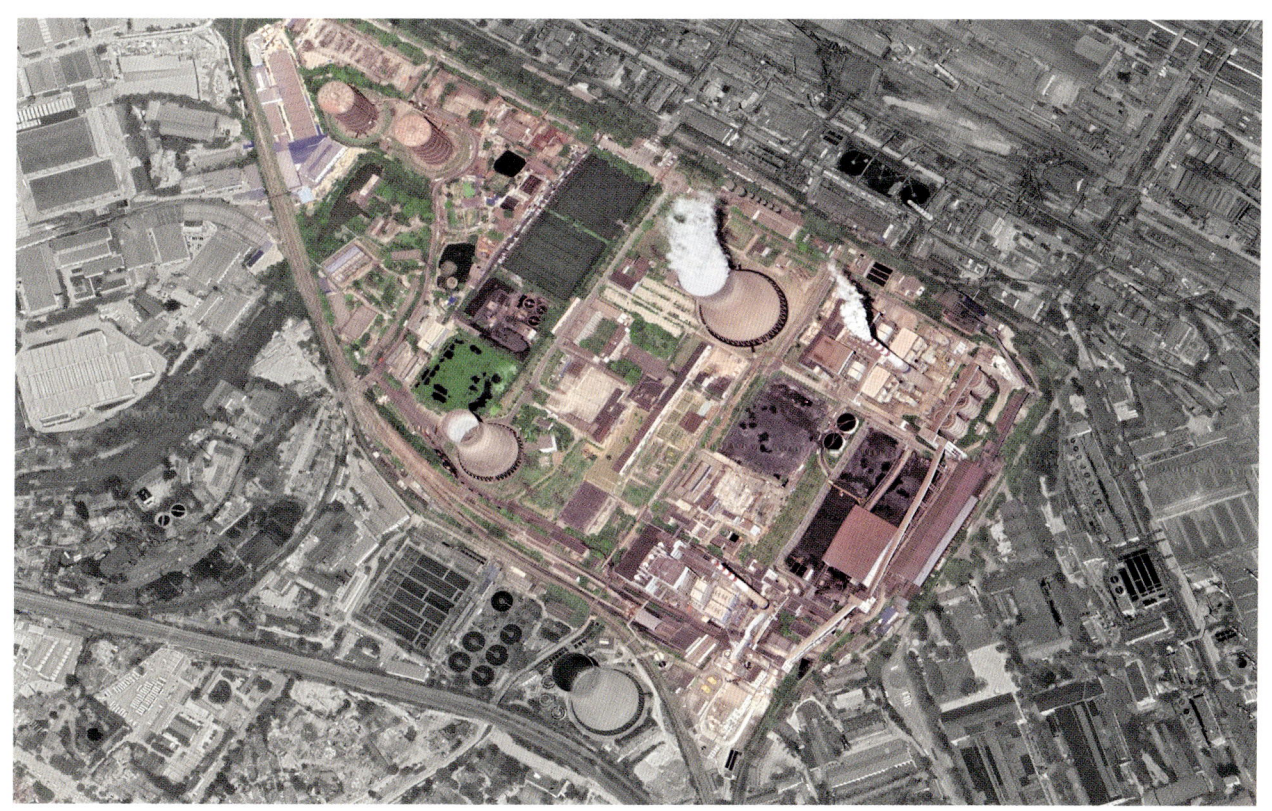

图4-8-22 青山热电厂总平面图
（资料来源：百度地图，朱子路改绘）

图4-8-23 不同时期厂区办公大楼卫星图
（资料来源：百度地图，朱子路改绘）

目"之一，其初始意义是武汉钢铁厂的配套工程——为钢铁冶炼生产提供能源，并为武汉、大冶地区提供电力。厂区建设历时26年，共分六期工程，多次扩建，其建设扭转了湖北电网不稳定的局面，满足了国民经济发展的紧迫要求。因此，青山热电厂在武汉工业建设时期为国民经济的发展做出了重要贡献，且作为活态工业遗产，其保留着完整的历史信息并在此基础上持续更新，增加了遗产的历史信息与价值。

另外，青山热电厂自厂区选址至一期工程电厂设计均由苏联相关部门负责，自二期工程起的厂区扩建设计开始由武汉电力设计院负责，相关设施设备也完全由我国自行设计。综上，青山热电厂在60多年的发展中，历经各项工艺设备升级更新，且完整的厂区容纳了不同时期工业技术下的空间及工艺流程，因此对于研究不同时期的建设历史具有重要意义。

（2）社会文化价值

青山热电厂不仅推动了武汉能源工业发展，也为武汉钢铁厂的发展做出了重要贡献。持续生产中的青山热电厂整体作为"一五"时期武汉能源工业发展的例证，是了解武汉能源生产历史的空间载体，它所持续培养的一代又一代先进的火力发电工业技术人员，承载着自1950年代至今连续的集体生产生活记忆。

4.8.6 葛洲坝水电站

葛洲坝水电站位于宜昌市范围内的长江三峡末端的河段上，坝址距三峡出口南津关2.3公里，距三峡大坝坝址37公里，距宜昌市中心4公里。它是长江上第一座大型水电站，也是世界上最大的低水头大流量径流式水电站（图4-8-24）。坝型为闸坝，最大坝高47米，总库容15.8亿立方米，总装机容量271.5万千瓦。葛洲坝水电站具有发电、航运、泄洪、灌溉等综合效益，目前仍在使用中，属活态工业遗产。

4.8.6.1 历史沿革

1970年5月，为了缓解华中地区工业用电十分紧缺的局面，武汉军区和湖北省革命委员会向中央建议先修建葛洲坝水电站。

1970年12月30日，葛洲坝水电站破土动工。

1972年12月，葛洲坝水电站建设停工。

1974年10月，建设复工，主体工程正式施

图4-8-24　1990年代葛洲坝水电站鸟瞰
（资料来源：https://www.997788.com/pr/detail_736_33898572_0.html）

图4-8-25　1980年代二期机械化施工
（资料来源：http://news.eastday.com/c/20191027/u1ai20101447.html）

工，整个工程分为两期。

1981年，第一期工程完工，实现了大江截流、蓄水、通航和二江电站第一台机组发电。

1982年，第二期工程开始，工程施工逐步由人工转向机械化施工，极大提升了施工质量和速度，代表了当时全国机械化施工的最高水平（图4-8-25）。

1988年底，整个葛洲坝水利枢纽工程建成。

4.8.6.2　葛洲坝水电站工业遗产

（1）总平面布局

葛洲坝水电站全长2561米，高70米，将长江一分为三，是世界上最长的水坝之一（图4-8-26）。水电站由船闸、电站厂房（图4-8-27）、泄水闸、冲沙闸及挡水建筑物组成。为解决过船与坝顶过车的矛盾，在二号和三号船闸桥墩段建有铁路、公路、活动提升桥，大江船闸下闸首建有公路桥（图4-8-28）。

（2）建（构）筑物遗存概况

葛洲坝主要建（构）筑物有船闸、河床式厂房、泄水闸、冲水闸、左岸土石坎和右岸混凝土重力坎，其中二江泄水闸共27孔，是主要的泄洪构筑物，最大泄洪量为83900立方米/秒。二号船闸人字门当时号称"天下第一门"，闸门高34米，宽近20米（图4-8-29）。当时由于施工条件差，没有大型起重运输设备，制造厂只能先将门叶横向分别制造，到工地后拼装焊接成整体。

4.8.6.3　非物质文化遗产

由葛洲坝水力发电厂志编纂委员会编纂的葛洲坝水力发电厂志于2004年出版。该厂志记录了葛洲坝水电站从1979年至2002年二十多年间的发展历史，内容包括初始工程的兴建、特征，建成后的电力、航运生产和管理与社会职能，以及为三峡工程服务的过程。书中还有葛洲坝水电站的历史图片和部分信息，对其历史研究有重要意义。

4.8.6.4 价值评估

（1）历史价值

葛洲坝水电站成功实现大江截流，是人类首次截断长江，它是长江干流上的第一座大型水利枢纽，也是20世纪我国自己设计、施工、制造、安装和运行管理的最大的水利枢纽工程，不仅缓解了华中地区电力紧缺的困境，还有很好的防洪作用，并培养锻炼了一支具有高水平的巨型水利水电工程的科研、设计、施工、管理队伍，为建设三峡工程积累了宝贵的经验，也确实为修建三峡工程做了实战准备，具有较高的历史价值。

（2）社会价值

葛洲坝水电站的建设持续了十余年，全国1300余家企业和单位承担了科研任务，十几万人参与了建设。葛洲坝水电站作为无数职工的情感寄托和集体记忆，作为他们奋斗精神的物质载

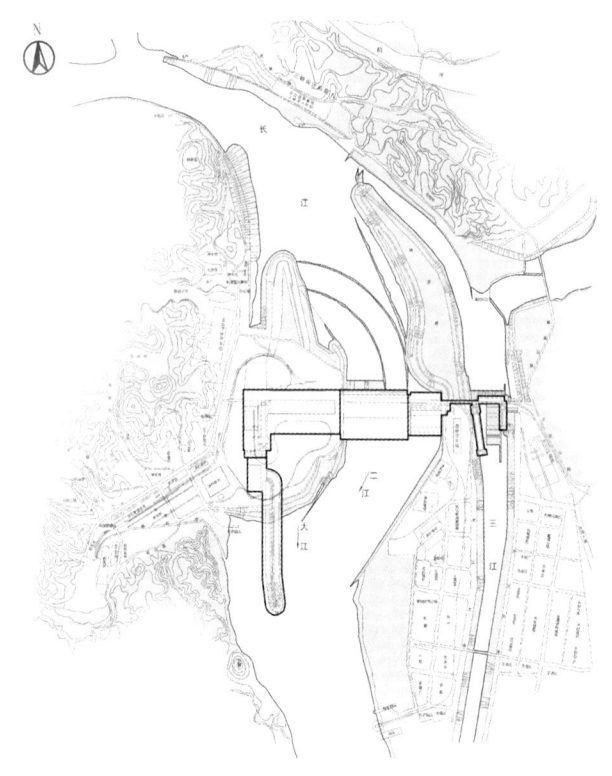

图4-8-26　葛洲坝水电站总平面图示意图

（资料来源：江鹏绘制）

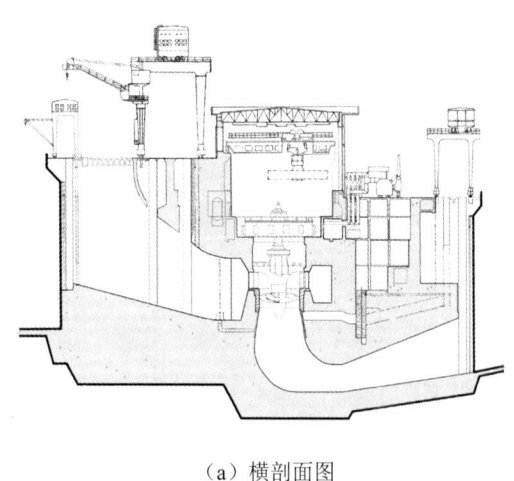

（a）横剖面图

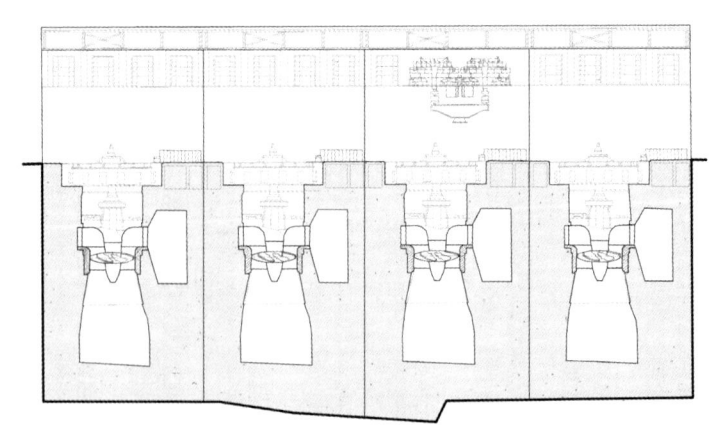

（b）纵剖面图

图4-8-27　大江电站厂房机组剖面图

（资料来源：江鹏绘制）

图4-8-28 当下葛洲坝水电站鸟瞰

（资料来源：武汉轻工建筑设计院提供）

图4-8-29 葛洲坝水电站27孔泄水阀及二号船闸

（资料来源：http://blog.sina.com.cn/s/blog_49dc66390102yk61.html#cre=tianyi&mod=pcpager_focus&loc=39&r=0&rfunc=60&tj=none&tr=4）

体，具有一定的社会价值。

（3）科技价值

葛洲坝水电站不仅仅是一项重要的水利工程，同时也是一座纵贯南北的长江大桥，其坝顶建有铁路、公路和人行道，连接了鄂西地区的南北道路。为满足航运需求，将原设计的一线通航改为二条航线，同时建设三个大型船闸，可通行万吨级船队，单向年通过能力5000万吨，这样的规模在国内外少有先例，具有一定的科技价值。

4.8.7 亚细亚火油公司汉口分公司

亚细亚火油公司汉口分公司建于1924年，由英国景明洋行设计，魏清记营造厂施工，建筑属欧洲文艺复兴古典主义风格。该旧址是汉口民国时期重要的商贸建筑，也是汉口早期现代建筑中的代表作，目前为武汉市第五批文物保护建筑，武汉市第一批一级工业遗产。

4.8.7.1 历史沿革

1910年到1949年，美国美孚石油公司、英国亚细亚公司、美国德士古石油公司先后抢滩中国，向中国民众推销煤油灯照明，每年在中国石油市场占据1/4的份额。

1912年，亚细亚火油公司汉口分公司在英租界三码头（今南京路）江边设立，储油罐及运油码头在汉口丹水池建立，业务涵盖湖北、江西、安徽、湖南，汉口分公司历经数次迁徙（图4-8-30）。

中华人民共和国成立初期，该公司大楼曾作为中南空军驻地，后改称空军天津路招待所，定名为临江饭店（图4-8-31）[①]。

图4-8-30 民国时期亚细亚火油公司汉口分公司旧照

（资料来源：涂勇，《武汉历史建筑要览》，2002）

图4-8-31 中华人民共和国成立初期临江饭店旧照

（资料来源：涂勇，《武汉历史建筑要览》，2002）

---

① 涂勇. 武汉历史建筑要览[M]. 武汉：湖北人民出版社，2002.

2019年3月武汉军运会前夕，沿江历史建筑进行立面整改，亚细亚火油公司外立面进行了"修旧如旧"的风貌修缮。

2000年江滩整治期间，外立面粉刷一新。

4.8.7.2 亚细亚火油公司汉口分公司工业遗产

亚细亚火油公司汉口分公司旧址位于武汉市江岸区天津路1号，建于1924—1925年。该公司大楼占地面积900平方米，系五层钢筋混凝土结构，古典主义风格，外观简洁且高贵典雅，内部装修豪华，底层大厅满铺灰白色大理石，室内用高档石料和木料装修，由现代化设施供电、供暖，卫浴、电梯应有尽有。[①]整栋大楼保存完好，基本可见最初的结构格局，是武汉近代工业历史中极具代表性的建筑遗存（图4-8-32）。

4.8.7.3 价值评估

（1）历史价值

亚细亚火油公司汉口分公司是武汉近代工业的重要见证，当时的汉口作为重要的通商口岸，最初的工业大多都是为商业服务而存在，属于民用工业一类。亚细亚火油公司属于输入型企业，其依托庞大的全球运输网络，将火油从国外输入进来，当时在中国代表着新兴的产业，其最早带来的是煤油灯，而后普及电灯，将当时的汉口带进了新的照明时代，由此改变了当时城市人的生活方式。

（2）艺术价值

亚细亚火油公司汉口分公司大楼立面整体上属于欧洲文艺复兴古典主义风格，同时檐口装饰及阳台细部设计留有中国传统建筑设计语言痕迹。立面按三段式划分，采用西式建筑隅石与中式建筑纹样作装饰，外墙运用仿麻石墙面，墙角有隅石护角。

该大楼现已改为酒店服务类建筑，但外观保存尚好，是武汉汉口江滩标志性的历史建筑之一。

（a）街角主立面

（b）沿街立面

图4-8-32　亚细亚火油公司汉口分公司现状照片
（资料来源：丁晨星摄于2019年）

[①] 涂勇. 武汉历史建筑要览[M]. 武汉：湖北人民出版社，2002.

4.8.8 金水闸

金口是湖北咸宁蒲圻、嘉鱼等地来水入长江的水道，民国时期国民政府为了解决汛期水患，在全国经济委员会统一规划下于金口筑堤建闸。1930年代，金水闸为湖北省最大的排水闸，因位于金水河注入长江处而得名。

4.8.8.1 历史沿革[①]

1924年秋，因长江大水，扬子江水道讨论会组织防灾队，赴灾区实地调查。1925年，由扬子江水道讨论会督促金水河测量工作。1926年洪水前后，又分别对金水河进行两次测量。1929年12月，完成《金水流域整理计划草案》，其中包括泄洪闸、过船闸、拦洪坝设计方案。

1934年7月4日晚，金水河拦洪坝竣工，全坝长130米，底宽150米，高20米。

1935年3月，金水闸主体工程竣工，15日开闸放水。金水闸竣工后，于闸背修建纪念碑，正面镌刻蒋介石题额"金水闸"三字，背面镌刻全国经济委员会碑文。

1995年7月，对金水闸老闸进行整险加固的改建工程，在保持原闸格局不变的前提下，于外江侧新建闸首。

4.8.8.2 金水闸工业遗产

（1）总平面布局

金水闸位于湖北省武汉市江夏区金水闸路93号，是金水河汇入长江的主要排水闸，是金水河流域汛期防洪的重要屏障，也是涝水抢排入江的重要出口，还是引江水济湖、纳鱼苗、灌田的重要进口（图4-8-33、图4-8-34）。金水闸掌控着上游的斧头湖、西凉湖、鲁湖，保障着咸宁沿江三县和武汉江夏区的水安全（图4-8-35）。

（2）建（构）筑物遗存概况

①闸体

金水闸的闸基为开凿岩石而建，闸身穿山而过。闸分3孔，单孔净宽6.65米，净高7.68米，流量为104.6立方米/秒。闸底高程13.2米，闸墩高程20.27米，闸室总宽44米，顺水向长108.88米（图4-8-36）。[②]

1995年7月，在保持原闸格局不变的前提下，对金水闸老闸进行了整险加固，外江侧建闸首。其中闸首工程由原闸首浆砌块石拆除和新建钢筋砼闸墩、启闭机工作台、平面钢闸门（3孔、宽7.47米、高6.18米）、启闭机（3台QPQ2×25T双吊点固定卷扬式）、启闭室等几部分组成（图4-8-37）。

②纪念碑及蒋介石题额

1935年，金水闸竣工后，于闸背修建纪念碑，正面镌刻蒋介石题额"金水闸"三字，背面镌刻全国经济委员会碑文（图4-8-38）。[③]

4.8.8.3 价值评估

（1）历史价值

金水闸是1930年代湖北省最大的排水闸，是近代中国第一个大型水利工程。2019年4月12日，金水闸入选由中国科协和中国城市规划学会共同公布的"中国工业遗产保护名录"（第二批）。

（2）科技价值

金水闸的设计建造融汇了多国水利专家的智慧，其中美国人史笃培任总工程师，奥地利

[①][②][③] 中共江夏区委金水办事处工作委员会，政协江夏区文史学习委员会. 金水岁月[M]. 武汉：武汉出版社，2011.

图4-8-33 金水闸区位图

（资料来源：百度地图，罗劲草改绘）

图4-8-34 金水闸总平面图

（资料来源：百度地图，罗劲草改绘）

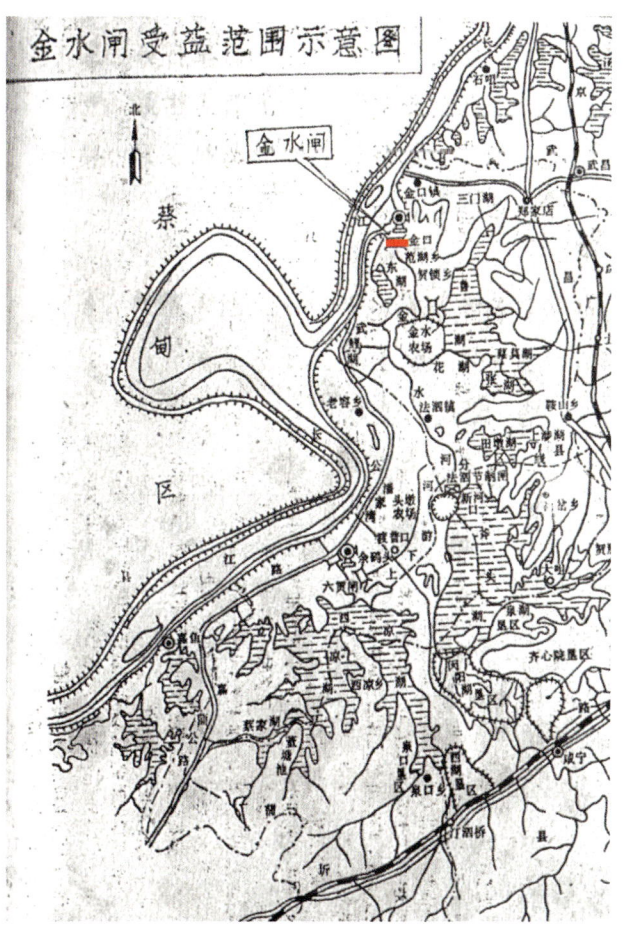

图4-8-35 金水闸受益范围示意图

（资料来源：湖北省水利水电工程二处，罗劲草改绘）

图4-8-36 金水闸现状图

（资料来源：罗劲草摄于2020年）

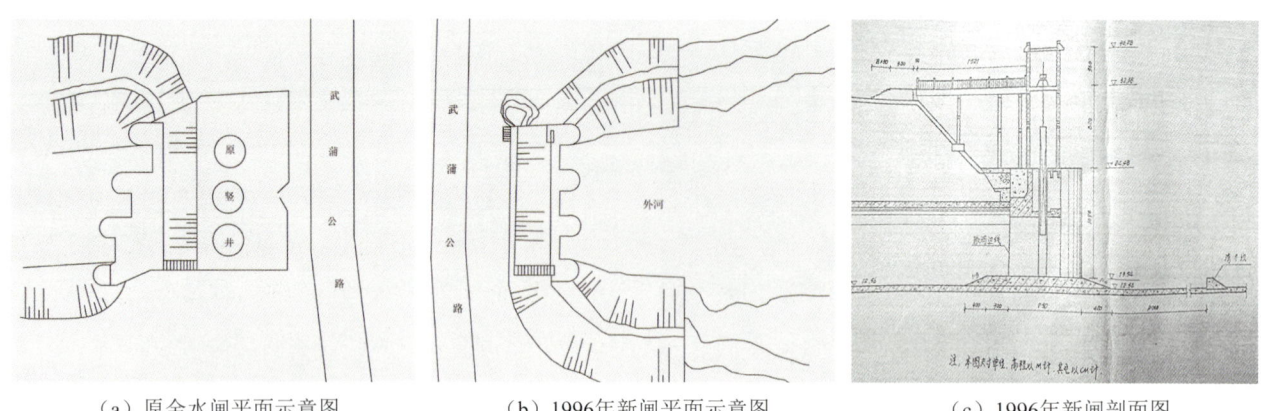

（a）原金水闸平面示意图　　　　（b）1996年新闸平面示意图　　　　（c）1996年新闸剖面图

图4-8-37　金水闸改扩建图纸

（资料来源：湖北省水利水电工程二处，罗劲草改绘）

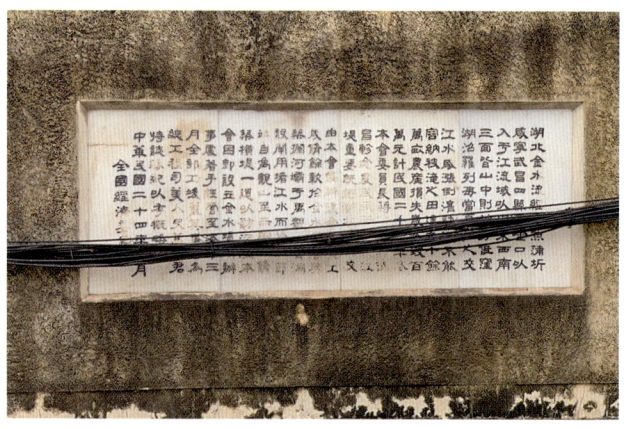

（a）金水闸纪念碑　　　　　　　　　　　（b）金水闸纪念碑文

（c）蒋介石题写的"金水闸"

图4-8-38　蒋介石题写的"金水闸"及碑文

人任工地总监，闸门由英国公司设计，荷兰人参与审查计划，钢材由德国、比利时提供，启闭设施由荷兰、英国制造，是全国仅存的几座"洋闸"之一。

金水闸的修建隔离了长江与金水河，让江水不再倒灌，从而起到灌溉、排洪的作用，对推动金水河两岸农业生产起了重要作用。[1]

4.9 纺织业类工业遗产

4.9.1 武汉国棉二厂

武汉国棉二厂原名国营武汉第二棉纺织厂，为中华人民共和国成立后1950年代末1960年代初国家兴建的大型棉纺织厂之一。到1982年，全厂占地面积340146平方米、生产区占地面积200000平方米，其余为生活区占地。生产区中主厂房建筑面积58939平方米（图4-9-1）。[2]

图4-9-1 武汉国棉二厂投产时的主车间鸟瞰
（资料来源：武汉市第二棉纺织厂厂志编纂领导小组，《武汉市第二棉纺织厂厂志（1958—1982）》，1983）

4.9.1.1 历史沿革[3]

1957年以前，武汉虽已有一纱、裕华、申新、震寰和国棉一厂五个规模较大的纺织厂，但纺织工业生产能力仍不足。又由于上述各厂多以棉纺为主，织布设备更显缺少，致使原棉在武汉包装后绝大多数要调拨外地，而省内所需棉布又要远道输入。为解决湖北全省棉布供求矛盾，武汉市纺织工业局认为应该建立新厂，以增加生产能力。

1958年3月武汉市人民政府决定兴建武汉市第二棉纺织厂，1960年1月厂党委会讨论决定了基建和准备工作。

1996年，国棉二厂收购了已经破产的武汉市第五棉纺织厂，同年5月正式组建武汉江南实业集团有限公司。集团引进了具有世界先进水平的清钢联合机和自动络筒机等设备。

1998年厂区迁至江夏区大桥核心工业园区何家湖北街1号。至2000年，武汉江南实业集团有限公司已成为一家以棉纺织生产为主，集生产、科研、商贸、房地产为一体的多功能、多元化的大型企业集团。

4.9.1.2 武汉国棉二厂工业遗产

（1）总平面布局

国棉二厂原厂址位于武昌区余家头，厂区东临和平大道，西滨长江，南与武汉市毛纺织厂毗邻，北面系和平织布厂（图4-9-2）。厂侧有从武昌通往黄石的铁路。靠长江边有轮渡直达汉口，另外设有专用码头，供运送原棉的船只停泊。

---

[1] 武汉地方志办公室.百姓看武汉：百姓发现[M].武汉：武汉出版社，2008.
[2] 武汉市第二棉纺织厂厂志编纂领导小组.武汉市第二棉纺织厂厂志（1958—1982）[Z].1983.
[3] 朱向梅.武昌区志[M].武汉：武汉出版社，2008.

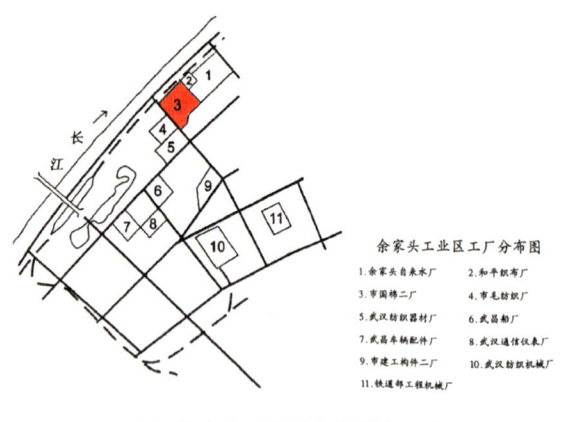
（a）余家头工业区中的国棉二厂

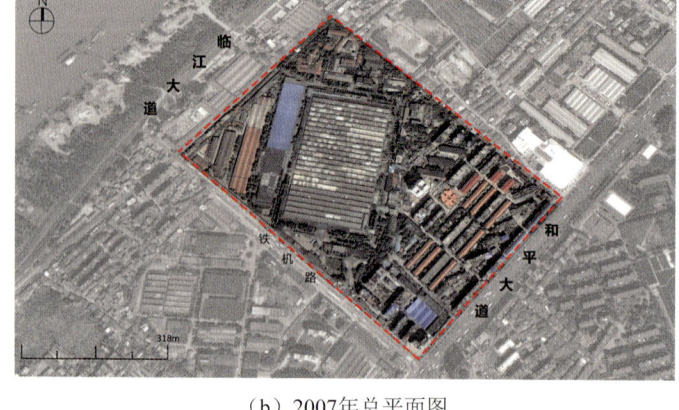
（b）2007年总平面图

图4-9-2　国棉二厂区位图及总平面图

（资料来源：图a源自武汉市城市规划管理局，《武汉市城市规划志》，1999；图b源自百度地图，朱子路改绘）

（2）建（构）筑物遗存概况

1998年厂区迁址，原厂址现建有橡树湾小区，北侧为安胜花园小区及商业综合体。目前留存下来的只有武汉国棉二厂的生活区，成排的宿舍楼均于1950年代末建成，三层楼坡屋顶，砖混结构，红砖立面，立面中段为混凝土浇筑的室外梯段（图4-9-3）。生活区内仍居住着大量武汉国棉二厂的老职工，社区一切生活依旧，而曾经的生活配套俱乐部及气流站车间已变更了内部功能成为沿街餐馆及厨房。

4.9.1.3　非物质文化遗产

（1）生产流程

武汉国棉二厂是一个大型纺织厂，分为纺、织两大部。其纺纱、织布生产工艺流程分别由七个车间完成，以生产自用经纱和纬纱并织造原色坯布为主，并生产少量售纱和售筒。其生产流程如图4-9-4所示。

（2）相关文献

《武汉市第二棉纺织厂厂志（1958—1982）》

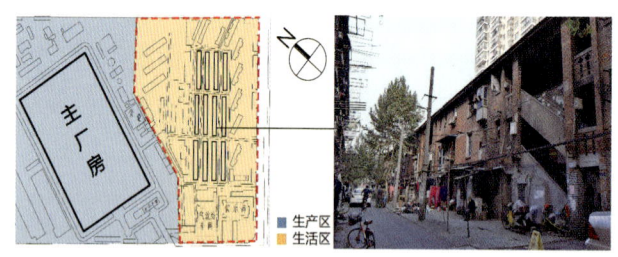
（a）生活区定位图

（b）宿舍楼

图4-9-3　国棉二厂生活区及宿舍楼

（资料来源：图a源自武汉规划局；图b由朱子路摄于2019年）

详细介绍了武汉国棉二厂建设及发展历史。对于其生产情况介绍较为全面。武汉国棉二厂的生产历程与中华人民共和国早期工业化历程高度一

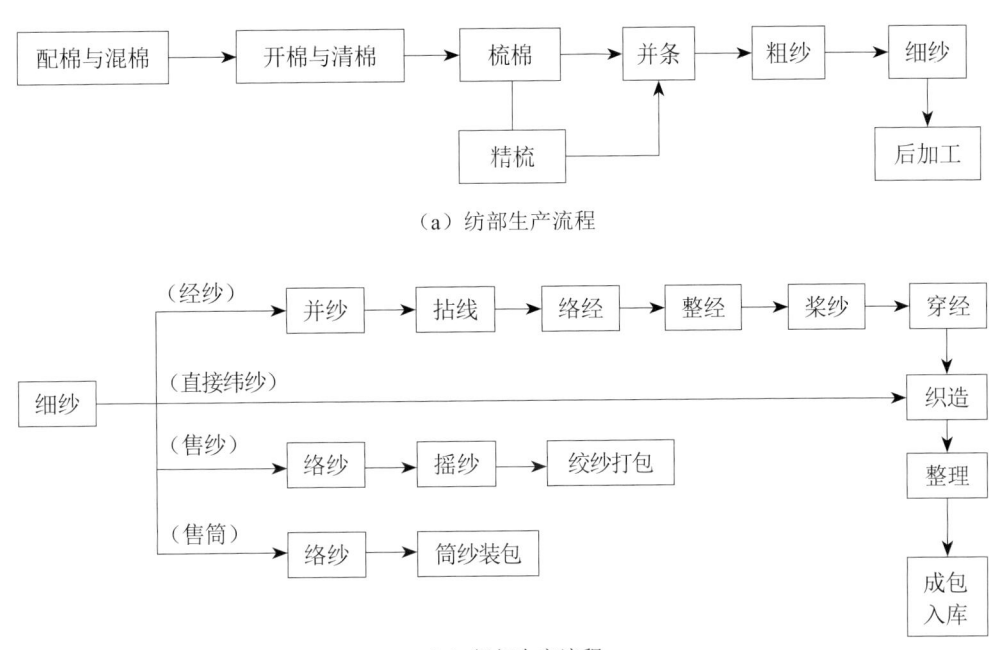

图4-9-4 纺部、织部生产流程
（资料来源：朱子路绘制）

致，是珍贵的研究样本。

4.9.1.4 价值评估

（1）历史价值

武汉国棉二厂是中华人民共和国成立后国家兴建的大型棉纺织厂之一。该厂所产古松牌纱哔叽曾被评为全国名牌产品，并同武汉一棉集团、武汉裕大华实业集团股份有限公司构成武汉纺织工业三大集团，与湖北纺织业厂在地理区位上形成纺织产业聚落，见证了余家头工业区中纺织工业的发展、变迁的全过程。

（2）科技价值

旧厂区主厂房建筑为单层钢筋混凝土结构，尺度巨大，跨度可达12米×12米，采用了锯齿形屋顶形式。根据生产需要，生产区建有较完善的温度调节系统，使车间内冬暖夏凉，保持着一定的温湿度。生产车间铺设菱苦土化学地坪，硬度适宜不易起尘，采用日光灯带照明，光亮稳定且没有阴影。[①]目前主厂房已不复存在，但其厂志所记录的建造及工艺技术信息，对理解及研究我国"二五"计划时期的棉纺织产业的科技水平具有参考价值。

（3）社会文化价值

武汉国棉二厂所遗留的大面积住区已成为活态遗产，即工业遗产社区，生活在其中的大量原住民之间仍维系着紧密的邻里关系和正常的社会网络，而原住民仍留有宝贵的集体记忆，工业遗

---

① 武汉市第二棉纺织厂厂志编纂领导小组.武汉市第二棉纺织厂厂志（1958—1982）[Z]. 1983.

产社区正是承载这份集体记忆、延续社区关系的重要载体，也是研究1950年代工业住区模式及社会关系的重要物证。

4.9.2 武汉东西湖棉纺织厂

武汉市东西湖棉纺织厂，位于东西湖区西北角，汉宜公路以南，汉丹铁路新沟车站东南约600米处，与东西湖新沟农场、荷包湖农场毗邻。东西湖棉纺织厂是以纺织工程为主并兼有油脂榨炼工程的专业化工厂，其中棉纺织工程为后期建设。

4.9.2.1 历史沿革[①]

1969年6月，东西湖棉纺织厂正式开始设计。同年10月17日，厂区建设破土施工。

1970年12月26日，棉纺织厂试纺棉纱、试织棉布成功。

1971年3月底，一百台布机开机试产，使用一万纱锭，同时棉纺织厂主厂房基本完工。

1973年4月1日，东西湖棉纺织厂以1088台布机全部开机为标志，正式建成投产。全面投入生产时，拥有纱锭3.18万枚，线锭3800枚，布机1088台，产值累计达2284.56万元。此时从纺织工程到油脂工程，均形成生产能力。

1979年8月，为了充分利用本厂现有条件，尽量多生产棉布满足社会需要，工厂成立扩建办公室。同年10月，征用荷包湖农场土地47.93亩（约3.2万平方米）。

1980年2月23日，北布主厂房扩建破土动工，于次年9月30日完工。扩建主厂房采用锯齿形单层多跨厂房，建筑面积为9505.82平方米，（其中主车间7448.76平方米，附房为2057.06平方米）。

1982年1月，工厂拟扩建一万纱锭的厂房，遂成立扩建北纺指挥部。

1983年4月，一万纱锭生产厂房破土动工，于同年12月完工。主厂房总建筑面积是7007.2平方米，不包括技术夹层，其中生产厂房4788平方米，附房2219.2平方米。此时，棉纺织厂年产能力达到棉纱46945件，棉布4864万米。全厂有职工4881人，其中女职工3020人，男职工1861人。

1984年，东西湖棉纺织厂每年可产棉纱1万吨、棉布3000万米，产值达6000万元以上，产品远销日本、美国等地。

1990年后，东西湖棉纺厂技术改造与软件设施没能跟上市场要求，经济效益直线下滑，年亏损额达500万元以上。

1998年，依照国家"压锭"政策压锭3万枚。

2000年8月，经国务院批准破产，整厂出售私人经营。

2001年8月8日，武汉新东棉纺织有限公司整体收购了原武汉市东西湖棉纺织厂生产性土地、房屋及机器设备等破产资产。

4.9.2.2 武汉东西湖棉纺织厂工业遗产

2001年，武汉新东棉纺织有限公司整体收购了原武汉市东西湖棉纺织厂后，东西湖棉纺织生产区、办公区、厂区娱乐设施、职工宿舍区、子弟学校和水塔等整体保存完好。

（1）总平面布局

原厂址位于东西湖区油纱路143号，厂区西北临汉丹铁路线新沟车站，南临油纱路，与武汉光

[①] 武汉市东西湖棉纺织厂厂志编纂领导小组.武汉市东西湖棉纺织厂厂志（1969—1985）[Z].1985.

达工业园毗邻，北面系农田，临近吴家山、走马岭、荷包湖等粮棉产地，具有十分优越的自然条件，交通运输更为便利。全厂占地面积36.8万平方米，其中生产占地面积20.2万平方米，生活占地面积16.6万平方米。全厂建筑面积173076平方米（图4-9-5）。

（2）建（构）筑物遗存概况

①生产区

武汉东西湖棉纺织厂的生产区目前留存下来的有棉纺主厂房、北布厂房、北纺厂房，目前仍用于纺织生产（图4-9-6）。其中棉纺主厂房和北布厂房均采用单层多跨锯齿形屋顶厂房形式。而1984年扩建的一万纱锭北纺厂房则设计为半封闭式的多层厂房，钢筋混凝土结构，其中附有两层的技术夹层；为满足车间温湿度要求，采用东西向开窗采光，并在东西二面各设置双层玻璃窗；厂房上半部为白色，下半部为浅墨绿色。棉成品仓库则采用单层砖混结构，混凝土承重柱托着钢制三角屋架。原厂区主要办公楼和辅助用房均保留完好，采用四层钢筋混凝土结构，立面灰色水磨石贴面。

②厂区娱乐设施

原职工俱乐部（图4-9-7a、b）仍保留完好。俱乐部主体呈"丁"字形布局，采用四层钢筋混凝土结构，主入口大阶梯通向二层大厅，设备用房则设置在一层，后勤入口设置在北侧；立面采用竖向分割，设计格栅装饰。

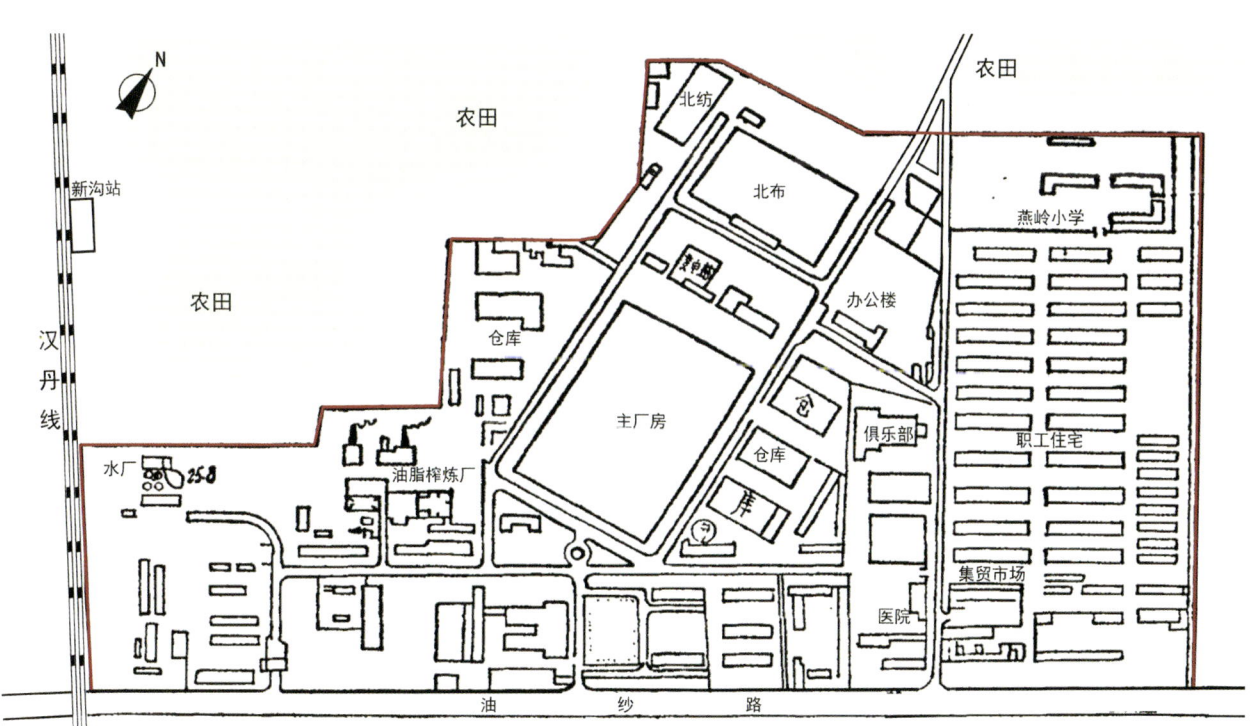

图4-9-5 武汉东西湖棉纺织厂总平面图

（资料来源：底图来自《武汉市东西湖棉纺织厂厂志（1969—1985）》，1985；江鹏重绘）

（a）棉纺主厂房鸟瞰

（b）北布厂房鸟瞰

（c）棉纺主厂房内部

（d）北纺厂房

（e）棉成品仓库内部

（f）办公楼

图4-9-6　生产区建筑

（资料来源：江鹏摄于2019年）

③宿舍区

原职工宿舍区（图4-9-7c、d）改建成燕岭小区保留了下来。宿舍楼多为四层红砖结构，呈行列式整齐排布，楼栋中间围合成一公共活动空间。

④其他

另外，厂区内仍留存着具有鲜明时代特征的构筑物或标语等，比如印有"备战备荒为人民"标语的水塔（图4-9-7e），以及形态较为独特的标志性厂区大门（图4-9-7f）。

4.9.2.3　非物质文化遗产

（1）生产流程

东西湖棉纺织厂是以纺织工程为主并兼有油脂榨炼工程的工厂，其主营棉纺织生产部门大致分为棉纺部与织造部。其生产流程如图4-9-8所示。

（2）相关文献

《武汉市东西湖棉纺织厂厂志（1969—1985）》由武汉市东西湖棉纺织厂厂志编纂领导小组编，详细记载了该厂从1969年建厂到1985年十多年间的发展历程，重点介绍了东西湖棉纺织厂的建设发展与生产产品。由湖北省地方志编纂委员会编写的《湖北省志·工业志·纺织工业》，是一部反映湖北纺织业从机器纺织业开始至1985年的历史专志。

4.9.2.4　价值评估

（1）历史价值

武汉东西湖棉纺织厂是20世纪六七十年代国家兴建的大型棉纺织厂之一。该厂建设响应"备战、备荒、为人民"的时代口号，与第三个五年

（a）职工俱乐部鸟瞰　　　　　（b）职工俱乐部立面　　　　　（c）职工宿舍区鸟瞰

（d）职工宿舍立面　　　　　　（e）水塔　　　　　　　　　　（f）厂区大门

图4-9-7　生活区及其他建（构）筑物

（资料来源：江鹏摄于2019年）

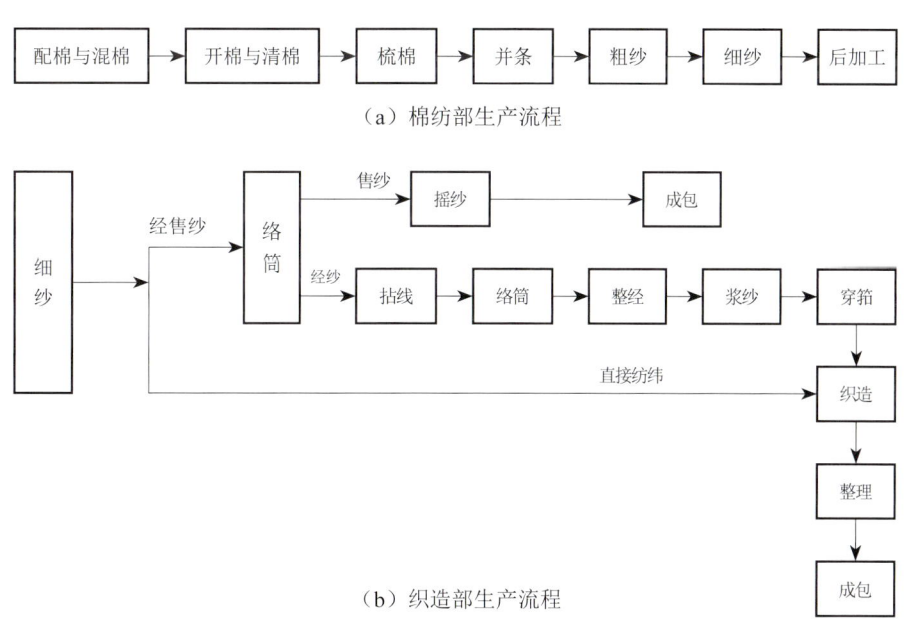

图4-9-8　棉纺部、织造部生产流程示意图

（资料来源：江鹏绘制）

计划有着直接的关系。该厂曾被列为武汉市纺织品出口产品的生产基地，为武汉周边纺织工业培养并输送了一大批人才；还曾援助尼泊尔建设棉纺织印染厂。该厂见证了武汉棉纺织工业由发展、提高到走出去的历史全过程。

（2）科技价值

武汉东西湖棉纺织厂在生产过程中，不断改革技术进行创新，在原有设备基础上进行新技术改造，比如清花气流配棉、清花除尘改造和梳棉除尘改造等，并积极向外推广。现存工业遗产对于研究棉纺织工艺发展演变有重要的科学研究价值。

（3）社会文化价值

武汉东西湖棉纺织厂所遗留的大片职工宿舍区，已从单位制向社区制转型，工业遗产社区更加体现了人的价值。

4.9.2.5 武汉东西湖棉纺织厂工业遗产的保护

建议重点保护以下5处体现棉纺织工业主要流程和生产特征的工业遗产：①棉纺主厂房；②北布厂房；③北纺厂房；④职工俱乐部；⑤办公楼。对于其他有关遗产（图4-9-9中编号6～10），再开发过程中有条件的也应尽量保护。

4.9.3 武汉第二印染厂

武汉第二印染厂前身是1929年创办的东华染整厂，为湖北省现有印染企业中历史最长的企业。现留存厂房为1978年所建，坐落于汉阳汉南路66号龟山脚下，厂区占地面积79476平方米，建筑面积72688平方米（图4-9-10）。①

4.9.3.1 历史沿革②

1929年，武汉东华染整厂由14个浙江人集资，在汉口满春路5号创建，主要进行棉类布匹的印染与整理。

1938年，武汉东华染整厂部分内迁西安；抗日战争胜利后，该厂未迁设备于1947年复工。

1952年，实行公私合营，该厂与新华染整厂

图4-9-9 东西湖棉纺织厂工业遗产分布图

（资料来源：底图来自《武汉市东西湖棉纺织厂厂志（1969—1985）》，1985；江鹏改绘）

1—棉纺主厂房；2—北布厂房；3—北纺厂房；4—职工俱乐部；5—办公楼；6～8—成品仓库；9～10—生产资料仓库

---

① 湖北省地方志编纂委员会. 湖北省志. 工业志. 纺织工业[M]. 北京：中国文史出版社，1990.
② 晴川街志编纂委员会. 晴川街志[M]. 武汉：武汉出版社，2005.

合并改组为"公私合营东华染整厂"。

1955年,茂记、大业、和兴三家私营染厂并入该厂,更名为"武汉染整厂"。

1978年,新厂房在汉阳龟山北麓落成,该厂遂从汉口迁至汉阳。

1979年,引进日本快速涤棉生产线,当年安装投产,并正式定名武汉市第二印染厂。

1985年,该厂形成年生产各类印染布5000万米的能力,拥有3条涤棉色布生产线和2条印花布生产线。

1989年下半年开始,受纺织行业大气候的影响,印染及复制品产业供大于求,产品积压严重。

1992年,该厂实行改制,与香港鸿大行合资组建了以纯棉、涤棉印染整理为主业的"荣泽印染实业有限公司",原武汉第二印染厂部分职工转入荣泽公司,部分留守,大部分下岗。

1993年为生产高峰期,全年产销量2345万码[①],较合资前增长25%,成为武汉市外资企业的创汇大户,年创汇2000万美元。

4.9.3.2 武汉第二印染厂工业遗产

武汉第二印染厂目前主厂房已废弃闲置,部分厂房租给其他公司使用。部分厂房、仓库已被拆除,厂区留存下来的建筑保留较为完好。

(1)总平面布局

武汉市第二印染厂属中型印染企业,厂址位于汉阳汉南路66号,坐落于龟山以北,厂区整体南北向布局,西临汉阳汽车制造厂,东临武汉国棉一厂,北临知音大道,紧邻汉水,南临龟山北路(图4-9-11)。

(2)建(构)筑物遗存概况

1978年,新厂房在汉阳龟山北麓落成,厂区从汉口满春路迁至汉阳。原满春路厂址上新建住宅小区。汉阳厂区保存较完整,部分仓库和小厂

图4-9-10 武汉第二印染厂鸟瞰
(资料来源:江鹏摄于2019年)

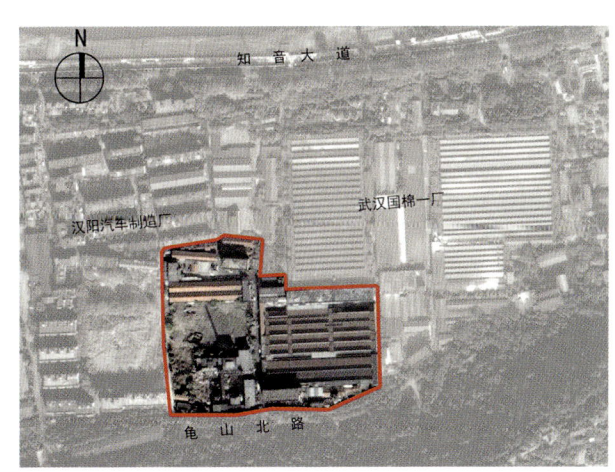

图4-9-11 武汉第二印染厂2003年总平面图
(资料来源:百度地图,江鹏改绘)

---

① 码,英美制长度单位,1码为0.9144米。

房被拆除，留存有涤棉色布车间、印花布车间、办公楼及构筑物等。

①涤棉色布车间

涤棉色布车间共拥有3条涤棉色布生产线，并设有配套成品仓库。主车间是锯齿形单层多跨厂房，最小跨度约4米，最大跨度约12米，为方便施工，锯齿型天窗采用构件装配式设计。厂房东西两端设有两层附属楼（图4-9-12）。

②印花车间

印花车间共有2条印花布生产线。为保证车间的温度和湿度，车间外配有锅炉蒸汽车间，主车间采用半封闭多层钢筋混凝土结构，南北向开窗，并在两面均设置空气夹层玻璃窗（图4-9-13）。

③办公楼

原厂区办公楼均保留完好，现作为员工宿舍被继续使用。办公楼采用多层砖混结构，立面

（a）车间鸟瞰

（b）车间内部

图4-9-12　涤棉色布车间
（资料来源：江鹏摄于2019年）

（a）车间外观

（b）车间鸟瞰

图4-9-13　印花车间
（资料来源：江鹏摄于2019年）

灰色碎石抹面，采用竖向三段式分割，设计格栅装饰。楼梯间多设置在楼中间或者楼的一端（图4-9-14）。

④生产资料仓库

仓库采用单层两跨砖混结构，钢制三角架承载红瓦屋顶（图4-9-15）。

4.9.3.3 非物质文化遗产

（1）生产流程

武汉市第二印染厂为中型印染企业，主要生产以T／C为主的涤棉化纤布，引进并在国内组装的3条主要生产线均为高速大批量生产线，以涤棉原布染色和印花为主。其生产流程如图4-9-16所示。

图4-9-14 办公楼
（资料来源：江鹏摄于2019年）

（a）仓库鸟瞰　　　　　　　　　　　　（b）仓库内部

图4-9-15 生产资料仓库
（资料来源：江鹏摄于2019年）

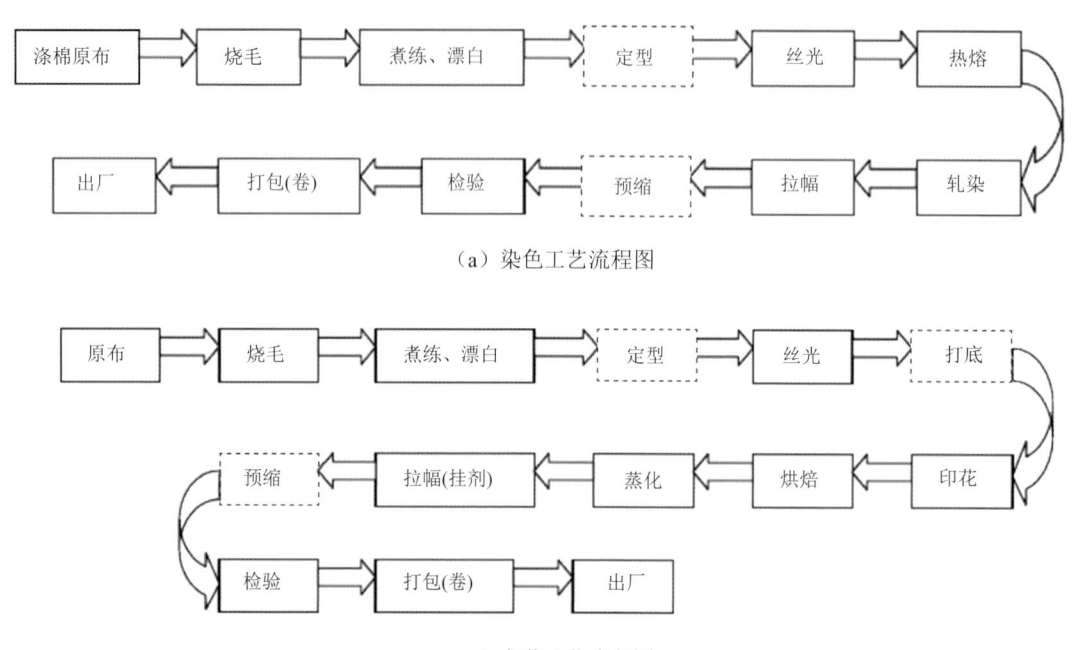

图4-9-16 染印工艺流程
（资料来源：江鹏绘制）

（2）相关文献

由晴川街志编纂委员会编制的《晴川街志》，详细记载了晴川街地理、政治、经济、文化等各方面的发展与现状。具体记载了晴川周边地区的有关工业，其中包括对龟山北路武汉第二印染厂的记述。

由湖北省地方志编纂委员会编制的《湖北省志·工业志·纺织工业》，是一部反映湖北纺织业从机器纺织业开始至1985年的历史专志。其中印染工业中详细记载有武汉第二印染厂发展历史。

4.9.3.4 价值评估

（1）历史价值

武汉第二印染厂是武汉市纺织行业重点骨干企业之一。1979—1989年累计向国家上缴税利1.48亿元，是武汉市的利税大户之一。其名牌产品"东华牌"190士林蓝，曾于1968年被评为全国同类产品第二名，1970年代又先后4次被评为全省同类产品第一名；其新开发的"将军绿中长"获1983年新产品三等奖。印染厂的存在及品牌影响力同样见证了武汉纺织印染工业发展、变迁的艰辛历程。

（2）科技价值

该厂于1979年引进日本快速涤棉生产线，1984年和1985年先后购进一台国产印花机和一台奥地利圆网印花机及配套设施蒸化机。在此基础上，该厂勇于创新工艺，进行技术改造，并成功应用于实践生产中，实现了产业技术的构建，在很大程度上推动了湖北省现代纺织印染工业的发展。

（3）社会文化价值

武汉第二印染厂所处时期正是湖北省纺织工业蓬勃发展时期，依托江汉平原原棉生产基地，湖北省实现了整体产业链资源的整合调整。该厂适时培养了一批又一批的相关技术人员支援其他地区印染工业的建设。该厂所遗留的大片厂房建筑，更是承载了工人及周边居民对艰苦岁月的难忘记忆。

4.9.3.5 武汉第二印染厂工业遗产的保护

建议重点保护以下3处体现棉纺织工业主要流程和生产特征的工业遗产：①涤棉色布车间；②印花车间；③生产资料仓库。对于其他工业遗产（办公楼、烟囱、厂区大门等构筑物），再开发过程中建议在适宜性再利用中尽量保护（图4-9-17）。

图4-9-17　武汉第二印染厂遗产分布图
（资料来源：百度地图，江鹏改绘）
1—涤棉色布车间；2—印花车间；3—生产资料仓库；4~5—办公楼

4.9.4　湖北蒲圻纺织总厂

湖北蒲圻纺织总厂原名中国人民解放军第3110工厂、中国人民解放军蒲圻纺织总厂，曾隶属于中国人民解放军总后勤部，位于鄂湘交界的赤壁（古称蒲圻）荆泉镇内。湖北蒲圻纺织总厂是一座集纺织、丝织、经编、纬编、服装、印染、热电等专业工厂于一体的大型纺织联合企业。总厂下辖各专业分厂，并有职工医院、商业、大中小学校等服务设施配套。厂区范围9平方千米（包括部分农村山林），实际占地面积233万平方米，建筑面积达65.4万平方米，职工家属近3万人。[①]

4.9.4.1　历史沿革[②]

1967年，中南化工厂开始筹建。

1969年，中国人民解放军为了改善装备，使被服经穿耐磨，减轻战士负荷，计划利用当时我国已掌握的化工技术，筹建成套的化工纤维纺织工程。同年9月，中国人民解放军总后勤部在鄂湘交界的山区丘陵地带筹建石油化工纺织联合企业。工程代号为中国人民解放军总后勤部2348工程指挥部，下辖3个筹建处。第二筹建处为合成纤维纺织厂，即现蒲圻纺织总厂。

1969年11月，根据"靠山、分散、隐蔽"的原则选择了厂址，确定在原中南化工厂原厂址上建设化学纤维纺织厂。厂区内盖起了两幢楼房、一幢平房、一座食堂及部分简易临时设施。

1970年，国家建委六局六公司、总后部队汽车团、建委三局土方队等专业施工队及咸宁地区万余名民工在荒山僻岭中开始大规模建厂施工（图4-9-18）。

---

① 湖北省地方志编纂委员会．湖北省志．工业志．纺织工业[M]．北京：中国文史出版社，1990．
② 湖北蒲圻纺织总厂二三四八历史展览馆工作人员提供。

图 4-9-18　1970 年 101 大会战山沟里的军工厂
（资料来源：二三四八历史展览馆工作人员提供）

1971 年专用铁路线通车，基本完成纺织厂厂房施工及全厂供气、供水工程，部分机台试车，丝织、机械、针织厂厂房还在筹建中。同年 7 月，2348 工程第二筹建处由总后勤部编入全军企化工厂序列，命名为"中国人民解放军第 3110 工厂"。

1973 年 4 月，总后勤部将 3110 工厂更名为"中国人民解放军蒲圻纺织总厂"。

1975 年 3 月，中央军委决定将总后勤部化工生产局及所属工厂交地方管理。

1975 年至 1978 年，针织厂建成并投入试生产。纺织、丝织、针织、机械四厂已基本形成生产能力。

1979 年至 1981 年，引进一批设备，新建了一个有 400 台缝纫机的针织二厂，以及一个有 4 台 35 吨锅炉、90000 千瓦发电能力的热电厂。

1982 年至 1985 年，总厂重新调整生产布局，将原机械厂转产为印染厂，将丝织厂的条涤棉染整线搬迁合并到印染厂，并从瑞士、德国、日本等国引进精梳设备，以及针织印花生产线、喷水织机、针织园机、剪绒机、丝光机等纬编织造染整设备。总厂还与香港企业合资成立了天龙（国际）针织企业有限公司。

1992 年，蒲纺总厂被国家定位为大型一档企业。

1997 年 8 月，蒲纺总厂探索改制，将总厂改为"湖北蒲纺集团有限公司"，但经营管理模式仍沿袭原来做法。后几经拼搏，终未走出经营困境。

2004 年初，湖北省委、省政府决定将蒲纺公司下放到赤壁市，实行属地管理。

2006 年，成立赤壁市蒲纺工业园区管理委员会，为赤壁市人民政府直属事业单位。

2009 年，省政府批准蒲纺工业园区升级为省级经济开发区，同时将蒲纺工业园区确定为湖北省重点扶持的纺织服装产业集群。

2012 年 6 月 15 日，赤壁市政府决定把蒲纺新城建设纳入全市"三城三区"规划。

2017年，原蒲纺党群服务中心综合体改建成二三四八历史展览中心，并于2018年完工开馆。

2020年，蒲纺总厂被工信部列入第四批国家工业遗产认定名单。

4.9.4.2 湖北蒲圻纺织总厂工业遗产

（1）总平面布局

蒲纺总厂背靠鄂南幕阜山区的荆泉山麓，濒临储水达5.8亿立方米的陆水水库，工厂中心区位于赤壁南郊12公里处。厂区周围岭谷相间，海拔在70至150米之间，南部最高山峰681米。总厂及所属工厂分布在赤壁荆泉镇的桃花坪、淹马塘、泉门口、谭家庄、黄荆岭、斜塘一带。厂区内公路纵横交错，有主干柏油路通赤壁市区，还有一条9.5公里铁路专用线，将蒲圻火车站与京广铁路干线接通。整个厂区布局依山就势，厂区与其配套住宅沿着山谷集合分布在山沟之中（图4-9-19）。整个厂区轮廓呈环线性，由几条盘山公路线将各个厂区串联起来，并将生活区与生产区分开。厂区配套建设如学校、电影院、俱乐部等齐备，主要公共活动设施和商业设施集中分布在厂区中心位置（图4-9-20）。

图4-9-19　厂区鸟瞰

（资料来源：江鹏摄于2019年）

（2）建（构）筑物遗存概况

①生产区

蒲纺总厂纺织分厂于1969年开始动工筹建，1975建成投产。2006年，纺织分厂整体升级为蒲纺工业园区，现整体保存完好（图4-9-21、图4-9-22）。原纺织主车间为单层锯齿型屋顶的厂房，经翻修后继续使用；原仓库采用单层砖混结构，现已废弃闲置；原职工宿舍区成立六米桥社区。

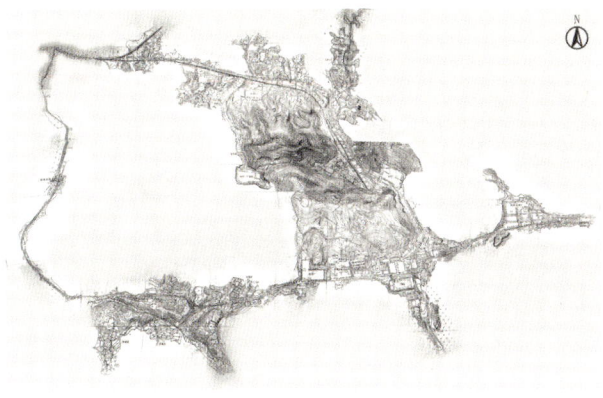

图4-9-20　厂区总平面图

（资料来源：湖北蒲圻纺织总厂二三四八历史展览馆工作人员提供）

图4-9-21　纺织厂鸟瞰

（资料来源：江鹏摄于2019年）

蒲纺丝织分厂于1969年开始动工筹建，1975建成投产。丝织厂有丝织机368台、喷水织机50台及丝绸印染线一条。丝织厂沿山谷边缘线性布局，从山腰处到山下依次建有职工宿舍区、变电站、食堂及主要生产车间，厂区建设巧妙地运用高差，自然地将生活区与生产区分隔开（图4-9-23）。涤棉车间、印染车间均采用多层半封闭式砖混结构，印染车间还专门建有货物输送通道。丝织车间则采用单层锯齿型厂房设计，高侧窗南向采光。丝织厂区除丝织车间屋顶翻修过，整体保存

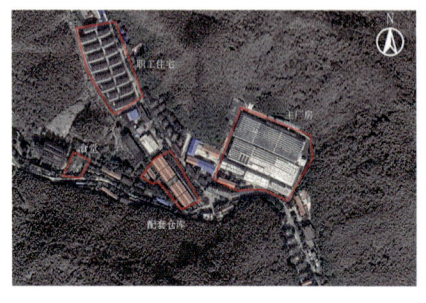  

（a）建筑群　　　　　　　　　（b）纺织厂主入口　　　　　　　　（c）纺织厂仓库

图4-9-22　纺织厂建筑群及相关单体建筑
（资料来源：江鹏摄于2019年）

（a）丝织厂鸟瞰　　　　　　　（b）丝织厂总平面　　　　　　（c）涤棉车间、印染车间鸟瞰

（d）印染车间　　　　　　（e）印染车间货物输送通道　　　　　　（f）丝织车间外部

图4-9-23　丝织厂建筑群及相关单体建筑
（资料来源：江鹏摄于2019年）

完好，现作为化盛纺织有限公司工厂被继续使用，隶属于盛宇有限公司。

1979年，为增强生产手段，总厂新建了9000千瓦发电能力的热电厂（图4-9-24），配有4座蒸压锅炉，并在其北侧新建配套原料堆场，其跨度达到12米（图4-9-25）。现热电厂已经停产处于闲置状态，原先其北面的铁路线也被拆除。

②厂区娱乐设施

原厂区建有工人俱乐部，后供子弟学校使用，又新建了一座工人俱乐部。原工人俱乐部采取U形布局，砖混结构，目前保留完好，主体建筑被粉刷成通体红色，经维护翻新后，现作为老年人活动中心被继续使用（图4-9-26）。

③宿舍区

湖北蒲圻纺织总厂是一座集纺织、丝织、服装、印染、热电等专业于一身的大型纺织联合企业。厂区内每一个专业分厂都配套有职工宿舍区（图4-9-27）。职工宿舍区也大多千篇一律，行列式整齐的依山势排布，均为六层砖混结构，立面上些许会用石灰抹面，楼栋之间相互围合成一公共庭院以便公共活动。

（a）热电厂鸟瞰

（b）构筑物及车间

（c）构筑物

图4-9-24 热电厂建（构）筑物

（资料来源：图a由江鹏摄于2019年，图b、c由谭刚毅提供）

图4-9-25 原料堆场

（资料来源：江鹏摄于2019年）

（a）原工人俱乐部

（b）新工人俱乐部

图4-9-26 工人俱乐部

（资料来源：江鹏摄于2019年）

图4-9-27 纺织厂宿舍区

（资料来源：江鹏摄于2019年）

4.9.4.3 价值评估

（1）历史价值

湖北蒲圻纺织总厂作为湖北省"三线"工业遗产之一，反映了湖北在社会主义建设时期所取得的重大成就，奠定了湖北纺织工业的基础，是"十里纺城"城市发展的见证。"三线"建设时期，蒲圻市（今赤壁市）的战略地位得到确认后，其工业面貌才彻底改观，纺织工业骨架才逐渐形成。湖北蒲圻纺织总厂所承载的历史背景、历史事件、历史人物等均是湖北纺织工业现代化进程中特殊时期的反映。

（2）艺术价值

湖北蒲圻纺织总厂结合复杂的自然地形地貌，因地制宜，融入自然，在深山间绵延起伏，红砖房在青山间错落有致，形成了独特的工业景观。"三线"工业遗产的艺术价值使其明显区别于一般工业遗产，为人们解读特殊备战时期的建筑风格提供依据。

（3）科技价值

蒲圻纺织总厂作为一座大型纺织联合企业，无论是在生产工艺上还是建造技术上，均展现出一定的特殊性和革新性。生产工艺上，湖北蒲圻纺织总厂作为纺织工业产业聚落的存在，代表着当时纺织工业各门类的最高生产水平；其产品多次在国内获奖，还销往我国香港地区以及东南亚、美国和西欧，享有一定的声誉。建造技术上，在备战背景下采用因地制宜的建造技术，就地取材，采用当地的天然石材与红砖，具有较高的科学技术价值。

4.9.4.4 湖北蒲圻纺织总厂工业遗产的保护

湖北蒲圻纺织总厂的厂房建筑形式种类多样，各分厂集中形成一个个整体的产业聚落。在对其进行保护时，建议结合生产流程，以"生产线""产业链"的非物质遗产为线索，重点保护其主要生产车间和特色车间。根据2020年11月19日工业和信息化部公示的第四批国家工业遗产拟定名单，蒲纺总厂的"核心物项"包括：纺织厂厂房、针织一厂俱乐部、空调冷却水塔遗址、热电厂遗址、专用铁路线遗址、跃进门和1511M-44型织布机（图4-9-28）。

图4-9-28　蒲纺总厂工业遗产分布图

（资料来源：百度地图2020，江鹏改绘）

4.10　日用化工业类工业遗产

4.10.1　沙市市日用化工总厂

沙市市日用化工总厂位于今荆州市沙市区临江路1号。1950年11月始建，时名沙市油脂公司（俗称沙市油厂）。1951年建成砖木结构厂房5176平方米。为中华人民共和国成立后沙市兴建的第一家国营工厂厂房。有大型砖混结构车间3座，已建有肥皂、香皂、甘油、合成洗衣粉、榨油、炼油、硬化油、加工食用植物油、工业用植物油、泡花碱等主要生产车间，以及动力、保全、后勤等辅助车间。厂区占地面积5.03万平方米，总建筑面积3.28万平方米（图4-10-1）。①

4.10.1.1 历史沿革

1950年，沙市油厂始建，为中华人民共和国成立后湖北省最早兴建的国营企业之一，1950年代开始生产主产品食用油。该厂1960年代利用榨制食用油的副产品，生产荆江牌洗衣皂。

1958年，更名为沙市市油脂化学厂。

1970年，该厂自筹14.8万元资金扩建一座年产2000吨的洗衣粉车间。1973年建成2000吨硬化油车间。1975年后对旧厂房进行更新改造，新建肥皂成型等车间。

1981年，以沙市市油脂化学厂为主体，联合沙市合成化工厂、沙市向阳化工厂组建成为沙市市日用化工总厂。

1999年，湖北天发集团收购，推出"波尔"系列洗涤产品。

2006年，被迫停产。

2007年，湖北稻花香集团宣布租赁"活力28"品牌、厂房、设备30年。

2008年，产品重出市场。

2015年，沙市市日用化工总厂解散。

4.10.1.2 沙市市日用化工总厂工业遗产

从建厂到停产，沙市市日用化工总厂几十年的发展历程留下了大量的工业遗产。

（1）总平面布局

沙市市日用化工总厂位于沙市老码头一侧，紧邻长江黄金航道，可直通汉口、上海及重庆，水运交通十分便利。沙市市日用化工总厂占地面积约5.03万平方米，总建筑面积3.28万平方米，包括四座办公楼、厂房和仓库。②

沙市市日用化工总厂大部分办公楼和厂房与长江平行布置，少部分办公楼和厂房与长江垂直布置（图4-10-2）。

图4-10-1 沙市市日用化工总厂鸟瞰
（资料来源：王煜霏摄于2019年）

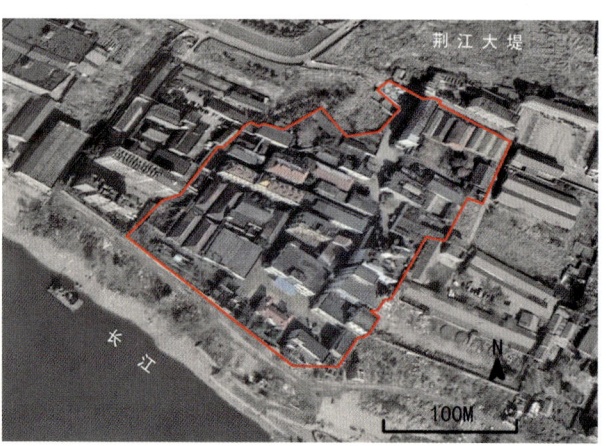

图4-10-2 日用化工总厂总平面图
（资料来源：百度地图，王煜霏改绘）

---

①② 资料出自荆州市规划设计院。

（2）建（构）筑物遗存概况

沙市市日用化工总厂目前留存的工业遗产有办公楼、生产车间、仓房及设备四类（图4-10-3）。

4.10.1.3　价值评估

（1）历史价值

沙市市日用化工总厂为中华人民共和国成立后沙市兴建的第一家国营工厂，是原轻工业部定点生产厂，是荆州日用化工工业代表性企业。从建设到停用短短的几十年中，沙市日化作为1980年代中国知名企业，其在中国日用化工工业发展进程中的历史地位无可取代。

（2）科技价值

自1983年以来，工厂先后从意大利、日本、荷兰引进了具有国际先进水平的洗衣粉、化妆品、液体洗涤剂等全套生产设备，年生产合成洗涤剂能力达16万吨。此外，其产品"活力28"超浓缩无泡洗衣粉和"美家乐"高效杀菌洗衣粉双双荣获国家银质奖，[①]反映了其在同时代日用化工行业中的领先地位。

（3）社会文化价值

改革开放后，沙市市日用化工总厂产品"活力28"在国内家喻户晓，甚至在春晚舞台亮相，

（a）办公建筑之一

（b）办公建筑之二

（e）生产设备

（c）生产车间之一

（d）生产车间之二

图4-10-3　厂区建（构）筑物遗存
（资料来源：徐宁摄于2017年）

[①] 轻工业发展战略研究中心. 中国轻工业年鉴1989[M]. 北京：中国轻工业出版社，1989.

图4-10-4　沙市日化厂区工业遗产分布图
（1～3—办公楼；4～8—生产车间。资料来源：百度地图，王煜霏改绘）

直至21世纪初其品牌影响力仍较大，品牌价值突出，值得保护。

4.10.1.4　沙市市日用化工总厂工业遗产的保护

建议重点保护图4-10-4中编号1～3的沙市市日用化工总厂办公楼工业遗产。对于其他有关遗产（图4-10-4中编号4～8），在开发过程中有条件的也应尽量保护。

4.10.2　太平洋肥皂厂

太平洋肥皂厂位于武汉市硚口区仁寿路148号，前身为无锡商人1914年创办的民信肥皂厂。后期转型为武汉化工厂。2013年被评为武汉市第一批三级工业遗产。

4.10.2.1　历史沿革[1][2]

1914年，无锡人薛坤明出资5000元（银元）创办民信肥皂厂。

1929年，民信肥皂厂迁至宗关皇经堂原法国人办的雄黄厂，更名为太平洋肥皂厂。有厂房400平方米，且建有专用码头。

1938年，日军掠夺太平洋肥皂厂的厂房和部分设备，开办第一株式会社汉口工厂，生产"青龙"牌肥皂。

1945年抗战胜利后，日本人创办的林大酒精制皂厂（前身为1913年法国人创办的康成酒厂）、第一工业株式会社汉口工厂（原太平洋肥皂厂）、大二酒精制造所、出光酒精厂等厂一并组建成汉口酒精厂。

1946年，汉口酒精厂更名为汉口化工厂。

1950年，汉口化工厂更名为武汉化工厂。

1956年，天伦、祥泰、华中3家肥皂厂并入。

1958年，汉昌、新康两家肥皂厂并入。

1984年，武汉自行车六厂被该厂兼并。

---

[1] 武汉市硚口区地方志编纂委员会. 硚口志[M]. 武汉：武汉出版社，2007.
[2] 张笃勤，侯红志，刘宝森. 武汉工业遗产[M]. 武汉出版社，2017.

1990年，与武汉油脂化学厂、武汉化工厂（原武汉化工厂葛店分厂）组建成武汉日用化工集团。

1992年，集团解体，该厂恢复原名国营武汉化工厂。

2011年，宣布破产。

4.10.2.2 太平洋肥皂厂工业遗产

（1）总平面布局

太平洋肥皂厂位于武汉市硚口区仁寿路148号，整个厂区沿南北方向布置，主入口位于基地北面的仁寿路上。主入口两边便是有100多年历史的办公楼，往里走是基地南侧的厂房，3座日式风格的厂房并联在一起，形成一个整体。基地西南角还有一幢苏联风格的两层楼房，除去这些建筑，厂区内的其他建筑已于近年被拆除（图4-10-5、图4-10-6）。

（2）建（构）筑物遗存概况

太平洋肥皂厂现存的建筑有6座，包括3座并联的厂房，2座两层办公楼以及1座两层楼房，其余的建筑已经被拆毁或是处于正在被拆的状态，保留下来的建筑都已被列入工业遗产。

①厂区并联厂房

厂房是太平洋肥皂厂内的主要建筑，距今已经有80多年的历史，三座并联也非常少见。三座厂房进深相同，约50米，并联起来的面宽约56米，体量较大。厂房整体呈日式风格，屋顶为木构架，全部开矩形天窗。现存厂房内部经过改造，加建了混凝土墙体，建筑原始的内部空间已无法窥探（图4-10-7）。

②厂区办公楼

两座法式风格的办公楼是太平洋肥皂厂内年代较早的建筑，开间约28米，进深约13米。两座办公楼都是双层砖木结构，现存建筑内部有明显的改造痕迹，其中一座办公楼立面损毁严重，原始样貌已经无法确认（图4-10-8）。

图4-10-5　太平洋肥皂厂航拍图
（资料来源：周昭摄于2018年）

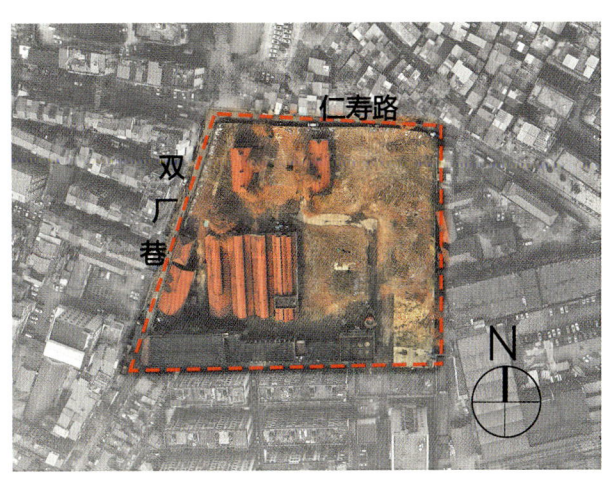

图4-10-6　太平洋肥皂厂总平面图
（资料来源：周昭摄于2018年）

(a) 厂房立面

(b) 厂房外观

(c) 厂房内部

图4-10-7 太平洋肥皂厂厂房现状
(资料来源：周昭摄于2018年)

4.10.2.3 非物质文化遗产

康成酒厂由法国人创办于1913年，1945年与太平洋肥皂厂等厂一并组成湖北省汉口酒精厂。康成酒厂开启了汉口机械酿酒之史，在这之前，白酒生产多靠人工。康成酒厂于1974年建成液态法酿酒车间，从投料、拌料、蒸煮、糖化、发酵、蒸馏形成了一条自动线，减轻了工人的劳动强度，节约了人力，增加了产量。[1]

---

[1] 武汉市地方志编纂委员会. 武汉市志 [M]. 武汉：武汉大学出版社，1999.

(a)一号办公楼外观　　　　　　　(b)一号办公楼立面

(c)二号办公楼外观

(d)二号办公楼室内

(e)二号办公楼内楼梯

图4-10-8　厂区办公楼
(资料来源：周昭摄于2018年)

4.10.2.4 价值评估

（1）社会文化价值

太平洋肥皂厂的产品口碑载道。1914年，生产"万国通商"牌条皂、"铜帽"牌腰圆皂、"八吉"牌薄型腰圆皂、"民信"牌方块皂。1915年，薛坤明利用为人熟知的"太平洋"3字作商标，生产方块、腰圆透明皂，颜色金黄透明，定名为"太平洋大土皂"。这些产品都颇有声誉，畅销海内外。

（2）艺术价值

太平洋肥皂厂距今已有100多年，厂区内现存有法式风格、日式风格以及苏联风格的不同时期的建筑，可以说该厂是中国近代乃至当代建筑史的缩影，建筑自身的艺术价值非常丰富。

4.11 通信业类工业遗产

4.11.1 汉口电话局

汉口电话局位于汉口原英租界湖北街（今中山大道）吉祥路口（今江岸区合作路51号），是一座四层钢筋混凝土结构大楼，大楼底层建有半地下室，总建筑面积9729平方米，由英商通和有限公司阿特金斯和达拉斯设计，魏清记营造厂承建。[①]汉口电话局原名交通部武汉电话局，现为中国电信武汉江岸区分公司。大楼设计精巧典雅，是武汉城市电信业发展的重要见证，被评为武汉市二级保护建筑，2008年被公布为湖北省文物保护单位（图4-11-1）。

4.11.1.1 历史沿革

1884年，汉口开设电报服务。在电报通信的带动下，1899年汉口电话局开始兼办电话业务。

1902年，湖广总督张之洞在汉口和武昌筹办市内电话，汉口电话局设在张美之巷（今民生路附近），供官绅使用。[②]作为舶来品的电话，自此在武汉落地生根。[③]

1907年，因扩展业务缺乏资金，汉口电话业务招商承办，清政府将汉口的电话业务出售给商人刘歆生，自此官办电话转变为商办电话，此后，汉口电话局迁至兴隆街口（今统一街协兴里附近）继迁六渡桥。自此，汉口电话业迎来了一次命运转折，市内电话用户大有增加。至1911年，市话用户已由最初的二三十户增至112户。

1914年，国民政府交通部出资18万元将汉口和武昌商办电话公司收为国有。[④]

1915年，国民政府交通部出资9万元将独立的租界电话收归国营，此后武汉电话系统的管理归于一统。[⑤]

1915年，国民政府交通部在中山大道合作路口兴建新式电话大楼，改装新机。

1917年5月，大楼建成后，汉口电话局迁入新址，定名为武汉电话局。

1921年秋，设立汉阳电话分局。从此，武汉三镇皆可通市内电话。

1930年，湖北建设厅在汉口设立湖北省长途电话管理处，并开设长途电话。

---

① 汉口电话局，http://dfz.wuhan.gov.cn/html/wh/zhishuo/mingyoujianzhu/2014/0828/47680.shtml.
② 武汉市地方志编纂委员会.武汉市志.交通邮电志[M].武汉：武汉大学出版社，1989.
③④ 武汉市文化局.武汉中山大道[M].武汉：武汉出版社，2017.
⑤ 袁继成.汉口租界志[M].武汉：武汉出版社，2003.

图4-11-1 汉口电话局旧址鸟瞰
（资料来源：江鹏摄于2019年）

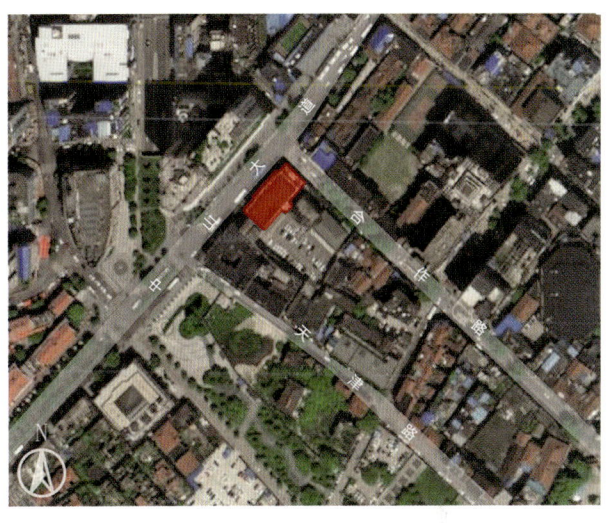

图4-11-2 汉口电话局旧址卫星图
（资料来源：百度地图，江鹏改绘）

1934年2月，武汉电话局新装西门子自动交换机4000门。这时，武汉市内电话已统一为自动式电话机，总容量达8500门。这是武汉装用自动电话交换机之始[①]。

1936年，以武汉为中枢的湖北长途电话线长达1万多公里，长途电话连通全省60余县，通达9省，而且可以直接连通香港。

中华人民共和国成立后，市内电话业务均划归武汉电信局，并延续至今。现为中国电信武汉江岸区分公司。

4.11.1.2 汉口电话局工业遗产

（1）总平面布局

汉口电话局旧址位于武汉市江岸区合作路51号，中山大道和合作路交叉路口处（图4-11-2）。20世纪初装饰主义建筑风格盛行于美国，大楼建筑形式深受其影响，既保留古典主义建筑细节，如拱券、山花等，又不受古典主义程式化的束缚。大楼平面呈凸形，总平面布局强调整体严谨。现为中国电信武汉江岸区分公司办公楼。

（2）建（构）筑物遗存概况

汉口电话局大楼整体为古典主义风格的建筑。楼高4层，钢筋混凝土结构，立面呈三段式构图，且建筑结构与立面装饰完全一致，外墙为仿麻石墙面（图4-11-3）。

大楼正立面面对中山大道，主入口门斗高达两层楼，左右各以多立克柱式双柱支撑，古典柱式的运用尽显雄伟气势。同时建筑门斗以上三层阳台下方的支撑部位建造优美；墙面凹凸线脚装饰，长方形直角窗以及突出的腰线，檐口小型山花和高低参差的女儿墙，从整体到局部，一系列

---

① 胡榴明.武汉百年建筑经典：三镇风情[M].北京：中国建筑工业出版社，2011.

图4-11-3　汉口电话局旧址沿街立面

4.11.1.3　价值评估

（1）历史价值

我国电信技术与设备在初始时期曾依靠外国且受制于外国资本，因而难以真正独立自主地发展民族通信事业。晚清及民国时期，汉口电话局的建设正是我国近代电信工业挣脱外资及"官办"，追求"商办"，又回归"官办"这一曲折历程的历史见证者。

（2）社会文化价值

汉口电话局的建立是近代汉口电信业发展的标志，改变了国人视西洋器物为"奇技淫巧"的传统观念，了解电话的神奇功能与传递"声音"的便捷性，促进了电话通信方式的快速传播，满足了人们日常生活的通信需要。它揭示了中国电信业近代化的加速，推动了民族资本的发展，加强了武汉与全省乃至全国的联系，改善了人民生活。如今，它作为中国电信武汉江岸区分公司，功能的持续性使用使其依然守望着城市电信业的繁荣，增加了文化厚度。

细致入微的形式语言的运用和细部设计，突出了该建筑的设计品质。

建筑楼梯间入口处，仍保留有古典风格的拱券与柱式的结合，将拱券直接落在柱头上的券柱式，加上立柱和壁柱多条线脚的刻画，使门洞韵律优美、轻盈空透（图4-11-4）。

（a）汉口电话局旧址正立面

（b）汉口电话局楼梯口门洞

图4-11-4　汉口电话局旧址城市界面及室内
（资料来源：江鹏摄于2019年）

（3）艺术价值

汉口电话局大楼建筑立面展现了独具特色的古典风格设计语言，而内部功能布局则遵从功能主义的现代要求，为现代建筑设计研究提供了样本和借鉴意义。

4.11.2 汉口电报局

汉口电报局电报大厦建于1920年，也是西门子洋行大楼，位于英租界湖北街（今中山大道）与天津街（今天津路）转角处（今中山大道1004号），同时紧邻汉口电话局大楼，由汉协盛营造厂建造，[①]现为中国营业部（图4-11-5）。建筑于1944年2月在美军飞机轰炸汉口时炸毁，后由永年营造厂原地原样重建了现楼。[②]大楼带有浓郁的德国理性色彩，底层外墙上刻有"德国西门子洋行"的标志。[③]坐落于中山大道和天津路相交处的汉口电报局大楼，是武汉城市电信业发展的重要见证，因其具有浓厚的历史底蕴和较高的历史价值，被评为武汉市二级保护建筑、武汉市文物保护单位。

4.11.2.1 历史沿革

汉口电报业始于1884年。而最早的电报业务由清政府经营，大多在租界区，电报业务往来大多是租界洋行之间的洋行业务。当时，电报总局设在上海，各地电报局分为分局、子局、支局和报局四个等级。汉口电报局属分局，官督商办。

1884年，张之洞督鄂时期，设立汉口电报局，汉口电报局初设于汉口民生路老熊家巷河边招商局内。使用莫尔斯电报机和上海通报，这是武汉商办的第一条电报线。[④]

1890年，武汉能和全国17个省市通电报，与亚洲、欧洲、美洲许多国家有轮船电讯往来。

1913年，全国设各区电政管理局，鄂湘电政监督兼汉口电报局总办，局址迁至英租界凤池里（今智民里）。

1916年，撤销区电政管理局，电政监督一职由一等电报局局长兼理。此时该局为一等甲级电报局，局长兼任湖北电政监督。

1920年，局址迁至新建的天津街电报大厦，大楼转角主楼体以及天津路一侧楼体属汉口电报局，临近中山大道的那一侧楼体属德国西门子公司。

图4-11-5 汉口电报局旧址鸟瞰
（资料来源：江鹏摄于2019年）

---

① 武汉市文化局.武汉中山大道[M].武汉：武汉出版社，2017.
② 资料来源：http://dfz.wuhan.gov.cn/html/wh/zhishuo/mingyoujianzhu/2014/0828/47681.shtml.
③ 袁继成.汉口租界志[M].武汉：武汉出版社，2003.
④ 武汉地方志编纂委员会.武汉市志.交通邮电志[M].武汉：武汉大学出版社，1989.

1927年，该局由国民政府交通部定为全国四所特等电报局之一，直属部辖。

1929年，该局由武昌迁至汉口后，级别降低，改属湖北电政管理局管辖。

1934年，该局始兼营长途电话业务，同年，全国通商大埠实行邮电合并，汉口无线总台并入汉口电报局。

1936年，沪、汉、粤无线电台三角网建成。湖北省内电报线路超过3000公里，电报机增加到100余台，在汉口、沙市、宜昌等地设有无线电。

1937年，该局再并入湖北电政管理局，兼理汉口电报和长途电话业务。[①]

1938年10月汉口沦陷前，汉口电报局撤离西迁。沦陷时期，日本人垄断了汉口的电信电报业务。

1946年，抗战胜利后，汉口电报局和武汉电话局合组为武汉电信局，天津路汉口电报局大楼为武汉电信局总营业处。

1949年后，仍作为武汉电信局营业处使用，长途电话也在这里面营业。

1985年6月，武汉电信局引进日本超高速用户传真机，传真电路通达日本东京、北京、上海、芜湖、镇江、桂林、重庆、荆门、宜昌、香港、深圳等地。

1988年，武汉市电信局创下月处理电报600万份的纪录，电报投送点的200多名投递员日均投递电报100多份。

4.11.2.2 汉口电报局工业遗产

（1）总平面布局

汉口电报局与西门子洋行同属一幢大楼，位于中山大道与天津路交叉路口转角处（图4-11-6），

图4-11-6　汉口电报局旧址卫星图
（资料来源：百度地图，江鹏改绘）

江岸区中山大道1004号。建成于1920年，系古典主义向现代主义过渡的建筑风格。建筑总平面构图整体严谨，采用中庭式采光天窗，内部功能十分紧凑。

（2）建（构）筑物遗存概况

汉口电报局旧址大楼主入口正对中山大道和天津路交叉路口转角处。门斗为骑楼式，用于行人穿行，主入口门斗有一层楼，由四根左右对称布置的多立克柱式柱子支撑，门斗上方是厚重的挑檐，门斗上的二层阳台是用铁砂砖砌筑的多边形实墙栏板，极显雄伟气势。阳台上方墙面有凹凸线脚装饰、长方形直角窗、突出的腰线、檐口小型山花和石质束腰栏杆。顶部采用山花构件，突出的檐口形成主入口细节。

大楼立面以简约、凝练的线条勾勒出建筑立面。建筑立面外墙使用汉阳产铁砂砖砌筑，青灰

---

① 袁继成. 汉口租界志[M]. 武汉：武汉出版社，2003.

色墙面附以砖砌花饰，十分朴实。大楼底层地坪全部为磨花石，带有浓郁的德国理性色彩，虽然如此，在立面构图上，它仍然借鉴了古典三段式结构。

建筑一楼大厅中间设中庭式采光天窗。仍保留有古典风格券柱穹顶，突出的线脚和小山花进一步加深了对天窗轮廓的刻画，使窗洞显得韵律优美、轻盈空透（图4-11-7）。

4.11.2.3 价值评估

（1）历史价值

电报促进了中国通信的近代化进程，使中国步入电子通信时代，汉口电报局是武汉电信业的开端。1908年，南来北往的电报在汉口接转，武汉成为国内最大的电报中转地。抗日战争时期汉口电报局西迁，大楼被日本人占领，抗日战争胜利后汉口电报局并入武汉电信局。汉口电报局大楼作为重要载体，见证了武汉电报快速发展的历史，对中国电信发展史具有非常重要的意义。

（2）社会文化价值

汉口电报局的建立加快了武汉电报民用的脚步，在人们的社会生活中使用日益频繁，电报不再局限于政治和军事之中，在社会生活和商业往来上同样发挥着重要作用。此外，汉口电报局的建立丰富了人们的新闻视野，使人们不再局限于报纸和书本上传递的信息；而且众多的政府通电就是通过电报局下发，然后再刊发在报纸上，所以电报局往往能引导某一地区将原本零星的社会动向凝聚成一种明确的社会舆论。

（3）艺术价值

汉口电报局大楼的建筑风格是从古典到现代主义过渡的真实样本，展现了独具特色的建筑样式，为现代建筑设计提供了借鉴。

4.11.3 济生路电话分局旧址

济生路电话分局旧址位于江汉区友谊路98号，即友谊路与民主一街交叉路口转角处（图4-11-8），原是清政府于1902年初设于汉口的电话局的分支机构所在地。该大楼建于1902年，为砖混结构的三层办公大楼，属济生公司所有，由英商通和有限公司设计，魏清记营造厂施工建造。1926年由武汉电话局与济生公司订立合同，在汉口济生路设立电话分局，决定将该大楼作为济生电话分局的办公楼。2006年，该建筑被武汉市政府评为武汉市第三批优秀历史建筑，是湖北省文

（a）电报局旧址沿街立面

（b）电报局旧址原主入口

（c）电报局大楼中庭天窗

图4-11-7 汉口电报局现状

（资料来源：江鹏摄于2019年）

物保护单位。该大楼现作为武汉电信局江汉分局办公楼,一楼作为中国电信营业厅,二三楼作为武汉电信分局办公室。

4.11.3.1 历史沿革

1884年,清政府在汉口开设电报服务。在电报通信的带动下,1902年,汉口和武昌有商人兴办电话公司。①

1902年,济生路电话分局旧址大楼由英商通和有限公司设计,魏清记营造厂施工建成。同年清政府在武昌、汉口各设一所电话局。

1907年,因扩展业务缺乏资金,汉口电话业务招商承办,由地皮大王刘歆生等筹资将官办电话转变为商办电话,市内电话用户大有增加。至1911年,市话用户已由最初的二三十户增至112户。

1914年,汉口电话业的发展迎来转机,国民政府交通部出资18万元将汉口和武昌商办电话公司收为国有。

1915年国民政府交通部出资9万元将原独立的租界电话收归国营,此后武汉电话系统的管理归于一统。②

1917年在汉口成立武汉电话局,武昌为电话分局。汉口电话局迁入新址,定名为武汉电话局。

1926年武汉电话局与济生公司订立合同,在汉口济生路设立武汉电话局济生路电话分局。

中华人民共和国成立后,市内电话业务均划归武汉电信局,并延续至今。现为武汉电信局江汉分局办公楼及中国电信营业厅。

4.11.3.2 济生路电话分局旧址工业遗产

(1)总平面布局

大楼位于友谊路与民主一街交会处,充分利用地势两边展开。L形建筑布局占据于友谊路和民主一街之间转角处位置,建筑临街部分为原济生路电话分局办公楼(今汉市电信局汉口管理所用房),朝内是多边形楼体空间联系建筑内院。整栋建筑平面布局整体紧凑,严谨简约(图4-11-9)。

图4-11-8 济生路电话分局旧址卫星图
(资料来源:百度地图,江鹏改绘)

图4-11-9 济生路电话分局旧址鸟瞰
(资料来源:江鹏摄于2019年)

---

① 湖北省地方志编辑委员会.湖北省志.工业志[M].北京:中国轻工业出版社,1992.
② 胡榴明.武汉百年建筑经典:三镇风情[M].北京:中国建筑工业出版社,2011.

(a) 电话分局旧址沿街立面

(b) 电话分局旧址西南角主入口

图4-11-10　济生路电话分局外观

（资料来源：江鹏摄于2019年）

（2）建（构）筑物遗存概况

济生路电话分局旧址大楼为砖混结构的三层办公楼，属现代主义建筑风格，但融入古典主义建筑元素，既有古典主义的雅致，又有现代主义的简约，为古典主义向现代风格过渡的造型（图4-11-10）。

正立面入口处设一凸出门斗，由四根爱奥尼克柱并列支撑，门斗上自然形成一个阳台。四角有直方门窗，二层有突出腰线，三层有水平向檐口，檐口有山花装饰，楼顶建有女儿墙。自1949年至今，相关部门对这幢楼房进行过多次维修改造，但没有毁掉老建筑原有风貌。

该建筑立面整体简洁优雅，采用古典的三段式构图方式，外墙为仿麻石墙面，墙面线角装饰及檐口女儿墙富有变化，简化了腰线和檐线，立面刻凹槽做横向划分及屋顶的山墙做简单处理。

4.11.3.3　价值评估

（1）历史价值

济生路电话分局是武汉电话分局的代表性建筑，与汉口电话局一样，济生路电话分局也经历了从官办到商办，再到官办的过程，见证了我国电信技术曲折的开端与后来的蓬勃发展，标志着中国电信业近代化发展的加速前进。

（2）社会文化价值

与汉口电话局相同，济生路电话分局的建立满足了济生路片区人们日常生活中的通信需要，使得人们与外界的联系更加频繁，信息传播更加便捷。济生路电话分局完整的空间遗产承载着他们的重要记忆。

（3）艺术价值

济生路电话分局旧址大楼的建筑立面采用古典的三段式构图，但同时简化腰线和檐线，向现代主义风格过渡，展现了古典主义风格和现代主义风格良好的融合。

4.12　冶金业类工业遗产

4.12.1　汉冶萍煤铁厂矿旧址

汉冶萍煤铁厂矿旧址位于黄石市西塞山区黄石大道316号，现湖北新冶钢有限公司厂区内部。汉冶萍煤铁厂矿旧址前身为大冶铁厂，大冶铁厂是近代亚洲最大最早的钢铁联合企业——汉冶萍公司的重要组成部分。2006年，汉冶萍煤铁厂矿旧址被国务院公布为第六批全国重点文物保护单位。2018年，汉冶萍煤铁厂矿旧址的前身大冶铁厂入选中国工业遗产保护名录（第一批）。

4.12.1.1 历史沿革

1913年，时值第一次世界大战前夕，国际市场上钢铁价格猛涨，汉冶萍公司决定筹建大冶新厂，扩充产能。

1916年，大冶新厂被授予"汉冶萍煤铁厂矿有限公司大冶钢铁厂"之章，大冶铁厂正式定名。

1924年，大冶铁厂和大冶厂矿合并为"大冶厂矿"。

1938年，国民资源委员会令汉冶萍公司所属厂矿设备迁往重庆另建新厂。同年10月，汉冶萍公司大冶厂矿沦陷，日军设立"大冶矿业所"。

1945年，国民政府经济部接收日本制铁株式会社大冶矿业所，成立"日铁保管处"。

1948年，国民政府资源委员会成立华中钢铁有限公司，华钢接收汉冶萍公司全部资产，至此汉冶萍公司名义上正式撤销。

1949年，武汉军事管制委员会接管华钢，正式定名为"中原临时人民政府华中钢铁公司"。

1950年，中共中央决定将大连钢厂特殊钢车间迁入华钢，将华钢改建为特殊钢厂。

1953年，原华中钢铁公司改厂名为大冶钢厂。厂名全称"中央人民政府重工业部钢铁工业管理局华中钢铁公司大冶钢厂"。[①]

1994年，大冶钢厂改制为"冶钢集团有限公司"，同时大冶特殊钢股份有限公司挂牌。

2000年，东方钢铁有限公司并入冶钢集团有限公司。

2004年，中信泰富收购冶钢集团有限公司钢铁主业资产，组建"湖北新东方钢铁有限公司"，后更名为"湖北新冶钢有限公司"。

4.12.1.2 汉冶萍煤铁厂矿旧址工业遗产

汉冶萍煤铁厂矿旧址前身为大冶铁厂，始建于1913年，目前依然处于生产之中。其产业超过百年的发展历程留下了大量的工业遗产。

（1）总平面布局

大冶铁厂建厂选址时十分谨慎，总工程师日本人大岛道太郎带领中国工程师多次考察，最终定下厂址。厂址位于西塞山区，厂区用地狭长，东西向超过4公里，南北向约1公里，东面以西塞山为边界，南面距黄荆山约1.5公里，北面沿长江一字摊开，利于水运。同时铁路贯穿厂区，十分有利于生产材料的运输（图4-12-1）。

（2）建（构）筑物遗存概况

汉冶萍煤铁厂矿旧址目前留存有大量工业设备遗存，主要位于新冶钢有限公司西部。1938年日本入侵黄石地区前，国民政府炸毁汉冶萍煤铁厂部分重要生产设施，现存水塔所在区域基本为当时炸毁时原貌。厂矿旧址包括冶炼铁炉、高炉栈桥、日欧式建筑群、瞭望塔、水塔、汉冶萍界碑等工业遗产。这些工业遗产主要分布在两处，一处在生产区，另一处在生活区（图4-12-2）。生产区工业遗产分布在厂区西部，包括建筑物、机器设备。生活区工业遗产分布在厂区外部，为21栋苏式住宅。虽然生产区工业遗产已是重点文物，但是因为生产区域和保护区域空间杂糅，工业遗产及其周边区域至今没有划出城市紫线进行整体保护（图4-12-3）。

---

① 大冶钢厂志编纂委员会. 大冶钢厂志第1卷（1913—1984）[Z]. 1985.

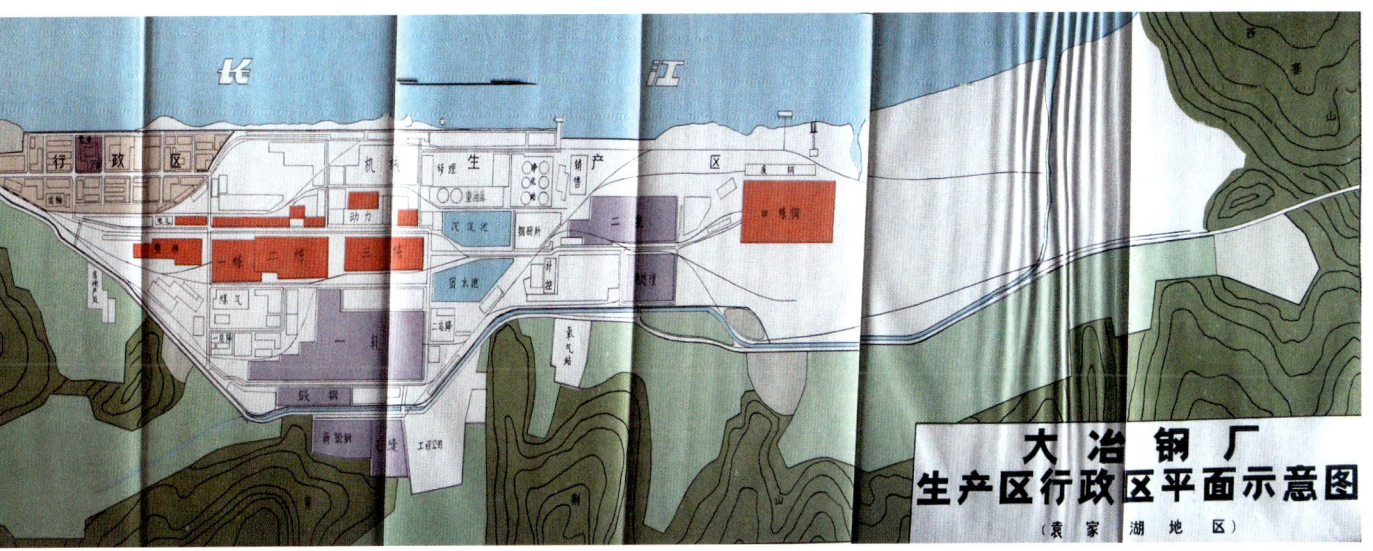

图4-12-1 大冶钢厂生产区行政区总平面示意图
（资料来源：大冶钢厂，《大冶钢厂志》，1985）

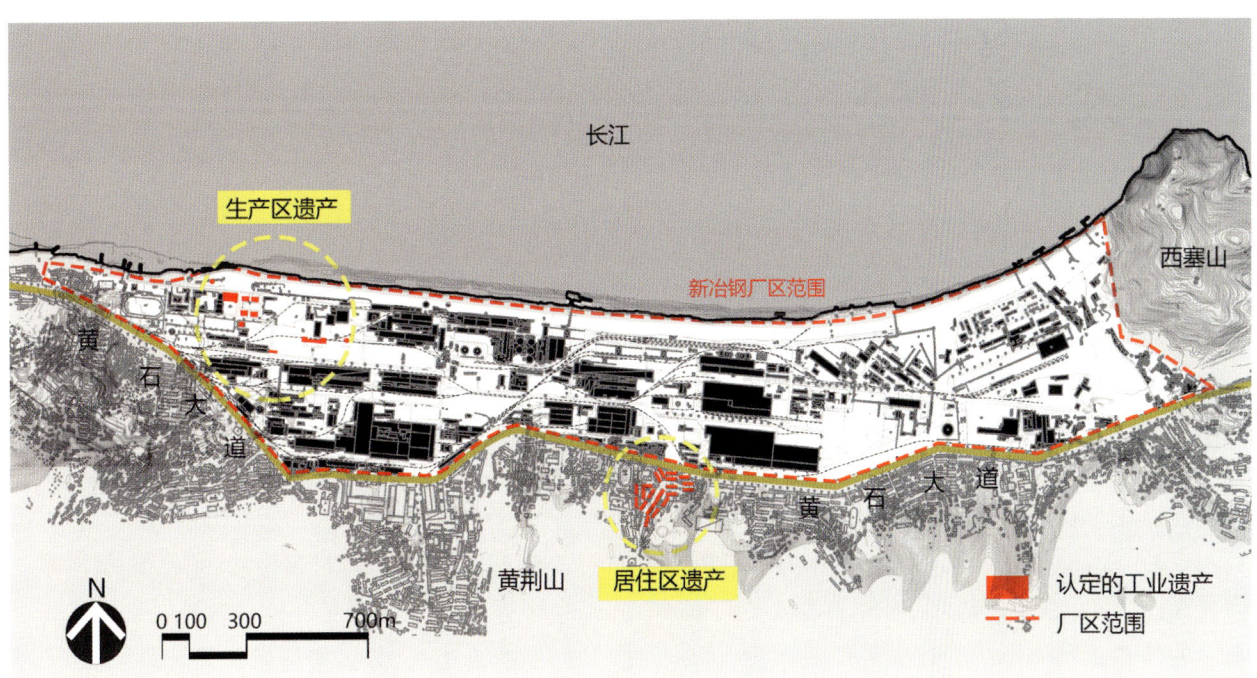

图4-12-2 大冶铁厂被认定的工业遗产分布图

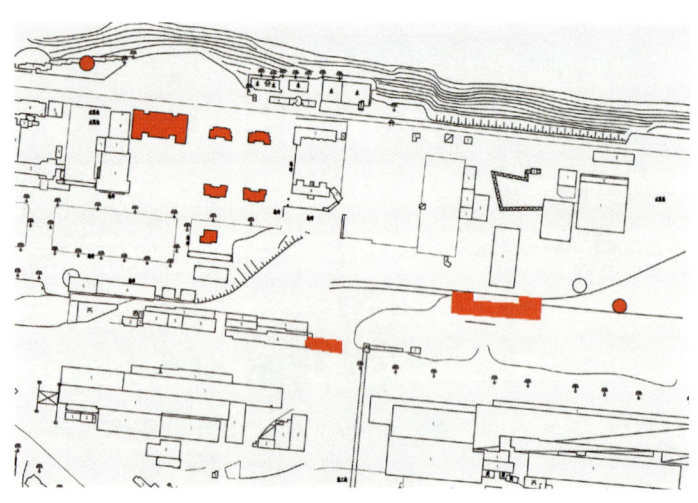 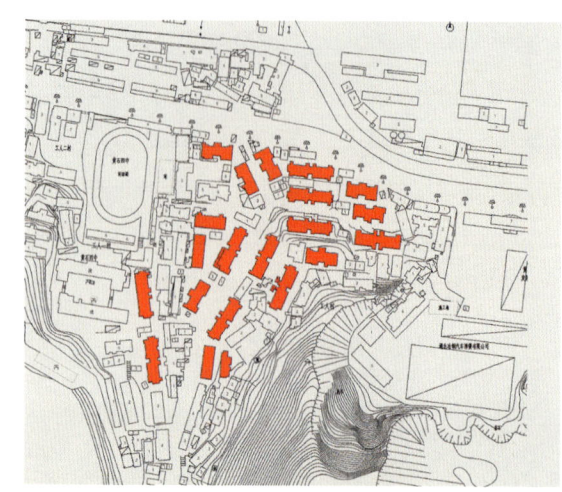

| （a）生产区遗产分布 | （b）居住区遗产分布 |

图4-12-3　生产区及居住区遗产分布图
（资料来源：作者自绘，底图来自黄石市规划院）

①冶炼高炉和高炉栈桥

冶炼高炉共两座，为美国固定式化铁炉。1921年1号化铁炉身建成，这是我国现存最早的钢铁冶炼高炉，当时为"亚洲第一高炉"，堪称为远东第一，炉高27.44米，容积为800立方米。1938年，为避免日军占领后使用，国民党军队将其炸毁。目前冶炼高炉仅剩部分残基，是我国重点保护文物，也是现存最早的近代钢铁工业冶炼遗址（图4-12-4a）。

高炉栈桥建于1919年，主要作用是运输铁矿石及燃料（图4-12-4b）。

②水塔和瞭望塔

水塔建于1918年，是与冶炼高炉配套的构筑物。水塔通高约33米，底座平面呈等边八边形，最大直径11米，水塔上部为圆柱形蓄水罐，直径14米，为欧式建筑风格。1938年日军入侵黄石时，水塔没有被炸掉，得以完整保留（图4-12-4c）。

瞭望塔建于1919年，位于厂区长江边，主要功能为警戒报警。瞭望塔平面呈等边六角形，通高约13米，塔身高约11.1米，最大直径2.6米；塔分上下两层，上层为开敞式平台，下层在六个方位设有12个椭圆形瞭望孔，塔身用红砖和米灰色砖错缝平砌，红砖上带有"铁锤钢钳"交叉的标识（图4-12-4d）。

③日式建筑和欧式建筑

日式建筑现存4栋，是当年厂内部高级管理人员及工程技术人员住宿的宿舍楼。位于行政区主干道北侧的1~4号楼保存状况完好，每栋两层，占地面积192平方米，总建筑面积2366平方米（图4-12-5）。

欧式建筑建于1917年，仅存公事房一栋，是当时大冶铁厂厂部办公楼，为典型欧式建筑，共三层，占地面积240平方米，建筑面积720平方米，建筑保存完好（图4-12-6）。[1]

---

[1] 汤强松，胡雅年．黄石矿冶工业遗产的内涵和价值 [J]．中国文化遗产，2016(3)：45-51．

(a) 冶炼高炉

(b) 高炉栈桥

(c) 水塔

(d) 瞭望塔

图4-12-4 大冶铁厂建（构）筑物遗存
（资料来源：王彬阳摄于2018年）

图4-12-5 日式建筑
（资料来源：王彬阳摄于2018年）

图4-12-6 欧式建筑
（资料来源：王彬阳摄于2018年）

④苏式建筑群

苏式建筑群始建于"一五"计划期间,选址于厂区南部,厂区和生活区被黄石大道分割开来。大多建筑南北朝向,少部分受地形和道路影响灵活布置。建筑群沿黄荆山北麓较缓坡度处建造,依山坐落,错落起伏。这批苏式建筑于1954年修建,由苏联专家设计,黄石本地的华钢建筑公司建造施工,共21栋,为3层高砖木结构建筑,外墙面为清一色的红砖墙。建筑设计和施工水平是当时黄石地区最高水平,被称为黄石最好的别墅群。当年厂里的高级干部、高级技术人员、苏联援华专家才有资格居住(图4-12-7)。

⑤其他工业遗存

1891年,大冶铁矿至石灰窑铁路开始修建,铁轨从德国进口,长6米,铁轨上"德国玻昏""1891"及英文字母清晰可见,于2015年在新冶钢行政区发掘,现展示于汉冶萍广场。汉冶萍界碑,界碑高70厘米,25厘米见方,青石制作,"汉、冶、萍、界"四字,分刻于石碑四面,用以明确公司用地范围。旧址上也留有汉冶萍公司标志的砖块,砖块上的图案是两把锤子和一把钳子(图4-12-8)。

图4-12-7 生活区苏式建筑群俯视
(资料来源:http://www.hsghy.cn/)

(a)标有"德国玻昏""1891"及英文字母的铁轨

(b)汉冶萍界碑

(c)刻有汉冶萍公司标志的砖块

图4-12-8 其他工业遗存
(资料来源:http://www.hsghy.cn/)

4.12.1.3 价值评估

（1）历史价值

汉冶萍煤铁厂矿是当时亚洲最大的钢铁联合企业汉冶萍公司的重要组成部分。大冶铁厂诞生于1913年，持续生产至今，它是我国近代重工业留存至今的实物例证，是我国现存最珍贵的工业遗产之一。同时，日军占领期间，大肆掠夺我国矿产资源的历史史实与汉冶萍煤铁厂矿旧址直接相关，因此这一遗址也是日本帝国主义疯狂掠夺我国资源的真实物证。

（2）科技价值

大冶铁厂率先在我国大规模引进当时国际先进的技术和设备，在中国首次成功建立起从采矿、生铁冶炼到轧钢的一整套技术，生产出高质量的钢铁制品，很大程度上推动了中国乃至亚洲现代重工业的发展。此外，始建于1921年且目前保留完整的冶铁高炉，当年是亚洲第一高炉，是我国现存最早的近代工业钢铁冶炼遗产。汉冶萍煤铁厂矿旧址大量的遗存物展现了不同时期工业发展过程，为探究近现代钢铁冶炼过程提供了较为完整的生产链空间实物。1949年前工厂出产的钢轨大量应用于近代我国铁路的建设；1949年后出产的钢铁产品广泛应用于国防军工、航天航海等领域，出口美国、德国等欧美国家及东南亚等众多国家，属于历史上典型的高技术企业。

（3）社会文化价值

大冶铁厂培养了一代代技术工人，许多人扎根于此，生活与工作融为一体，厂区之外的工人居住区现存21栋苏式住宅，是工人们艰苦岁月记忆的空间载体。此外，大冶铁厂的发展推动黄石这座工业城市的初步形成和发展，提供了大量就业、居住等社会服务。

（4）经济价值

汉冶萍煤铁厂矿旧址有大量珍贵遗产，是爱国主义教育基地，为了解近现代钢铁工业发展及其历史文化进程提供了空间场所。当地政府意欲将其打造成黄石工业旅游的重要景点之一，但因厂区大部分处于生产状态，游客很难获准进入，因此厂区大部分遗产目前处于"博物馆式"保存状态，少部分被用于厂区办公和管理用房。

4.12.1.4 汉冶萍煤铁厂矿旧址工业遗产的保护

建议重点保护以下7处汉冶萍时期就遗留下来的工业遗产（图4-12-9）：①1栋欧式建筑；②4栋日式建筑；③瞭望塔；④水塔；⑤冶炼高炉；⑥高炉栈桥；⑦从德国进口的钢轨。

对于厂区其他有关遗产，再开发过程中有条件的也应尽量保护。

4.12.2 大冶铁矿（黄石国家矿山公园）

大冶铁矿位于湖北省黄石市铁山区。1908年，大冶铁矿并入"汉冶萍煤铁厂矿有限公司"，成为汉冶萍公司的一个重要组成部分。为弘扬矿业文化，2007年黄石市政府以大冶铁矿东露天采场为主体建成黄石国家矿山公园。2018年，大冶铁矿入选中国工业遗产保护名录（第一批）。

4.12.2.1 历史沿革

大冶铁矿的开采历史分三个时期，即古代开采、近代开采、现代开采。

早在226年，吴王孙权就派人在此开采铁山铜铁，制造兵器，拉开铁山开采的序幕。

1890年，湖广总督张之洞派人到大冶铁山成立大冶矿务局，这是大冶铁矿的前身。

1893年大冶铁矿开辟铁门坎采区，1896年开

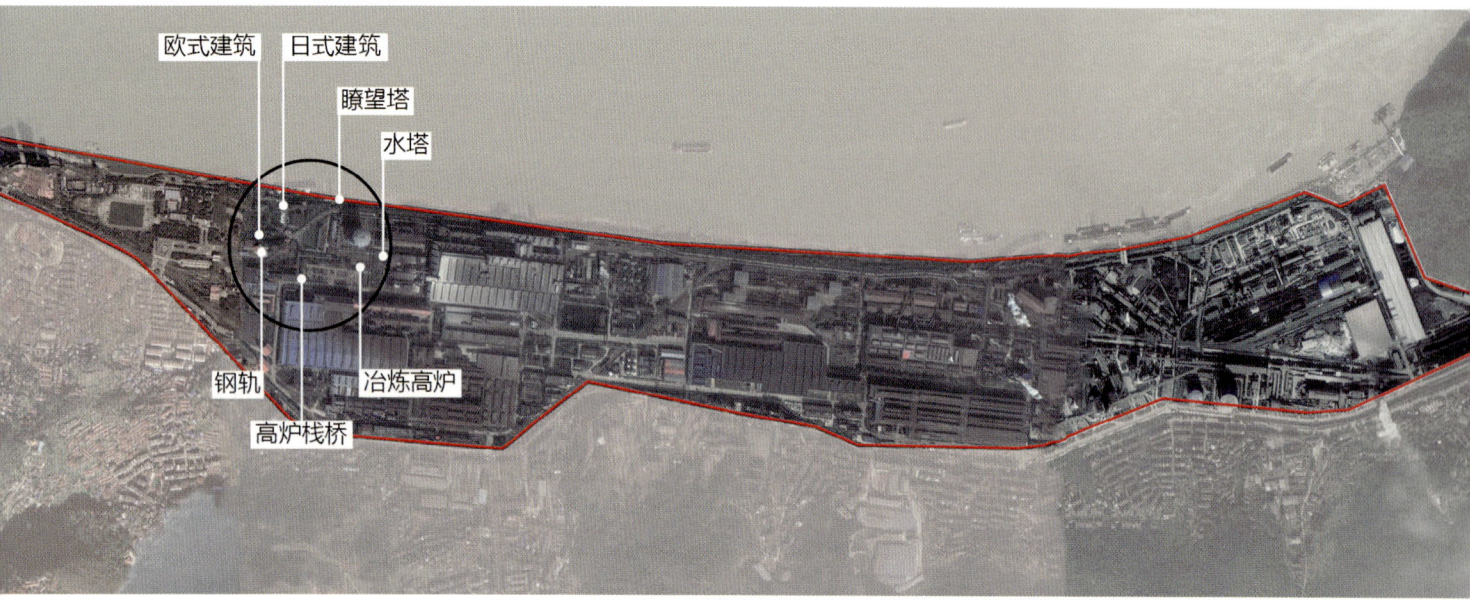

图4-12-9 汉冶萍煤铁厂矿旧址工业遗存分布图
（资料来源：王彬阳绘制）

辟得道湾采点，1915年湖北当局成立官矿公署，在大冶铁山开办象鼻山铁矿。

1937年，抗日战争全面爆发。1938年，日军占领铁山，疯狂掠夺大冶铁矿的矿产资源，在矿山区域大规模建设。因生产的需要恢复了被炸毁的铁路，建设发电所、变电所、修理厂，配备运矿火车头、车厢等，还增建了住宅，配套了学校。住宅区规模较大，可以容纳7千人居住，根据居住对象的不同，住宅分为不同的等级类型。同时还配备了医院、物品配给所、领事馆、警备队等基础设施。

抗战胜利后，国民政府接管大冶铁矿，成立华中钢铁公司。

1949年，铁山解放。中华人民共和国成立后，大冶铁矿成为武钢的主要原料基地，逐步恢复生产。武汉钢铁建设公司完成了矿山供水、供电、运输、选矿厂、工业场地、工人新村等矿山建设工程。同时，市区到铁山的公路、铁山大道等道路修筑完成，铁山区内环棋盘式的道路格局初步形成。

1958年，大冶铁矿改小机械为大型机械化开采，设计年产铁矿石290万吨，成为中国十大铁矿生产基地之一。矿区由独立的采矿点逐步演变成生产区与生活区融为一体的矿业城镇。

21世纪初期，矿区矿石储量逐步减少，濒临枯竭，武钢集团提出大力发展非矿产业。为弘扬矿业文化，大冶铁矿于2006年建成大冶铁矿博物馆，于2007年以大冶铁矿东露天采场为主体建成黄石国家矿山公园。2011年，国家矿山公园在现有的基础上改扩建。[1]

---

[1] 武钢矿冶公司大冶铁矿矿志办.大冶铁矿志[Z].武汉：武汉市宏达盛印务有限公司，2012.

4.12.2.2 大冶铁矿工业遗产

（1）总平面布局

大冶铁矿主要工业遗存包括矿山遗迹、建（构）筑物和采矿设备（图4-12-10）。①矿山遗迹是大冶铁矿最核心的景观资源，包括高差达400多米的露天矿坑和深达地下100多米的矿井。②建（构）筑物包括厂区宿舍楼、日军留下的碉堡遗址和选矿车间等，其中宿舍楼分布在城区，碉堡遗址和选矿车间等分布在矿山区域。③采矿设备有大型运矿车、采装设备、运矿轨道等，展示了从采矿到选矿，再到运矿的生产全过程。矿区因其生产方式的特殊性，一方面生产区和生活区联系紧密，另一方面矿区边界不甚明晰导致工业遗产分布较为分散，大多数工业遗产位于黄石国家矿山公园内，少部分遗产位于市区的生活区。

（2）建（构）筑物遗存概况

①大冶铁矿东露天采场

大冶铁矿东露天采场旧址由象鼻山、狮子山、尖山三个矿体组成。采场东西长2400米，南北宽900米，上下落差444米，坑口面积达108万平方米。1893年，大冶铁矿正式投入大规模开采，一直持续到2003年露天开采才告结束。大冶铁矿东露天采场旧址是中国第一座采用机械化开采的大型露天矿山，代表着当时生产力的先进水平，是世界第一高陡边坡和亚洲最大的人工露天采坑（图4-12-11）。

图4-12-10　大冶铁矿矿区总图及工业遗产分布图

（资料来源：王彬阳绘制）

图4-12-11　大冶铁矿东露天采场鸟瞰
（资料来源：黄石市文物局）

图4-12-12　碉堡遗址
（资料来源：黄石市文物局）

图4-12-13　炸药洞遗址
（资料来源：黄石市文物局）

图4-12-14　采矿设备
（资料来源：黄石市文物局）

①日军碉堡遗址

1938年，日军占领铁山后，百余名军警常驻铁山。在铁山周围山顶、山腰、路口和岔道处筑起了10多座碉堡，设立了几十个哨卡，还在矿区架设了电网，将周围20平方公里区域全部围在电网中。采矿工人在日军压迫下进行奴役性劳动。现存的日军碉堡是日军侵略中国的真实证物（图4-12-12）。

③炸药洞遗址

汉冶萍公司炸药洞遗址于20世纪初开凿，是当时用来存放炸药和备品备件的地方。在日军占领大冶铁矿期间，用于储存炸药，炸药用于矿山的开采（图4-12-13）。炸药洞全长150米，由3个独立的山洞组成，互不相连。后来为了方便游客行走，将地面铺成石材地板，并将炸药洞全线贯通。

④矿冶博览园中的采矿设备

矿冶博览园位于东露天采场南部，这里存放有大量曾用于矿石开采的机器设备（图4-12-14）。例如，伟步克矿用自卸车、KLD—100轮胎式装载机、特雷克斯汽车、双机液压台车、坦克吊车、佩尔利尼自卸汽车、压路机，等等。

⑤大冶铁矿厂选矿区

大冶铁矿厂选矿区留存有大量大型机器设备，部分仍在使用，工业生产流线保存完好，具有重要的工业遗产研究价值及工矿文化展示价值（图4-12-15）。

⑥大冶铁矿厂办公楼

办公楼一建于1950到1970年代之间，有4层，砖混结构，是大冶铁矿厂的主要办公空间（图4-12-16）。办公楼二采用四坡屋顶，有2层，平面呈矩形，保存质量完好（图4-12-17）。

（a）巨构选矿设备

（b）多层厂房及其内置选矿设备

图4-12-15 大冶铁矿厂选矿区

图4-12-16 厂区办公楼一
（资料来源：黄石市规划院）

图4-12-17 厂区办公楼二
（资料来源：黄石市规划院）

（3）工业遗产社区

①光明里宿舍

始建于1970年代，是大冶铁矿职工集中生活的地方，持续沿用至今。12栋宿舍呈行列式布置，建筑群受道路影响正立面朝向西南方。宿舍楼都是3层砖混结构住宅建筑，建筑立面风格一致，直接裸露的红色墙体是其特色所在。在光明里建成至今的几十年间，矿区的逐渐没落转型，空间的多次易主，使得原本由矿山高级职工和管理人员居住的12个单元，蜕变成社会背景不一、年龄差距悬殊、家庭结构不同的216个家庭居住单元。同时，随着光明里人口的增加，物质环境的过载反映在每一个居住单元之中，其中最突出的外在表现形态莫过于在每个居住单元北面自行加建的部分，用以满足居住需求。宿舍楼每层有6间，中间四间为同一种小户型，两边各一间为同一种大户型。大户型室内有厨房、厕所、客厅和卧室，功能体系相对完善。小户型室内有厨房、厕所和卧室，其中厨房为后来改建，为节约空间与走道联合使用（图4-12-18）。

4.12.2.3 价值评估

（1）历史价值

大冶铁矿是张之洞在湖北创办的洋务企业中唯一一家延续至今的企业，是曾经亚洲最大最早的钢铁联合企业汉冶萍工业的主要组成部分。中国第一支大型地质勘探队429地质勘探队在此成立，中国第一批女地质队员在此诞生。现存的构筑物和采矿设备反映了近代矿业、冶金业发展的历史过程，也反映近代中国的城市开埠、洋务运动、外国资本输入、民族资本兴起、公私合营等特定历史时期独特的社会经济背景。

（2）科技价值

大冶铁矿是中国第一家用机器开采的大型露天铁矿，引进了大批西方先进设备和机器，选用了当时最先进的采矿技术，在我国工业技术史上具有重要的意义。

（a）宿舍区鸟瞰

（b）宿舍楼

图4-12-18 光明里宿舍
（资料来源：王彬阳摄于2019年）

（3）社会文化价值

大冶铁矿从19世纪末到现今，经历了由单纯的矿石生产基地演变成集生产、居住、工业旅游于一体的矿业城镇的过程。大冶铁矿记录了铁矿工人艰苦奋斗的岁月，是承载集体记忆的重要场所。大冶铁矿所在的铁山区依托铁矿的开发而兴起、发展和繁荣，实践了"以矿建厂，以厂建镇"的发展路径。

（4）经济价值

如今，大冶铁矿对矿区进行生态修复、旅游开发和遗产保护，以及将生产空间改造成城市公共空间，利用工业遗产场所特色文化形成游客观光胜地以及中国地质学科的科普之地，向游客普及矿产、地质方面的知识，较好实现了工业遗产保护利用与经济的一体发展。

4.12.2.4 大冶铁矿工业遗产的保护

为弘扬矿冶文化，大冶铁矿于2006年建成大冶铁矿博物馆，2007年以大冶铁矿东露天采场为主体，已建成黄石国家矿山公园。这是第一家国家矿山公园，公园规划面积23平方公里，被评为"国家4A级景区"。目前，大冶铁矿东露天采场不仅是一座持续为冶金工业提供原料的矿山，也是一座历史悠久文化深厚的旅游矿山（图4-12-19）。

4.12.3 铜绿山古铜矿遗址

铜绿山古铜矿遗址是长江中游南岸一处采冶一体的大型古矿遗址，位于湖北省大冶市城区西南约3公里处，其采冶历史始于殷商，终结于西汉，持续时间长达一千余年（图4-12-20）。遗址分布范围约2平方公里，包含采矿和冶炼两大类遗存。该遗址于1982年被公布为全国重点文物保护单位，2018年入选中国工业遗产保护名录（第二批）。

图4-12-19 黄石国家矿山公园
（资料来源：湖北省人民政府门户网站）

图4-12-20　铜绿山古铜矿遗址全景
（资料来源：黄石市图书馆）

4.12.3.1　历史沿革

1973年，大冶有色金属公司在铜绿山下部开采铜矿过程中，先后发现一批铜斧、木铲、陶罐等器物，遂将铜斧送往中国历史博物馆展开科学研究。

1974年至1985年，考古工作者发掘出古代采矿井巷400余个、西周早期炼铜竖炉10余座。

1982年，国务院公布铜绿山古铜矿遗址为全国重点文物保护单位。

1984年，铜绿山古铜矿遗址博物馆落成，成为我国继半坡遗址、秦始皇兵马俑遗址之后中国第三座历史遗址博物馆。

2013年，铜绿山考古遗址公园正式获得国家考古遗址公园立项。

2015年，大冶铜绿山四方塘遗址墓葬区被发现，此发现填补了中国多地古铜矿遗址未见古墓的空白。

2016年，由中国建筑设计研究院崔愷院士设计的博物馆新馆方案发布，但至今未开工建设。

2018年，工信部发布第二批国家工业遗产名单，铜绿山古铜矿遗址成为当年湖北省唯一入选的工业遗产。

4.12.3.2　铜绿山古铜矿遗址

经过千年的铜矿采掘和冶炼，以及几十年的考古挖掘，铜绿山古铜矿遗址地下发现大量珍贵的遗产。

（1）总平面布局

铜绿山古铜矿遗址位于湖北省大冶市城区西南约3公里处。遗址分布范围约2平方公里，北起大冶湖边的乌鸦卜林塘，南至铜绿山大冶铁路，东起铜绿山矿尾砂库，西至柯锡太村（图4-12-21）。

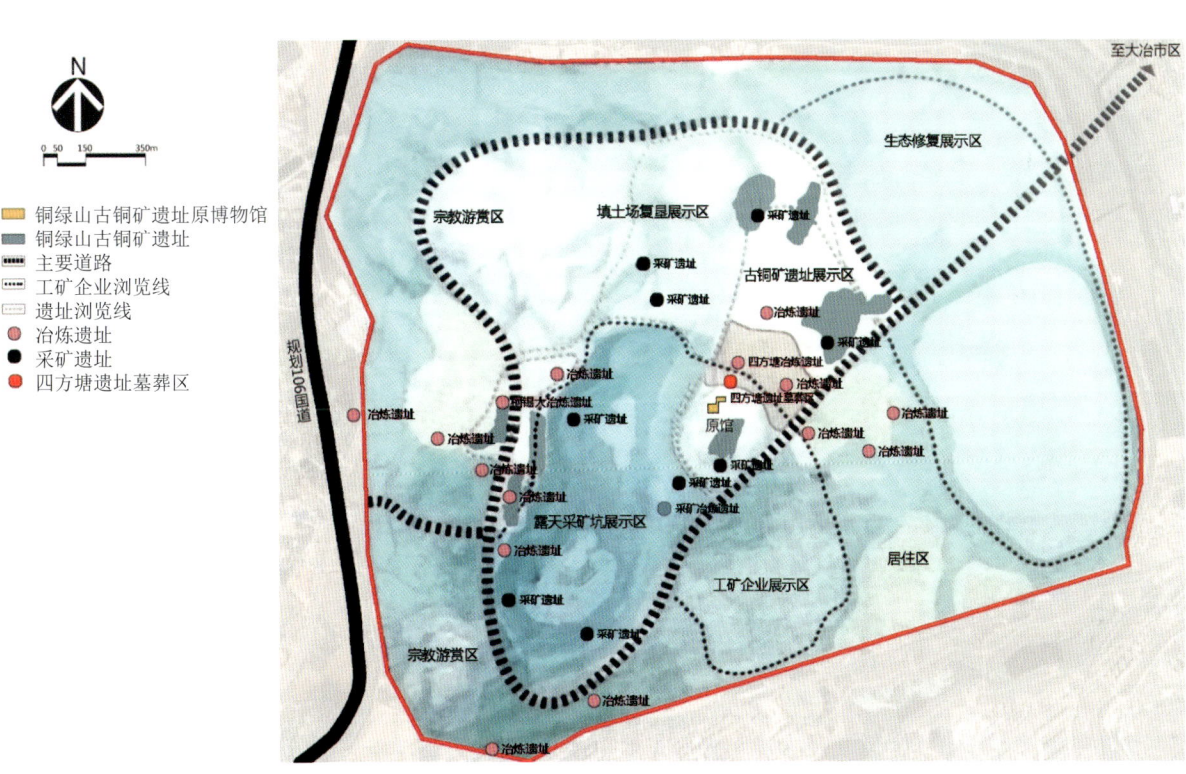

图4-12-21 铜绿山古铜矿遗址分布示意图

(资料来源：铜绿山古铜矿遗址博物馆，王彬阳改绘)

(2)建（构）筑物遗存概况

①采矿遗址

采矿遗址可分为露天开采遗址和井下开采遗址，井下采矿遗址是古代开采的主要形式。露天开采遗址主要分布在Ⅰ号矿体、Ⅱ号矿体、Ⅳ号矿体、Ⅵ号矿体和Ⅺ号矿体，井下开采遗址主要分布在铜绿山矿区Ⅰ号（仙人座）、Ⅱ号（铜绿山）、Ⅲ号（蛇山尾）、Ⅳ号（蛇山头西）、Ⅴ号（蛇山头东）、Ⅵ号（乌鸦卜林塘）、Ⅶ号（大岩阴山）、Ⅷ号（小岩阴山）、Ⅸ号（螺蛳塘）、Ⅺ号十个矿体（图4-12-22、图4-12-23）。①

②冶炼遗址

冶炼遗址主要分布在铜绿山矿区西部的柯锡太村和Ⅺ号矿体，冶炼遗址最为突出的特点是古代炼渣遍布矿区，遗留的炼铜炉渣40万吨以上，占地14万平方米左右。发掘出土的古代12座炼铜竖炉和其他冶炼遗物（图4-12-24），其技术水平代表了中国青铜时代冶炼最高技术成就。

③四方塘古墓群及其他遗存

2014年至2015年，湖北省文物考古研究所为配合大冶市铜绿山古矿冶遗址国家考古遗址公园建设，对新馆建设的动土地段进行重点勘探时，发现四方塘古墓群。随着2014年11月19日第一座古墓被发现，数十座古墓被陆续发掘出来，呈现出一个规模空前的古墓群。现已发现和发掘墓葬135座，其中西周晚期墓葬3座、春秋时期墓葬118座、近代墓葬11座，共出土两周时期铜、陶、玉、铜铁矿石等文物170余件（套）。

古墓群中有近三分之一的墓壁上修有壁龛，半数以上墓葬出土了日用陶器和铜器等随葬品。有20座墓随葬着多寡不一的青铜器，还有4座墓随葬了玉器，4座墓的壁龛中随葬了铁矿石。

从1974年到1985年的发掘过程中，出土古代采矿竖井231个、平巷100条、炼炉12座，其中10座炼炉为西周和东周时期，2座为战国时期。同时，还出土了近300件鲜见的各式开矿工具。

4.12.3.3 价值评估

（1）历史价值

铜绿山古铜矿遗址是一处以采矿遗址和冶炼遗址为核心的古代矿冶遗址，采冶年代始于商代，经西周、春秋战国延续至汉代，持续时间长达一千余年。它是中国迄今为止发现的古矿遗址

图4-12-22　遗址博物馆内采矿遗址
（资料来源：湖北水泥遗址博物馆）

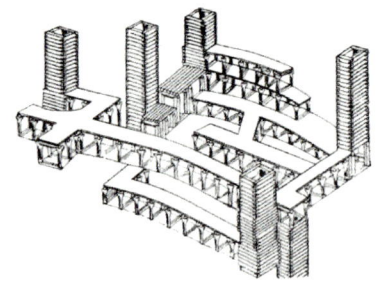

图4-12-23　采矿遗址结构复原图
（资料来源：湖北水泥遗址博物馆）

图4-12-24　铜绿山冶炼遗址6号炉
（资料来源：湖北水泥遗址博物馆）

---

① 冯鹏飞. 黄石矿冶工业遗产多媒体资源数据库建设[DB/OL]. http://www.hsslib.gov.cn/，2017.

(a) 古墓群　　　　　　　(b) 战国木铲（左）及春秋木钩（右）　　　(c) 大铜斧（上）及西汉四棱铁钻（下）

图4-12-25　四方塘墓群及其他遗存

（资料来源：黄石市图书馆；王彬阳摄于2018年）

中时代久远、持续生产时间最长的一处古铜矿遗址。2001年，铜绿山古铜矿遗址被评为中国20世纪100项重大考古发现之一。

（2）科技价值

铜绿山古铜矿遗址有前后两个时期的采铜和冶铜遗址，前期属春秋时期或稍早，后期属战国时期至汉代。古代工匠为掘取铜矿石，开凿竖井、平巷与盲井等，并用木质框架支护，采用了提升、通风、排水等技术。冶炼遗址在筑炉材料、炼炉的构筑特点及功能、整粒技术、造渣与配矿技术、炉温控制技术、粗铜还原工艺方面均领先于当时世界任何一种工业文明，其技术水平代表了中国青铜时代冶炼最高技术成就。

（3）社会文化价值

铜绿山古铜矿在春秋时期增强楚国经济的同时，粗铜产品随着楚文化的扩展也传到四面八方。铜绿山古铜矿遗址的存在表明，我国早在公元前14世纪前后的商代就已经开始对金属有所认识，并且将其加热煅打之后制成器件而加以利用，为当时的社会进步带来了质的变化。

4.12.3.4　铜绿山古铜矿遗址的保护

1984年，在Ⅶ号矿体1号点原址上建成博物馆并对公众开放，这是中国继半坡遗址、秦始皇兵马俑遗址之后的第三座历史遗址博物馆。

2016年，为了更好保护和利用铜绿山古铜矿遗址，黄石市拟建新的遗址博物馆，由中国建筑设计院崔愷院士担纲设计。新馆占地面积8700平方米，建筑面积12000平方米，采用地景建筑的设计理念，将新馆与大地景观及老馆有机融合在一起（图4-12-26～图4-12-28）。

图4-12-26　博物馆新馆方案总平面图

（资料来源：黄石市图书馆）

图4-12-27　博物馆新馆方案模型

（资料来源：黄石市图书馆）

图4-12-28　博物馆新馆方案入口透视图

（资料来源：黄石市图书馆）

4.12.4　东方钢铁公司

东方钢铁公司创办于1958年，位于黄石市下陆发展大道与老下陆街交界处，2015年全面停产。目前东方钢铁公司厂区所在地块被黄石市城投公司收储和管理，未来将改造成文化产业园。

4.12.4.1　历史沿革

1958年，下陆钢铁厂破土兴建，初期由大冶钢厂帮助创办、管理。1959年改名为大冶钢厂下陆分厂。

1966年，下陆钢铁厂被调拨给湖北省冶金总公司，正式恢复生产建设。同年，受"文化大革命"影响，下陆钢铁厂改名为"东方红钢铁厂"（简称"东钢"）。

1970年代初，东钢建设平炉及轧钢系统。不到3个月就出了第一炉钢（图4-12-29）。

1972年，冶金部下文，各地的钢铁厂不能以"东方红""红旗""东风"等命名，于是东方红钢铁厂恢复下陆钢铁厂原名。

1995年，太原钢铁厂兼并下陆钢铁厂，更名为"太钢集团公司东方钢铁厂"。

2000年，东方钢铁公司并入冶钢集团有限公司。

2015年11月30日，位于老下陆的东方钢铁公司宣布全面停产。[1]

4.12.4.2　东方钢铁公司工业遗产

2015年11月30日，东方钢铁公司宣布全面停产。东钢厂区被黄石市城投公司收储，东钢厂区从工业建筑物、构筑物到设备得以完整留存下来。

---

[1] 张晗. 下陆钢铁厂老厂长冯炳廷：搁不下心里的"厂愁"[N]. 东楚晚报，2016-4.

图4-12-29　曾经热火朝天的东钢厂区
（资料来源：http://www.hsdcw.com/）

（1）总平面布局

钢铁生产工艺流程决定了东钢的厂房布局形式，辅助炼钢的厂房围绕炼钢区建设（图4-12-30）。烧焦区将煤炭转化为焦炭，石灰厂将石灰石原材料粉碎待用，烧结区将铁矿石粉碎筛选，然后烧结。焦炭、加工后的石灰石和铁矿石，以及回收的钢铁在炼钢区冶炼成钢，最后在轧钢厂加工成产品，对外出售。

（2）建（构）筑物遗存概况

①烧焦区

钢铁生产工艺流程中，烧焦区主要用来将煤炭加工生产成炼钢用的焦炭。图4-12-31a中所示空中廊道用来运输煤炭，将煤炭输送到炼焦炉转化为炼钢所需的焦炭。

②钢铁回收厂

钢铁厂生产过程中，会产生废钢铁和氧化物，轧钢过程中会产生切头、切尾和切边。钢铁回收厂可以通过再回收这些废弃的材料在炼钢炉中再次冶炼，得到符合标准的钢材，这样做可以节约能源和成本。

东钢的钢铁回收厂由两个长约80米、宽约30米的厂房并列构成。厂房目前除了基本的框架结构和桁架式的屋顶保留外，没有其他设备（图4-12-31b、c）。

③石灰厂

石灰石在烧结生产中用来做熔剂，黏合含铁矿粉形成有一定粒度和强度的烧结矿。

东钢的石灰厂由两座长约80米、宽约18米的

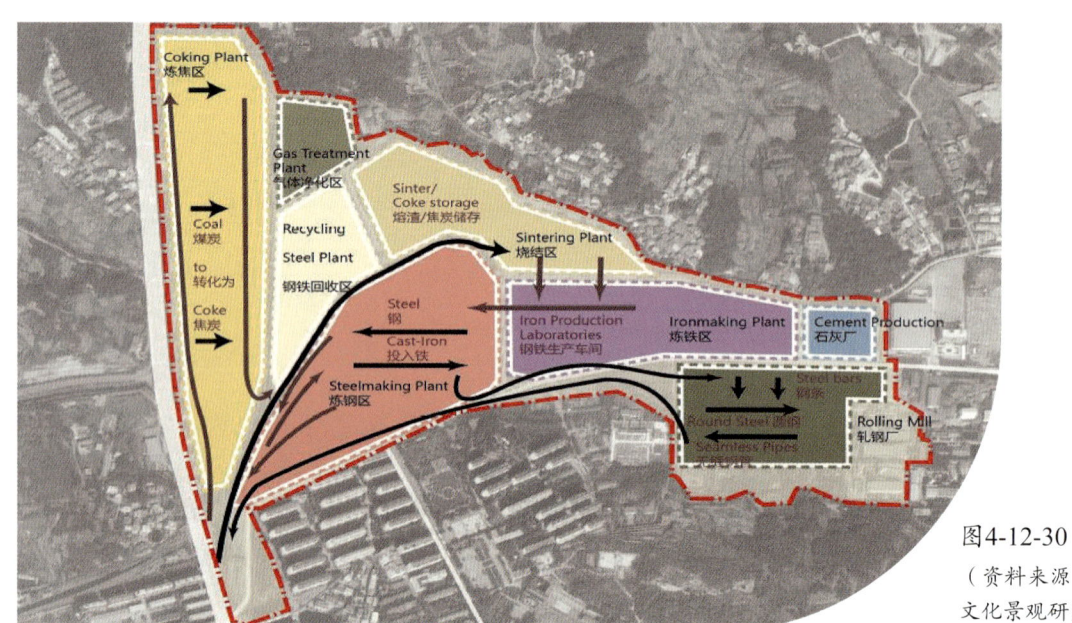

图4-12-30 东钢厂区布局图
（资料来源：曹宇，《黄石矿冶文化景观研究》，2019）

厂房并列构成，厂房整体结构保存完整，地面还留存有一些未被用完的石灰（图4-12-31d、e）。

④烧结区

烧结是钢铁行业的重要工序，是将铁矿粉、燃料、溶剂混合加水在烧结设备上点火烧结形成含铁量高的烧结矿的过程。

东钢的烧结区原料储存车间纵长达145米，跨度约25米。车间内拥有多个巨大的储存槽（图4-12-31f、g）。

⑤轧钢厂

轧钢厂是进行轧钢生产的地方。轧钢生产是将钢锭或钢坯轧制成钢材的生产环节。轧钢厂的机械设备有轧钢机及一系列辅助设备组成的若干机组，东钢的轧钢厂内与轧钢相关的一系列设备保存完好。厂房的室内空间净空高，开间和进深很大。轧钢厂厂房长超过300米，宽超过60米（图4-12-31h）。

4.12.4.3 价值评估

（1）历史价值

东方钢铁公司的诞生与发展有其自身的时代烙印。1950年代末，全国大办钢铁的风潮席卷黄石，黄石产铁的企业众多，但最终留存下来的只有东钢。到1985年，东钢累计产铁100多万吨，产量占整个黄石同期铁产量的81%，成为全国地方骨干钢企之一。

（2）科技价值

东方钢铁公司的"平炉大会战"体现了东钢技术的升级换代。东钢留存的车间及其设备设施较为完好，包括炼铁及焦化、烧结、炼钢、轧钢、金工、铸造、修建、修理、动力、计器等"一条龙"空间，为充分理解钢铁冶炼过程提供了理想的研究对象。

（3）社会文化价值

1970年，为了把鄂东建成当时西德"鲁尔

（a）烧焦区运输煤炭的空中廊道　　　　　　　　（b）钢铁回收厂

（c）钢铁回收厂内部　　　　　（d）石灰厂　　　　　　（e）石灰厂厂房内部

（f）烧结区原料储存车间　　（g）烧结区原料储存车间内部　　（h）纵深超300米长的轧钢厂内部

图4-12-31　厂区建（构）筑物遗存
（资料来源：王彬阳摄于2018年）

区"式的钢铁工业基地，工人们克服困难，平炉兴建工程用了不到3个月完工。在国内钢铁工业史上创下奇迹。东钢精神撑起了黄石钢铁的大半个天。此外，东钢公共配套设施从医院、食堂、澡堂、幼儿园、中小学到技校、电大、电影院、电视台、广播站、图书室、印刷厂等一应俱全。东钢人的工作、生活围绕其展开，厂区空间承载了东钢人的集体回忆与归属感。

4.12.4.4　东方钢铁公司工业遗产的保护

东钢于2015年底宣布停产，厂区整体留存状况良好，改造再利用潜力巨大。东钢厂区所在的地块用地面积约70.14万平方米，现在由黄石文化旅游投资有限公司管理，正在进行土壤污染治理。未来东钢厂区将改造成文化产业园，将建成包括住宅配套区、创意办公区、综合服务区、生态协调区等八个功能区（图4-12-32）。

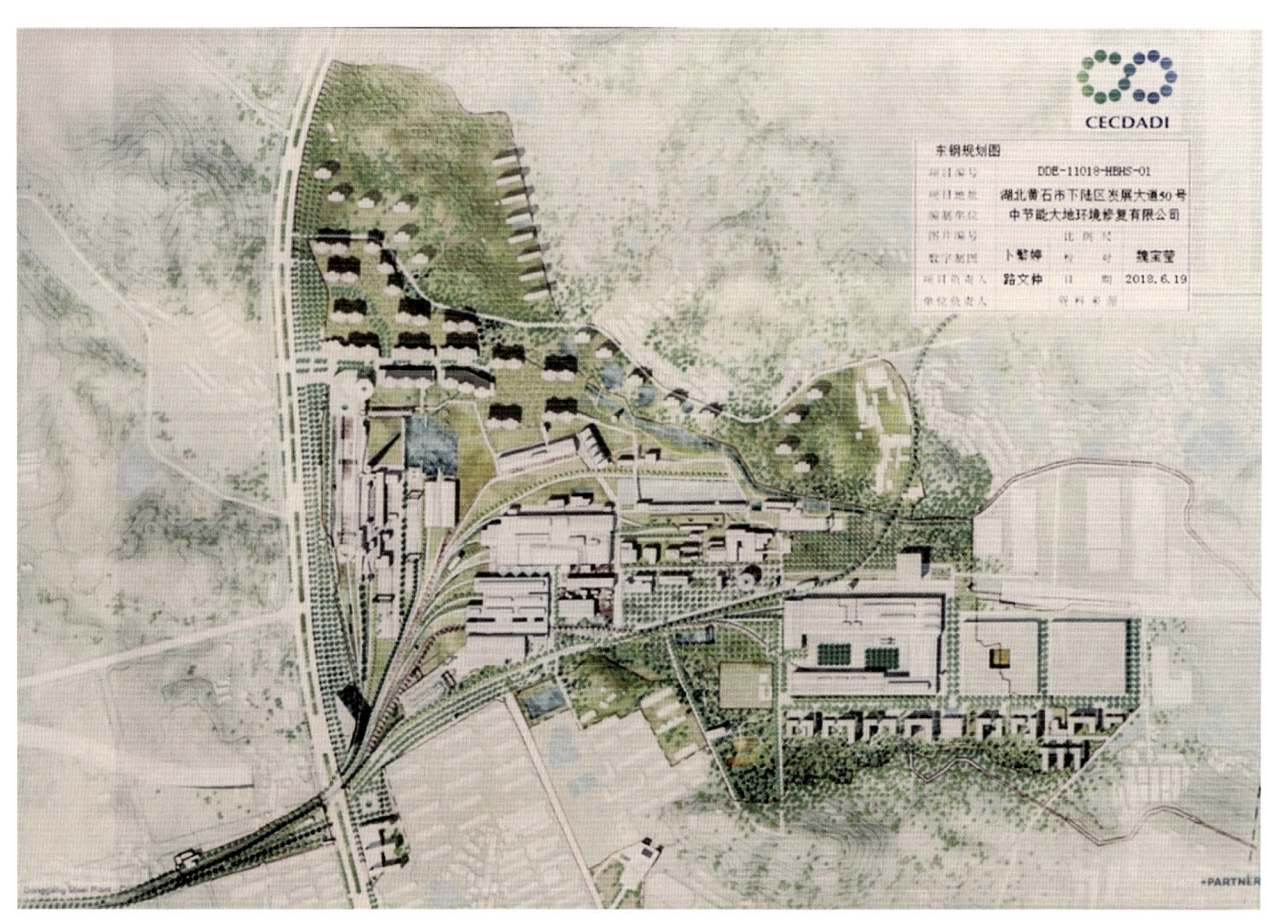

图4-12-32 东钢改造规划图
（资料来源：2018年王彬阳摄于东钢厂区）

4.12.5 汉阳钢铁厂

汉阳钢铁厂（现名武汉钢铁集团汉阳钢厂）位于武汉市汉阳区龙灯堤，是1950年代在原汉阳火药厂的基地上建起的一个炼制钢铁的重工业企业，因此在地缘关系上，汉阳钢铁厂与近代洋务派代表人物张之洞创办的军事工业之间，存在着潜在的脉络关系。从1950年代建厂到2005年随着产业升级转型迁出汉阳，汉阳钢铁厂的兴起和发展与国家经济发展脉动同步。

4.12.5.1 历史沿革

1952年，中南建筑工程局在汉阳龙灯堤的艾家嘴建成汉阳五金轧钢厂，简称"汉轧"。

1958年，武汉市政府选址在汉轧北面朱家湾、京广线北侧，新建汉阳钢铁厂，简称"汉钢"，被列为湖北省重点企业。

1966年，引进奥地利纯氧顶吹转炉的工艺技术，汉阳钢铁厂转炉车间始建。

1970年，顶氧转炉炼钢车间建成投产。

1978年，汉钢与汉轧合并为汉阳钢铁厂。

1986年，汉钢划转属武汉钢铁集团公司，更名为武钢集团汉阳钢厂。

1999年，该厂开始建立琴台钢材市场，另下设储运公司、汽运公司、建安公司。部分厂区被开辟为琴台大道，部分厂区被用作房地产开发，建船院雅苑学生公寓等。

2002年，汉阳琴台钢材市场南区196号建成张之洞与汉阳铁厂博物馆。

2005年，伴随着产业升级转型，武钢集团宣布所有冶炼工业全部迁出汉阳。

2007年，钢铁厂搬迁至江夏。

目前厂区大部分厂房处于闲置状态，一部分建筑遗产已被列为保护对象，还有一部分已完成改建，处于再利用状态中。

4.12.5.2 汉阳钢铁厂工业遗产

作为中华人民共和国成立后汉阳区重工业产业的代表，汉阳钢铁厂在从建厂至停产的50多年间，留下了类型丰富、相对完整的工业遗产。多处厂房已被列入武汉市工业遗产保护名单之中，转炉车间已被列入工信部颁布的第一批国家工业遗产名单（图4-12-33）。

（1）总平面布局

汉阳钢铁厂厂区位于一处不规则"草履形"地段中，其北侧是城市主干道琴台大道，南侧为京广铁路线。厂区内主要生产性厂房布局均匀，主要关联性厂房之间有铁轨连接运输（图4-12-34）。

（2）建（构）筑物遗存概况

厂区现存建（构）筑物种类多样，建成及留存过程中呈现不同的特征和意义，其中既有1960年代建成的转炉车间和电炉分厂冶炼车间，也有

图4-12-33　汉阳钢铁厂鸟瞰
（资料来源：丁晨星摄于2018年）

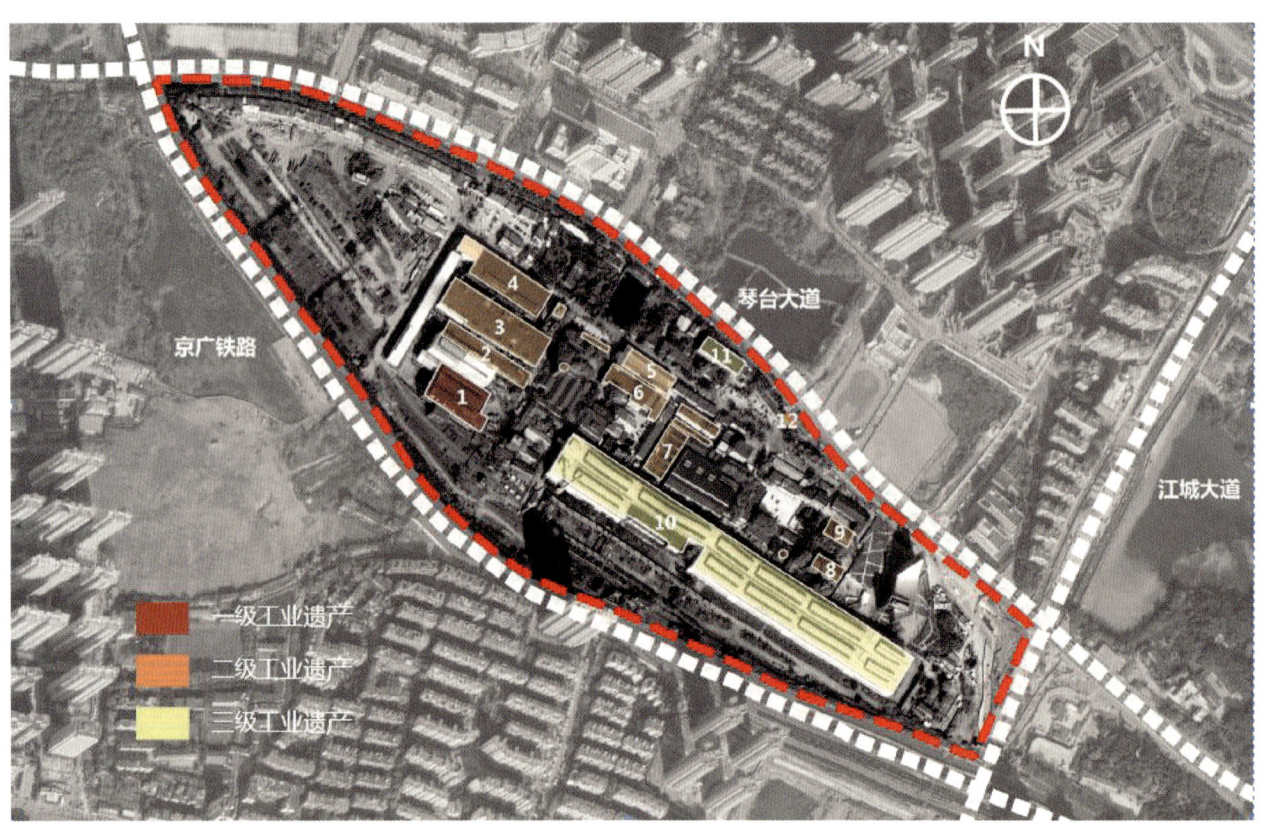

图4-12-34 汉阳钢铁厂遗产分布
1—转炉车间；2—老电炉车间；3—电炉车间；4—电炉配料车间；5—动力车间；6—动力车间锅炉间；7—污水处理厂；8—工业制氧车间；9—氧气车装站；10—棒材厂；11—维修车间

1970年代建成的电炉分厂维修备品车间，还有1980年代建成的氧气装站，以及后期建成的污水处理车间和棒材厂等建（构）筑物。

①转炉车间

转炉车间是整个汉阳钢铁厂保护等级最高的工业遗产，建于1960年代，是一座面积达5387平方米、空间高度达20米的单层厂房，专为从奥地利引进的"纯氧顶吹"转炉工艺而设计，建成时属国内体量最大的工业厂房之一。厂房设计者张良皋先生曾回忆："纯氧顶吹"转炉是当时世界上最先进的炼钢技术，在中国属于"重要缺门"。因此车间的跨度、高度、操作平台之载重、起重行车的负荷，当时在炼钢车间中都属史无前例。为此，车间的结构柱取"空腹双肢"、上下两截设计，以便施工吊装。此外，因厂房柱上铺设的线路、悬挂件、附着件多且复杂，须事先对施工工艺经过缜密决策，才能完成施工。虽然这座厂房早已停产，甚至多处表皮存在坍塌破损状况，保存状况不甚完整，但其特殊的结构、高敞的空间和庞大的体量仍然能反映出当年炉火旺盛的炼钢场景。此外，转炉车间外墙面一道道圈梁下特殊的红砖砌筑工艺产生的镂空表皮，既有通风散热、部分采光的功用，也兼有工业建筑特有的美学品质（图4-12-35）。

②新、老电炉分厂冶炼车间

电炉分厂冶炼车间包括两个时期建成的两个车间。老电炉车间建于1960年，是一座面积达3495平方米、空间高度达15米的单层厂房。厂房的结构柱断面尺寸达1.6米×0.8米，由红砖砌筑而成，实体构件及厚重材料的运用使老电炉车间有一种封闭感。相对而言，新电炉车间建于1970年，是一座面积达5664平方米、空间高度同样为15米的单层厂房。因采用钢筋混凝土空腹双肢柱及钢桁架屋架支撑体系，较之老转炉车间建造技术更成熟，空间史空旷明亮（图4-12-36）。

③厂区其他工业遗产

厂区特色工业遗产还包括制氧车间、污水处理厂、棒材厂等（图4-12-37）。制氧车间位于厂区东南角，承担着为厂区炼钢车间输送氧气、以氧去除铁中过多的碳从而使铁转化为钢的关键作用。污水处理车间位于厂区中央，因承担炼钢和

（a）车间鸟瞰

（b）车间西南立面

（c）外墙特殊砖砌工艺

（d）车间内部

图4-12-35　转炉车间

（资料来源：丁晨星摄于2018年）

（a）新车间内部

（b）老车间内部

（c）新老车间之间的设备

图4-12-36 电炉车间

（a）制氧车间

（b）污水处理车间

图4-12-37 厂区其他工业遗产

轧钢过程中产生的废水的沉淀、冲渣、除尘、净化，进而使其转化成可循环利用的工业水资源的过程，其选址处于一系列炼钢车间和棒材厂均可覆盖的合理半径内，单体建筑中矩阵式布局的沉淀仓、加压管道和阀门均清晰可见。棒材厂总长度达550米，总建筑面积达30000平方米以上，是整个厂区中纵向尺度最大的厂房。

4.12.5.3 非物质文化遗产

由武汉市汉阳区地方志办公室组织编写的《百年汉阳造》一书梳理了汉阳工业百年史料，配以大量珍贵的历史照片，挖掘"汉阳造"产生的人文、地理和社会土壤，追溯"汉阳造"的近代工业原点，展示从"曾经汉阳造"到"再造新汉阳"的嬗变与拓展，呈现了汉阳及武汉百年工业制造业的雄浑画卷。

4.12.5.4 价值评估

（1）历史价值

汉阳钢铁厂的重工业历史脉络，可以追溯到清朝末年湖广总督张之洞1890年创办的举世闻名的汉阳铁厂。1937年抗日战争全面爆发，汉阳铁厂奉命西迁重庆。中华人民共和国成立后，为发展钢铁工业，武汉先后在原汉阳铁厂西侧兴建了汉阳轧钢厂和汉阳钢厂，1979年两厂合并为今天的汉阳钢铁厂，实现了汉阳铁厂的历史性传承，成为又一个钢铁工业重地。

（2）科技价值

中华人民共和国成立后，由汉轧与汉钢合并后的汉阳钢铁厂，形成了完整的炼钢、轧钢产业链，后经技术和设备改造，完善成为无缝管材专业生产厂家。汉阳钢铁厂"纯氧顶吹"转炉炼钢技术属1960年代国际炼钢领域先进技术，围绕这一技术及工艺所设计的转炉车间在空间跨度、高度、载重、特殊"空腹双肢"结构柱及施工工艺上，都具有技术创新性意义，因此其工业遗产具有突出的科技价值。

（3）社会文化价值

汉阳钢铁厂见证了武汉近现代波澜壮阔的工业化进程；同时汉阳钢铁厂留存下来的生产车间、生产设备，张之洞博物馆展示的图文档案，是承载工业文明的物质和非物质载体，具有广泛的社会效应。此外，汉阳钢厂培养了一批批技术工人，其中一些人的一生都奉献给了工厂，工作和生活的记忆都与厂区工业遗产息息相关。因此无论是建筑空间还是生产设备设施，都能勾连起这一群体的集体记忆。

4.12.5.5 汉阳钢铁厂工业遗产的保护

除已被评为湖北省文保单位的转炉车间是重点保护对象外，建议尽可能保护能够体现炼钢工艺流程环节且设备保存完整、结构空间工业特征鲜明的污水处理车间及其相关设施（如污水沉淀池、桥吊、水泵房等）。建议对氧气输送管道设备保留；建议整体保留在张之洞博物馆观赏视线范围内的作为特色景观处的制氧车间；建议对大空间框架的动力车间及棒材厂做保留框架去表皮的处理，以展现其工业空间形态。建议保留工业标志物，如烟囱、水塔、氧气管、水池等。对于其他相关工业遗产，在开发过程中建议有条件也尽量保护。

4.12.6 青山红钢城"红房子"

青山"红房子"是"一五"时期集中在红钢城和红卫路仿照苏联规划模式修建的服务于武钢、一冶职工的大型居住区（图4-12-38）。居住区具有"棋盘式"的道路布局，整齐划一围合对称的房屋排列，红墙红瓦与绿树相映衬的住宅群独具特色,被称为"红钢城"的"红房子"。始建于1956年的武汉青山"红钢城"居住区内现存"一五""二五"时期住宅建筑总面积约50万平方米,占地面积155万平方米。"红房子"作为"一五"期间工业文化的历史遗存,是目前国内为数不多的保存完整的仿苏联模式的工业住宅区,在全国具有典型代表意义。2010年《武汉市城市总体规划(2010—2020年)》将青山红房子片区划定为历史地段,2013年青山红房子入选第一批武汉市工业遗产保护和利用规划二级工业遗产。

4.12.6.1 历史沿革[①]

在国家制定的"一五"计划中,扩建和新建8个重工业城市,其中包括以钢铁工业和机器制造工业为中心的北京、武汉、包头3个钢铁工业中心城市。1954年中央批准武汉钢铁公司厂址定址青山后,举全国之力支持武钢建设,全国10多个省的5万多名工人和7万多名工人家属来到青山,根据当时"改善工人阶级的生活"的指示,靠近青山的蒋家墩至任家路沿江一带被定为武钢职工的住宅区。

图4-12-38　1990年青山"红房子"区位图
(资料来源:武汉历史地图集编纂委员会,《武汉历史地图集》,1998)

---

① 柳婕. 工业区住宅环境改造设计初探:以武汉市青山红钢城第八、九街坊为例 [J]. 华中建筑,2010.(11):132-135.

1956年八街坊、九街坊、十街坊3个合院式街坊建成。

1957年建成的四、五、六、七、十一等街坊在原有布局基础上改为以行列式为主、合院式为辅的布局模式，住宅组织形式改为五开间外廊式，以扩大街坊的理念建成了第一批大规模职工住宅区，这是1950年代武汉市规模最大的住宅区。

红钢城内单体住宅楼多由 3～5 个单元组成，一般呈条形、L形、C形的平面组织。

1970—1980年代，红钢城充分利用苏式建筑之间的空间，再次修建了一批混合式样的建筑社区（图4-12-39）。

1980年代，"红房子"建筑因沿用苏联钢铁厂的设计图纸，当时建筑中以保暖性较好的砖材作为主要建造材料，但不完全适宜武汉夏热冬冷、潮湿多雨的气候条件，且居民的居住需求不断提高，原有的空间已难以满足日常所需，居民们陆续改建和加建房屋。

图4-12-39　1970年代的红钢城
（资料来源：武钢志编纂委员会，《武钢志》，1988）

4.12.6.2　青山"红房子"工业遗产

（1）总平面布局

青山"红房子"区分为若干街坊，每一街坊占地面积约8万平方米。街坊住宅建筑规划布局大都为合院式，周边采取行列式，形成若干大小不同的绿化院落，配置有商业服务网点、幼儿园和中小学等公共建筑，建筑密度约26%。整体复制了新西伯利亚工业区居住模式（图4-12-40）。

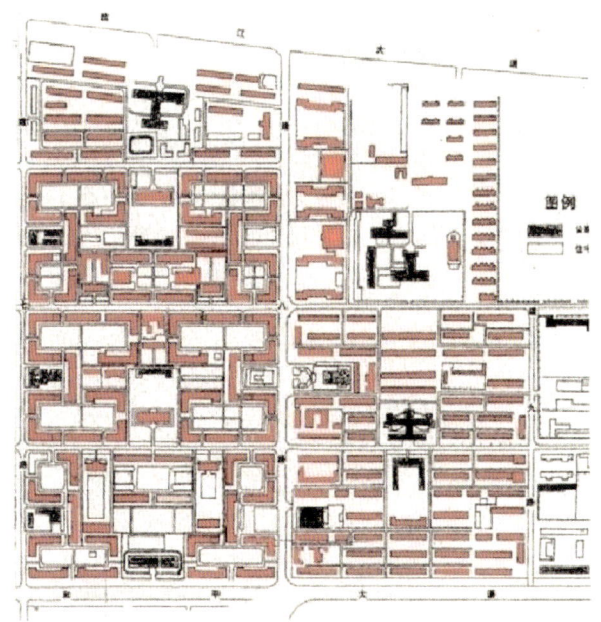

图4-12-40　"红房子"四至十街坊总平面
（资料来源：李臣、王莹，《建国初期工业住区规划建设及价值分析——以武汉青山区红钢城工业住区为例》，2012）

（2）建（构）筑物遗存概况

青山"红房子"现存八、九街坊这一处工业遗产。

这种街坊模式运用轴线对称的布局方法构建城市住区空间形态。两个街坊都采用了合院式的规划方式，提供了大面积的绿化和公共活动空间，街坊内的生活氛围十分浓厚。从空中俯瞰，街坊构图恰如中文的"囍"字，住区设有面向城市道路的开敞空间、内部庭院和小区活动中心，是居住区发展进程中一个完整而独特的住区空间"样本"（图4-12-41）。

红钢城中合院式住宅采用的院落空间，含蓄温馨、内向安全，住区拥有较大较完整的院落，且公共建筑设置在居住区中心，住宅居于四周，表现出强烈的形式感和秩序感，住区中较多的绿化空间和活动场所，为居民提供了安静的居住环境和丰富了公共生活（图4-12-42）。

4.12.6.3　价值评估

（1）历史价值

青山红钢城工业住区展现了苏联居住区的规划布局特点，是居住区形式在中国演变为街坊的真实遗存。青山红钢城工业住区建于1950—1970年代，其红色建筑具有时代的鲜明印记，"是红色时代的重要见证"[①]，折射出当时建筑工艺、工业发展水平以及社区整体环境。同时，"红房子"是武钢建设乃至青山区发展重要的历史见证。

（2）社会文化价值

老工业住区的文化有着自身的特点和优势，是企业文化和居住文化结合的产物。"红房子"承载了工业区职工对社区的深厚感情，住区内居民的生活方式相近，居民间拥有共同的归属感和文化认同。

（3）艺术价值

街坊式工业住区展现了当时盛行的苏式建筑风格，其特征为建筑层数多以 2~4 层为主，建筑平面追求轴线对称，内有回廊，外墙以红砖砌筑，屋顶以两坡或四坡为主。建筑墙体厚度、开窗形式、分段式外立面、多层次的檐口处理、对称的三角形山花、细微处的浮雕装饰等都有苏联建筑的影子。在规划中强调平面构图、立体轮廓，讲求轴线、对称、放射路、对景等手法，在住区规划中体现为周边式街坊形式，体现了特定历史时期的规划理念和建筑审美倾向（图4-12-43）。

（a）街坊航拍

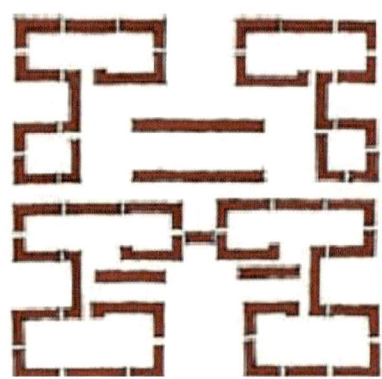
（b）街坊空间结构

（c）街坊文化意象

图4-12-41　"红房子"八、九街坊

（资料来源：http://spro.so.com/searchthrow/apl/midpage）

---

① 引自《城市的历史·探寻武汉红房子记忆》，http://blog.sina.com.cn/s/blog_67c9f3760102e2po.html。

图4-12-42 红钢城鸟瞰

(资料来源:http://zt.cjn.cn/zt7013/ndy/fz/z01305/t2270615.html)

图4-12-43 八、九街坊住宅立面

(资料来源:朱子路摄于2019年)

4.12.7　源华煤矿袁仓办公楼

源华煤矿袁仓办公楼也被称为黄石北伐军二十军军部旧址，位于黄石市西塞山区沿湖路。1889年张之洞在石灰窑袁仓建了该办公楼第一层，随后一百多年间，该楼经历过加建、修缮，使用者更是多次变更。如今的源华煤矿袁仓办公楼已被列入湖北省文物保护单位。

4.12.7.1　历史沿革[①]

1889年，张之洞在石灰窑袁仓兴建一层平房，为源华煤矿袁仓办公室前身。

1907年，办公楼被华记水泥厂占用。

1909年，源华煤矿的前身富源煤矿成立。

1927年7月中旬，该办公地为周恩来和贺龙在南昌起义前会晤地——国民革命军第二十军军部。

1949年，源华煤矿兴建袁家仓坑，此建筑作为办公用地。

1952年，源华和利华煤矿成立源华煤矿公司，为当时湖北省最大的煤炭基地。

1960年代，在办公房原址上加建二楼，作为保健站。

2014年，为化解煤炭产能过剩，源华煤矿关停。

现源华煤矿袁仓办公楼为黄石市工矿集团袁仓管理服务中心。

袁仓煤矿隶属黄石工矿集团，是湖北省最大的国有老矿。过去，黄石工矿集团仅黄石地区就有4个煤矿，袁仓煤矿高峰时有工人4000多人；在去产能的政策下，大量的煤矿关闭停产，集团留守人员不到110人。

4.12.7.2　源华煤矿袁仓办公楼工业遗产

袁仓煤矿共有3个井口，于2014年全部关闭。目前矿区存有办公楼一座，过去曾是矿区办公地，如今成为黄石工矿集团的临时办公地。

（1）总平面布局

源华煤矿袁仓办公楼位于黄荆山北麓，距离一门桐梓堡的源华煤矿矿井约2公里。沿着沿湖路往袁仓广场方向行走140米，可见一座孤零零的老房子，即源华煤矿袁仓办公楼。该用地拟进行房地产开发，办公楼周边的住宅已被拆除。办公楼因是省级文物保护单位，得以留存（图4-12-44）。

(a) 办公楼俯瞰

(b) 办公楼现状

图4-12-44　源华煤矿袁仓办公楼现状

（资料来源：图a源自百度地图，由王彬阳改绘）

[①] 引自《黄石矿务局煤炭志》编纂委员会，《黄石矿务局煤炭志》。

（a）办公楼正立面图　　　　　　　　　　　　　（b）办公楼北立面图

图4-12-45　源华煤矿袁仓办公楼立面

（资料来源：王彬阳摄于2018年）

（2）建（构）筑物遗存概况

源华煤矿袁仓办公楼平面呈U形，东西向和南北向均宽约22米。办公楼近年为扩大使用空间，在U形开口处加建一层作为棋牌室，供退休员工休闲之用，加建处的屋顶为蓝色金属表皮屋顶。经历百年风雨的办公楼保存状况堪忧。

源华煤矿袁仓办公楼既是工业遗产，又是红色遗产。属于工业遗产是因为1907年该办公楼曾被华记水泥厂启用，1949年以后是源华煤矿的办公楼，2004年源华煤矿并入黄石市工矿集团，现在的办公楼一方面作为黄石市工矿集团的办公用地，一方面作为员工休闲娱乐的地方。属于红色遗产是因为1927年贺龙率国民革命军第二十军抵达黄石西塞山，军部设在该楼中。贺龙在该处与周恩来会谈，会谈的会议室设在办公楼的首层南面房间。房间中现留存有贺龙使用过的座椅。

4.12.7.3　价值评估

（1）历史价值

源华煤矿袁仓办公楼和矿井是源华煤矿厂区仅存的工业遗产。自1889年由张之洞在袁仓建一平房以来，经过百年的历史变迁，办公楼先后被华记水泥厂、源华煤矿、国民革命军二十军、黄石工矿集团使用，见证了中国近现代社会的变革，极具代表性和稀缺性，在黄石很难找到像袁仓办公楼这样可以将黄石近现代以来许多大型企业联系在一起的建筑物。

（2）社会文化价值

源华煤矿袁仓办公楼作为省级文物保护单位，既是工业遗产，又是红色遗产。既承载了当年煤矿工作人员的集体记忆，又是1920年代国民革命军南昌起义前激昂立誓的热血回忆的物质载体（图4-12-45）。

4.12.7.4　源华煤矿袁仓办公楼的保护

源华煤矿留存的工业遗存有限，袁仓办公楼作为保留较完整的建筑物，建议整体保留，同时建议拆除近些年来在建筑西面私搭乱建的部分。近年来，黄石市政府更多强调的是其红色遗产身份，而忽视了其工业遗产的价值，这是非常可惜的。在今后的保护与研究中可加强这方面的内容。

4.12.8 中国一冶机关大院

原中国第一冶金建筑公司（现名中国一冶集团有限公司）位于武汉市青山区工业路的青山工业区，创建于1952年5月，1950年代完成了从挖矿山、炼焦到冶炼、轧钢，以及全套公用设施建设的武钢第一期工程；1990年代，建成了集世界先进技术和设备于一体的武钢新三号高炉、武钢高速线材厂、武钢第三炼钢厂、武钢硅钢扩建工程等一批国家重点冶金工程项目。60多年来为我国钢铁工业建设做出了巨大贡献。[1]中国一冶机关大院作为中国第一冶金建筑公司的办公楼，2006年入选武汉市优秀历史建筑，2017年入选武汉市第二批二级工业遗产。

4.12.8.1 历史沿革[2]

1952年5月1日，中央人民政府重工业部在湖北黄石市建立三一五厂筹备处，主要任务是组建施工队伍，在华中地区筹建新的钢铁工业基地。

1952年12月27日，三一五厂筹备处与中南钢铁局合并，组成中央重工业部华中钢铁公司（简称华钢）。

1954年6月，华钢组建成6个工程公司和一批辅助生产单位，建立起包括计划、施工、技术、设备、材料、财务、劳资等一整套职能管理机构。至此，一个大型建筑安装联合企业基本成型。

1954年9月，重工业部对华钢进行改组，分别成立武汉钢铁公司（简称武钢）和武汉钢铁建设公司（简称武建），武建当时是国内最大的冶金施工公司，为武钢建设的总承包者。

1956年，武建更名为武汉冶金化学建筑总公司，同年6月重工业部改组为冶金、化工、建材3个工业部。8月武汉冶金化学建筑总公司更名为武汉冶金建设总公司。1958年3月，武建与武钢合并。

1962年6月，成立武汉钢铁公司建设公司，由武钢领导。1963年1月17日，武钢建设改由冶金工业部直接领导，并更名为武汉冶金建设公司，武建与武钢再度分家。

1964年11月16日，武汉冶金建设公司改名为冶金工业部第一冶金建设公司，简称"一冶"。1993年4月，公司变更为中国第一冶金建设公司。

1998年3月，冶金工业部撤销，一冶成为中国冶金建设集团公司的全资子公司。

一冶机关大院也历经了不同时期的功能变更：

1956年，一冶机关大院建成，用于援建武钢的苏联专家居住使用。

1950年代末—1970年代末，作为武钢机械厂职工宿舍和工人俱乐部使用。

1980年代，一冶机关大院作为办公和单身宿舍使用（图4-12-46）。

2006年，被评为"优秀历史建筑"。

2010年左右，一冶机关大院被废弃（图4-12-47）。

4.12.8.2 中国一冶机关大院工业遗产

（1）总平面布局

一冶生产基地主要分布在厂前、工人村、八大家和红卫路所在地段。区域内有第一工程公司、第三工程公司、机械安装工程公司、工业建筑安装工程公司、工业炉工程公司、路桥工程公司（原为特

---

[1] 冶金工业部第一冶金建设公司.一冶志[Z].1987.
[2] 张承艺，卢支舫.青山区志[M].武汉：武汉出版社，2006.

图4-12-46 一冶机关大院大门
（资料来源：冶金工业部第一冶金建设公司，《一冶志》，1987）

图4-12-47 一冶机关大院主楼正立面
（资料来源：周国献摄于2018）

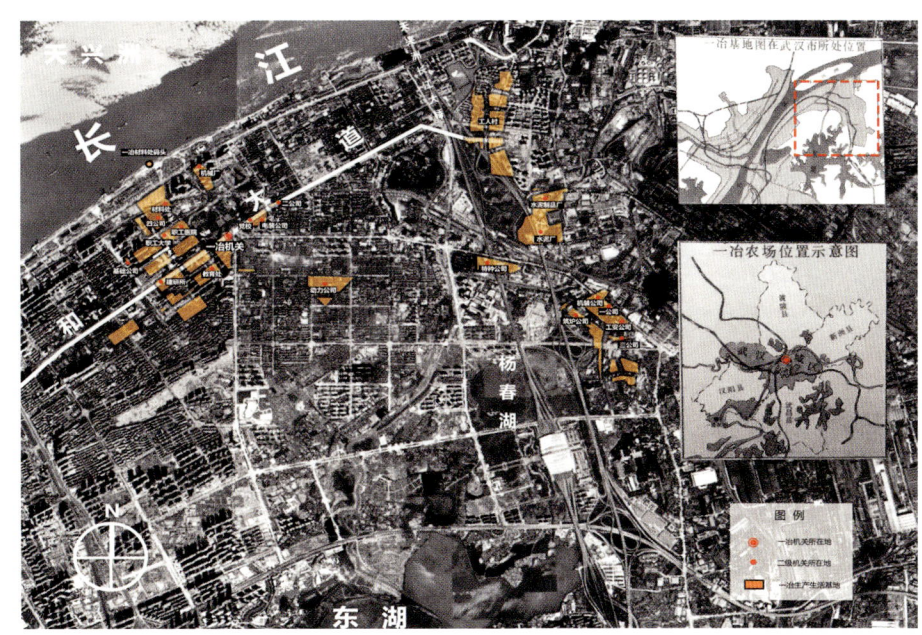

图4-12-48 一冶生产、生活基地布局图
（资料来源：冶金工业部第一冶金建设公司，《一冶志》，1987）

种工程公司）、建筑企业公司、一冶水泥厂、机械动力安装工程公司、电气安装工程公司、第二工程公司、第四工程公司、机械制造安装公司（原为一冶机械厂）、机械租赁分公司、设备公司、实业发展公司、技术开发公司、房地产公司、基础公司、工贸公司等（图4-12-48）。工程承包公司、海外公司、综企公司设在机关大院内。

一冶的生活、文化、教育等保障基地主要集中在青山区八大家至红卫路一带。生活基地建有职工住宅、医院、学校、幼儿园、影剧院、文化宫、电视台、招待所以及商业服务网点[①]。

一冶机关大院现位于武汉市青山区和平大道1274号三十八街坊，建设二路与建设四路之间，于1956年建成，按武汉市城市"一五"规划以序数命名，是建于1950年代的苏式建筑。历史上曾隶属武钢机械厂，为4栋职工宿舍和一栋楼顶饰有大五角星的工人俱乐部，后与武钢协调，分给一冶作为机关大院（图4-12-49）。

（2）建（构）筑物遗存概况

一冶机关大院由一栋主楼、四栋辅楼构成，形式是左右各两栋的对称式布局（图4-12-50）。主体为两层砖混结构，整体呈凸字形，中部入口处设对称门洞。建筑是红色清水砖墙面，两坡屋面（图4-12-51）。

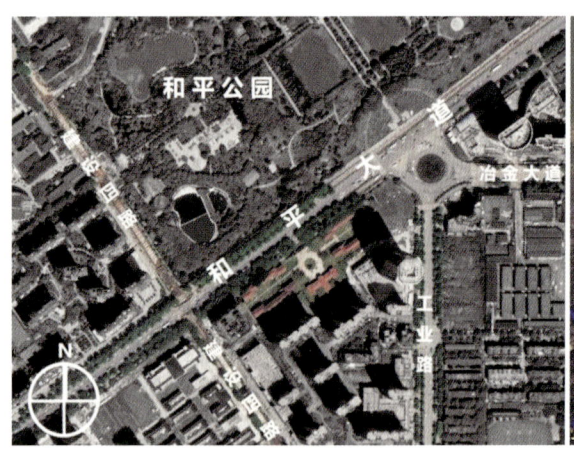

图4-12-49 一冶机关大院总平面图及周边路网关系图
（资料来源：百度地图，陈宇轩改绘）

图4-12-50 一冶机关大院鸟瞰
（资料来源：中南建筑设计院）

---

① 冶金工业部第一冶金建设公司. 一冶志 [Z]. 1987.

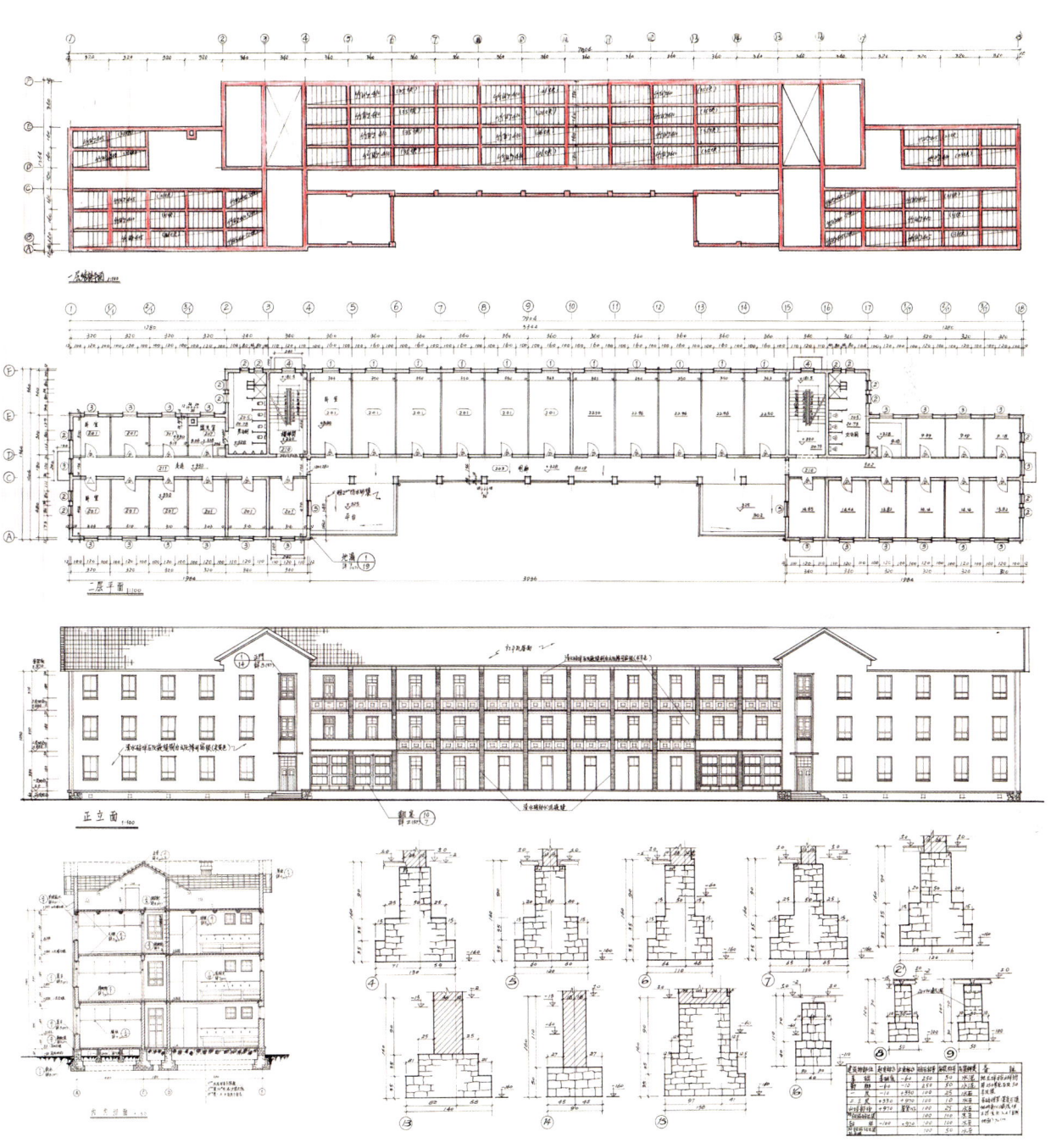

图4-12-51 一冶机关大院工程技术图
（资料来源：中南建筑设计院）

4.12.8.3 非物质文化遗产

（1）工业版画

1957年，中国一冶成立"工人业余版画创作组"，成为我国唯一以企业为依托，历时最长的工业版画创作群体。一冶版画创作群体坚持用艺术形式记录和呈现新时期中国冶金工业发展的历程与辉煌，用木刻、钢版等传统形式，结合丝网、纤维、塑料等新材料的应用，通过对钢铁结构和工业力量的呈现，展现"工业叙事"的独特魅力（图4-12-52）。

（2）相关文献

1985年，冶金工业部第一冶金建设公司组能编写了《一冶志》，记述了冶金工业部第一冶金建设公司发展的历史以及各下属单位、公司施工情况和著名人物等。

4.12.8.4 价值评估

（1）历史价值

一冶承担了武钢等重要钢铁企业的建设任务，40多年来，其建成的钢铁项目占全国钢铁生产企业的十分之一，为中国钢铁工业的快速发展以及国家跻身世界钢铁强国做出了重要贡献。一冶机关大院是一冶重要的代表性物质留存，见证了中国计划经济时期的钢铁热潮。在武钢建设时期是苏联专家的居所，见证了中苏友好建交的过程。

（2）社会文化价值

一冶企业秉承着"敬业、忠诚、团结、进取"的精神为社会生产生活提供保障，对武汉乃至全国社会经济具有巨大影响和作用。一冶机关大院承载着一冶产业工人艰苦奋斗、无私奉献过程中的美好回忆，对他们而言，机关大院是社会认同感和归属感的物质载体。

（3）经济价值

一冶机关大院位于和平大道和冶金大道交会口，拥有青山区良好的区位优势，且占地面积较大，建筑空间丰富且具有特色，具备突出的经济价值。在对其空间进行可持续再利用的基础上，可结合一冶机关大院的场所文化内涵，形成青山独特的空间文化资本。这样不仅减少了因拆迁重建带来的资源浪费，还能促进青山区经济文化的繁荣，促使人们了解认知青山区各发展阶段，具有教育意义。

（a）《太阳出来了》（作者：包子超）　　（b）《红砖》（作者：张志行）　　（c）《创举》（作者：肖日富）

图4-12-52　一冶版画创作群体工业版画
（资料来源：中国一冶版画院）

4.13 汽车制造业类工业遗产

4.13.1 二汽钢板弹簧厂

二汽钢板弹簧厂（又名东风汽车悬架弹簧有限公司）于1970年开始建设，位于湖北省十堰市中心区张湾北部约2.5公里的岩洞沟沟口，厂区南部与二汽标准件厂相接。厂区建有铁路专用线，全长1公里，与标准件厂专用线汇合，连通襄渝铁路，便于生产原料、燃料、建筑材料等及时运至现场（图4-13-1）。同时，出厂门经标准件厂、张湾医院可进入市区主公路线，通往各专业厂，贯联全市，所生产的汽车钢板弹簧总成，又可以通过公路源源不断地送往总装厂。当年参与该工业和民用建筑设计的单位有中南设计院、二汽工厂设计处，部分由本厂自行设计。①

4.13.1.1 历史沿革

1969年1月，第一机械工业部向上海市机电一局发出筹、包建二汽钢板弹簧厂的通知。

1969年4月1日，二汽革委会决定二汽对外称红卫厂，钢板弹簧厂代号5746。

1969年8月，上海钢板弹簧厂确定了二汽钢板弹簧厂的建厂总体方案。

1970年11月，主厂房正式破土动工。当时遵循"边设计、边施工、边调试、边生产"的"四边"建厂方针，厂区、生活区的基本建设同时进行。

1975年4月15日，二吨半越野车钢板弹簧生产阵地建成投产。同年7月，二吨半越野车批量投产。

图4-13-1 原厂区铁路
（资料来源：钢板弹簧厂志编辑委员会，《钢板弹簧厂志（1969—1983）》，1985）

1978年，修建了托儿所围墙、基建仓库、护坡、冷冻库、油化库、排水沟等基建工程。

1978年，大面积的基础建设基本完成（图4-13-2）。

1979年，正式投入生产。

1983年，钢板弹簧厂开始了大规模的更新改造，机加车间搬迁。②

现今，公司已搬迁，钢板弹簧厂厂址保存完好，处于闲置状态。计划改造为汽车工业遗产博物馆。

---

①② 钢板弹簧厂志编辑委员会. 钢板弹簧厂志（1969—1983）[Z]. 1985.

(a) 原厂区　　　　　　　　　　　　　　　　　　(b) 原家属区

图4-13-2　钢板弹簧厂分区建设

（资料来源：钢板弹簧厂志编辑委员会，《钢板弹簧厂志（1969—1983）》，1985）

4.13.1.2　二汽钢板弹簧厂工业遗产

（1）总平面布局

钢板弹簧厂厂区位于十堰市的北部，地势局促，有铁路线直通厂区主厂房一侧。由于沟内面积有限，家属住宅楼、单身楼、托儿所等建筑群不得不向山上发展，因此呈现出以铁路线为界，生产区生活区各居铁路一侧的总平面布局，厂区西侧为张湾河（图4-13-3）。[①]

（2）建（构）筑物遗存概况

钢板弹簧厂的厂房依岩洞沟成纵向排列，主要依工艺规程划分车间，组织生产，其车间构成为：生产车间、辅助车间、仓库系统、动力设施、冲剪车间、热处理车间、装配车间（图4-13-4、图4-13-5）。

三个主要生产车间全布置在主厂房内，材料库、成品库分别建在主厂房南北两端，主厂房为纵深达280米、空间深远的大车间，其外部大部分已粉刷成白墙，因形体纵长，在厂区内部无法看清主厂房的全貌。

热处理车间紧挨主厂房的东边，建筑天窗形式特殊。热处理是钢板弹簧厂生产的主要工序，采用了当时先进的中频感应加热工艺，这在国内钢板弹簧行业首次被采用，具有金相组织好、加热规范稳定、可连续生产等特点，此技术的运用改善了工人的劳动条件。

中频电机房相比其他厂房体量较小，但内部仍是完整的大空间，屋顶采用梁板结构而不是钢桁架结构，外立面同样粉刷过。

4.13.1.3　非物质文化遗产

（1）工艺流程及技术

钢板弹簧厂自筹建起就选用了当时国内同行业最先进技术。其特色工艺如图4-13-6所示。

热处理是钢板弹簧生产的主要工艺过程，对于钢板弹簧的寿命有决定性的影响。钢板弹簧厂

---

① 钢板弹簧厂志编辑委员会. 钢板弹簧厂志（1969—1983）[Z]. 1985.

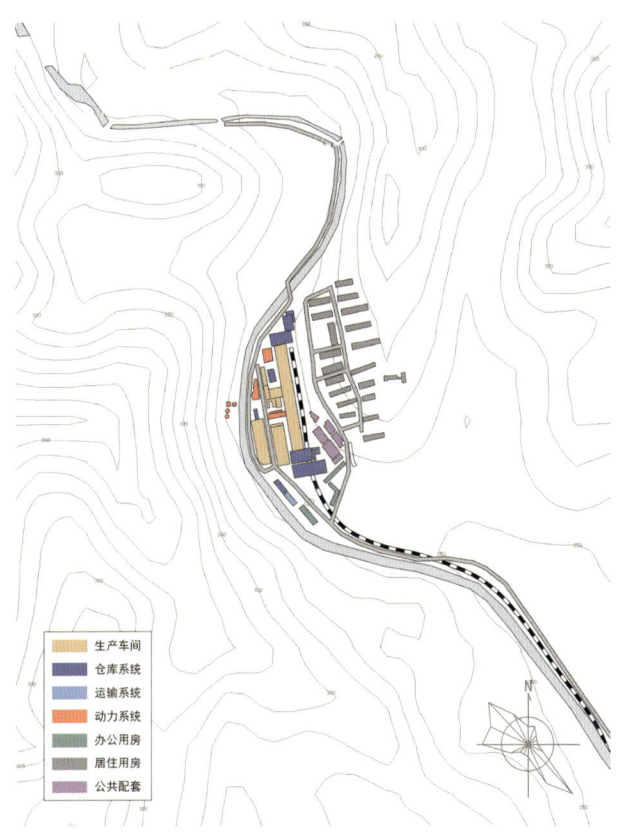

图4-13-3　钢板弹簧厂总平面图
（资料来源：吴建绘制）

图4-13-4　钢板弹簧厂各功能用房
（资料来源：百度地图，刘莉莉改绘）

采用中频感应热淬火，并在卷耳、包耳、压弯、圆簧扎尖的局部加热和圆簧的整体加热等工艺过程中也采用中频感应加热，这是钢板弹簧工艺的一次重大改进。

中频感应加热具有一系列优点，是其他加热炉所无法比拟的，这一工艺改变了钢板弹簧生产中的传统加热方法。其后中频感应加热被国内其他钢板弹簧厂逐步采用。

钢板弹簧应力喷丸，是钢板弹簧生产中的主要工序过程，可以使钢板弹簧的疲劳寿命可以成倍提高。1969年上海汽车钢板弹簧厂在包建时决定将此工艺移植到该厂。

（2）相关文献

1985年，钢板弹簧厂志编纂小组编写了《钢板弹簧厂志（1969—1983）》，对厂史、工艺等内容进行了详细介绍。

2001年，东风汽车公司史志办公室编写了《第二汽车制造厂志（1969—1983）》，其中对二汽钢板弹簧厂的建成历史进行了介绍。

4.13.1.4　价值评估

（1）历史价值

钢板弹簧厂属于第二汽车制造厂中的一个专业厂，是"三线"建设时期大规模工业迁移的产物。当时"三线"地区经济发展缓慢且落后，工

（a）主厂房内部

（b）材料库

（c）材料库内部

（d）热处理车间

（e）机修车间

（f）油冷却室外冷却塔

图4-13-5　钢板弹簧厂厂区建筑
（资料来源：刘莉莉摄于2018年）

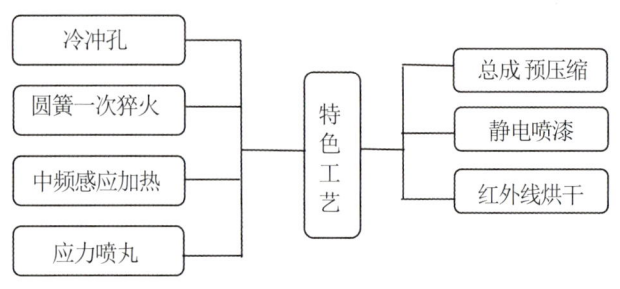

图4-13-6　特色工艺示意图
（资料来源：刘莉莉绘制）

厂建设过程十分艰苦，建成后的生产经营也极为困难。二汽的建造以战备为主，工厂选址多在隐蔽的山沟，钢板弹簧厂选址在岩洞沟，夹在两山之间，体现了战备主导思想下的选址和布局特征。

（2）科技价值

当时国内加工钢板弹簧的工艺设备尚未定型，因此，厂内选用的专业设备绝大部分是自行设计和制造，与全国同行业比较具有先进性。其中，钢板断料采用的鳄式剪床，由钢板弹簧厂自行设计、二汽设备制造厂制造，其结构简单，生产效率高，具有创新意义。同时，在钢板弹簧生产中，中频感应加热技术属当时全国之首，钢板弹簧应力喷丸强度更是当时国内同行业中最高水平，喷丸的工艺水平与国际水平相近。

（3）社会文化价值

第二汽车制造厂的建设影响了十堰市的整体规划。二汽工人中大部分来自原一汽工厂，工人们从东北地区搬到华中地区，带来了不一样的文化和生活习惯。

4.13.1.5 钢板弹簧厂工业遗产的保护

建议重点保护以下4处体现钢板弹簧厂工业主要流程和生产特征的工业遗产：①主车间（其中1-1为成品库、1-2为材料库）；②机修车间；③热处理车间；④中频电机间。对于其他有关遗产，再开发过程中有条件的也应尽量保护（图4-13-7）。

4.13.2 二汽底盘零件厂

第二汽车制造厂底盘零件厂（又名东风汽车泵业有限公司）位于十堰市张湾区车城路66号。厂区背靠两道南北走向蜿蜒起伏的山梁，山间地形较为平坦开阔，地势呈"盘龙卧虎"之势。底盘零件厂就坐落在这一巨型的"藤椅"之中（图4-13-8）。公司主要生产重型汽车、中型汽车、轻型汽车和轿车配套的空压机、机油泵、水泵、离合器分泵、总泵、转向直拉杆、燃油管件及其他底盘零件。①

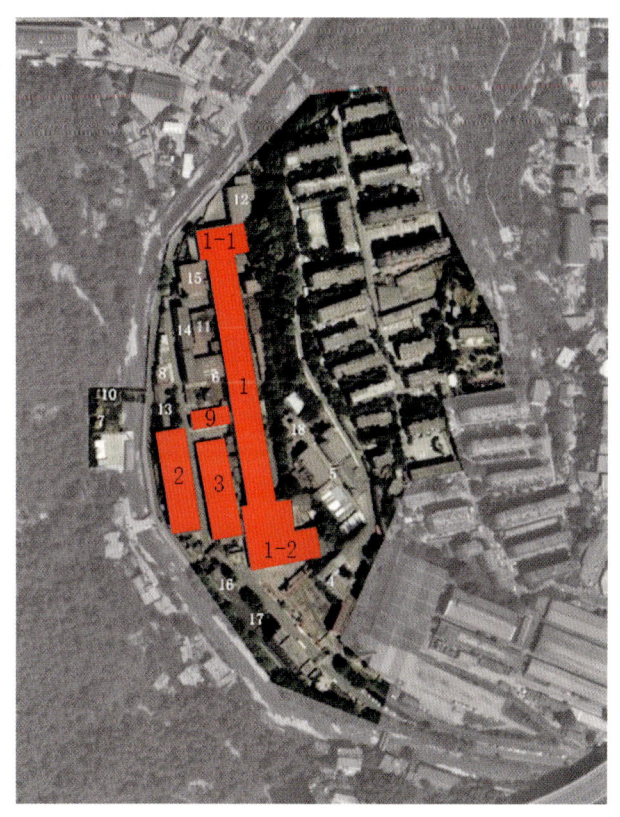

图4-13-7　钢板弹簧厂工业遗产分布图
（资料来源：百度地图，刘莉莉改绘）

1—主车间；　　　　1-1—成品库；　　　1-2—材料库；
2—机修车间；　　　3—热处理车间；　　4—办公楼；
5—食堂；　　　　　6—油冷却车间；　　7—冷却塔；
8—锅炉房；　　　　9—中频电机间；　　10—水泵房；
11—标准件库；　　 12—成品库；　　　　13—毛坯库；
14—产品试验处；　 15—空压站；　　　　16—备件库；
17—汽车库；　　　 18—冷冻库；

4.13.2.1 历史沿革

1969年，二汽底盘零件厂选定厂址，第一栋干打垒建筑开工。

1970年3月，机修车间厂房实现三通一平。4月1日，机修厂房破土动工。

1970年5月下旬，主厂房完成三通一平。7月1日晚10点左右，底盘零件厂主厂房破土动工。主厂房一万多平方米的基础工作仅用时58天就完成了。

1972年11月，全厂较大的土建项目相继竣工，转入安装调试、攻关阶段。

1975年6月，工厂投产。

1980年，改造一号厂房。

1981年，三泵车间厂房开工兴建，1982年7月竣工。

---

① 钢板弹簧厂志编辑委员会. 钢板弹簧厂志（1969—1983）[Z]. 1985.

图4-13-8 底盘零件厂原厂区全貌
（资料来源：底盘零件厂志编辑委员会，《底盘零件厂志（1969—1983）》，1985）

1982年，底盘零件厂被二汽总厂评为文明生产厂。绞盘车间厂房动工兴建，1983年6月竣工。

2010年，工厂搬迁，现厂区正在改建。

4.13.2.2 底盘零件厂工业遗产

（1）总平面布局

底盘零件厂厂区位于十堰市的中部，地势较平坦开阔。出厂西大门是宽阔的车城路。顺车城路往南穿过襄渝铁路大桥，则可直通总装厂、车架厂；西南与二汽配套处相邻；东北面越过一道小山梁是张湾变电站；厂区对面的西北面1公里的寺沟有冲模厂；再往北不足1公里处是总厂机关单位所在地（图4-13-9）。

厂区中央大道将厂区划分为两大区，东侧厂区由管子车间、成品库、毛坯库、悬挂车间等组成。西侧厂区由零件、油水泵、气泵三个车间组成。家属宿舍区本着就近方便、尽量少占良田的原则，建于工厂的北面，卫生所、托儿所、煤厂建在家属区与厂区中间（图4-13-10）。

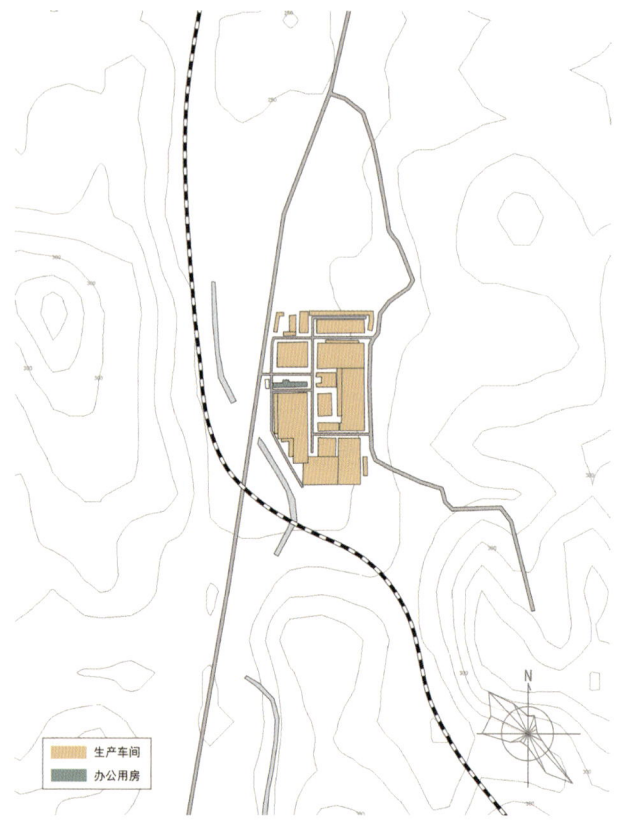

图4-13-9 底盘零件厂总平面图
（资料来源：吴建绘制）

图4-13-10 底盘零件厂原家属区一角
（资料来源：底盘零件厂志编辑委员会，《底盘零件厂志（1969—1983）》，1985）

（2）建（构）筑物遗存概况

底盘零件厂正在改建中（图4-13-11），部分厂房保存较完整，部分厂房的结构和外立面都已经整修，部分厂房的结构被改变。调研过程中生产区被整体拆迁，场地置换为居住用地。

厂区东北及东南侧的厂房基本保存良好，外立面仍为红砖结构，屋顶以及天窗结构特征趋同。厂房多为多跨相连的大空间，进深近百米（图4-13-12）。厂房中部规模较小的厂房被改造成音乐酒吧。该厂房北边是三层的小空间结构，以前可能是办公楼；南边的空间则更大更完整，改造前可能是小的厂房；西边的厂房从结构到外立面已全部被改变。

4.13.2.3 非物质文化遗产

1985年，底盘零件厂志编辑委员会编写的《底盘零件厂志（1969—1983）》是完整记录厂史的珍贵资料。

图4-13-11 底盘零件厂鸟瞰

（资料来源：刘莉莉摄于2018年）

（a）油漆车间

（b）油漆车间内部

（c）气泵车间

（d）气泵车间内部

（e）磨刀部

（f）磨刀部历史图片

图4-13-12 底盘零件厂厂区建筑

（资料来源：f源自《底盘零件厂厂志》，其余由刘莉莉摄于2018年）

2001年，东风汽车公司史志办公室编写《第二汽车制造厂志（1969—1983）》中有关底盘零件厂的内容。

4.13.2.4 价值评估

（1）历史价值

底盘零件厂属于第二汽车制造厂中的一个专业厂，是"三线"建设时期大规模工业迁移的产物。底盘零件厂最早仅为总装配厂的一部分，后因扩大生产而独立出来，是研究总装配厂完整的产业链的实物依据。

（2）社会文化价值

底盘零件厂具有完整的厂区及附属生活区，且大部分工人来自原一汽厂，工人们从东北地区迁到华中地区，促进了地区文化的多样化发展。

4.13.3 二汽水箱厂

第二汽车制造厂水箱厂位于二汽总厂西南的小周家沟内，沿车城西路距张湾1.5公里左右。东南与冲模厂一山之隔，北出厂门即是秦家河与老白公路。厂区布局由吴家沟沟口延伸至小周家沟沟口，长约1000米。厂区占地面积14.64万平方米，工业与民用建筑面积均为2.3万平方米。[①]厂区位于山沟之中，流线狭长；立足于厂区内部山丘可俯瞰一系列厂房屋顶天窗。厂房的结构体保存完好，多处外墙面经重新粉刷。公司搬迁后多数厂房处于出租状态，厂区环境较混乱。厂区出租以外部分仍为水箱厂，功能使用继续。

水箱厂系二汽附配件生产专业厂之一，主要生产散热器总成、机油散热器、机油收集器、汽油滤清器、曲轴箱通风空滤、暖风总成、节温器等11个产品。[②]

4.13.3.1 历史沿革

1966年8月，水箱厂筹建组成立，1967年初选定厂址。1967年5月，筹建组赴上海汽车配件厂与其洽谈包建任务，并开始工厂设计工作。

1970年4月，工厂开始施工建造，平整机械加工车间场地。7月，水箱厂大桥建成，第一栋干打垒宿舍楼正式完工，交付使用，机加厂房开始施工建造。9月，第二栋宿舍楼开始动工，此楼因采用红砖墙体，简称红楼，后编号5号楼。

1971年，工厂代号取消，改称为二汽水箱滤清器厂，简称为二汽水箱厂。此时开始大规模的基建施工后，于次年上半年基本结束。

1971年8月，水箱车间厂房全部完成，成为第一个完工的厂房。

1972年，厂区内的厂房和厂办公楼大体就绪，开始规划修路和继续开凿防洪沟工程。11月，厂生活区1、2、3、4、6栋宿舍楼建成。

1973年，正式木工房竣工，后又自建了基建科办公楼和仓库。6月，在装配车间西北角建起冰棒房。

1973年，除电镀车间外，其余车间的设备基本安装完毕，转入调试攻关阶段，并通过少量迂回工艺，进行批量生产。

1974年初，开始对已经建成的厂房进行大规模的质量返修工作，屋面加盖了保温层。

1975年7月，水箱厂职工子弟校舍建成。

1979年以后，9号楼竣工。对第一栋干打垒宿舍楼进行了翻修，翻修后编为10号楼。1979年，被中共湖北省委、中共一机部党组命名为"大庆式

---

①② 东风汽车公司史志办公室. 第二汽车制造厂志（1969—1983）[Z]. 2001.

企业"。

1981年，新7号楼竣工，1982年又建成了11号楼、产品办公楼。1983年，12号楼建成。①

4.13.3.2　二汽水箱厂工业遗产

从建厂到停产，二汽水箱厂30余年的发展历程留下了大量的工业遗产（图4-13-13）。

（1）总平面布局

水箱厂留存至今的生产车间沿山沟纵向绵延1公里多，一系列车间之间间隔分布有仓库、办公建筑、少量公共配套建筑，厂区北端建有生活区，区内建有职工子弟学校、幼儿园、粮店、饭馆、百货商店、医务室、冷藏库、液化气供应站等；还建有1200个座位的俱乐部，以及闭路电视教育中心等一系列文化娱乐设施（图4-13-14）。②

（2）建（构）筑物遗存概况

水箱车间厂房为砖混结构，双坡屋顶但坡度较缓，整体保存较完好，现在已经成为汽车修理厂。冲压车间厂房基本保留了早期的主体屋架和天窗，已改建为工位器具存放区。装配车间厂房为一栋多层砖混结构厂房，主要砌筑材料为红

图4-13-13　水箱厂鸟瞰
（资料来源：张尚康摄于2018年）

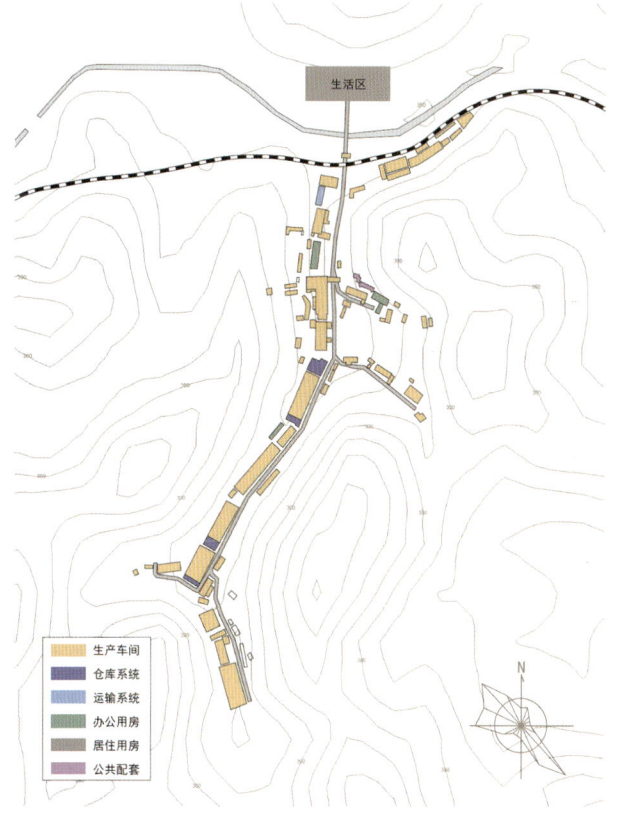

图4-13-14　水箱厂总平面
（资料来源：吴建绘制）

---

①② 东风汽车公司史志办公室.第二汽车制造厂志（1969—1983）[Z]. 2001.

砖，钢筋混凝土梁柱体系外露且室内各构件真实地反映了多层厂房的受力状况。装配车间整体留存状况完好（图4-13-15）。

4.13.3.3 非物质文化遗产

（1）设备信息及工艺技术

水箱厂下设计划、财会、技术、产品、检查、机动等18个职能科室；机加、冲压、装配、水箱、电镀5个基本生产车间，还有节温器、薄壁缸套两个车间；由工具科管理的金切加工车间，负责全厂的设备、工装维修件和少量备件制造工作。全厂曾经共有班组41个，设备425台，其中主要设备248台。

除冲压车间外，其他车间均采用流水作业线形式进行生产，有半自动生产线5条，悬链2条，板式传送装配线1条。在工艺上，共投资500万元，经过革新、改造，采用了锌酸盐镀锌、低酪酐纯化、乙二铵镀铜、中温碱性镀锡以及双氧水硫酸型黄铜酸洗等先进工艺。[1]

（2）相关文献

1985年，水箱厂志编辑委员会编写的《水箱厂志（1965—1983）》是完整记录厂史的珍贵资料。

2001年，东风汽车公司史志办公室编写的《第二汽车制造厂志（1969—1983）》中有关于水箱厂的内容。

（a）水箱车间　　　　　　　　（b）水箱车间内部　　　　　　　　（c）冲压车间

（d）冲压车间内部　　　　　　　（e）装配车间　　　　　　　　（f）装配车间内部

图4-13-15　水箱厂厂区建筑

（资料来源：张尚康摄于2018年）

---

[1] 东风汽车公司史志办公室. 第二汽车制造厂志（1969—1983）[Z]. 2001.

4.13.3.4 价值评估

（1）历史价值

水箱厂周围群山蜿蜒山沟众多，厂区选址多在海拔300米上下的低山区，体现出"三线"建设时期依托山体便于隐蔽的工厂建设原则。同时，水箱厂作为十堰汽车制造产业链条下零件生产的一个环节，除暖风总成（用于驾驶室内冬季采暖和车窗玻璃防冻霜）为车身配件外，主要产品均为发动机上的附配件，是研究十堰汽车工业发展产业链中配件生产的重要实物资料。

（2）科技价值

水箱厂的水箱产品在工艺上经过革新、改造，采用了锌酸盐镀锌、低酪酐纯化、乙二铵镀铜、中温碱性镀锡以及双氧水硫酸型黄铜酸洗等先进工艺。其中，蜡式节温器是国内首试成功的先进产品，并投入国际市场。此外，还有近年来研试成功的节温器尾柱储能焊、薄壁套电曳物线变薄拉深成形工艺，以及水箱总成半自动中频焊装线、水箱芯子总成半自动焊装线、水箱芯子专用串片机等工艺设备，都具有国内先进水平，在同行业中享有一定声誉。厂区中以水箱车间、冲压车间为代表的特色生产空间遗存，体现了十堰近代早期工业的发展水平。

（3）社会文化价值

水箱厂旧址保存较完好，其中部分水箱生产功能仍处于持续使用中，现在供外地游客自由参观，是普及汽车配件生产工业知识、了解十堰汽车生产工业文化的空间载体，对展示十堰历史文化底蕴、提高旅游文化多样性具有重要意义，具备较高的社会文化价值。

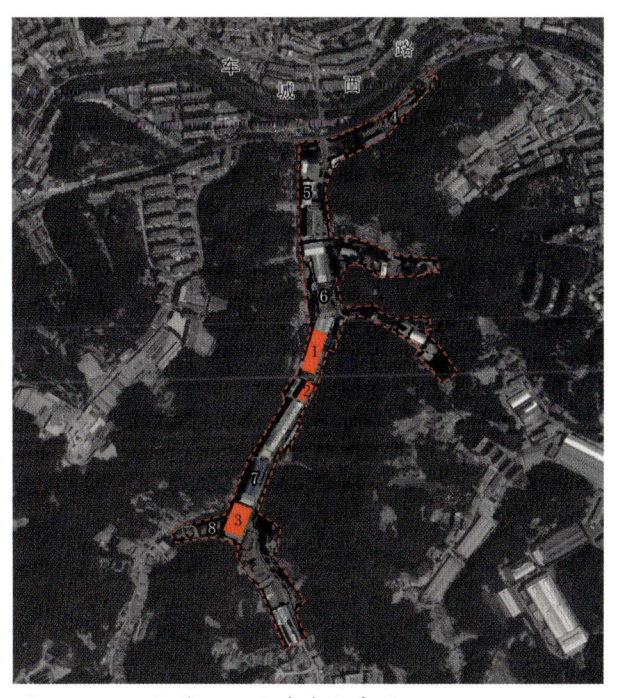

图4-13-16 水箱厂工业遗产分布图
（资料来源：刘莉莉绘制）
1—水箱车间；2—装配车间；3—机加车间；
4—水箱二车间；5—节温器车间；6—电镀车间；
7—冲压车间；8—热处理车间及仓库；

4.13.3.5 水箱厂工业遗产的保护

建议重点保护以下3处体现水箱厂工业主要流程和生产特征的工业遗产：①水箱车间；②装配车间；③机加车间。对于其他有关遗产，再开发过程中有条件的也应尽量保护（图4-13-16）。

4.13.4 二汽车箱厂

第二汽车制造厂车箱厂地处十堰人民路、朝阳路南段二堰段，居张湾东南直线距离约2.8公里处。厂区位于铁路旁，总占地面积17.68万平方米，工业建筑面积6.28万平方米，民用建筑面积3.63万平方米。[①]厂区建筑保存较完好，仍在使用中。

---

① 东风汽车公司史志办公室. 第二汽车制造厂志（1969—1983）[Z]. 2001.

图4-13-17 车箱厂建厂初期厂区全貌
（资料来源：车箱厂志编辑委员会，《车箱厂志（1966—1983）》，1985）

车箱厂是二汽附属专业厂，其主导产品是军用及民用货车车箱，该产品是二汽独特生产载重汽车钢木结构车箱总成的专业厂。[①]

4.13.4.1 历史沿革

1967年，车箱厂筹建组成立。

1969年7月，开始建厂。

1970年2月，车箱厂厂房破土动工。10月，各车间开始筹建，大规模建设开始（图4-13-17）。

1974年7月20日，厂子弟学校教学楼动工兴建。

1983年9月，东风EQ140车箱总成被湖北省为省"优质产品"。10月，车箱厂被二汽总厂评为"优质安全文明生产厂"。[②]

4.13.4.2 二汽车箱厂工业遗产

（1）总平面布局

二汽车箱厂西接二堰火车站，在车站和厂区之间设置有销售处、发送站。主要生产车间位于厂区中央区域，东侧为生活区。1980年代初厂内主要生活、文化福利设施有托儿所、卫生所、游艺室、游泳池、老工人活动室等；子弟学校设有初中、小学部，时有在校学生709名（图4-13-18）。[③]

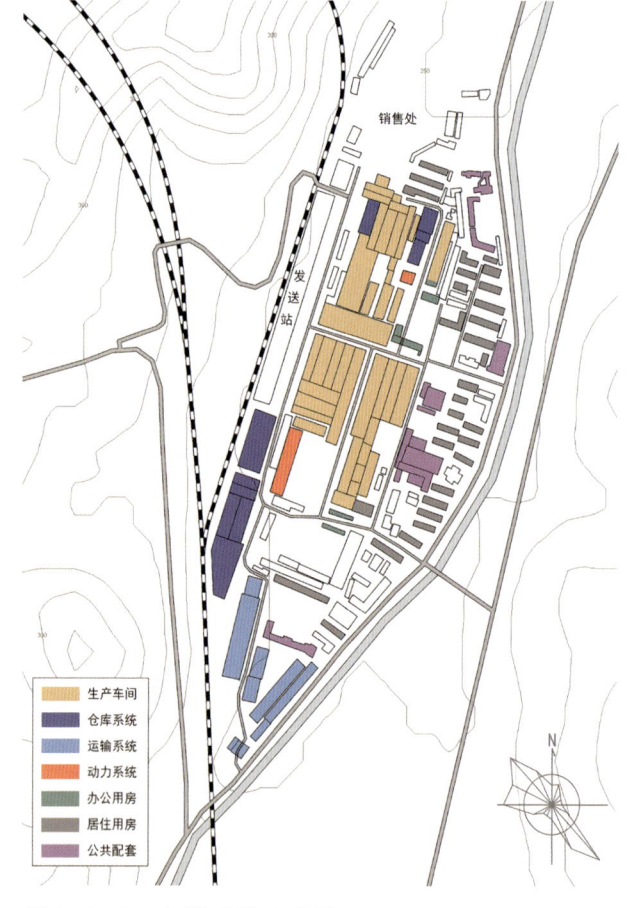

图4-13-18 车箱厂总平面图
（资料来源：吴健绘制）

---

①③ 东风汽车公司史志办公室. 第二汽车制造厂志（1969—1983）[Z]. 2001.
② 车箱厂志编辑委员会. 车箱厂志（1966—1983）[Z]. 1983.

（2）建（构）筑物遗存概况

车箱厂生产区格局保存完好（图4-13-19）。厂房因生产特性不同，屋顶形式各异：有平屋顶、双坡屋顶、卷曲屋顶；紧邻发送站区域，还留存有尺度较大排列有序的起吊机图4-13-20）。厂区中4层平顶红砖办公建筑，保留了早期的风格，与南面入口建筑共同构成主要办公区。目前，厂区内部分厂房外租作他用，如气泵车间。主要改造集中在外墙粉刷，通过历史图片与现状的比对，建筑物原始风貌依然可见。生活区大礼堂现已失去原有功能。

4.13.4.3 价值评估

（1）历史价值

在"三线"建设背景下，十堰建市20多年来，工业从无到有、从小到大迅速发展，一度成

图4-13-19 车箱厂鸟瞰

（资料来源：张尚康摄于2018年）

为全国主要汽车工业生产基地之一。十堰市的单个厂大多分散于奇山异谷的山沟里，并且只是汽车零件生产的一个环节，车箱厂是生产铁木结构汽车车箱的专业厂，主导产品是军、民用货车车箱。车箱厂的发展与变化是那一段历史的重要见

（a）厂房

（b）厂房内部

（c）配件库

（d）办公楼

（e）俱乐部

（f）起吊机

图4-13-20 车箱厂厂区建筑

（资料来源：张尚康摄于2018年）

证，是研究早期十堰工业发展的重要实物资料。

（2）科技价值

车箱厂以专二作业部、零件一部为代表，体现了十堰近代早期工业的发展水平。车箱厂有各种设备883台。其中，一台底漆电泳槽，一次容量94吨，一台红外线烘干室，长达124米，这都是当时国内最大的单台专门设备。车箱厂曾拥有机械设备180台，热工设备67台（四个复杂系数以上），共有专业生产线24条。自建厂以来，其中的13条生产线均进行了技术改造，其中辊压车间辊压东线，达到当时国内同行业的先进水平。[①]

（3）社会文化价值

车箱厂是普及工业知识、了解十堰历史文化的空间载体，因其历史价值、科学价值通过进入公共空间被赋予新的含义，从而具有较高的社会文化价值。水箱厂现在还处于未开放状态，若能以适当方式开放专二作业部、零件一部供十堰市民及外地游客参观，对展示十堰历史文化底蕴、提高旅游文化多样性具有重要意义。

4.13.4.4 车箱厂工业遗产的保护

建议重点保护以下3处体现车箱厂工业主要流程和生产特征的工业遗产：装配车间、油漆车间、冲压车间。对其他相关遗产，再开发过程中有条件的也应尽量保护（图4-13-21）。

4.13.5 二汽设备修造厂

第二汽车制造厂二汽设备修造厂位于湖北省十堰市红卫宾家沟，东距总厂所在地张湾4公里，东面与车身厂，西面与水厂、刃量具厂分别隔山相邻；在北侧沟口处，沿车城西路与热电厂、湖

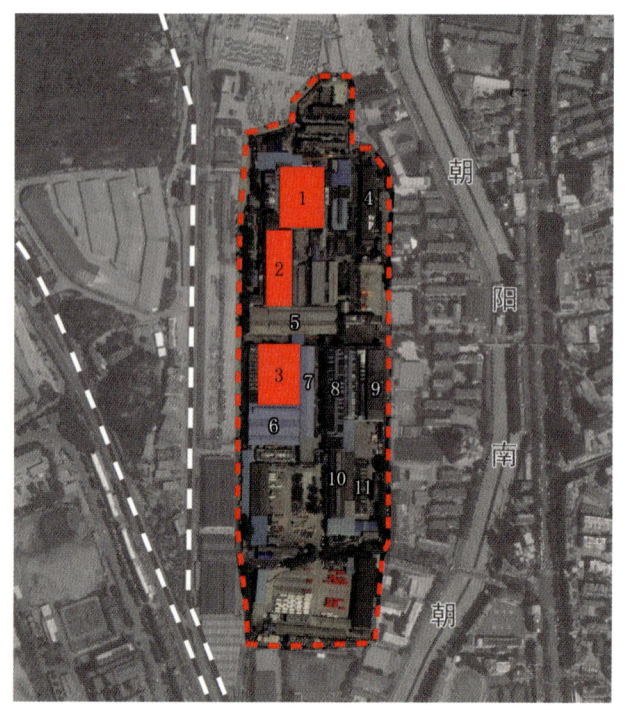

图4-13-21　车箱厂工业遗产分布图
（资料来源：刘莉莉绘制）
1—装配车间　2—油漆车间　3—冲压车间　4—新机模修车间
5—焊接车间　6—毛坯车间　7—辊压车间　8—焊接车间
9—毛坯车间　10—辊压车间　11—桥壳车间

北汽车工业学院、动力厂机动处、第三医院相望。襄渝铁路经设备修造厂北侧沟口由东向西穿行面过。宾家沟地形呈S形，两侧丛山相夹，山势较陡，地势南高北低，沟内狭长而不规则，在两侧的山上生长有成片繁茂的松树林，四季常青（图4-13-22）。设备修造厂是二汽建设中首先动工、第一批建成投产的专业厂之一。主要承担二汽各专业厂部分机械设备的大修，承制各专业厂部分非标专用设备及复杂备件、大型备件和液压元件。由于各专业厂均有较强的机修能力，设备

---

① 车箱厂志编辑委员会. 车箱厂志（1953—1986）[Z]. 1985.

图4-13-22　设备修造厂鸟瞰

（资料来源：https://720yun.com/t/cbojzo4utm0?scene_id=9646142720yun）

修造厂一般只承修难度较大、技术要求较高的设备。随着二汽生产建设的发展，还承担二汽新产品试制开发时部分零部件的制造任务。

4.13.5.1　历史沿革

1966年，确定厂址在十堰市红卫袁家沟，成立设备修造厂筹建组。

1967年5月，金结车间厂房和液压车间厂房开工兴建；7月，热处理车间开工兴建。

1969年，设备修造厂启用代号为红卫5721厂。11月，备件车间厂房和恒温、恒湿精密间厂房同时开工兴建。

1970年6月，金结车间厂房和液压车间厂房土建竣工。8月，热处理车间厂房竣工。

1971年，改名为二汽设备修造厂。10月，大修二车间厂房开工兴建。

1972年，备件车间厂房、大修二车间厂房、恒温恒湿精密间厂房竣工。

1973年8月，人防工程开工。1974年10月，毛坯车间破土兴建。

1976年，新液压车间、毛坯车间土建竣工。

1980年5月，大修二车间新扩建厂房破土兴建。

1982年6月，大修二车间扩建厂房竣工。[①]

4.13.5.2　二汽设备修造厂工业遗产

（1）总平面布局

设备修造厂的选址在"靠山、分散、进洞"原则的影响下，七个主要生产车间排列在袁家沟小溪的西侧，在2公里的狭长地段布局呈现由北向南鱼贯而入顺山沟依山延伸的态势。金属结构车间、液压车间、大修一车间、毛坯车间、热处理车间、大修二车间、备件车间等一系列车间，向山沟里延伸，形成了俗称为"羊拉屎"的带状空间布局。设备修造厂的首脑机关——指挥和行政管理办公楼，位于整个厂区的中间地带。厂区内有

---

① 设备修造厂志编辑委员会.设备修造厂志（1966—1983）[Z].1984.

一条马路贯穿全厂。设备修造厂依靠公路与二汽各专业厂之间联系。厂区马路与东侧的镜潭路和西侧的车城西路相连。通过两条马路均可进入市内和到达总厂以及二汽各专业厂。厂内生产所需的钢材、煤炭、基建材料以及生活资料，由公路运输到厂内（图4-13-23）。[①]

（2）建（构）筑物遗存概况

当下厂区主要厂房格局风貌保存完好，尤其是西南部建筑群，比对历史图片，改动痕迹较少（图4-13-24）。现存两栋"干打垒"厂房中，备件车间还在使用中；热处理车间是现存年代最久远的车间。大修二车间是全厂最大的生产车间（图4-13-25）。

4.13.5.3 非物质文化遗产

1985年，设备修造厂志编辑委员会编写的《设备修造厂志（1966—1983）》是完整记录厂史的珍贵资料。

2001年，东风汽车公司史志办公室编写的《第二汽车制造厂志（1969—1983）》中有关于设备修造厂的内容。

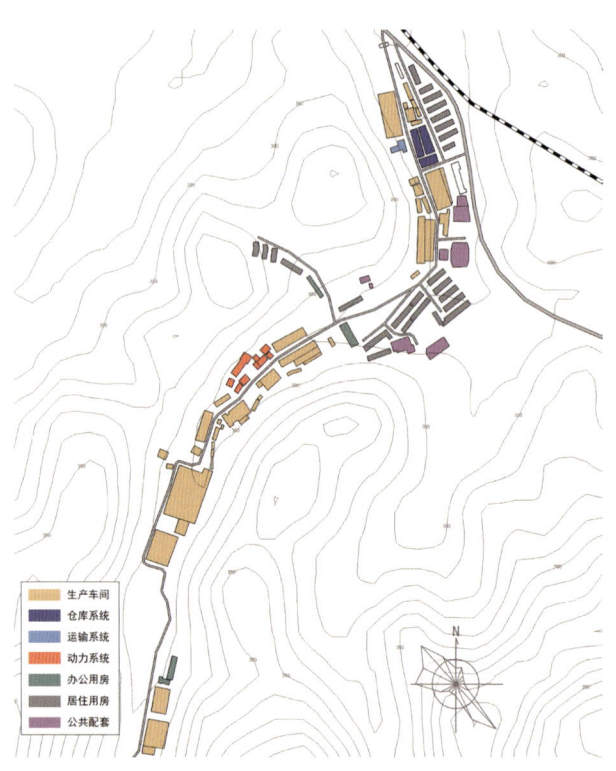

图4-13-23　设备修造厂总平面图
（资料来源：吴建绘制）

（a）热处理车间

（b）大修二车间

图4-13-24　厂区建筑历史图片
（资料来源：设备修造厂厂志）

---

① 设备修造厂志编辑委员会. 设备修造厂志（1966—1983）[Z].1984.

（a）备件车间　　　　　　（b）热处理车间　　　　　　（c）"干打垒"细节

（d）大修二车间外立面　　　　　　（e）大修二车间内部

图4-13-25　厂区建筑现状

（资料来源：刘莉莉摄于2018年）

4.13.5.4　价值评估

（1）历史价值

设备修造厂从二汽建厂至今，生产活动一直在继续，部分厂区内的建筑结构也保存完好，如实再现着二汽建设时期工人的生产状况和生活状况，具有重要的历史意义。

（2）社会文化价值

基于设备修造厂厂区范围内完整的物质生活要素建立的工业社区，至今仍保持活力。厂区内相关工业遗产是反映居民生活变迁的有效样本，是保留产业工人时代集体记忆的重要载体；相关的非物质的企业精神、企业文化是地区社会文化的重要组成部分。

（3）经济价值

设备修造厂具有独特的厂区格局，体现着当时的建造思维和社会环境。另外其保存完好的厂区风貌，也具有极大的再利用价值。

4.13.6　二汽车轮厂

第二汽车制造厂车轮厂位于湖北省十堰市张湾区广东路2号，是二汽的主机厂之一。厂区位于四方山下的孟家沟口、银河湾旁，占地面积19.98万平方米，生产类建筑面积4.1万平方米，相关民用建筑面积2.43万平方米。

4.13.6.1　历史沿革

1966年，二汽车轮厂筹备组在长春第一汽车制造厂成立。

1969年，厂址选定十堰四方山下孟家沟口，筹建组第一批人员进入基地，开始基础建设。

1970年9月，破土动工，开始建厂。

1971年5月，车轮厂职工子弟学校正式成立。

1973年，厂区内各生产车间土建工程基本完成。

1972和1974年，两次进行初扩设计。

1975年，两吨半越野车车轮生产基地建成，从此进入正常生产（图4-13-26）。

1996年12月，改制为东风汽车车轮有限公司。

4.13.6.2 二汽车轮厂工业遗产

（1）总平面布局

厂区整体用地呈橄榄形，厂区中央有铁路线贯穿，厂房集中布置在铁路线两侧。根据车轮厂生产的需要，四个主要生产车间按工艺流程依次设置，铁路可直通金属材料库。办公区位于生产区东南侧，靠近厂区入口处。生活区主要有南、北、东三个组团（图4-13-27）。

（2）建（构）筑物遗存概况

生产区空间格局保存完好，由于持续处于生产中，主要厂房建筑外立面多有涂刷，其原始特征可识别性大大降低。滚型车间空中连廊原本为悬挂运输链的空间，现内部设备已拆除。型钢车间、金属材料库及运输铁路线等建（构）筑物，留存状况良好（图4-13-28）。生活区内现存砖混结构家属宿舍楼16栋，单身职工宿舍楼2栋。

图4-13-26　车轮厂历史图片及鸟瞰
（资料来源：刘莉莉摄于2019年）

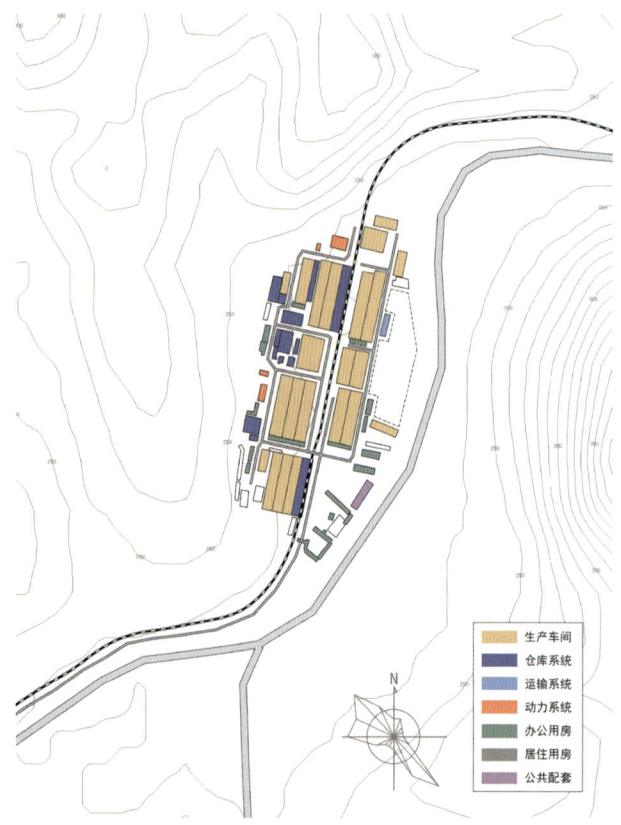

图4-13-27　车轮厂总平面图
（资料来源：吴建绘制）

(a)滚型车间　　　　　　　　(b)滚型车间空中连廊　　　　　(c)滚型车间空中连廊内部

(d)型钢车间　　　　　　　　(e)金属材料库及铁路　　　　　(f)金属材料库内部

图4-13-28　车轮厂厂区建筑

（资料来源：赵静摄于2018年）

4.13.6.3　非物质文化遗产

2001年，东风汽车公司史志办公室编写的《第二汽车制造厂志（1969—1983）》中有关于设备修造厂的内容。

4.13.6.4　价值评估

（1）历史价值

车轮厂作为二汽专业厂，生产活动由1970年初期一直延续至今，完整见证了二汽、十堰乃至鄂西北工业发展的历史，具有重要的历史价值。

（2）社会文化价值

基于车轮厂厂区完备的物质生活要素建立起的工业社区，至今仍保持活力。厂区内相关工业遗产已成为反映居民生活变迁的有效样本，是保留产业工人时代集体记忆的重要载体；相关非物质遗产要素如企业精神、企业文化是地区社会文化的重要组成部分。

（3）经济价值

车轮厂遗留了大面积的厂房，为集中式布置。其厂房多为集中式大空间，且结构坚实牢固，整体具有"低龄化"的特点。其厂区紧邻城区，具有有利的交通条件。铁路穿厂而过，可直通金属库，具有一定特色。综合来看，其再利用可能性高。

4.13.6.5　车轮厂工业遗产的保护

建议对厂区进行整体保护，对相关厂房进行有效保护，并进行适宜的再利用。

4.13.7 二汽化油器厂

第二汽车制造厂化油器厂位于湖北省十堰市张湾区放马坪路40号，是二汽生产化油器、汽油泵、刹车系统的专业厂，曾是我国最大的化油器生产厂家。厂区选址在花园沟沟口内，基地纵深长约1200米，最宽处150米，最窄处67米，整个厂区从犟河边向北一直延伸进沟内，紧靠襄渝线花果站。厂区占地面积11.46万平方米，生产建筑面积3.1万平方米，相关民用建筑面积3.61万平方米（图4-13-29）。

4.13.7.1 历史沿革

1966年9月，一机部汽车局决定化油器厂主要由北京东方红汽车附件厂和长春汽车附件厂包建。

1969年7月，正式破土动工。

1973年，在产车间土建安装工程已基本竣工。

1975年，经过两年设备、工艺调试攻关，各项生产准备工作基本就绪，转入小批量试生产阶段。

1983年，"微处理机自控化油器的发动机台架试验"获二汽"十大革新成果奖"之一。

4.13.7.2 化油器厂工业遗产

（1）总平面布局

厂区用地为狭长山沟地带，因此各车间依次排列在山沟内，一系列车间由一条厂区主干道联系，办公管理用房夹杂在车间序列中设置，方便管理。厂区主干道贯穿整个厂区且是厂区主要运输系统，联系外部（图4-13-30）。

图4-13-29　化油器厂鸟瞰
（资料来源：刘莉莉摄于2019年）

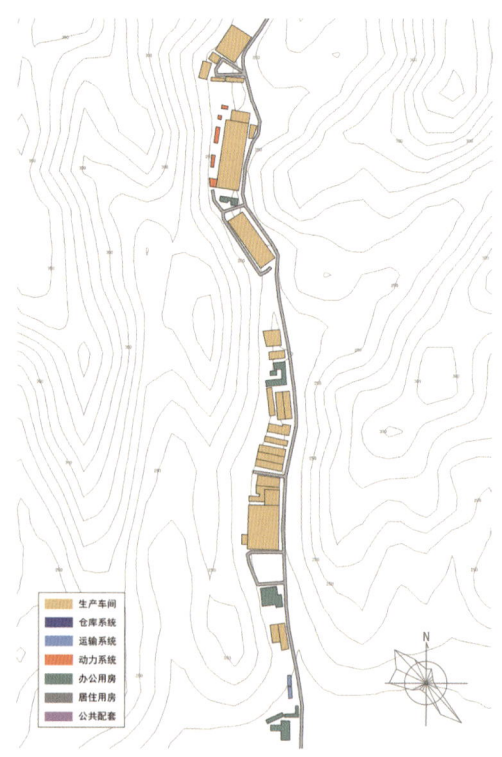

图4-13-30　化油器厂总平面图
（资料来源：吴建绘制）

（2）建（构）筑物遗存概况

厂区现部分厂房处于继续使用状态中。主要厂房空间格局保存完好，少数厂房外立面重新涂刷。现存厂区大门形体简洁、稳重大气，多层办公楼品质良好，厂房空间类型及形式多样，改造再利用潜力巨大（图4-13-31）。

4.13.7.3 价值评估

（1）历史价值

化油器厂作为二汽专业厂，生产活动由初始时期一直延续至今，完整见证了二汽、十堰乃至鄂西北的工业发展，具有重要的历史价值。

（2）社会文化价值

基于化油器厂厂区范围内完整的物质生活要素建立的工业社区，至今仍保持活力。厂区内相关工业遗产是反映居民生活变迁的有效样本，是保留产业工人时代集体记忆的重要载体；相关的非物质的企业精神、企业文化是地区社会文化的重要组成部分。

（3）科技价值

化油器厂曾是我国最大的化油器生产厂家，其工业产品反映了我国汽车工业发展历程相关工业技术遗产的价值，其空间遗产是承载技术发展

（a）厂区大门

（b）办公楼一

（c）办公楼二

（d）厂房一

（e）厂房二

（f）厂房三

图4-13-31　化油器厂厂区建筑

（资料来源：赵静摄于2018年）

的重要空间载体。

4.13.8 二汽铸造一厂

第二汽车制造厂铸造一厂位于湖北省十堰市张湾区花果路12号。北靠襄渝铁路，南临花果山麓，老白公路自东往西穿过厂区，东南接头堰水库，西连花果镇。厂区四周群山环抱，铸造一厂坐落在天宝寨脚下的头堰沟口、沿犟河分布。铸造一厂是二汽三大毛坯厂之一，主要供给三种基本车型发动机的全部铸件和汽车底盘制动毂铸件。

4.13.8.1 历史沿革

1966年9月，铸造一厂筹建组成立。

1969年4月1日，二汽对外称红卫厂，铸造一厂编号为红卫5748厂。

1969年9月，破土动工，首建机模车间。

1970年5月1日机模车间建成投产。同年7月1日，第一台工艺设备——10吨无芯工频炉投产。同年9月，总指挥部推广"干打垒"施工方法，机模车间、木模工段、五车间清理工部都兴建"干打垒"结构厂房。

1970年底，老二车间破土动工，1972年建成投产。

1971年5月1日，厂内第一条高压造型线——曲轴线投产，老三车间建成投产。同年7月，取消代号改称铸造一厂。

1972年3月，老四车间由丹麦引进的挤压线投产，老四车间建成投产。

1978年10月1日，老二车间投产，铸造一厂全面建成投产（图4-13-32）。①

4.13.8.2 铸造一厂工业遗产

（1）总平面布局

铸造一厂占地30多万平方米，工业建筑面积8万多平方米，民用建筑面积6万多平方米，厂区与生活区以犟河花果桥为界，西侧为厂区、东侧为生活区，沿老白公路两侧街面形成服务、福利配套设施的一体化布局（图4-13-33、图4-13-34）。

（2）建（构）筑物遗存概况

当下厂区主要厂房空间格局保存完好，四个

（a）办公楼

（b）单身宿舍大楼

（c）铸造一厂大门

图4-13-32 铸造一厂历史图片
（资料来源：铸造一厂厂志）

---

① 铸造一厂厂志编纂领导小组. 铸造一厂志（1965—1983）[Z].1984.

第4章 湖北工业遗产典型案例实录

主要铸造车间中除第一车间部分厂房外立面重新涂刷外,其余三个基本维持原状。厂区内还留存有各类工业构筑物,如厂房之间的多段廊桥。生活区包括电影院、子弟学校等在内的各类生活配套建筑。其中大礼堂已改作酒店使用,立面大体维持原始形态,但后续改建特征亦十分明显(图4-13-35)。

4.13.8.3 非物质文化遗产

1985年,铸造一厂厂志编纂领导小组编纂的《铸造一厂志(1965—1983)》是完整记录厂史的珍贵资料。

2001年,东风汽车公司史志办公室编写的《第二汽车制造厂志(1969—1983)》中有关于铸造厂的内容。

4.13.8.4 价值评估

(1)历史价值

铸造一厂是二汽三大毛坯厂之一,多品种大量流水生产,它的生产建设无不体现着当时多方合作的制度优势,展现着当时的工人独特的生

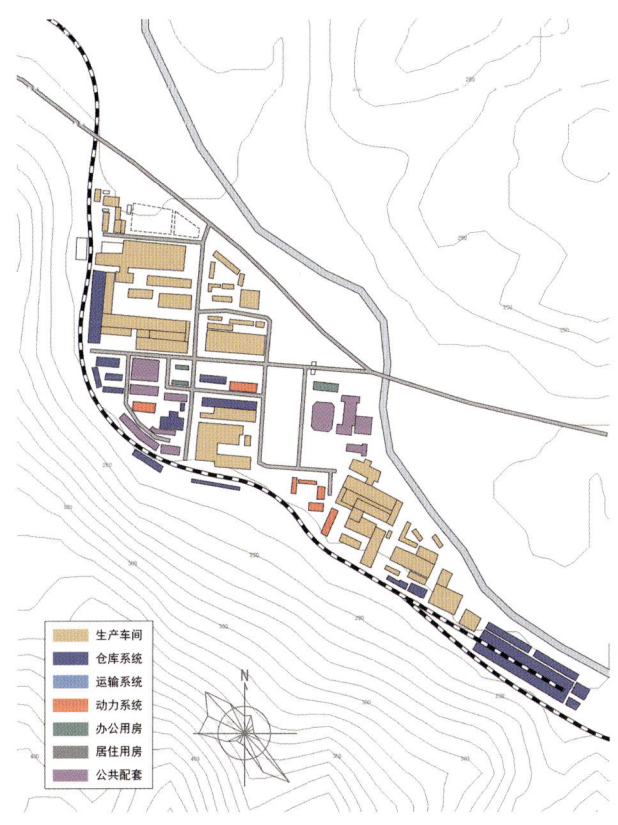

图4-13-33 铸造一厂总平面图
(资料来源:吴建绘制)

图4-13-34 铸造一厂鸟瞰
(资料来源:https://720yun.com/t/cbojzo4utm0?scene_id=966142720yun)

(a) 第一铸造车间

(b) 第二铸造车间

(c) 第三铸造车间

(d) 第四铸造车间

(e) 员工食堂

(f) 大礼堂现状

图4-13-35 铸造一厂厂区建筑
（资料来源：刘莉莉、赵静摄于2018年）

产方式和生活方式。作为二汽建设的成果以及见证，具有重要的历史意义。

（2）科技价值

铸造一厂主要供给发动机的全部铸件和汽车底盘制动鼓件，它是汽车生产的第一道工序，其生产能力和质量水平对整个二汽的生产起着举足轻重的作用，其工艺水平在当时国内一直居于领先地位，是当时我国汽车工业科技水平的重要展示橱窗。

（3）社会文化价值

基于铸造一厂区范围内完整的物质生活要素建立的工业社区，至今仍保持活力。厂区内相关工业遗产是反映居民生活变迁的有效样本，是保留产业工人时代集体记忆的重要载体；相关的非物质的企业精神、企业文化是地区社会文化的重要组成部分。

4.13.9 湖北汽车灯具厂

湖北汽车灯具厂，始建于1970年（现名湖北环宇车灯有限公司），是从事机动车照明系统研发和制造的专业工厂。由国家投资与原第二汽车制造厂（东风汽车公司）同步定点配套建设，是国内最早的生产厂家之一。

4.13.9.1 历史沿革

1968年，国家一机部和湖北省委决定，建设襄樊市（现襄阳市）灯具厂，为第二汽车制造厂定点配套汽车灯具。

1969年1月，该厂改名为国营襄樊市汽车灯具厂。

1970年11月，为了使二汽配套厂用同一代号，厂名更改为襄樊市5713厂。

1974年3月，改名为湖北汽车灯具厂（图4-13-36、图4-13-37）。

2003年1月，成立湖北环宇车灯有限公司。

2010年11月4日，改制后并入三环集团公司，成为股权多元化的国有控股有限责任公司。

2018年，公司计划将整体搬迁至余家湖工业区。

4.13.9.2 湖北汽车灯具厂工业遗产

（1）总平面布局

湖北汽车灯具厂厂区南侧为深入山坳的生产区，北侧为已融入城市肌理的生活区。生产区占地面积不大，地势南高北低，建筑布局顺应地势高差建造：由北侧入口进入厂区主干道逐渐上升，厂房分布在主干道两侧。入口处为办公楼和汽车库，厂房则布局在厂区内部，具有隐蔽性（图4-13-38）。

图4-13-36 早期厂区鸟瞰

（资料来源：湖北环宇车灯有限公司厂办）

图4-13-37 早期厂区大门

（资料来源：湖北环宇车灯有限公司厂办）

图4-13-38 湖北汽车灯具厂总平面图

（资料来源：吴建绘制）

（2）建（构）筑物遗存概况

厂区内生产类建筑形态各异，除新建办公楼和成品库外，其余均为1970年代早期建造。在厂区入口广场西南侧留存有典型的石砌"干打垒"办公楼一栋、仓库一栋；数控加工中心跨高差错层兴建，空间形态独特。生活区因为城市扩张，被道路分隔为四区，住宅为多层砖混结构，山墙面采用混凝土，正面红砖砌筑。大礼堂位于生产、生活区之间，现已租作他用（图4-13-39）。

4.13.9.3 价值评估

（1）历史价值

湖北汽车灯具厂是"三线"时期伴随二汽建设而建设的几个汽车零部件配套生产企业之一，其建设历程与二汽基本同步。其历史价值主要体现在完整见证了"三线"工业在襄阳地区的建立和发展，验证了襄阳与十堰两个重要的"三线"工业城市在产业上相互联系相互支持的历史事实。

（2）科技价值

湖北汽车灯具厂在我国车灯生产行业中占有重要地位，其多项工艺在行业内领先，在国内同行业中率先建立配光测试暗室，率先成功开发出防眩目前照灯，被评为同行业第一个部优产品。其工业遗产是汽车车灯技术发展的重要见证。

（3）社会文化价值

基于湖北汽车灯具厂生产建设而兴建的完整的工业社区，至今生活形态多样，社区关系仍在，是反映居民生活变迁的有效空间样本，是保留产业工人特定时代集体记忆的重要空间载体。

（a）成品库

（b）冲压分厂

（c）数控中心

（d）石砌"干打垒"办公楼

（e）工人住宅

（f）大礼堂

图4-13-39 湖北汽车灯具厂厂区建筑
（资料来源：吴建、刘振生摄于2018年）

（4）经济价值

湖北汽车灯具厂遗留了大量闲置的厂房，其厂房多为大跨及大空间，结构坚实牢固，既有空间整体呈现"低龄化"的特点；其厂区北邻城区，三面靠山，既有有利的交通条件，又有优美的自然环境。综合衡量，其工业遗产作为可再生空间资源再利用的可能性极高。

4.13.9.4 湖北汽车灯具厂工业遗产的保护

建议重点保护以下3处体现湖北汽车灯具厂主要历史风貌的工业遗产：①大礼堂；②老办公楼；③厂区中心核心厂房片区。对于其他有关遗产，再开发过程中有条件的也应尽量保护（图4-13-40）。

4.13.10 汉阳特种汽车制造厂

汉阳特种汽车制造厂简称"汉汽"，位于汉阳龟山北麓至汉水南岸地段内，其建设用地为清末湖广总督张之洞倡办的湖北枪炮厂旧址，汉汽的前身是汉阳机器厂，从试制和生产军用汽车起步。汉汽已于2004年搬迁至沌口经济开发区，旧址已经规划为"汉阳造"文化创意产业园二期的改造项目。2012年，《武汉市工业遗产保护与利用规划》确定其为武汉市三级工业遗产。[①]

4.13.10.1 历史沿革 [②③]

中华人民共和国成立之初至1958年，汉汽是军事重地，由中国人民解放军七五四厂驻守。

1965年，改名为汉阳汽车修配厂，成为中国最早的专用汽车生产企业之一。

1983年2月，改名汉阳特种汽车制造厂。同年，汉汽厂荣获十三个奖项。

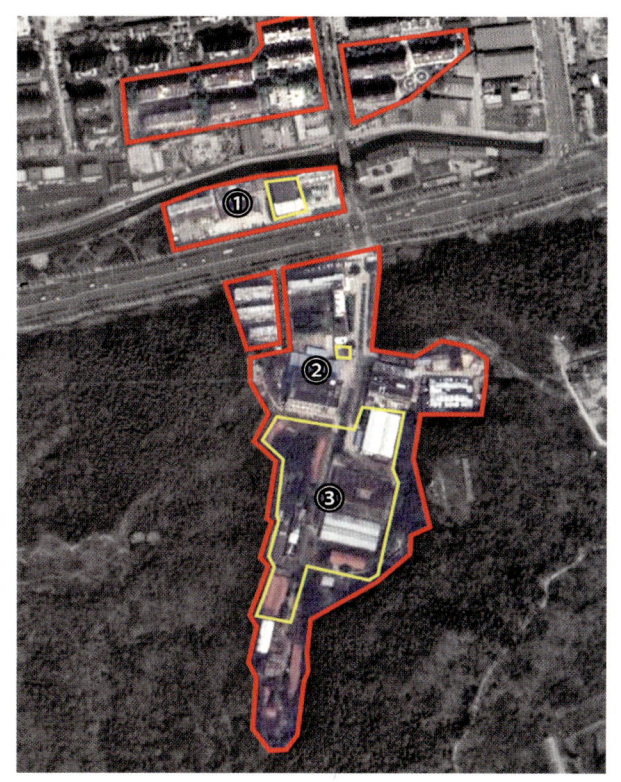

图4-13-40 湖北汽车灯具厂遗产分布图
（资料来源：百度地图，吴建改绘）

1988年5月，该厂与第二汽车制造厂联营，两年后又从联营中退出。

1992年，汉汽与德国JOST公司合资成立了"湖北汉阳—约斯特汽车部件有限公司"。

公司现已搬迁至沌口武汉经济技术开发区，现厂区内有保安监护，内部只有一家文创公司，其他均空置未使用。

4.13.10.2 汉阳特种汽车制造厂工业遗产

（1）总平面布局

汉汽厂区南靠龟山，北临汉江。且厂区基地

---

① 武汉市汉阳区地方志编纂委员会，方东平.简明汉阳区志 [M].武汉：武汉出版社，2009.
② 晴川街志编纂委员会.晴川街志 [M].武汉：武汉出版社，2005.
③ 武汉市汉阳区地方志办公室.百年汉阳造 [M].武汉：湖北人民出版社，2010.

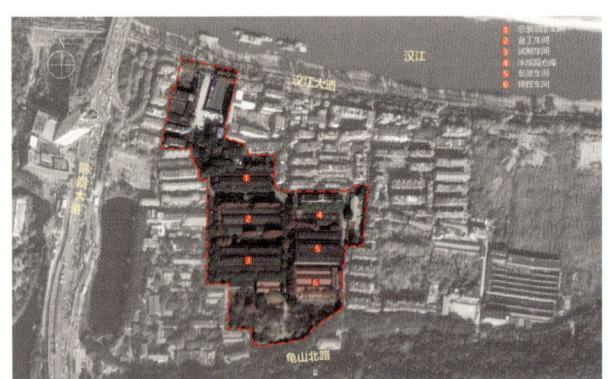

图4-13-41 汉阳特种汽车制造厂2017年卫星总图
（资料来源：百度地图，邹炎改绘）

图4-13-42 汉汽厂区鸟瞰
（资料来源：邹炎摄于2019年）

南北两向分别与龟山北路和汉江大道相邻。因龟山北路与厂区场地之间存在高差，厂区与外围的联系主要依托汉江大道完成（图4-13-41）。厂区内留存至今的工业遗产布局规整，各空间组织关系中充分反映了汽车生产工艺流程中的生产逻辑（图4-13-42、图4-13-43）。

（2）建（构）筑物遗存概况

2012年，汉汽厂被列入武汉市第一批三级工业遗产，厂区内大部分建筑得以完整留存。由于特种汽车制造中不同工序的需要，每个车间根据其不同的功能，空间形态各不相同，因此赋予每个车间不同的建筑特色。下面重点介绍以下遗存车间（图4-13-44）：

①金工车间。金工车间主要工序是金属制品的加工，是整个汉汽最重要的加工车间之一，同时也是最大的一处车间。

②试制车间。试制车间主要工序是车型拆解以及车辆的实验组装，属于技术性研究车间。

③总装油漆车间。总装油漆车间主要工序是为车身上色，经过车身车间拼装完成之后，车辆被送入涂装车间，车身将被送入油漆车间进行涂装。

④驾驶室车间。驾驶室车间主要负责汽车驾驶室内组件的组装以及调试工作。

⑤半成品仓库。半成品仓库负责半成品的接收、清点、保管工作。

⑥车架车间。车架车间负责车身骨架的钢铁结构制造。

⑦铆焊车间。铆焊车间负责车身以及各部分之间的焊接工作。

4.13.10.3 价值评估

（1）历史价值

从中华人民共和国成立之初的军事重地到汽车装配维修，再到之后的特种汽车研究制造，汉汽见证着中国汽车研发及制造的成长历史，也为中国特种汽车领域的拓展做出了杰出的贡献。

（2）科技价值

1962年汉汽承担改装生产533运输车的任务取得成功，并成功生产17辆特种汽车。1960年代末汉汽厂针对中国汽车工业"缺重少轻"的突出矛盾，开始研制25～30吨重牵引车并于1970年代初试制成功。之后又采用"积木式"设计方法，使特种牵引车形成了两轴、三轴、四轴等及其变形的完整体系。此外，由于特种汽车制造的需要，每个车间根据其不同的功能，在屋架结构上

第4章 湖北工业遗产典型案例实录

图4-13-43 汉汽厂区总平面图[①]
（资料来源：武汉文化创意产业投资发展有限公司）
1—金工车间；2—试制车间；3—半成品仓库；4—油漆车间；5—铆焊车间；6—总装油漆车间；7—铸造车间；17—发电间；20—配砂间；21—木模间；22—配电房；23—热处理间；

（a）金工车间内部

（b）试制车间内部

（c）总装油漆车间内部

（d）驾驶室车间内部

（e）半成品仓库外观

（f）半成品仓库内部

（g）车架车间内部

（h）铆焊车间内部

图4-13-44 汉汽厂区系列车间
（资料来源：图a、f来源于张之洞数字博物馆《UNESCO工业遗产教席团队考察龟北片工业遗产》一文，其余由王楠摄于2017年）

[①] 由于资料有限，仅对图中部分建筑标识作了注释。

有许多不同之处，这也使得每个车间本身有了不同的建筑特色。

（3）社会文化价值

1990年代的汉汽企业规模，生产能力以及技术水平都处在全国领先地位，具有较大的影响力。搬迁后，汉汽厂房作为工业遗产承载了汉汽人的记忆。如今的汉汽厂旧址已作为"汉阳造"文化产业的重点打造目标，汉汽厂的工业遗产也将以另一种姿态重新焕发光彩。

4.13.10.4　汉阳特种汽车制造厂工业遗产的保护

2012年，《武汉市工业遗产保护与利用规划》确定汉汽厂区为武汉市三级工业遗产。2016年，根据《武汉市2016—2018年两江四岸旅游功能提升三年行动计划》的要求，武汉市自然资源和规划局组织编制了《龟北及月湖地区规划整合研究暨汉阳特种汽车制造厂实施性规划》，以汉汽为启动项目，研究龟北及月湖地区（两江四岸起步区）的开发建设，打造武汉"汉阳造"文化产业品牌。建议重点保护包括金工车间、试制车间、半成品仓库、油漆车间、铆焊车间以及总装油漆车间在内的充分体现汽车制造工艺流程的工业建筑遗产及其场所环境（图4-13-45）。

图4-13-45　汉汽工业遗产分布图

4.14 其他类工业遗产

4.14.1 武汉国营红星制革厂

武汉国营红星制革厂是由手工业作坊发展起来的制革厂，是近代武汉地区新型制革工业的代表之一，厂区内部分厂房和旧厂区大门仍保存完好。

4.14.1.1 历史沿革[①]

武汉红星制革厂原位于汉口精武路，前身是武汉皮毛社。1920年代，皮毛社是武汉最大的制革工场之一，其生产的汉纹皮最为驰名。

1934年3月，由于皮革业对环境污染严重，汉口市政府令制革业集体迁至滑坡路。

1938年武汉沦陷，日军占据滑坡路要地，制革工场被迫迁于集贤村及邻近地段。其后皮源被日军控制，皮革坊大部分歇业。

1958年，武汉制革工场合并转厂升级，"第一、三、四、五制革社""皮毛社"与"武汉制革炼胶厂"合并，成立"国营红星制革厂"，将主要生产设备迁移至汉黄路23号（今汉黄路50号）。

1985年末，武汉、红星、江南3家制革厂共有专业设备400台，机械化程度在53%以上。

2012年，原制革厂厂区停产后改为光达工业园区，由武汉光达集团所有。

至今，红星制革厂原厂房基本保存完好，多数厂房出租给私营服装企业经营或用作仓库，原厂区办公楼现为蒋集镇驻武汉支部委员会办公地。

4.14.1.2 武汉国营红星制革厂工业遗产

从建厂至今，武汉红星制革厂历经多个时期的发展，厂区建筑虽多次易主，但仍留存有大量工业遗产。

（1）总平面布局

武汉国营红星制革厂位于武汉市江岸区汉黄路50号，紧邻武汉市三环线高速路，北临朱家河水道，东临长江水道通货码头，可将货物直销省外和香港、澳门等沿海地区，水陆交通十分便利。主厂区紧贴城市主干道汉黄路布局（图4-14-1）。

（a）红星制革厂卫星图

（b）红星制革厂厂区全貌

图4-14-1 武汉红星制革厂卫星图及全貌

（资料来源：图a源自百度地图，江鹏改绘；图b由江鹏摄于2019年）

[①] 武汉地方志编纂委员会. 武汉志. 工业志[M]. 武汉：武汉大学出版社，1989.

厂区前院的开扩场地方便货物进出。脱毛和铬鞣两制革厂房之间以连廊连接，实现高效运输，同时缩短制革工艺流程（图4-14-2）。

（2）建（构）筑物遗存概况

红星制革厂现存工业遗产类型丰富，品质良好，特色鲜明（图4-14-3）。

①预处理与脱脂车间

预处理和脱脂车间是猪皮制革工艺最主要的生产厂房之一，与生产资料仓库毗邻布置，单独组成兽皮制革第一工段——准备工段。预处理和脱脂车间负责兽皮制革前的原料组批、脱毛、脱脂和生皮软化，以方便后序工段兽皮的再处理。

②铬鞣工段车间

铬鞣工段车间集中承担经过预处理生皮的澄铬鞣复鞣、水洗二浴、染色静置等制革成型阶段，是兽皮制革主要的生产车间。为了兼顾工艺要求和用地集约，铬鞣工段车间把各处理阶段分区块组织在一栋厂房内。

武汉红星制革厂铬鞣工段车间建于1958年，占地面积约3780平方米，也是采用钢混结构，红砖外墙围护结构和木制窗框，分为两层设计，底层作为铬鞣车间，二层是成品静置区。该车间在原结构基础上将主体前部改建为四层，用于瑞丰暖通设备制造公司办公。原厂区租用为设备制造间。

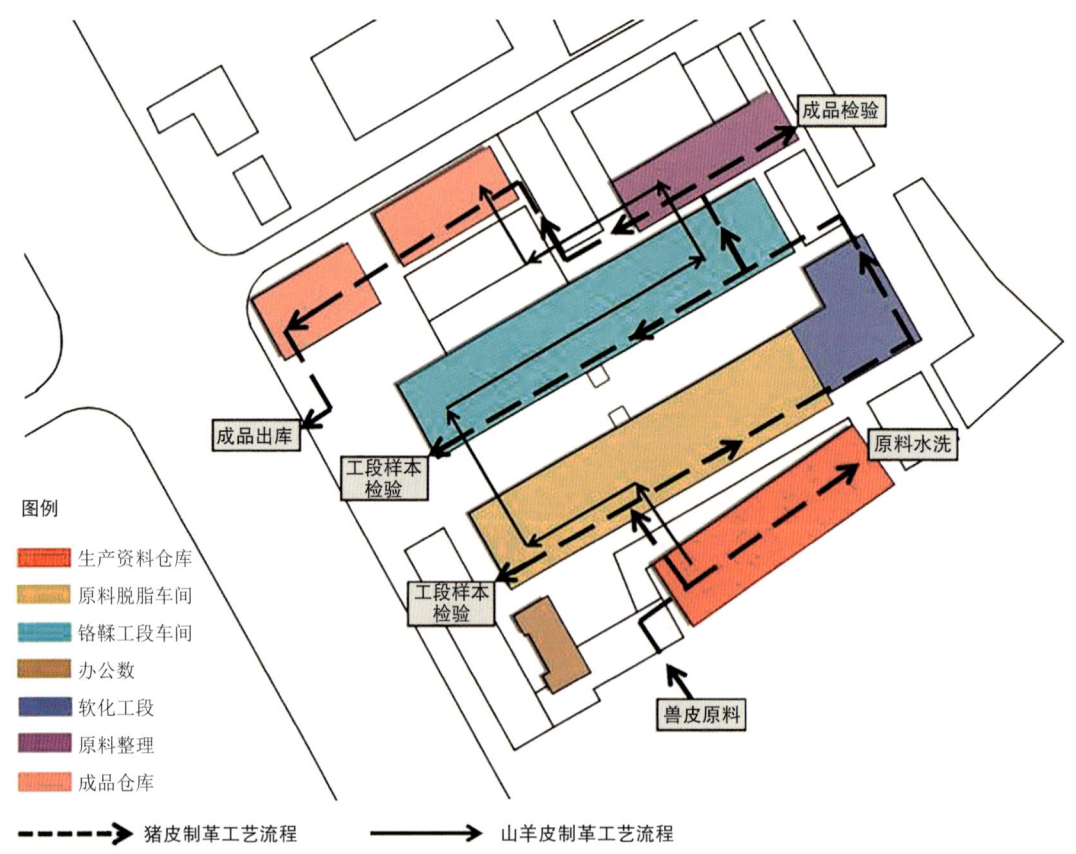

图4-14-2　红星制革厂总平面图及工艺流程示意图

（资料来源：江鹏绘制）

(a) 原厂区入口

(b) 厂区办公楼

(c) 软化车间入口

(d) 预处理与脱脂车间外观

(e) 铬鞣工段车间外观

(f) 铬鞣车间内部

(g) 生产资料仓库外观

(h) 生产资料仓库内部

(i) 预处理和脱脂车间中的压榨工艺间

图4-14-3　红星制革厂厂区建（构）筑物遗存
（资料来源：江鹏摄于2019年）

③生产资料仓库

生产资料仓库是制革前兽皮货物储存仓库，该仓库占地面积约2800平方米，位于厂区原货物通道入口（现已拆除建墙），与原料预处理和脱脂车间临近，大大缩短运输耗时。该仓库建于1958年，采用砖墙柱和钢桁架屋顶，外立面山墙现状保存完整，仓库内现作为海鲜储存仓库。

④锅炉房

锅炉房用于车间供水和生产蒸汽发电。现仍保留烟囱和锅炉设备库房。后租用给私企后，经过改扩建，在原锅炉房靠厂区内南侧新建铁皮仓库，用作储存汽车设备零件。

4.14.1.3 价值评估

（1）历史价值

武汉国营红星制革厂前身是皮毛社和武汉制革炼胶厂，从单一的手工作坊逐步发展建设成为国营大型制革厂，从古法的熏制制革工艺发展为新法制革工艺和机械运输结合的新型制革厂。其产品成革质优，尤以纹皮为上乘，一时被誉为"汉纹皮"而扬名外地。红星制革厂见证了湖北省清末至今制革工业的发展历程。

（2）科技价值

红星制革厂在生产过程中，不断改革工艺，进行创新，历经四变，将铬鞣变型二浴法改为一浴二次鞣制法，鞣池慢速浸水改为转鼓快速浸水等，改进后的新工艺使羊轻革的外观和内在质量均具备汉纹皮的特点。

4.14.1.4 武汉红星制革厂工业遗产的保护

建议重点保护以下7处体现制革工业主要流程、具有典型生产性空间特征的工业遗产：①预处理和脱脂车间；②铬鞣工段车间；③生产资料仓库；④原办公楼；⑤锅炉房烟囱；⑥原厂区大门；⑦原软化工段入口。

对于厂区内其他相关遗产，再开发过程中建议通过再利用方式予以保护（图4-14-4）。

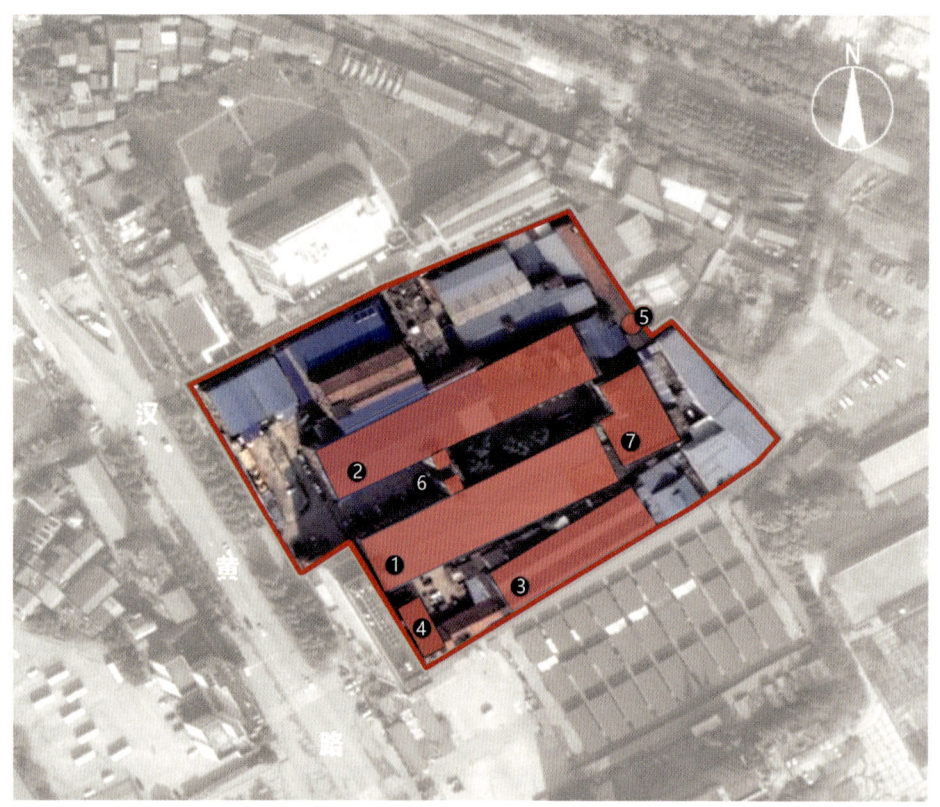

1—预处理和脱脂车间；
2—铬鞣工段车间；
3—生产资料仓库；
4—原办公楼；
5—锅炉房烟囱；
6—原厂区大门；
7—原软化工段入口

图4-14-4 武汉国营红星制革厂工业遗产分布图
（资料来源：百度地图，江鹏改绘）

4.14.2 襄阳文字六〇三厂

襄阳文字六〇三厂原为1966年开始动工的"第三新华印刷厂",1985年3月更名为"文字六〇三厂",现隶属于中国文化产业发展有限集团公司。厂区占地面积9万平方米,位于襄阳市襄城区盛丰路,现由所属单位进行文化产业园改造,目前厂区大部分则处于改造中,一部分已对外开放。

4.14.2.1 历史沿革

1965年4月,第三新华印刷厂选址小组成立,赴四川宜宾、湖北襄樊(现襄阳)等地选址,同年10月选定湖北省襄樊市兴建"第三新华印刷厂"厂址。

1966年3月,厂区破土动工,于1968年竣工投产,直属文化部领导。

1968年7月3日,接"中央毛主席著作出版办公室〔1968〕办财字第32号"文,"第三新华印刷厂"更名为"六〇三印刷厂"。1968年7月25日,成立六〇三印刷厂革命委员会,六〇三印刷厂革命委员会由军管小组领导。

1969年12月8日,六〇三印刷厂交襄阳地区轻工业局领导。

1978年10月24日,六〇三印刷厂隶属国家出版局所属中国印刷公司管理,1985年3月,更名为"文字六〇三厂"(图4-14-5)。

图4-14-5 早期厂区大门

(资料来源:文字六〇三文化创意(湖北)有限公司厂办)

2017年9月,经中国文化产业发展集团有限公司批准,原文字六〇三厂正式变更注册为"文字六〇三文化创意(湖北)有限公司"。

4.14.2.2 襄阳文字六〇三厂工业遗产

(1)总平面布局

襄阳文字六〇三厂主要厂区位于襄阳市襄城区盛丰路。厂区东、西、南三侧靠山,北侧为厂区主要出入道路——盛丰路,盛丰路将厂区一分为二,道路右侧为原生产区,左侧为原生活区,厂区大礼堂位于生产区入口右侧(图4-14-6、图4-14-7)。

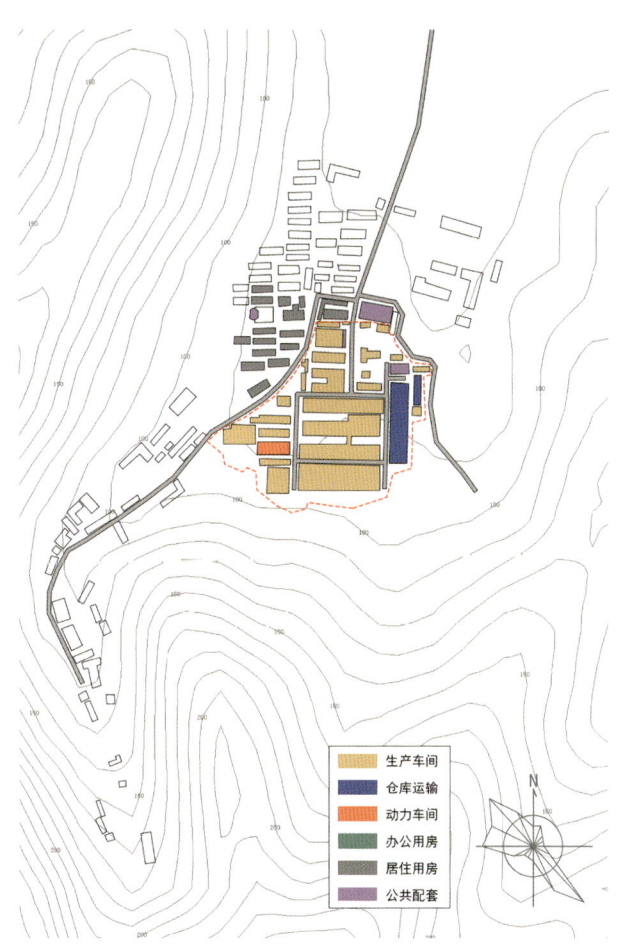

图4-14-6 文字六〇三厂总平面图

(资料来源:百度地图,吴建改绘)

图4-14-7 文字六〇三厂鸟瞰
（资料来源：吴建、刘振生摄于2018年）

(2) 建（构）筑物遗存概况

生产区入口处是一栋底层仓库上层办公的建筑。厂区南侧主要生产车间为连续多跨的大跨度厂房；西侧是相关的配套用房，如带有高耸烟囱的锅炉房、侧翼外挂楼梯的管理楼。厂区目前正在改造中，功能置换为文化创意产业园。原生产区特色空间为连续多跨的大跨度厂房，钢筋混凝土结构保存完好，改建方式主要遵循原有的空间逻辑，通过在内部加建隔墙置换为运动场。生产区内多层办公楼和仓库仍在使用中，改动较少。生活区内分布了各时期的住宅，有单层住宅、多层集体住宅、单元式住宅。早期住宅建造工艺优良，目前仍在使用中。厂区公共空间如大礼堂、电影放映厅、游泳池，虽丧失原有功能，但保存完好（图4-14-8）。

4.14.2.3 价值评估

(1) 历史价值

文字六〇三厂是"三线"建设时期的工业留存物，是"三线"建设发展过程的物证，其特定时期承载的印刷业是"三线"时期轻工业中较为独特的产业类型，具有较高的历史价值。

(2) 社会文化价值

文字六〇三厂作为湖北"三线"建设及襄阳工业发展的早期例证，是普及印刷知识、了解襄

（a）厂房外观　　　　　　　（b）厂房内部　　　　　　　（c）锅炉房

（d）职工宿舍　　　　　　　（e）电影放映场　　　　　　（f）大礼堂

图4-14-8　生产区及生活区建（构）筑物遗产

（资料来源：吴建、刘振生摄于2018年）

阳现代印刷业历史文化的空间载体，社会大众通过进入改造后的工业遗产公共空间参与公共活动，工业遗产被赋予新的社会文化意义。

4.14.2.4　文字六〇三厂工业遗产的保护

建议重点保护厂区内体现文字六〇三厂历史存续关系、具有连续多跨大跨度空间特色的厂房，相关工业遗产主要集中在厂区南部核心生产区域，如图4-14-9中①所示。

图4-14-9　文字六〇三厂遗产分布图

（资料来源：百度地图，吴建改绘）

第 5 章
湖北工业遗产的保护与利用

5.1 湖北工业遗产相关法规、政策及遗产认定概况

湖北工业遗产的保护与利用有其历史性发展过程。2011年前，湖北的工业遗产一直被视为优秀历史建筑和文物中的一部分，遵循城市优秀历史建筑保护条例和文物保护法进行保护与利用。2011年《黄石市工业遗产保护暂行办法》出台，2013年《武汉市工业遗产保护与利用规划》落地，湖北省逐渐形成了对工业遗产认定与保护的专项条例和标准。因此，湖北省对工业遗产保护的认知经历了从早期的无专项、无意识保护逐渐转向依托专项、有意识的保护过程。

在工业遗产保护观念和保护再生实践方面，湖北省整体上呈现出观念先行、实践跟进、实践又不断促进观念认知提升的态势。其中在工业遗产保护领域知行合一、先行先试的城市当属武汉和黄石两市。

5.1.1 "武汉建议"形成

2010年4月中国规划学会"城市工业遗产保护与利用研讨会"在武汉举办，会上形成了"关于转型期城市工业遗产保护与利用的武汉建议"，"武汉建议"的具体内容为六项：

（1）尽快统一对城市工业遗产的内涵界定，摸清工业遗产现状；

（2）进一步明确城市工业遗产保护和利用的指导思想，确立基本原则；

（3）积极探索对城市工业遗产保护和利用的模式，实现多元化利用；

（4）逐步探索对城市工业遗产保护和利用的实施路径，加强规划指导；

（5）建立城市工业遗产保护和利用的保障制度，做到有法可依；

（6）积极运用各种先进的理念和先进技术，科学利用工业遗产。①

5.1.2 《黄石市工业遗产保护暂行办法》

黄石市人民政府2011年9月公布的《黄石市工业遗产保护暂行办法》将工业遗产认定条件确定为：

（1）在相应时期内具有稀有性、唯一性和全国影响性等特点；

（2）企业布局或建筑结构较为完整，并具有时代和地域特色；

（3）与黄石著名民族工商实业家群体有关的民族工商业企业、名人故居及公益建筑等遗存；

（4）其他符合工业遗产条件的情形。②

以上四项认定条件，实际上是对工业遗产价值影响因素的界定。

5.1.3 《武汉市工业遗产保护与利用规划》

2012年《武汉市工业遗产保护与利用规划》编制完成，成为武汉首次针对全市工业遗产编制的专项规划。2013年5月该规划获武汉市政府正式批复，标志着武汉第一份工业遗产保护专项规划正式落地。在工业遗产核心概念问题上，该规划明确指出工业遗产产生于工业遗存，因此将工业遗产评价原则界定为：

（1）价值相对性原则，即工业遗产价值的评

---

① 中国城市规划学会. 关于转型期城市工业遗产保护与利用的武汉建议 [J]. 城市规划，2010（6）:64-65.
② 黄石市文物局提供。

价是相对的，相对性表现在城市与城市之间，行业与行业之间；

（2）价值综合性原则，即工业遗产价值评价是综合的，不应只考虑单项价值。工业建筑本身的价值可能并不只是直接反映建筑的技术和艺术价值，而是反映出另外的价值，比如社会价值；

（3）价值科学性原则，即工业遗产价值评价，需要进行例行和科学的价值判断，可以在工业遗产中找到教育、经济、休憩、美感及社会价值；

（4）价值全面性原则，即工业遗产应该保留工业遗存中的"优秀"部分，还应对工业生产带来负面影响诸如环境造成破坏性，针对污染进行各种试验，展示其治理方法的效果和实践。

基于工业遗产评价原则，武汉首份保护与利用规划参照上海、杭州、北京工业遗产的界定标准，将武汉工业遗产评定标准确定为：

（1）在相应时期内具有稀缺性、唯一性，在全国或武汉具有较高影响力；

（2）工业企业在全国同行业内具有代表性或先进性，同一时期内开办最早，产量最多，质量最高，品牌影响最大，工艺先进，商标、商号全国著名；

（3）企业建筑格局完整或建筑技术先进，并具有时代特征和工业风貌特色；

（4）其他有较高价值的工业遗产。

武汉工业遗产四项评定标准，也是对工业遗产价值影响因素的澄清和界定。

5.1.4 《武汉市历史文化风貌街区和优秀历史建筑保护条例》

2013年2月，继2003年《武汉市旧城风貌区和优秀历史建筑保护管理办法》公布十年后，武汉市公布了新版《武汉市历史文化风貌街区和优秀历史建筑保护条例》。前后两个版本对于"优秀历史建筑"认定条件的显著变化在于：2013年版在2003年版的基础上，新增了"在产业发展史上具有代表性的作坊、商铺、厂房和仓库等"备选条件一项，同时将历史"建筑"调整为历史"建（构）筑物"。可见，前后两个版本优秀历史建筑备选类型中，工业遗产从无到有的变化，说明武汉十年间对工业遗产作为城市文化遗产不可或缺组成部分价值认知的实质性提高。

5.1.5 《黄石工业遗产保护条例》

继2011年黄石颁布《黄石市工业遗产保护暂行办法》后，2016年黄石市正式出台了《黄石工业遗产保护条例》，该条例将工业遗产的认定条件进一步确定为：

（1）在一定时期内具有稀缺性，在全国或者本省具有较大影响力的；

（2）同一时期在全国或者本省同行业内具有代表性或者先进性，商标、商号全国著名的；

（3）设施设备先进、代表性建筑本体尚存、建筑格局完整或者建筑技术领先，并具有时代特征和工业风貌特色的；

（4）与重要历史进程、历史事件、历史人物有关或者承载民族认同、地域归属感，具有明显集体记忆和情感联系的；

（5）反映本地采掘、冶炼、加工、制造等工业发展历史，对本地经济社会发展产生过重要推动作用的；

（6）与本地著名工商实业家群体有关的工业企业、名人故居以及公益建筑等；

(7) 其他具有较高价值的。

5.1.6 《湖北省历史文化街区划定及历史建筑确定标准》

2018年，为推进历史文化街区和历史建筑的划定、保护和利用，湖北省住房和城乡建设厅组织编制了《湖北省历史文化街区划定及历史建筑确定标准》。

其对"重要历史时期"的认定为"在中国近现代史上，受政策、经济、国内外政治环境等影响，出现的一系列特定的时期"；对"重大历史事件"的认定条件包含"是当地水陆交通中心，成为闻名遐迩的客流、货流、物流集散地"；对"价值特色"的认定包含"在产业发展史上具有代表性"。这些都体现出其对工业遗产的关注以及对工业遗产价值的认可，有效地引导了各市在优秀历史建筑保护体系下对工业遗产的关注。

5.1.7 《襄阳古城保护条例》

2020年3月襄阳颁布《襄阳古城保护条例》，条例中明确列出"具有保护价值的工业遗产类建筑"作为襄阳古城保护对象之一。表明在《湖北省历史文化街区划定及历史建筑确定标准》的指导下，湖北省内对工业遗产的价值认知与保护已在各地展开，各地逐步将工业遗产的保护有意识地纳入历史文化名城与优秀历史建筑保护体系。

综上，基于时间线索梳理近十年间湖北省工业遗产相关文件、事件及专项保护规划，其中不乏一系列与工业遗产价值认知及其价值影响因素相关的关键词（表5-1-1）。

表5-1-1　湖北工业遗产相关文件、专项保护规划及其评价体系建构过程

时间	名称	关键词
2010	关于转型期城市工业遗产保护与利用的武汉建议	·历史价值和意义 ·建筑及美学价值
2011	黄石市工业遗产保护暂行办法	·稀有性、唯一性和影响性 ·企业布局或建筑结构 ·时代和地域特色 ·民族工商实业家
2012	武汉（第一批）工业遗产保护与利用规划	·稀缺性、唯一性和影响力 ·代表性和先进性
2015	武汉（第二批）工业遗产保护与利用规划	·企业建筑格局和建筑技术 ·时代特征和工业风貌
2016	黄石工业遗产保护条例	·稀缺性和影响力 ·代表性或者先进性 ·设施设备 ·代表性建筑、建筑格局、建筑技术、时代特征 ·重要历史进程、任务、时间 ·民族认同、地域归属感、集体记忆 ·著名工商实业家有关的工业企业 ·名人故居以及工艺建筑

"武汉建议"作为全国性共识,更侧重于在当今城市由增量发展向存量发展转型的时代背景下,将城市工业遗存的历史地位和意义、建筑及美学价值视为城市工业遗产判定的标准。"武汉建议"对湖北省工业遗产的保护和再生并没有形成具体指导性条例。而《黄石市工业遗产保护暂行办法》则形成了具体的工业遗产评价标准。该暂行办法在平行比较思维下,将时间维度下(相应时期、时代特色界定)、空间维度下(全国范围、地域特色界定)以及地域及社会维度下(当地著名实业家群体)等关键衡量因素,确定为黄石工业遗产价值的认定标准。2012年落地的《武汉工业遗产保护与利用规划》确定了武汉市的评价标准,其具体内容与《黄石市工业遗产保护暂行办法》相似度较高。2016年《黄石工业遗产保护条例》通过,该条例在原暂行办法的前三项评价体系标准基础上进一步扩充和细化了各项标准,如:在时间维度上,将对本地经济社会发展产生重要推动作用增添为评价标准;在地域及社会维度上,增加了集体记忆和情感联系;另外,在时间和空间维度上,除增加了具有稀有性和代表性等之外,还强调了设施设备和建筑技术的先进性。

5.2 湖北工业遗产登录概况

本书第3章"湖北工业遗产现状调查"中,已在湖北工业遗产价值特征分析基础上将湖北省高等级工业遗产列表陈述,故在此仅梳理湖北各市级工业遗产登录情况。

5.2.1 武汉市工业遗产名录与工业遗产类优秀历史建筑名录

武汉市自1993年至今,分十三个批次公布了285处优秀历史建筑,其中部分建筑已上升为国家级、省级和市级文物保护单位,目前在册的优秀历史建筑共219处,其中属于工业遗产类的优秀历史建筑共有15处,涵盖一级保护建筑7处,二级保护建筑8处(表5-2-1)。

表5-2-1 武汉市工业遗产类优秀历史建筑名单

序号	建筑名称	始建年份	保护等级	公布批次	认定年份
1	铁道部大桥局办公楼	1953	一级	第三批	2006
2	美国美孚石油公司	1830年代	一级	第七批	2012
3	南洋兄弟烟草公司	1926	一级	第七批	2012
4	汉口民生轮船公司旧址	1925	一级	第八批	2013
5	英美烟草公司办公楼	1911	一级	第九批	2014
6	平汉铁路局宿舍	1911	一级	第九批	2014
7	永泰和烟草公司	1920年前后	一级	第十一批	2018
8	市交通运输局	1937	二级	第三批	2006
9	一冶机关大院	1956	二级	第三批	2006
10	青山区红钢城八街坊	1956	二级	第三批	2006

续上表

序号	建筑名称	始建年份	保护等级	公布批次	认定年份
11	济生路电话分局	1918	二级	第三批	2006
12	老沙逊洋行仓库	1920	二级	第九批	2014
13	汉口申新第四纺织公司职员宿舍	1922	二级	第九批	2014
14	淮盐总局遗址	1920年代	二级	第九批	2014
15	美最时洋行电厂办公楼	1937	二级	第十三批	2020

《武汉工业遗产保护与利用规划》落地后，武汉于2013和2015年分别公布了两批工业遗产（表5-2-2），并依据工业遗产的价值、重要性等，分为三个保护级别。其一，要求对于一级工业遗产采取严格保护措施，按文物保护法要求进行保护，遵循"修旧如旧"的原则进行必要的修缮。其二，对二、三级工业遗产采取适度改造利用措施，在保护的前提下对遗产进行适度利用，促进城市功能的完善，具体包括改造为城市开放空间、博物馆和纪念展示馆、创意产业园、商业综合开发等四类。其三，对已消失的重要工业遗产提出非实物保护模式，即在原遗址位置进行虚拟复原、遗址命名等非物质性保护，对老设备、厂史、档案等遗存，建议在工业博物馆集中保护展示。

表5-2-2　武汉第一批和二批工业遗产名单以及分级信息

工业遗产等级	批次	序号	建造时间	名　称	保护措施
一级工业遗产	第一批	1	1908	汉口水塔	对于一级工业遗产采取严格保护模式，按照文物保护法的要求进行保护，遵循"修旧如旧"的原则进行必要的修缮
		2	1930	邦可面包房	
		3	1917	南洋大楼	
		4	1905	汉口电灯公司	
		5	1918	和利汽水厂	
		6	1937	赞育汽水厂	
		7	1924	亚细亚火油公司	
		8	1905	平和打包厂旧址	
		9	1908	宗关水厂	
		10	1918	福新面粉厂	
		11	1890	汉阳铁厂矿砂码头旧址	
		12	1919	第一纱厂办公楼	
		13	1954	武汉重型机床厂（大门）	
		14	1953	武汉轻型汽车厂办公楼	

续上表

工业遗产等级	批次	序号	建造时间	名 称	保护措施
一级工业遗产	第一批	15	1952	汉钢转炉车间旧址	对于一级工业遗产采取严格保护模式，按照文物保护法的要求进行保护，遵循"修旧如旧"的原则进行必要的修缮
一级工业遗产	第二批	1	1957	武汉长江大桥	
一级工业遗产	第二批	2	1903	大智门火车站	
一级工业遗产	第二批	3	1911	汉口平汉铁路局旧址	
一级工业遗产	第二批	4	1915	汉口电话局	
一级工业遗产	第二批	5	1920	汉口电报局	
二级工业遗产	第一批	1	1954	武汉肉类联合加工厂	对二、三级工业遗产采取适度改造利用模式，在保护的前提下对遗产进行适度利用，促进城市功能的完善
二级工业遗产	第一批	2	1958	武汉铜材厂	
二级工业遗产	第一批	3	1955	青山红房子	
二级工业遗产	第一批	4	1926	南洋烟厂	
二级工业遗产	第一批	5	1954	武汉重型机床厂（厂房）	
二级工业遗产	第一批	6	1960	鹦鹉磁带厂	
二级工业遗产	第二批	1	1922	三北轮船公司旧址	
二级工业遗产	第二批	2	1923—1925	汉口民生轮船公司旧址	
二级工业遗产	第二批	3	1918	济生路电话局旧址	
二级工业遗产	第二批	4	1953	中铁大桥局办公楼	
二级工业遗产	第二批	5	1956	一冶机关大院	
二级工业遗产	第二批	6	1929	安利英洋行汉口分行	
二级工业遗产	第二批	7	1915	惠罗公司旧址	
二级工业遗产	第二批	8	1956	江汉一桥	
二级工业遗产	第二批	9	1978	江汉二桥	
三级工业遗产	第一批	1	1914	太平洋肥皂厂	
三级工业遗产	第一批	2	1951	武汉市第一棉纺织厂	
三级工业遗产	第一批	3	1901	江岸车辆厂（芦汉铁路江岸机厂）	
三级工业遗产	第一批	4	1959	汉阳特种汽车制造厂	
三级工业遗产	第一批	5	1956	武汉锅炉厂	
三级工业遗产	第一批	6	1980	武汉电视机总厂	
三级工业遗产	第二批	1	1970年代	武汉市国营红星制革厂	
三级工业遗产	第二批	2	1957	青山公园铁轨	

续上表

工业遗产等级	批次	序号	建造时间	名　称	保护措施
三级工业遗产	第二批	3	1970	武汉市阀门厂厂房	对二、三级工业遗产采取适度改造利用模式，在保护的前提下对遗产进行适度利用，促进城市功能的完善
		4	1957	和平公园铁轨	
		5	1979	一冶重件码头	
		6	1966	武汉市低压锅炉厂	
		7	1956	中国物资储运汉口分公司664仓库	
		8	1961	武汉市无线电厂	
		9	1937	汉口美最时电灯厂	
		10	1920—1930年代	胜利仓库	
		11	1949	中原无线电厂	
		12	1916	循礼门火车站	
		13	1976	汉口茶厂红茶拼配车间	
		14	不详	武汉轻工业机械厂	
		15	1960	汉正街都市工业园	
		16	1950	武汉第二印染厂	
		17	1950	汉正街水运集团车间	
		18	1970年代末	武汉织带总厂	
		19	1980年代	武烟七里庙仓库	
		20	不详	杨泗港区	
		21	1930年代	原申新纱场厂长住宅和员工宿舍	
		22	不详	武汉探矿机械厂	
		23	1894	汉阳火药厂碾盘	

武汉公布的第一批工业遗产共27处，其中一级工业遗产包括汉口既济水塔、邦可面包房、南洋大楼等共15处；二级工业遗产包括武汉肉类联合加工厂、武汉铜材厂、青山红房子等共6处；三级工业遗产包括太平洋肥皂厂、武汉市第一纺织厂等共6处。第二批工业遗产共37处，其中一级工业遗产包括武汉长江大桥、大智门火车站、汉口电话局等5处；二级工业遗产包括三北轮船公司旧址、汉口民生轮船公司旧址等共9处；三级工业遗产包括武汉市国营红星制革厂、青山公园铁轨等共23处。值得一提的是，武汉公布的两批工业遗产中，一级工业遗产全部为国家级、省级或市级文物保护单位。

5.2.2 黄石市工业遗产名录与工业遗产类优秀历史建筑名录

依据《黄石市历史建筑确定办法（试行）》，各设市城市具有一定历史意义和保护价值，未公布为文物保护单位，建成50年以上，具有办法中所列情形之一的建（构）筑物，可以认定为历史建筑。其中"在产业发展史上具有代表性"为所列情形之一，明确表达了黄石市对工业遗产的认可。2012年黄石市公布第一批历史建筑共18处，其中工业遗产13处（表5-2-3）。2018年黄石市公布第二批历史建筑共45处，其中工业遗产39处（表5-2-4）。

表5-2-3 黄石市第一批工业遗产类优秀历史建筑名单

序号	始建时间	建筑名称	序号	始建时间	建筑名称
1	1907	华新水泥厂高级职工宿舍	8	1914	华记水泥厂厂房
2	1950年代	黄石造船厂旧址	9	1914	华记水泥厂烟囱
3	1950年代	黄石电厂二宿舍	10	1892	老下陆火车站旧址
4	1950年代	西塞山苏式建筑群	11	1953	大冶有色金属公司苏式建筑群
5	1966	十五冶住宅区	12	1922	大冶铁矿下陆机修厂工人俱乐部旧址
6	不详	东井煤矿	13	1894	老铁山火车站
7	1914	华记水泥厂旧址			

表5-2-4 黄石市第二批工业遗产类优秀历史建筑名单

序号	始建时间	建筑名称	序号	始建时间	建筑名称
1	1907	华新水泥厂机修车间1号	15	1968	源华煤矿毛泽东主席像
2	1907	华新水泥厂机修车间2、3号	16	1950—1970年代	上窑隧道
3	1907	华新水泥厂机修车间4号	17	民国时期	公安路铁路跨线桥
4	1960年代	黄石电厂堆场	18	1950—1970年代	向阳桥
5	改革开放初期	外贸码头、三号码头	19	1953	大冶钢厂职工医院
6	改革开放初期	外贸码头1#仓库	20	1889	源华煤矿办公楼
7	改革开放初期	外贸码头2#仓库	21	1950—1970年代	冶钢飞云街家属楼
8	1950—1970年代	地质里生活区二号楼	22	1909	源华煤矿老坑井口
9	1950—1970年代	地质里生活区三号楼	23	1958	红旗水泥厂建筑群
10	1950—1970年代	地质里生活区四号楼	24	1950—1970年代	下陆火车站
11	1950—1970年代	地质里生活区五号楼	25	1953	大冶有色办公楼
12	1950—1970年代	地质里生活区六号楼	26	1950—1970年代	十五冶一公司家属楼
13	1950—1970年代	地质里生活区七号楼	27	1950—1970年代	东方钢铁厂轧钢车间
14	1950—1970年代	工矿集团毛泽东像	28	1958	东方钢铁厂炼铁车间

续上表

序号	始建时间	建筑名称	序号	始建时间	建筑名称
29	1958	东方钢铁厂炼钢车间	36	1890	大冶铁矿厂入口办公楼
30	1958	东方钢铁厂回收车间	37	1890	大冶铁矿厂选矿区
31	1958	东方钢铁厂炼焦车间	38	1970年代末	大冶铁矿厂工人住宅区
32	1958	东方钢铁厂烧结车间	39	1970年代末	矿山二路小区住宅
33	1958	东方钢铁厂仓库	40	1970年代末	和平里社区住宅
34	1950—1970年代	大冶铁矿办公楼建筑群	41	1970年代末	向阳路28号住宅
35	1950—1970年代	黄石市大理石厂毛主席雕像			

2016年黄石通过《黄石工业遗产保护条例》后，根据其衡量标准公布了第一批工业遗产共计19项，其中冶金工业包括汉冶萍煤铁厂旧址、大冶钢厂苏式建筑群等8项；水泥工业包括华新水泥厂旧址、华记水泥厂旧址2项；煤炭工业包括源华煤矿旧址、利华煤矿遗址等4项；机械制造工业包括黄石纺织机械厂旧址、湖北省拖拉机厂旧址2项；其他工业包括黄石电厂二宿舍、黄石造船厂旧址、老下陆火车站旧址3项（表5-2-5）。

表5-2-5　黄石市第一批工业遗产名单

序号	建造时间	名称	序号	建造时间	名称
1	1890	汉冶萍煤铁厂矿旧址	11	1952	源华煤矿旧址
2	1950年代	大冶钢厂苏式建筑群（共21栋）	12	1924	利华煤矿遗址
3	1950年代	大冶钢厂职工俱乐部旧址	13	1949	袁仓煤矿袁家仓坑办公楼（北伐军二十军军部旧址）
4	1958	下陆钢铁厂旧址（连铸厂房）			
5	1890	大冶铁矿工业遗产群	14	1891	王三石煤矿旧址
6	1970	大冶钢铁厂旧址（含老门、办公楼、宿舍楼、制氧车间）	15	1966	黄石纺织机械厂旧址
7	1979	石头咀铜铁矿旧址	16	1958	湖北省拖拉机厂旧址
8	1920年代	新冶铜矿旧址	17	1950年代	黄石电厂二宿舍
9	1946	华新水泥厂旧址	18	1950年代	黄石造船厂旧址
10	1914	华记水泥厂旧址（含办公楼、烟囱）	19	1892	老下陆火车站旧址

5.2.3 荆州市工业遗产类优秀历史建筑名录

荆州市2012年颁布了《荆州市城区历史文化街区和优秀历史建筑保护规定》，其中对于优秀历史建筑认定条件之一为"在我国产业发展史上具有代表性的作坊、商铺、厂房和仓库"。可见相对湖北其他城市而言，荆州的优秀历史建筑保护体系较早便体现出了对于工业遗产价值的认知。随后几年，荆州先后颁布了两批优秀历史建筑。2019年，荆州市按照《湖北省历史建筑认定标准》对此前公布的第一、二批历史建筑进行了重新鉴定、评估和公示，重新确定了100处历史建筑。相较于之前对历史建筑的确定，新的名录更加明确了工业遗产为保护对象（表5-2-6）。

表5-2-6 荆州第一、二批工业遗产类优秀历史建筑及其修正后名单对比

修正前	修正后	始建时间
第一批		
荆州粮食加工厂稻谷圆库	荆州粮食加工厂稻谷圆库	1979
沙市打包厂	沙市打包厂建筑群（南北主楼） 沙市打包厂建筑群（经理楼） 沙市打包厂建筑群（物料仓库） 沙市打包厂建筑群（动力车间）	1927
沙市邮政局大楼	沙市邮政局大楼	1935
沙市热电厂厂房（在生产）	—	1964
沙市第一棉纺织厂车间（已拆除）	—	1930
第二批		
供电公司	供电公司建筑群（办公楼） 供电公司建筑群（仓库）	1950年代
白云机电（棉花机械厂）	白云机电建筑群（办公大楼） 白云机电建筑群（西区一号厂房） 白云机电建筑群（西区二号联排厂房） 白云机电建筑群（西区三号厂房） 白云机电建筑群（中区一号厂房） 白云机电建筑群（中区二号厂房） 白云机电建筑群（中区三号厂房） 白云机电建筑群（东区一号厂房） 白云机电建筑群（东区联排厂房）	1960年代
老候船室	—	1950年代
安利洋行	安利洋行	1930

2019年荆州市颁布了第三批历史建筑共22处，其中工业遗产11处（表5-2-7）。

表5-2-7 荆州市第三批工业遗产类优秀历史建筑名单

序号	名称	始建时间	序号	名称	始建时间
1	洋码头片区虹云仓库	1950年代	7	四机厂陈列馆（原钣金车间）	1970年代
2	洋码头片区富友实业仓库	1960—1980年代	8	四机厂食堂旧址	1970年代
3	洋码头片区原港务集团候船室	1980年代	9	四机厂原林业学校	1960年代
4	洋码头片区沙市自来水厂	1930年代	10	四机厂老厂区建筑群	1970年代
5	洋码头片区港务集团仓库	1960—1980年代	11	沙市荧光灯厂焚烧炉	1980年代
6	洋码头片区渝通榨菜厂	1980年代			

5.3 纺织业类工业遗产保护与利用

5.3.1 商办汉口第一纺织股份有限公司第一纱厂办公楼（简称"武昌第一纱厂办公楼"）

现名：武昌第一纱厂办公楼旧址 Big House艺术中心

地址：武昌武胜门外曾家岗临江大道53号

占地面积：12723平方米

更新时间：2015年

设计单位：后象设计事务所

5.3.1.1 历史沿革[①②]

1915年12月，汉口第一纺织股份有限公司（简称武昌第一纱厂）第一厂（即北场、布场）开始兴建。其办公楼是湖北民族资本家自筹资金建造的第一幢西式办公楼，隶属于商办汉口第一纺织股份有限公司。

1919年北场的布场建成投产。至1921年获纯利120万银元。

1923年一纱增建南场，成为当时本地规模最大、产量最高的纱厂。

1938年8月，日本侵略军逼近武汉，一纱被迫停工。

1941年，日军强占一纱，改名"泰安纺绩株式会社"，且对一纱进行了掠夺性的破坏。

抗战胜利后，一纱恢复原称"商办汉口第一纺织股份有限公司"。

1949年武汉解放前夕，由于资方撤走资金，一纱再次停工。

1949年5月武汉解放后，武汉市军管会接管一纱。

1950年5月15日，一纱在公私合营后改名"公私合营汉口第一纺织公司"。

1966年"文革"开始后，于8月26日更名为"武汉市红卫纺织厂"。

1970年，一纱改公私合营为国营，由武汉市纺织工业局统一命名，改为"武汉第六棉纺织

---

① 武汉第六棉纺织厂厂志编纂办公室.武汉第六棉纺织厂厂志（上、下）[Z].1983.
② 武汉地方志编纂委员会.武汉市志大事记[M].武汉：武汉大学出版社，1989.

厂"，是全省棉纺织工业的骨干企业之一。

1999年，武汉第六棉纺织厂破产倒闭，旧址被武建集团买下，原厂区厂房被拆除，仅原办公楼保留下来，原厂区范围内建成"蓝湾俊园"住宅小区，办公楼改为售楼部。

2008年2月，武昌第一纱厂办公楼旧址被公布为湖北省文物保护单位。

2013年5月，武昌第一纱厂办公楼旧址被列入武汉市一级工业遗产保护名单。

5.3.1.2 遗存状况

（1）总平面布局[①]

武昌第一纱厂坐落于汉水与长江汇合处对岸的武昌，即武胜门外曾家岗的临江大道53号。建厂初期占地面积10万平方米，规模为华中地区第一。沿工厂西门溯江而上是武汉长江大桥，下与武汉关隔江相望。厂区内曾建有54米高的烟囱，30余米高的水塔，20余米高的蒸喷设备。锯齿形屋顶的厂房鳞次栉比，再加上高耸的钟楼，整个工厂独具特色且工业氛围浓重。

厂区所在地四通八达，水陆交通十分便利。厂区西临沿江大道，东临人民大道，北临武汉印染厂，南通武昌交通主干的解放大道。厂外江畔还有直达汉口的轮渡，以及停泊原棉运输船只的专用码头，建厂之初，厂区即自备有电场、水场和轮渡。

全厂有南、北两个纱场以及一个织布场。南场是单纺场，专门生产售纱；北场与布场一条龙配套，自纺自织。全厂共11个生产车间，2个技术后方车间，1个修旧利废场和28个科室。

目前该厂大部分厂房、建（构）筑物已被拆除，仅剩下一座建于20世纪初期的办公楼。

（2）建（构）筑物遗存[②]

1999年，武汉第六棉纺织厂破产倒闭，武建集团购得纱厂旧址并开发"蓝湾俊园"小区。厂区仅留下一座钟楼，也是一座办公楼。2013年该建筑被列入武汉市第一批一级工业遗产名单。目前在此建筑对面的武昌江滩公园建起了一座"民国武昌第一纱厂旧址"纪念碑。

该办公楼为一座三层砖混结构建筑，由当时著名的景明洋行设计、汉协胜营造厂建造。建筑正面设置有两层外廊，外廊由古典爱奥尼克柱式支撑，建筑立面各部分比例协调，装饰精美，中部入口形体略为凸出并建钟塔楼，多处饰以曲线形体，两端部呈半圆形牌面，外观造型严谨对称且形体和线型富于变化，形似"新巴洛克"建筑（图5-3-1、图5-3-2）。

办公楼建造时多就地取材：砖为洪湖新堤"吴兴合"砖厂的红砖，木料取湖南常德放排到鹦鹉洲的原木，钢筋则采用汉阳铁厂的产品。因按照原设计其厅柱、护栏及门窗框、边角装饰用材须采用湖南麻阳的花岗石，成本奇高，后改用当时称为"洋灰"的水泥浇铸制模，材料和工艺策略的改变既降低了成本，又保留了原设计风格。

5.3.1.3 保护与更新策略

武昌第一纱厂办公楼于2008年3月27日被公布为湖北省文物保护单位。2013年5月武汉市政府公布武昌第一纱厂办公楼为武汉市第一批一级工业遗产。2015年，武汉九五同方文化传播有限公司租

[①] 武汉第六棉纺织厂厂志编纂办公室.武汉第六棉纺织厂厂志（上、下）[Z].1983.
[②] 张笃勤，侯红志，刘宝森.武汉工业遗产[M].武汉：武汉出版社，2017.

图5-3-1　武昌第一纱厂办公楼正立面
（资料来源：武汉市规划设计有限公司）

下办公楼，委托后象设计事务所对一纱办公楼进行保护性改造，将其改建为Big House当代艺术中心。

（1）保留策略

一纱办公楼作为湖北省文物保护单位和武汉市一级工业遗产，在改造更新中充分尊重历史特征，以保护为主，对建筑原有空间、结构、形式特征进行了最大限度的保留，在整体保护的前提下进行修缮。

（2）改造策略

一纱办公楼改造更新设计以保留一纱赋予城市人的集体记忆、使其成为一处承载城市文化事

图5-3-2　武昌第一纱厂办公楼航拍鸟瞰
（资料来源：朱子路摄）

件公共场所为理念。设计方在力保历史建筑形式和设计的真实性、历史要素可识别性的前提下，对原建筑结构进行了加固，外立面局部进行了修复，在既有空间中置入了全新的功能。目前由一纱办公楼改建而成的Big House当代艺术中心，是武汉屈指可数的以百年工业遗产为载体的当代艺术中心。基于历史性空间与当下公共文化活动匹配关系的建立，改建后的空间不仅容纳了非营利性美术馆、艺术展廊、艺术放映厅、基金艺术吧，还有华中地区最大的红酒博物馆。

从该建筑首层改造前后对比中可见（图5-3-3、图5-3-4），建筑北侧外廊外增加了一处线形的

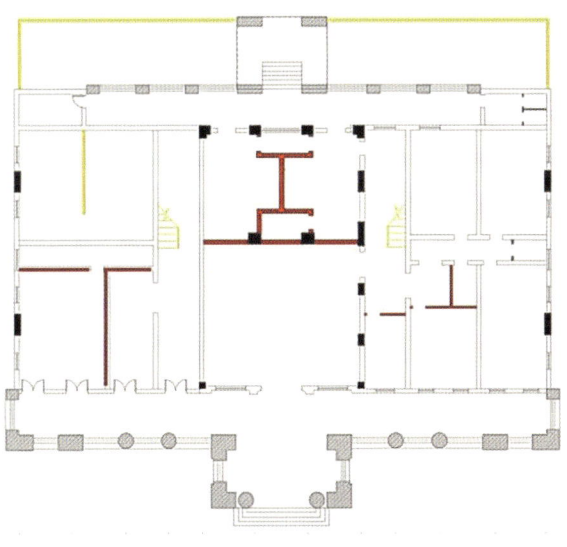

（a）一层改建前平面图

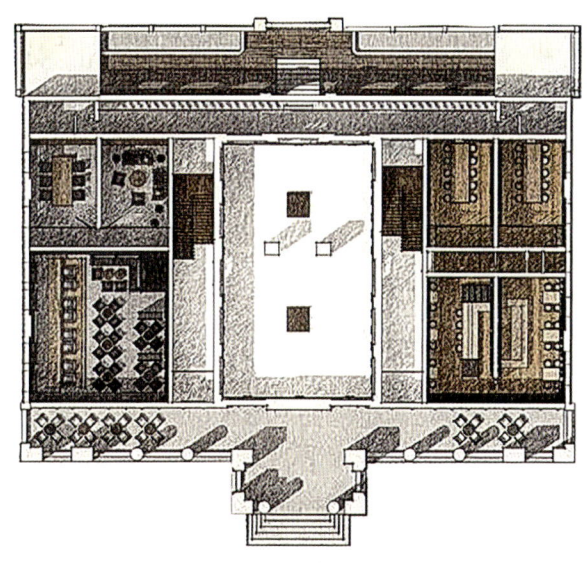

（b）一层改建后平面图

图5-3-3　从既有空间到新型空间：一层改建前后对比

（资料来源：后象建筑师事务所）

图5-3-4　一层展厅保留既往使用痕迹的天花板

（资料来源：丁晨星摄于2019年）

后院，室内通过局部增减隔墙，形成适应艺术展厅、清吧、会议室等功能的新型空间。

该建筑二层改造局部拆除了原有墙体形成艺术展厅、私人工作室（图5-3-5~图5-3-7）。

三层改造内部局部拆除或新增隔墙形成艺术展厅、私人工作室，屋架处增加夹层空间（图5-3-8、图5-3-9）。

建筑地下一层为面积近1000平方米的砖混

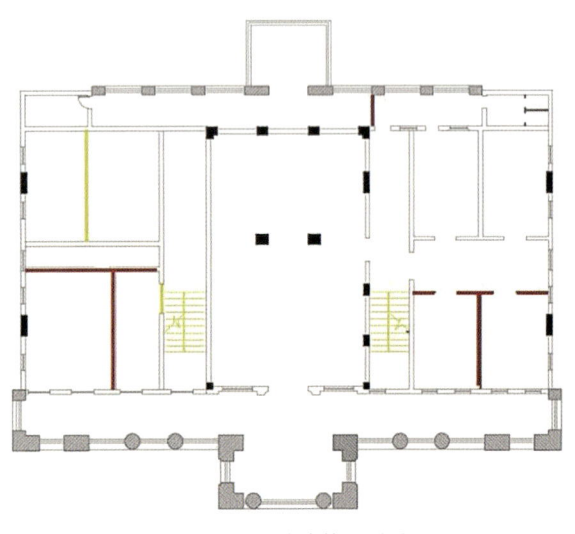

（a）二层改建前平面图

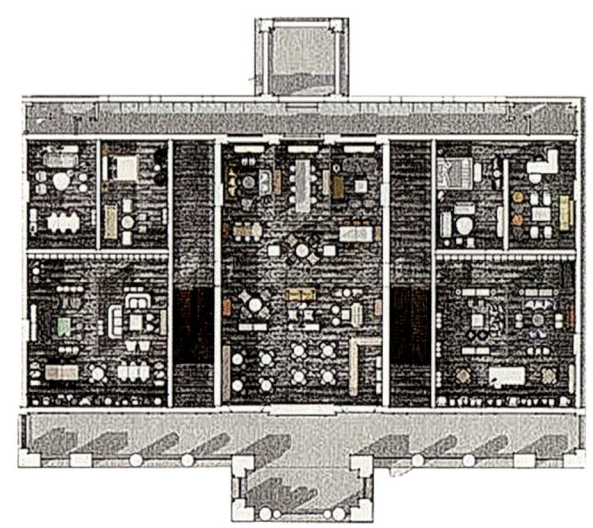

（b）二层改建后平面图

图5-3-5 从既有空间到新型空间：二层改建前后对比
（资料来源：后象建筑师事务所）

图5-3-6 二层展厅新旧材料并置
（资料来源：丁晨星摄于2019年）

图5-3-7 二层展厅旧物件的呈现
（资料来源：丁晨星摄于2019年）

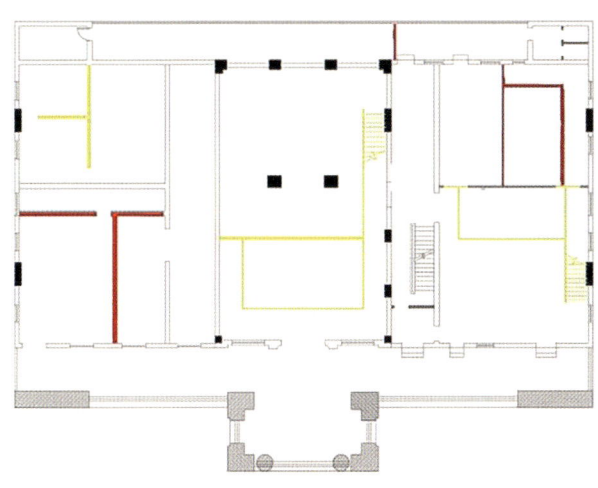
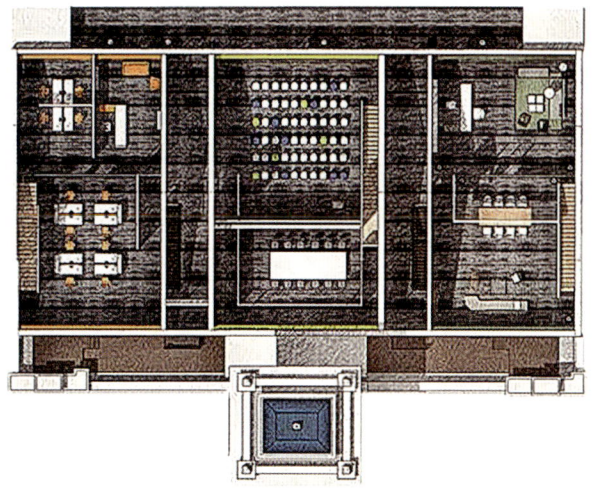

（a）三层改建前平面图　　　　　　　　（b）三层改建后平面图

图5-3-8 从既有空间到新型空间：三层改建前后对比
（资料来源：后象建筑师事务所）

结构空间，其中一段曾作为民族资本家藏酒区使用，其余空间曾在整栋建筑作为中国银行私人银行使用时期被用作金库，其历史史料不可考。目前在保留原藏酒区域原貌基础上翻修改建，作为葡萄酒艺术博物馆使用（图5-3-10）。

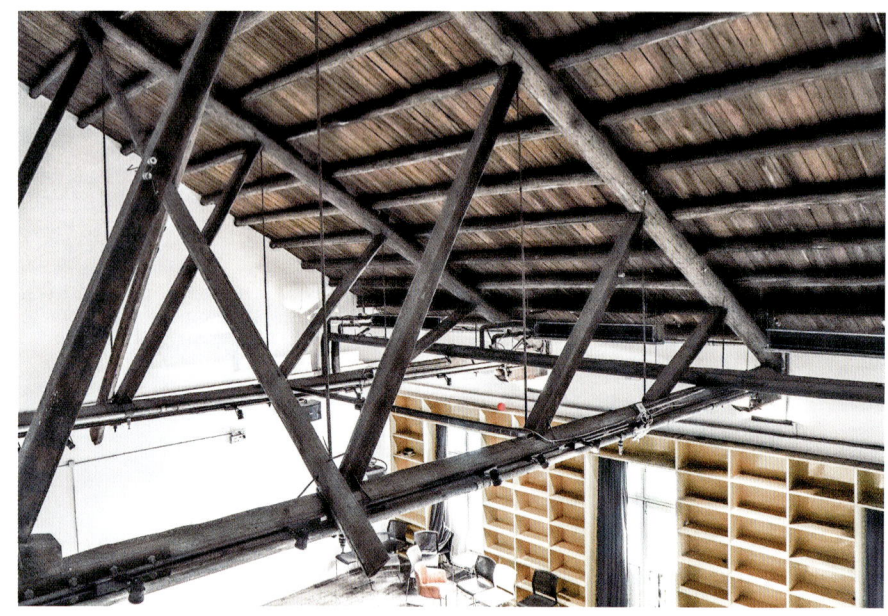

图5-3-9　顶层保留木桁架结构构件
（资料来源：丁晨星摄于2019年）

图5-3-10　负一层改建为葡萄酒艺术博物馆
（资料来源：丁晨星摄于2019年）

5.4 仓储业类工业遗产保护与利用

5.4.1 英商平和打包厂

现名：汉口文创谷

地址：江岸区青岛路10号

占地面积：8220平方米

更新时间：2018年

设计单位：武汉中信建筑设计研究总院有限公司

5.4.1.1 历史沿革[①]

平和打包厂位于武汉市青岛路10号，是英国人在汉口开设最早的棉花打包厂之一，是一组在1905年、1918年、1933年、1949年及2009年共计5个时期建成，由7栋不同风格的单体建筑组成的仓储建筑综合体。1905年最早期建成的是两栋四层砖混结构建筑，后期多为钢筋混凝土框架结构建筑，总建筑面积约32808平方米，均是武汉近代重要的多层工业建筑（图5-4-1）。

1905年，平和洋行在汉口英租界华昌街（今青岛路）建造了平和打包厂A栋（两栋）建筑，由英国设计师设计，上海协盛营造厂主持施工。平和打包厂以经营棉花打包为主，除代客将棉花打包外，兼打包苎麻、猪鬃、牛羊皮等产品，由英商独家经营且从中获利颇丰。

1918年，平和打包厂建筑加建了B栋建筑，并开始设有行政办公用房。

1933年，在英租界的延续期内，该建筑继续扩建C栋。据记载平和打包厂全年生产量约36000余件，计有大小机房70余间，主要生产设备为当时先进的水压打包机二部、马力发动机起水机一部，日夜开工可打包1000余件。[②]

1941年太平洋战争爆发，该建筑被日军占领，抗战胜利后，打包厂复业开工。

1949年武汉解放，打包厂在原有建筑基础上扩建D栋（两栋）仓库建筑。

2009年，打包厂在1949年建成的两栋仓库之间又局部加建了E栋建筑。此时，历时一个世纪以上、先后分五个时期陆续建成的平和打包厂的七部分建筑已全部建成，各部分空间彼此依存又相对独立，作为打包厂、办公和仓库类建筑使用。

1953年12月，由武汉市国营商业仓储公司接管，编为武汉市仓储公司第三打包厂。

1960年9月，改为青岛路仓库。

1949年至2004年，逐步形成中庭十字交通核，使五栋原本独立的建筑单体相互连接形成现在的整体，建筑延续了办公、仓库功能。后由武汉市银虹制衣厂、武汉市青岛路商贸公司作为厂房、仓库、办公及宿舍使用，其中临洞庭街及青岛路交叉口一栋改造为宾馆使用，其余沿街单元一层改造为沿街商铺。

1993年7月，平和打包厂被评为武汉市优秀历史建筑。

2009年，整体建筑局部覆顶，加建E栋部分空间，形成更为完整的大库房。

2018年，平和打包厂整体改建的汉口文创谷（图5-4-1）。

5.4.1.2 遗存状况

（1）总平面布局

平和打包厂位于汉口原英租界中心位置，地处鄱阳街和洞庭街之间，与青岛路相邻，东南向

---

①② 《汉口租界志》编纂委员会.汉口租界志[M].武汉：武汉出版社，2003.

图5-4-1　2018年平和打包厂改建后航拍图
（资料来源：丁晨星摄于2019年）

临近汉口滩和武汉客运港，西南向与江汉路步行街仅间隔两个街区。平和打包厂沿青岛路西南立面纵长，构成整个街区的城市界面（图5-4-2、图5-4-3）。

（2）建（构）筑物遗存

平和打包厂由7栋不同年代建成的单体建筑组成（图5-4-4）。其立面形式真实记录了从1905年古典主义到1933年前后的Art Deco设计风格，再到1940年代末的现代主义倾向等不同时期的建筑风格（图5-4-5）。A栋建于1905年，由上海协盛营造厂负责施工，为4层钢筋混凝土框架结构，楼板为整体现浇，是武汉现存早期最具有代表性的多

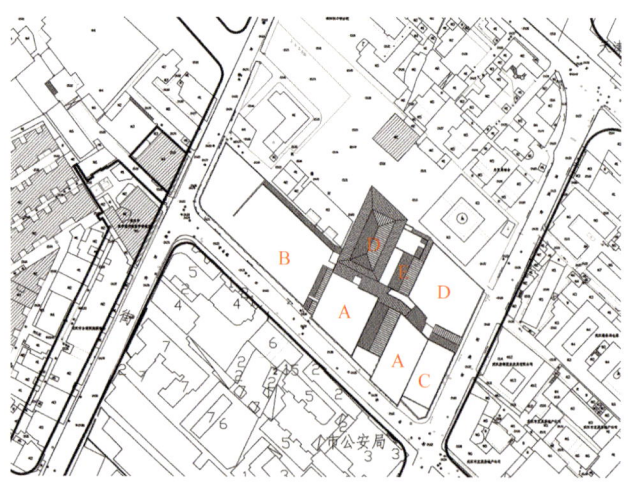

图5-4-2　平和打包厂总平面图
（资料来源：华中科技大学建筑与城市规划学院联合教学成果）

图5-4-3 平和打包厂沿青岛路城市界面

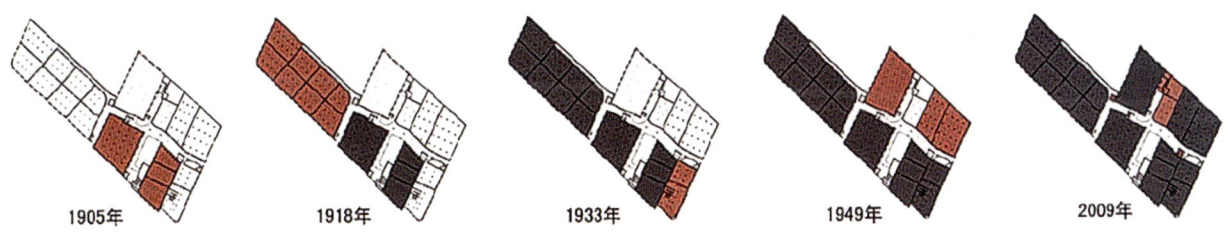

图5-4-4 平和打包厂历时性生成过程图

（资料来源：华中科技大学建筑与城市规划学院联合教学成果）

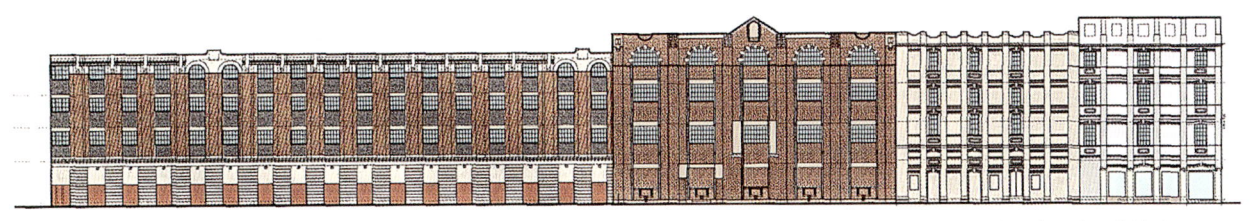

图5-4-5 平和打包厂沿青岛路立面图

（资料来源：丁晨星绘制）

层钢筋混凝土工业建筑之一。建筑面积为4289.44平方米，曾作为棉花打包仓库（图5-4-6）。改建后，一层为平和打包厂博物馆，二层为平和霍普设计中心，三四层入驻文化书店、传媒公司等。

B栋建于1918年，为总建筑面积达10236平方米的4层钢混结构库房，墙面为红砖砌筑，窗间壁柱外露，沿街外立面窗下墙以灰色拉毛水泥饰面，具有特定时代典型的材料表达特性和工业建筑形式语言。现一层改建为汉口文创谷运营中心和展厅，二层空置，三四层为传媒公司、云创公司等办公空间。

C栋建于1933年，是一栋建筑面积为1799.86平方米的4层办公建筑，作为与之相邻的一期A栋管理用房扩建部分而建造。

D栋建成于1949年，是一栋总建筑面积为4093.36平方米的建筑，层高约5米。改造后，厂房内的钢梁钢架、水阀、墙面标语、仓库标尺线、老式防火窗、金属防火门都得到完整保留。改建后，除四层入驻传媒公司外，其余空间暂时处于空置状态。

E栋于2009年建成，为2层建筑，建筑面积676.18平方米。

（3）工艺流程及设备

棉花打包工艺流程大致分为：棉花分拣清理—轧棉（轧棉机）—打包与压榨（打压机）—集中储存—分级检验等。仓库功能分别

（a）仓库内部　　　　　　　　　　（b）仓库外立面（局部）

图5-4-6　1905年兴建的平和打包厂仓库室内及外立面

图5-4-7　1905年兴建的平和打包厂原打包机轨道痕迹及加固用钢构架

（资料来源：周国献摄于2017年）

对应分拣间、轧棉间、打包间、货品库、检验室等。棉花首先经过人工搬运或升降机移动，在靠近楼梯或电梯的拣花间（或整理室）内经过工人分拣理净杂物之后搬运至打包区，由打包工人置入机器打包，再经过磅加盖商标后移入后方仓库存放（图5-4-7）。平和打包厂除加工打包业务外，同时兼办土产进出口贸易，因此，除棉花打包仓库，还留有一部分交易货品仓库，供商人整理查验货物。

5.4.1.3　保护与更新①

（1）保留策略

平和打包厂作为省级文物保护单位，修缮及改建设计中基于真实性、整体性、可识别性、最小干预的原则，以"最小干预展现历史信息并保留历史过程"的理念，保护了现存历史建筑实物原状及其历史信息。

设计方基于史料研判展开历史信息解读，对含混的历史信息进行了考证和价值判定，保留了建筑原有的一系列特征、构件，拆除了近期加建的部分；对仓库原有清水墙体表层的覆盖层进行了清洗还原；凿除了腐蚀、破损的地坪；加固了整体柱梁结构，修补了裂缝；保留了原有空间中一些反映工业历史的设备、坡道、典型结构、标语等，以呈现历史感。整个建筑的保护再生以突出建筑主要历史时期的特征和意义为主旨（图5-4-8）。

（2）改造策略

① 新旧功能并置兼容

在"文物保护身份"与街区"文创谷"规划导向的双重境遇下，平和打包厂建筑外立面遵照文物修缮"修旧如旧"的原则进行真实性修复，建筑内部则以文创新功能引入相关基础设施及公

---

① 肖伟，李菁菁. 武汉近代工业遗产保护与再利用：以英商平和打包厂、德商瑞记洋行为例[C]// 中国工业遗产调查、研究与保护，2017：213-219.

（a）保留原钢筋混凝土构件　　　　（b）保留货运电梯井　　　　（c）保留跨层货运滑道

（d）拆除曾经加建的夹层　　　　（e）保留特定时代墙面痕迹　　　　（f）保留仓库既有推拉门

图5-4-8　平和打包厂保留策略
（资料来源：丁晨星摄于2019年）

共空间复合需求为依据，展开了介入性设计。

平和打包厂以"文化创意"为主题的更新设计，延续了多个时期加建中形成的"间隙"线性交通空间，并以钢和玻璃材质形成的"异形"华盖覆盖其上，塑造"文创谷"中公共等级最高的公共空间，形成联系各建筑间的环形路径。玻璃与钢构材质的"异形"华盖覆盖于中庭交通核之上，强化了新旧并置的竖向空间设计（图5-4-9）。此外，原有建筑空间均为钢筋混凝土框架结构，柱距最大达7米，层高达5米，建筑空间开阔疏朗，内部采光良好，能较好地匹配文创产业空间功能，通过拆除部分后期加建、内隔墙、室内吊顶、外部连廊等，还原了初始状态下开阔纯粹的空间秩序，足以满足文创业态进驻后二次设计对空间灵活性的要求。

②与城市街区功能的平衡

历史上平和打包厂7栋建筑为逐年加建而成，因此建筑存续关系中始终不乏城市性特征。平和打包厂改造更新中同样关注了其在街区中的功能

图5-4-9　顶层公共空间新旧并置
（资料来源：丁晨星摄于2019年）

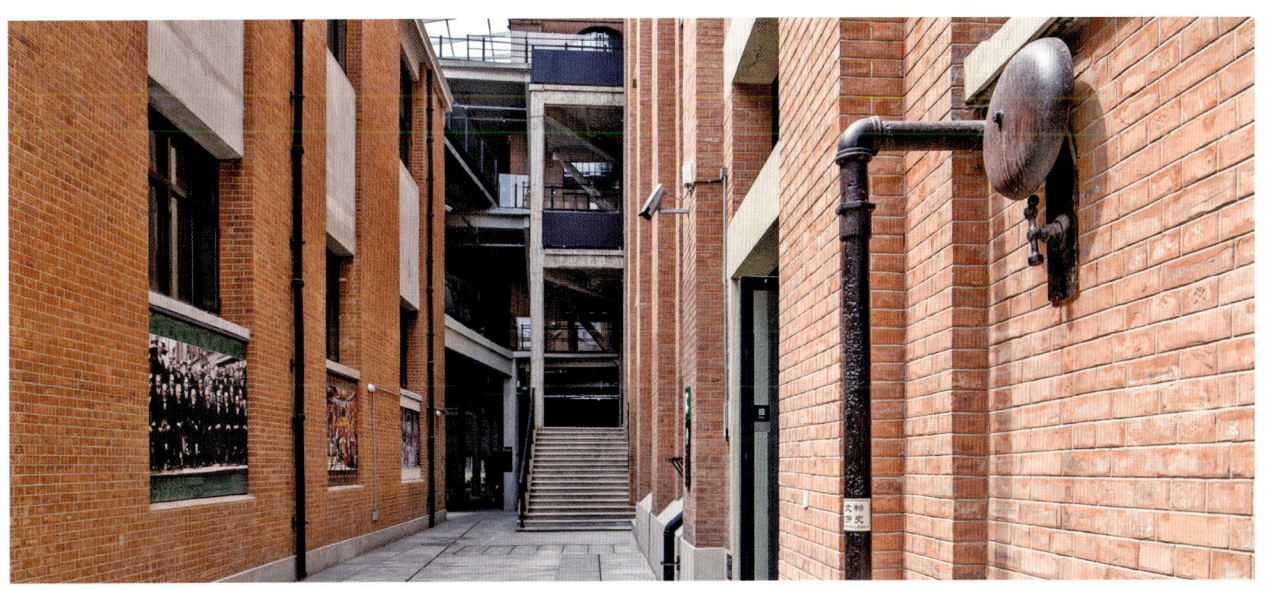

图5-4-10 平和打包厂开放"间隙"空间与街道对接
（资料来源：丁晨星摄于2019年）

更新，并重新定位为以文创办公为主，以展示与商业为辅的综合性文创产业。这意味着原有内向性的生产空间，将向城市开放更多的公共空间，以平衡区域城市功能，回应空间历史（图5-4-10）。

5.4.2 老沙逊洋行仓库

现名：老沙逊洋行仓库

地址：武汉市江岸区洞庭街43号

占地面积：3730平方米

更新时间：2018年

设计单位：自在生成跨学科设计事务所

5.4.2.1 历史沿革

1861年后，老沙逊洋行在汉口设立分行，创办人为大卫·沙逊（David Sassoon），是早期进入汉口的著名洋行。

1920年左右，老沙逊洋行在洞庭街、青岛路建成三层砖混结构仓库一座，主要经营棉布、鸦片、匹头、橡胶、香料、羊毛和小麦等业务。

1953年，仓库由中南军政委员会贸易部接管，交武汉商业储运公司使用。

20世纪六七十年代，曾作为上海某食品仓库经营。

20世纪八九十年代，出租给某服装公司用作厂房及仓库。

2008年，老沙逊洋行仓库一楼改作中百超市等商铺使用。

2018年，二层由自在生成跨学科设计事务所和青铜骑士广告传播公司改造为自营酒吧和创意办公使用，三层为大风车儿童摄影拍摄基地，四层为后加建部分，现作蒙牛某分公司办公室及会议室使用。

5.4.2.2 遗存状况

老沙逊洋行仓库现被列为武汉市第九批二级优秀历史建筑。

（1）总平面布局

仓库位于洞庭街与青岛路交会路口，建筑沿洞庭街一侧顺街道走向呈72°布局，且街角处留有人行出入口（图5-4-11）。货梯设置在建筑背街面但朝向沿江方向，既便于缩短货物搬运路径、避免货物进出导致流线交叉，又保证了建筑沿街立面形象的完整。

（2）建（构）筑物遗存

现仓库建筑保存较完整，结构及空间质量良好，仓储建筑识别性非常强的大楼梯、悬窗、部分设备以及墙面标语均得以留存，沿街立面两侧的清水墙面及部分装饰部分被掩盖（图5-4-12）。

老沙逊洋行仓建筑样式、施工工艺和工程技术富有建筑艺术特色。建筑为混合结构，柱网尺寸为5.3米×4.2米，层高5米，内部空间舒朗开阔。外墙立面整体比例得当，构图严谨，底层为水泥砂浆勒脚，二层与三层之间以装饰性线角分隔，采用竖向壁柱分隔墙面，室内采光良好，窗下墙亦延续上部窗框的装饰性线脚，建筑两端窗楣处呈华丽几何形装饰，檐口线条简洁明快。老沙逊洋行仓库外墙面由"阜成砖"砌筑成"英十字式"红砖清水墙面，具有较强的识别性特征。通过严格控制建筑各部分的构图和比例，严谨运用不同材料组合拼接，建筑具有独特的韵律及美感。当砖墙不再作为承重结构材料后，其砌筑方式成为象征洋行仓库身份的一种建筑语言。

5.4.2.3 保护与更新

（1）保留策略

2019年军运会前夕，武汉市对沙逊洋行仓库一类历史建筑进行风貌整治，基于"修旧如旧"原则对建筑外界面进行了修缮，而建筑内部空间则以各租用方自发性改造为主。二层空间被分隔为两部分，北侧改为青铜骑士传媒公司办公空间，一墙之隔的南侧改为自在生成设计机构的自营休闲空间。既有空间的改建还包括拆除部分墙体、更换悬窗，清理原墙面覆盖的抹灰，露出原

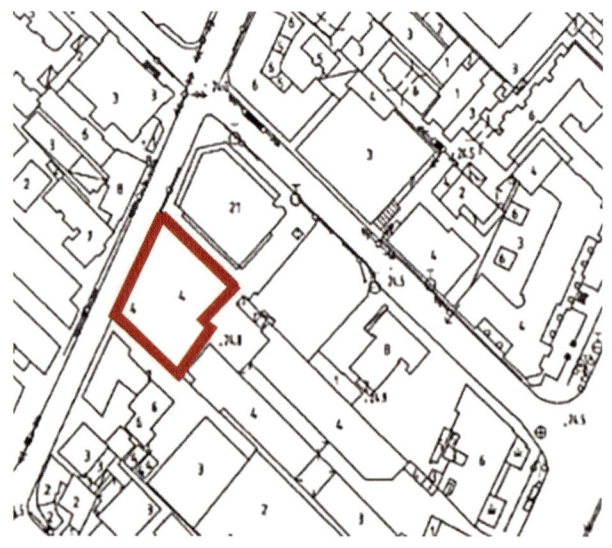

图5-4-11 老沙逊洋行仓库总平面图

（资料来源：2006年测绘地图）

图5-4-12 老沙逊洋行大楼外观

（资料来源：王楠摄于2019年）

本底层的红砖墙面,并保留部分库门、手车、设备等元素,增设电梯,同时底层街角架空处作为通向内院的车行道。

(2)改造策略

老沙逊洋行仓库建筑目前仅局部空间引入了创意功能,与整个建筑的更新并不同步。仓库二层约有600多平方米的空间,其中自在生成设计机构利用约433.5平方米的空间,将其改造成一个集建筑空间设计、艺术商店、家具品牌和美食美酒的生活空间,由Let's Meat开放式餐厅酒吧、DDC咖啡馆、艺术商店、VIP空间四个部分组成(图5-4-13、图5-4-14)。

二层北侧青铜骑士广告公司的创意办公空间(图5-4-15)利用仓库5米的净空高度和开阔柱距的空间特质,进行竖向加层设计,下部用于开放式办公,中央加建夹层会议室,两侧加建夹层为独立办公室。新置入的空间采用型钢配以磨砂玻璃,新旧材料对比明晰。仓库沿街面开敞的巨大

图5-4-13 既有空间改建为咖啡馆
(资料来源:周国献摄于2018年)

图5-4-14 既有空间改建为餐厅酒吧
(资料来源:周国献摄于2018年)

图5-4-15 既有空间改建为办公空间
(资料来源:周国献摄于2018年)

悬窗为办公空间提供充足的采光。老沙逊洋行仓库内部开阔的大空间可满足多种创意功能需求，以及创意人群对工业风格特质的追求。

（3）重构策略

①材料重构。自在生成设计事务所以"尊重历史前提，适应当代"为改造设计理念，改造过程中拆除了部分墙体，将材料重构用于砌筑艺术商店的曲面围墙。

②材料还原。为还原仓库的特质和汉口工业风格，改造中清洗了制衣厂使用时期墙面覆盖的抹灰，露出了清水红砖墙界面并打磨出历史质感，保留墙面部分标语，以呈现历史建筑生命周期中受自然侵蚀和人为干预的痕迹。

③构件保留与替换。改建中对原有工业构件与元素进行了保留与替换，根据建筑原本使用的防火夹丝玻璃，采用新定制玻璃替换老旧的悬窗玻璃，还原了夹丝玻璃良好的透光感和肌理质感。

④空间活动策划。改建策划中重视空间运营，策划丰富的公共活动，尝试以历史性空间承载多元的跨界互动公共活动。

5.5 能源及基础设施工业类工业遗产保护与利用

5.5.1 汉口水塔

现名：汉口水塔博物馆

地址：中山大道539号

占地面积：800平方米

更新时间：2016年

设计单位：伍德佳帕塔设计咨询有限公司（Benwood Studio Shanghai）

5.5.1.1 历史沿革[①]

汉口水塔是汉口近代消防标志性建筑物（图5-5-1），历史上很长一段时期承担着城市消防给水、消防瞭望的双重重任。20世纪初期水塔建成后，汉口主要街巷陆续安装了消防水门，有效地改善了城市火灾中消防扑救水源的问题。

1906年，浙江商人宋炜臣得到鄂督张之洞的支持，邀集浙江、湖北、江西10名巨商创办汉口既济水电公司并筹建水塔，取"水火既济"之意，定名为"商办汉镇既济水电股份有限公司"。水塔和水厂于1909年8月落成，塔体占地面积556平方米，建筑面积3015平方米，主体建筑平面取八卦式，塔身高41.32米，是汉口地标性建筑，引领汉口最高建筑70余年历史。同年9月投产供水，日供水能力500万加仑（2.733万吨），供水人口约10万。

1931年汉口发生大水灾，水塔安然无恙，但因水柜容量过小而停止使用，改由水厂清水送水机直接输送（图5-5-2）。

1949年后，汉口城区生活、基建、工业用水量激增，水塔遂改建为供水加压站，时称"转压站"。

1950年，水塔五楼增设30马力水泵1台，六楼的大水柜重启，供水功能恢复。

1981年，水塔停止使用。

1986年，武汉市自来水公司投资100余万元对水塔进行内外修缮，改建为商业建筑。

[①]《汉口租界志》编纂委员会.汉口租界志[M]，武汉：武汉出版社，2003年.

图5-5-1 汉口水塔改造后鸟瞰

（资料来源：丁晨星摄于2019年）

1999年，武汉市政府对水塔投资维修改善，拆除了原七楼酒吧厅和八楼的观光厅。

2006年，汉口水塔被列为全国重点文物保护单位。

2015年，武汉市启动"汉口水塔博物馆"修缮工作。

5.5.1.2 遗存状况

（1）总平面布局

汉口水塔现位于汉口江汉区中山大道前进五路与中山大道交会处（图5-5-3），地处汉口交通四通八达的核心商业区。

图5-5-2 汉口水塔历史照片

（资料来源：英国布里斯托大学收藏明信片）

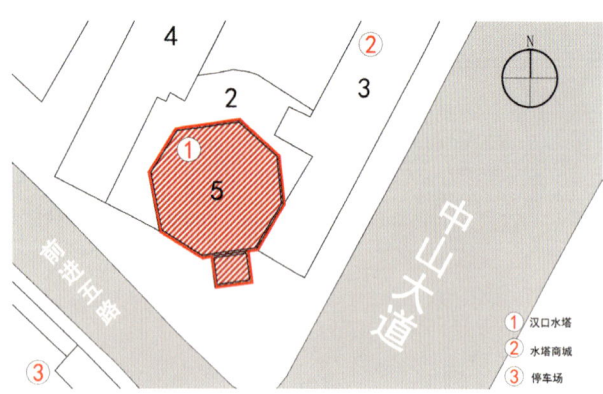

图5-5-3　汉口水塔总平面图
（资料来源：丁晨星绘制）

（2）建（构）筑物遗存[①]

汉口水塔为八边形六层塔楼，一层外立面为花岗岩块石砌筑而成，二层至顶层均为清水红砖墙砌筑。塔楼底层及顶层檐口、形体转角处均以简洁线脚或外柱强化处理。水塔顶部围以堞形女儿墙兼作瞭望台之用。楼梯间上部的钟楼凸出水塔主体建筑顶部，赋予水塔整体稳定且典雅的城市形象（图5-5-4）。

水塔为混合结构，砖砌楼梯间内部设置木质楼梯，八边形塔体空间的正中央设有一根特制法兰管柱（图5-5-5）。

因六楼安装有双层钢板铆接而成的水柜，水柜底部铺设有数根工字钢小托梁，托梁下方由8根大托梁承托，8根大托梁呈放射状结构分布，中央与中柱相连并由中柱承托，梁的另一端分别与外墙8根角柱连接（图5-5-6）。由此水柜的荷载均匀依次传给小托梁、大托梁、中柱及边柱，最终传

图5-5-4　汉口水塔立面及剖面图
（资料来源：武汉市规划设计有限公司）

[①]《汉口租界志》编纂委员会. 汉口租界志[M]. 武汉：武汉出版社，2003年.

递给地基，增加了水塔的稳定性。

汉口水塔建筑主体与楼梯间连在一起，形似"八卦式"平面，每层面积约600平方米。

5.3.1.3 保护与更新

（1）保留策略

水塔的改建更新过程主要围绕其独特的结构体系与新置入功能空间的适应性匹配关系展开，通过对其内部空间合理划分以满足新功能的使用需求。

（2）改造策略

改建中拆除了水塔周围的自建建筑，将历史上的汉口水塔完整呈现出来，恢复了建筑的原始立面，并加以适当修缮保护（图5-5-7）。

图5-5-5　汉口水塔顶层特制法兰管

（资料来源：由蔡蜀雅提供）

图5-5-6　汉口水塔托梁呈放射状结构分布

（资料来源：由蔡蜀雅提供）

水塔的屋面和内墙面进行了翻修或铺砌，复原和修补了破损的墙面。内部所有梁架和木构件部分进行维修和加固，同时对所有的梁架部分和钢架构建进行了除锈喷漆，防止其生锈老化；对水塔的门和窗进行原位复原和修整。重新布局后，对水道排水设施进行了梳理，按照消防规范，水塔内部加建了封闭楼梯间。改建后的水塔空间为水塔博物馆展示功能提供了保障（图5-5-8）。

图5-5-7　汉口水塔改建前后外观对比
（资料来源：左图源自《武汉历史建筑要览》，右图由丁晨星摄于2019）

图5-5-8　水塔博物馆首层展厅
（资料来源：丁晨星摄于2019）

5.6 冶金业类工业遗产保护与利用

5.6.1 武汉铜材厂

现名：硚口区民族工业博物馆、"新工厂"电子商务产业园

地址：古田一路24-28号

占地面积：9.3万平方米

更新时间：2010至今

设计单位：中冶南方武汉建筑设计公司

5.6.1.1 历史沿革

武汉铜材厂属有色金属加工企业，其前身为1958年武汉市第一、二、三、四熔炼合作社合并而成的耀华冶炼厂，后武汉冶金机修厂并入。

1962年，建设了占地6万多平方米的新厂区，包括铸坯等7个车间。

1965年，改名武汉冶炼厂。

1976年，定名武汉铜材厂；1970年代形成铜板、铜带材生产线；1980年代改造成铜材生产一条线。

1985年，发展成湖北省生产各类铜板、铜带及锡、铅、铅铝合金材料的重要厂家，是武汉唯一生产铜带材的企业。[①]

1997年，工厂生产的"铜止水板"用于黄河小浪底水利工程，被授予荣誉证书。

2007年，武汉铜材厂占地面积近7万平方米的厂房转让给硚口经济开发区。

2010年，武汉铜材厂部分车间开始改建成硚口民族工业博物馆（图5-6-1）。

图5-6-1　由原水箱铜带车间和热轧车间改建成的硚口民族工业博物馆
（资料来源：中冶南方建筑设计公司）

---

① 硚口区志编辑委员会. 硚口区志[M]. 武汉：武汉出版社，2007.

2011年，硚口经济开发区与武汉苏索置业策划有限公司合作，在保留武汉铜材厂整体外观和结构的基础上兴建"新工厂"电子商务产业园。

2012年11月，武汉铜材厂被列为武汉二级工业遗产。

2015年，中冶南方武汉建筑设计公司承接铜材厂改造更新设计任务，对其开展保护再利用设计。

5.6.1.2 遗存状况

（1）总平面布局

武汉铜材厂位于武汉市硚口区古田一路24号，属于老古田工业区的一部分。整个厂区占地面积为9.3万平方米，东西长约1200米，南北长约200米，位于丰硕路和古田一路之间。厂区内部建筑在厂区范围内均取南北向布置，其中东南部为生产区，西北部为办公区。建厂时厂区大门位于西侧，直通古田一路，改造后产业园区大门位于东面，朝向丰硕路（图5-6-2、图5-6-3）。

（2）建（构）筑物遗存

武汉铜材厂于2007年整体转让给硚口经济开发区。当时历经60多年历史的武汉铜材厂留下了包括电炉熔铸车间、炼铜车间、带材车间、水箱铜带车间、板材车间、办公楼以及烟囱等大量工业建（构）筑物遗产（图5-6-4）。

铜材厂留存至今的工业遗存大部分是1960年兴建，1962年建成。据原铜材厂工人回忆："厂区建成初期设铜带、铸坯等7个车间，厂区内建筑均为红墙红顶，十分醒目。"结合历史照片可判断建厂初期大部分厂房建筑为砖木结构，屋顶采用三角形木屋架承重，立面大多开方形窗和条形侧高窗，建筑墙面和屋顶材料为红砖红瓦。

5.6.1.3 保护与更新

为促进老工业区振兴发展，武汉市政府于1993年建立硚口经济开发区，规划控制面积158.9万平方米，用地范围为古田四路以西、南泥湾大道以北、长丰大道以南、铜材厂以东。武汉铜材厂改造为硚口区民族工业博物馆和"新工厂"电子商业产业园则是其中的重点项目。[①]

2007年武汉铜材厂转让给硚口区经济开发区后，厂区内的旧厂房陆续被改造，现改造完成部

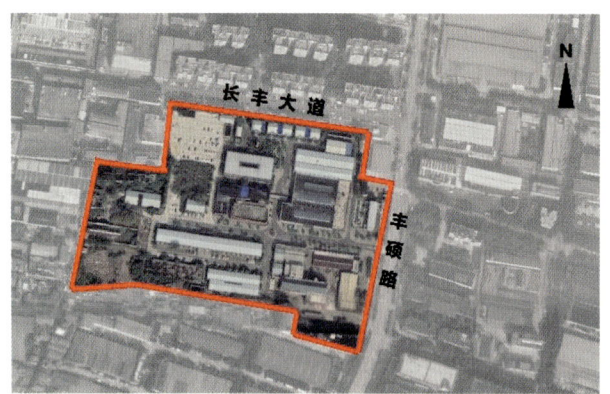

图5-6-2 武汉铜材厂总平面图
（资料来源：周昭绘制）

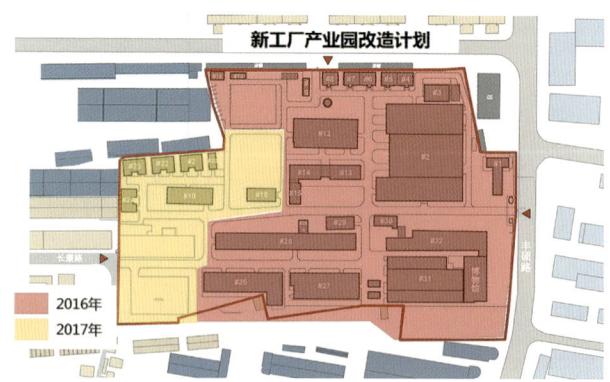

图5-6-3 武汉铜材厂改造计划图
（资料来源：中冶南方武汉建筑设计公司）

---

① 引自硚口区民族工业博物馆资料。

（a） （b） （c）
（d） （e） （f）

图5-6-4 武汉铜材厂部分工业遗产

（资料来源：图c、d、f来自硚口经济开发区委员会，图a、b、e来自https://www.toutiao.com/i6462657069899055629/?group_flags=0&group_id=6462657069899055629）

分已占厂区建筑的近80%，其中水箱铜带车间和热轧车间已改建为硚口区民族工业博物馆，并于2011年对外开放；厂区其他部分被改造为"新工厂"电子商务产业园。截止到2019年，厂区内已完成对一部分既有厂房的改建，同时，仍有一部分厂房处于持续改建状态中。

（1）保留策略

①厂区肌理保留：厂区内除旧厂房改造外，还有部分在原厂区空地上建造的新建筑，无论是改造还是新建，厂区内的建筑布置和组合方式依然按照原厂区的肌理，内部道路也没有改变，整个厂区的内部秩序得到了保留（图5-6-5）。

②老厂房风格的保留：尽管大部分厂房已被更新改造，但改造内容仅限于外立面的翻新和内部空间的分隔，一些加建和拆除仅仅是在局部上进行，老厂房具有的中华人民共和国成立初期工业时代的建筑风格得到了保留。

③构筑物、机器的保留：在厂区内保留了大量原来用于生产的老机器，还有烟囱等标志性的构筑物。

（2）改造策略

武汉铜材厂作为武汉市二级工业遗产，合理保护兼适度改建再利用，是激活工业遗产并促进城市功能完善的路径。一方面，将工业遗产改造为博物馆、遗址公园、创意产业园区是当下工业遗产适应性再利用的普适策略；另一方面，铜材

图5-6-5 武汉铜材厂现状鸟瞰
（资料来源：周昭拍摄于2018年）

厂企业权属决定了其必然是城市经济结构转型中的一部分。铜材厂的空间转型便是在双重定位下被重新定义，其新植入的功能有博物馆和产业园两部分。

①转型为硚口区民族工业博物馆

博物馆改造是整个厂区改造最先实施也是最关键的工程，原建筑是厂区门口沿南北方向分布的水箱铜带车间和热轧车间，建筑面积接近3168平方米。设计者保留了原厂房的空间和部分结构，改造重点为建筑外立面和内外空间的重新设计。外立面沿用了原厂房红砖墙材料并对其进行贴面处理，同时立面上增加了浅色装饰性线角进行横竖划分。入口空间由原建筑山墙面改到了沿街立面处，并在新入口处加建了凸出的拱门以强调入口空间。此外保留了原有的带形高侧窗和底部的方形窗。

内部空间设计上，原本的大空间被分隔为上下两层，在此基础上空间被进一步细分为硚口百坊手工业、民族工业、新中国工业3个展示厅。首层门厅处为两层通高，从门厅左侧依顺时针方向组织参观流线，经过三个展厅回到门厅处结束观展。建筑内部重新装修，经过内墙粉刷、各类展示设施安装以及重新吊顶，原厂房的痕迹已基本被掩盖。

在外部空间设计上，博物馆东南角方向有一座高5米的塔式建筑，原为武汉铜材厂用于防范偷盗的瞭望塔，塔的入口现已封闭，立面经过改造与博物馆的立面风格统一，成为入口广场中的至高点。另外，在博物馆的入口广场上配合景观设计置放了多个原铜材厂用于生产的机器，给入口广场带来了独特的工业气息。

②转型为"新工厂"电子商务产业园

"新工厂"电子商务产业园是对厂区整体的改造，总占地面积8万平方米，完成改造后建筑面积达9万平方米。截止到2019年，产业园已有部分企业进驻，既有工业建筑的更新改造也在同步进行。

厂区其他建筑的改造多在保留原建筑空间的基础上对空间进行多种形式的介入性设计，同时新的建筑语言的介入也使改建后的一系列工业建筑呈现出多元风格（图5-6-6）。

5.6.2 汉阳钢铁厂制氧车间和氧气装站

现名：融创武汉1890拾光艺术馆

地址：汉阳区琴台大道169号

占地面积：9683.92平方米

更新时间：2020年

设计单位：上海日清建筑设计有限公司

5.6.2.1 历史沿革

1952年，中南建筑工程局在汉阳龙灯堤的艾家嘴建成汉阳五金轧钢厂，简称"汉轧"。

1958年，武汉市政府决定选址在汉轧北面朱家湾、京广线北侧，新建汉阳钢铁厂，简称"汉钢"。

（a）改建后的1号厂房

（b）改建后的25号厂房

（c）改建后的2号厂房

（d）改建中的10号厂房室内

（e）改建后的9号厂房

（f）改建中的9号厂房室内

图5-6-6　厂区工业遗产改建

（资料来源：中冶南方武汉建筑设计公司）

1978年,汉钢与汉轧合并为汉阳钢铁厂①。

1986年,汉阳钢铁厂划转属武汉钢铁(集团)公司,改名为武钢集团汉阳钢厂。

1999年,该厂建立琴台钢材市场,下设储运公司、汽运公司、建安公司。部分厂区辟为琴台大道。

2000年12月,武钢(集团)公司决定将工厂原有国有资产划归武钢(集团)公司,各厂改制成武钢控股的有限责任公司。

2002年,在汉阳琴台钢材市场南区196号建成了张之洞与武汉博物馆,这座占地700平方米的二层建筑是国内纪念张之洞在武汉筹办重工业的专题博物馆。

2007年,武钢汉阳钢铁厂搬迁江夏。

制氧车间及氧气装站是汉阳钢铁厂工业遗址保护性改造的一部分(图5-6-7)。由武钢集团与融创中国集团合作,拟整体改造为工业遗址文化园,占地面积约46.67万平方米,总建筑面积约73万平方米。

5.6.2.2 遗存状况

(1)总平面布局

汉阳钢铁厂位于汉阳古城文化区和王家湾商务区之间,临汉江和老汉阳火车站,周边有月湖、琴台大剧院、古琴台。全厂分南北两个厂

图5-6-7 改建后的制氧车间和氧气装站现状
(资料来源:融创1890项目部)

---

① 汉钢与汉轧合并后的厂名有争议,部分文献称为汉阳钢铁厂,部分文献称为汉阳钢厂。本书采用汉阳钢铁厂。

区，目前仅南厂区留存下来。南厂区整体基地呈舰形，北临琴台大道，南临京汉铁路，占地约19.5万平方米，厂区整体保存完好。

厂区内已完成改建、处于再利用状态中的制氧车间和氧气装站位于整个厂区的东南侧，北临琴台大道，东临张之洞博物馆（图5-6-8）。制氧车间建筑面积约881平方米，氧气装站建筑面积约653平方米，两建筑呈南北两处相邻分布。以制氧车间及氧气装站为代表的工业遗产改造示范区占地面积9683.92平方米，改造后建筑面积4019.15平方米，制氧车间和氧气装站之间加建一个一层架空的建筑形体，使张之洞博物馆和示范区场所得以建立联系。

（2）建（构）筑物遗存

富氧炼钢需要用氧气把生铁中过多的碳转化为二氧化碳从而去除碳，因此制取氧气是炼钢过程中的主要生产工序。汉阳钢铁厂制氧车间为单层砖混结构建筑，长52米，宽约26米，室内地坪至屋脊高度20.3米，七品桁架结构。车间外立面以红砖为主，圈梁及壁柱外露，墙上开有方形窗。内部空间高大，整体留存状况良好。厂房南北立面爬山虎蔓延（图5-6-9）。

氧气装站为单层砖混结构，主体建筑宽17.9米，长35.6米，屋脊高7.5米，6品桁架结构。外立面和内部均经过介入性设计，屋顶为压型钢板（图5-6-10）。

5.6.2.3 保护与更新策略

制氧车间和氧气装站属于武汉市二级工业遗产。2019年4月，融创中国控股有限公司竞得汉阳铁厂的土地使用权，同年7月，委托上海日清建筑设计有限公司对制氧车间、氧气装站进行改建设计，营造汉阳钢铁厂工业遗产改造示范区，2020

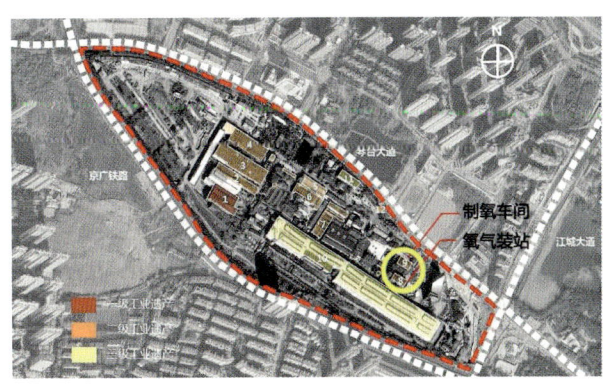

图5-6-8　汉阳钢铁厂中的制氧车间及氧气装站平面图
（资料来源：百度地图，周昭改绘）

年6月对外开放。

（1）保留策略

汉阳钢铁厂片区工业遗产空间再生须遵循分级保护更新策略，不同级别的建（构）筑物依据分级不同采取不同的改造措施。制氧车间和氧气装站均为二级工业遗产建筑，根据管控要求宜在保护建筑外观、结构、景观特征的前提下，根据新的功能需求进行适应性空间改建；遗产的再利用须与原场所精神兼容。

①制氧车间

制氧车间以维修、改善方式为主，其中建筑主体结构、外墙、附属烟囱、管道和建筑周边树木得以保留（图5-6-11，图5-6-12）。

建筑外墙面在保留的基础上对破损部位进行修复，一共采用6种修复策略，因部位而异。以制氧车间北立面为例，一面墙体涉及3种外立面修复手法，包括对现有墙面清洗勾缝，刷保护液；破损墙体补洞过程中材料颜色求同于既有墙体颜色；新砌墙体现场抹灰。此外，还涉及建筑基座修复重涂、窗洞口修复以及室外架空管道及外立面管道修复。

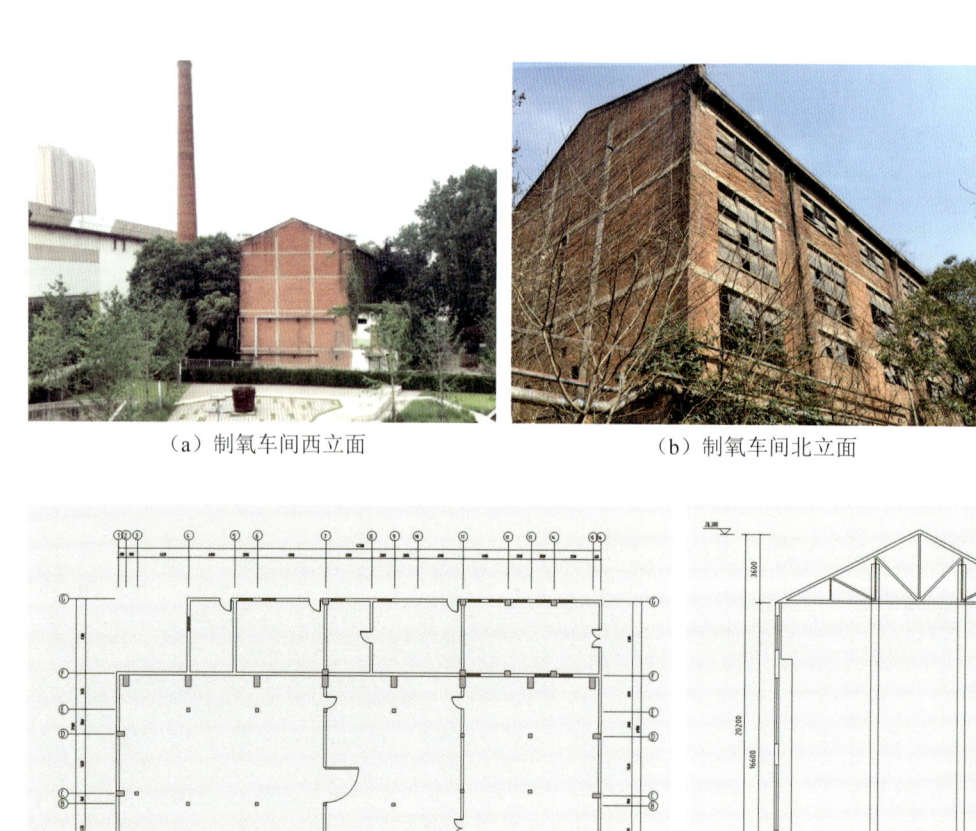

(a) 制氧车间西立面　　(b) 制氧车间北立面　　(c) 制氧车间内部空间

(d) 一层平面测绘图　　(e) 剖面图

(f) 南立面测绘图

图5-6-9　制氧车间改造前实况及测绘图
（资料来源：图a、b、c由周卫、黄晓荷拍摄，图d、e、f由融创1890项目部提供）

(a)氧气装站内部

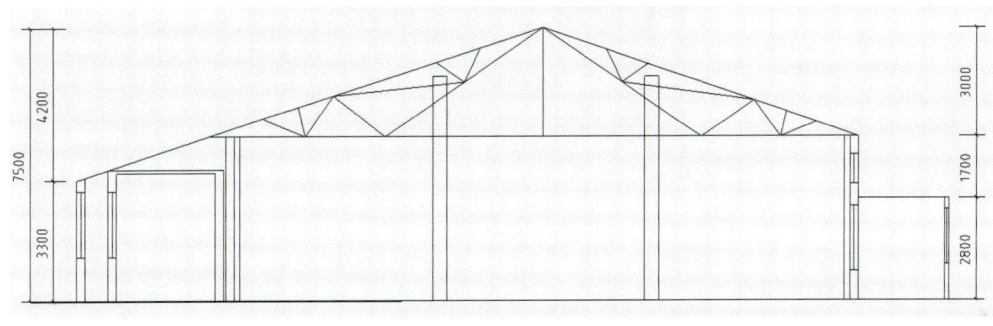

(b)剖面示意图

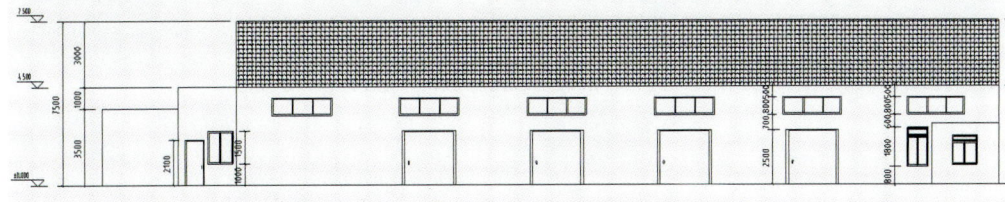

(c)立面测绘图

图5-6-10 氧气装站改造前实况及测绘图
(资料来源:融创1890项目部)

后期加建的锅炉房构筑物,也同样予以保留,将构筑物墙面修正平整,门窗洞口砌筑整齐,抹灰勾缝,刷艺术砂浆处理,砂浆颜色同既有墙体保持一致。对于屋顶桁架、吊车、门窗洞口仍以保护为主。

两栋建筑物后方高耸的烟囱是二级工业遗产构筑物,以保存为主,同时以简洁的泛光照明使其转型为一座文化灯塔。管道的保留与修缮主要涉及两个管道和支架的除锈、涂刷防锈漆处理,以及破损支架按原样进行更换、固定。此外,除了对建(构)筑物进行保护之外,还对原厂区中具有场所特质的原生树木进行了保护,在艺术馆区域保留15棵参天大树。在设计上特意采取草坪和树池围合的方式,避免破坏大树根部,延续原生树木给场地带来的静谧感受,实现与自然环境和谐衔接(图5-6-11)。

②氧气装站

氧气装站属于三级工业遗产建筑,以保留建筑主体结构、局部改造方式为主。

(2)改造策略

①制氧车间

原制氧车间外立面改造在于老旧窗体的更新。依据最新节能要求,原厂房建筑的窗替换为节能的LOW-E玻璃和铝合金门窗,同时新增了立面和屋顶的消防电动排烟窗。

制氧车间内部空间改造集中在空间加建及屋顶处理上。近17米高的内部空间,加建为三层,一层为体验区,二层为办公区,三层为书吧和咖啡吧。加建空间不依赖原有结构承重,仅对原有结构进行加固,同时内置钢结构体系。改建中保留原屋顶桁架,桁架下加装多联机空调系统,天花露明处理,实现工业特色空间与现实生活的有机结合(图5-6-12)。

②氧气装站

对氧气装站改建的介入程度较大。氧气装站靠近城市干道,景观展示面更好,介入性设计中首先拆除了原有破败不堪的外墙,外立面采用了全新的陶砖幕墙系统,共有四种红砖尺寸,两种干挂镂空花纹,其镂空花纹形状从转炉车间提取而来,模块化红砖和镂空花纹在建构语言上延续了厂区内转炉车间的建筑工艺,呼应了汉阳钢铁厂悠久的工业文化,而全新的工艺方法也重新诠释了工业风格(图5-6-13)。

(a)更新后的建筑界面及保留的大树

(b)公共空间中保留的管道

图5-6-11 改建后的制氧车间及其场所环境

(资料来源:图a源自融创1890项目部,图b由王萍拍摄)

(a) 改建后的立面　　(b) 改建中内置的钢结构

(c) 改建后敞亮通透的室内空间

图5-6-12　制氧车间改建
（资料来源：融创1890项目部）

③建筑屋顶

建筑屋顶采用了几何形态的屋面形式，立面及内部空间同样运用更多的几何变化，与周边城市建成环境形成对话关系。

④时光通廊

厂房改建中加建了一处空中连廊，将氧气装站和制氧车间两栋建筑连成一体，同时在一层形成一个时光通廊（图5-6-14），连接张之洞博物馆和融创公司"1890示范区"，使该区域与制氧车间和氧气装站取得了呼应（图5-6-15）。

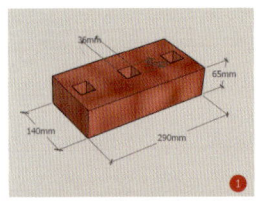

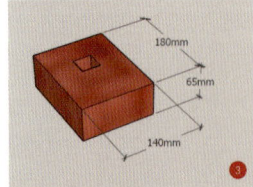
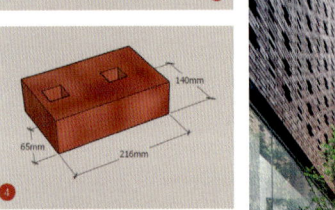
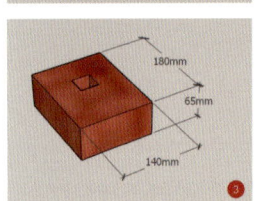

图5-6-13 氧气装站立面重塑

（资料来源：融创1890项目部）

图5-6-14 加建于制氧车间和氧气装站之间的空中连廊

（资料来源：王萍摄于2020年）

图5-6-15 改建后的制氧车间、氧气装站及张之洞博物馆

（资料来源：融创1890项目部）

5.7 仪器仪表业类工业遗产保护与利用

5.7.1 邮电部武汉通信仪表厂（517厂）

现名：武汉万科润园

地址：武昌区徐东区域才华街润园路8号

占地面积：3.6万平方米

更新时间：2006—2007年

设计单位（规划设计）：中南建筑设计研究院

设计单位（景观设计）：北京创翌高峰园林工程咨询有限责任公司

万科润园位于武汉长江二桥旁，处于和平大道和友谊大道之间。基地的前身是"邮电部武汉通信仪表厂"，该厂建于1958年，是中华人民共和国第一家制造精密仪器的工厂。精密仪器的制造过程对生产环境洁净度要求非常高，为了减少空气污染对精密仪器制造的影响，当年工人们在厂区广种树木，因此厂区内保留下大量品种繁多的原生树木，既有水杉、法桐等高大乔木，又有紫藤、紫薇等低矮灌木。

5.7.1.1 历史沿革①

1958年以前，邮电部武汉通信仪表厂原为邮电部武汉第三工程公司修配厂，属电缆配件加工企业。

1958年为了打破高科技精密通信仪器长期依赖捷克、东德进口的局面，邮电部在今徐东区域划地建起了中华人民共和国第一家通信仪器仪表厂，因立项保密需要，工厂以军管番号"517"命名。

建厂之前基地为胜新大队的农田，517厂建成后如孤岛一般静谧而独立。厂区总体布局紧凑而自然，建筑多为砖混结构，造型以现代简约平房为主，清水砖墙和水刷面相结合，朴素大方。

2006年，万科集团拍得原517厂共3.6万平方米的地块，后开发为万科润园住区（图5-7-1）。

5.7.1.2 遗存状况

从建厂到停产，517厂区保留了原道路肌理、红砖水塔、中央庭院及部分地下人防设施等遗存，并拥有800多棵原生树木营造的如公园般的厂

图5-7-1　原厂区基地（现润园）鸟瞰

（资料来源：朱子路摄于2018年）

---

① 翟跃东，任予箴. 诚实的建筑[M]. 武汉：武汉出版社，2009.

区自然环境。

（1）总平面布局

517厂位于武汉长江二桥旁，处于和平大道和友谊大道之间，才林街南侧。厂区分北侧生产区及南侧生活区两个区，两区相邻且仅由围墙隔开，整个厂区地块完整（图5-7-2）。

（2）建（构）筑物遗存

原厂区场地内工业留存物包括水塔、廊架、人防工程入口等构筑物（图5-7-3、图5-7-4）。

5.7.1.3 保护与更新

（1）保留策略

万科润园规划以保存场地内原有树木与原状环境为重，并延续了原路网与建筑布局间距的关系。低层建筑布置基本对应原厂区建筑，区内道路也对应厂区既有道路。中心组团绿地和原厂区中心花园、小树林等景观得以保留和利用。低层建筑通过采用浅基础及灵活的布局避让树木。

介入性设计中梳理了场地工业遗产及环境印记，逐一进行了测量、编号和拍摄，研究了其保

图5-7-2　原厂区区位图

（资料来源：百度地图，朱子路改绘）

留的可能性，具体如下：

①自然系统和元素的保留：全部原生树木都在场地中得以保留，使基地的自然场所特征得以延续。

②建（构）筑物的保留：中央庭院内的既有长廊、地下人防设施被原地保留。一个废弃的红砖砌筑的水塔作为基地内具有重要识别性特征的

图5-7-3　原水塔

（资料来源：朱子路摄于2018年）

图5-7-4　原地下人防工程及厂牌

（资料来源：朱子路摄于2018年）

参照物就地保留，并结合在场地设计之中。

③路网结构的保留：延续原路网与建筑布局的关系，使既往50年低密度厂区形成的舒适路径重新适配今天人们休憩信步的日常生活。

④去建筑：既有建筑品质、特质不符合再利用条件的，选择性地拆除。

（2）改造策略

通信仪表厂区的改造中，新建建筑与景观小品中有大量旧有材质的巧妙运用，如瓦、砖、廊架，以及一些构件，被加以妥善利用，其中运用最多的为砖元素的再设计。此外，在尺度、围合感、历史氛围等方面强调新建的同时，庭院与原生树木环境的有机融合也得到展现。

①景观系统的改造

润园依托的不是用以勾起回忆的标志性工厂建筑物，而是场所环境中的树。800余棵原生树木是工人为营造厂区洁净、安静环境的心血，是体现场所精神、反映工厂精神面貌的自然资源。

润园最大限度地保留了原生植被，也即场所的历史脉络与气息。介入性设计中将新建的沉稳怀旧的红砖住宅高低错落布局于精心保留的林木丛间，同时依托建成环境建构出五大主题庭院，从礼仪门厅、情景廊厅，到中心绿厅（图5-7-5）、公共交往厅和宅间带状庭院，形成了"庭院深深"的复层结构，烘托了润园的岁月痕迹。

在517厂原始布局中，一条条"树带"将厂房、办公楼、检修房、仓库、食堂等建筑有机联通而又保证视线上的分隔。润园沿承林带分隔功能，在保证联系社区交通的同时，减少视觉通

图5-7-5　润园中央绿厅

（资料来源：朱子路摄于2018年）

视，保证住户私密（图5-7-6）。①

②中央庭院的改造

原基地更新中重修了中央庭院中的浅水池，拆掉水面上品质不高的四角亭，利用钢材、玻璃原位重建一座符合现代美学的浮亭。选择性地保留中央庭院富有时代特色的长廊，一端与新建浮亭结合，一端伸向庭院树林，与林间利用废旧砖瓦铺就的精致砖石小径相接，引向利用锈蚀钢材料新建的瞭望台，从而实现现代生活与历史记忆的融合、新旧关系的承续。

中央庭院格局完整保留，依次穿过长廊、砂地、矮墙、门洞、浮亭，能够体验到庭院丰富的空间层次。

③道路肌理及路网结构的延续

原厂区由一条主轴道路及横向支路构成条理

---

① 桂学文. 舍本求木：武汉万科润园的规划设计实践 [C]// 刘伯英.2013年中国第4届工业建筑遗产学术研讨会论文集. 北京：清华大学出版社，2013：550-556.

清晰的路网结构。

润园规划沿用原有车行道、人行道延续合理的道路轴线结构；并重新规划既有环境，打造中央绿庭。比较原厂区总平面图与润园总平面图可以发现道路系统基本不变、原厂房位置与现住房位置基本一致、中央花园完整保留，充分体现了润园尊重地脉的思想，以"树下种房"的规划方式，完整保留土地脉络，延续人文印记，传承历史基因（图5-7-7、图5-7-8）。

有选择地保留具备厂区特色、反映厂区精神与文化的构筑物及环境，更有利于彰显工业遗产的价值。

造园过程中，将自然环境与人工环境结合在一起保护利用，通过利用工业遗产、保护公众记忆、善待原生植被、巧借原址格局、规划生活等设计理念，润园设计最终成为一场另类向工业遗产致敬的介入性设计行为，它用真诚朴实的态度，走进一座隐秘了半个世纪的军工厂，把房子种在厂区的"树里行间"，彰显了城市工业文脉的时代传承。

图5-7-6　润园的宅间树带

（资料来源：朱子路摄于2018年）

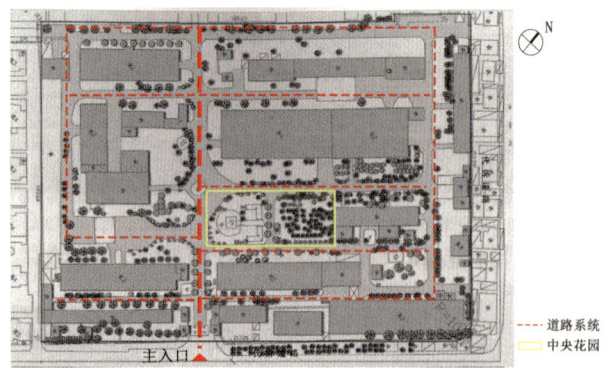

（a）原厂区总平面图

（b）润园规划总平面图

图5-7-7　同一基地前后两个时期的空间结构比较

（资料来源：朱子路绘制）

5.8 机械业类工业遗产保护与利用

5.8.1 华强机械厂

现名：三峡白马营艺术区、主题酒店度假区
地址：宜昌县小溪塔镇姜家庙
占地面积：36.7万平方米
更新时间：2017
设计单位：宜昌行胜建设投资有限公司

5.8.1.1 历史沿革[①]

1966年经化工部批准，华强机械厂在原宜昌县小溪塔镇姜家庙村建新厂。

1969年山西太原的老厂迁入宜昌新厂，至此，华强机械厂两厂正式合并。

1966年至1976年，工厂具备了年产40万套个体防护器材、500套集体防护器材的生产能力（图5-8-1）。完成厂房及家属楼的建设，生产生活设施基本完善，厂区托儿所、职工医院、粮店、煤场、商店、学校等生活设施陆续兴建。原居住在南津关、王家沟、清凉树一带的职工家属搬迁至

图5-8-1 历史时期的生产现场
（资料来源：厂区老员工提供）

周家河、杨柳树、茅坪河、屈家店一带，结束了山里山外一厂两地的历史。

1979年69型防毒面具通过国家鉴定并投入批量生产，在对越自卫反击战中发挥了重要作用。

1984年和1999年，该厂先后两次向国庆盛大阅兵式提供配备装备。

1987年，军用第一代防毒服在该厂通过生产定型，投入批量生产（图5-8-2）。

1988年该厂顺利完成脱险搬迁，从地处深山峡谷的姜家庙迁至宜昌市经济技术开发区（图5-8-2）。

图5-8-2 早年的生产车间
（资料来源：厂区老员工提供）

[①] 湖北华强科技有限责任公司发展史略编委会. 湖北华强科技有限责任公司发展史略（1966—2016）[Z]. 2016.

1989年该厂引进国外先进技术建成国内最早的丁基胶塞生产线，产品成为华强主导民用产品，填补了国产丁基胶塞的空白。

1992年该厂同防化研究院一所研制的军用第二代防毒服通过设计定型，投入批量生产。

2001年顺利完成改制，更名为湖北华强科技有限责任公司。

5.8.1.2 遗存状况

（1）总平面布局

华强机械厂旧址位于宜昌市小溪塔姜家庙村，沿下牢溪分布在3公里范围，当时分别在三地建设厂区，主要生产三种产品：范家冲厂区负责轮胎生产，茅坪河厂区负责防护器材生产，屈家店厂区负责工业制品生产。厂指挥部设置在整个厂区的中部，距离各厂不过2公里，总体面溪背山呈现线性布局（图5-8-3）。现厂总体布局没变，屈家店和茅坪河厂区工业遗产多闲置，指挥部被私人企业改建为白马写生艺术营，范家冲厂区被宜昌交旅集团改建为以工业风主题酒店为主的休闲度假区。

（2）建（构）筑物遗存

①屈家店厂区。屈家店厂区是生产工业制品的厂区，现厂区荒废，偶有电影拍摄取景于此，留有较重的布景痕迹。厂区合院式子弟学校独立于此保存完好，2010年张艺谋拍摄电影《山楂树之恋》即取景于此厂区，其后其历史价值和艺术价值逐渐被人们认知。原厂区老干部住宅楼独处一隅，整体多用石材砌筑，仅转角处少量用砖，墙厚远超一般住宅楼，两室一厅的单元式布局，每户带独立卫生间和厨房，卧室还设有阳台，与一般红砖砌筑的集体住宅形成鲜明对比（图5-8-4）。

②茅坪河厂区。茅坪河厂区是生产防护器材

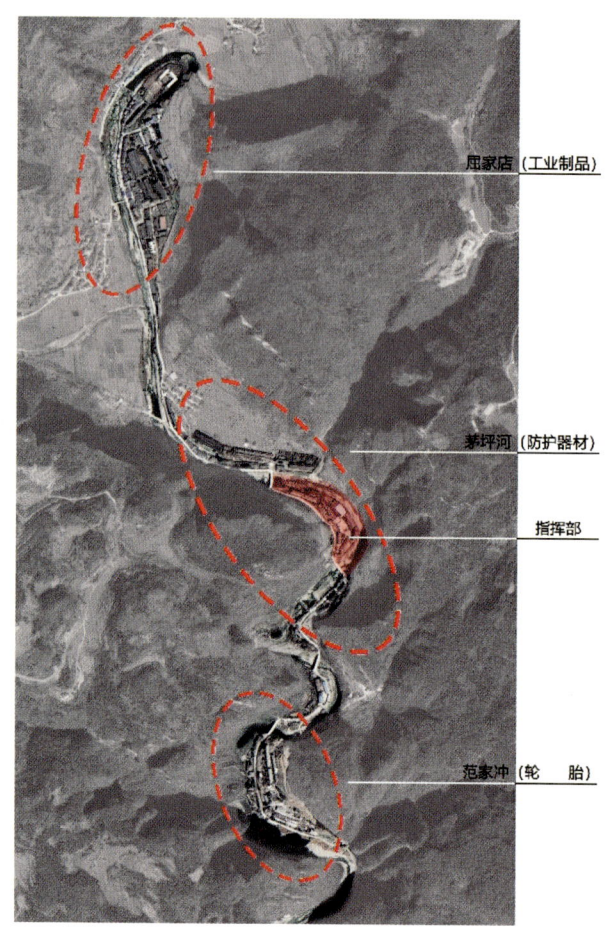

图5-8-3　绵延3公里的厂区卫星图
（资料来源：百度地图，李悦改绘）

的厂区，现厂房多数荒废，少数住宅被附近农户用作农家乐场所（图5-8-5）。

③范家冲厂区。范家冲厂区是生产轮胎的厂区，现被改造为大型亲子度假娱乐中心，原厂房和仓库被改造为亲子工坊、礼堂等公共活动空间，原宿舍楼被改造为酒店客房（图5-8-6）。

④指挥部。原为厂区管理和指挥中心，指挥部内多为厂区公共建筑，现被改造为艺术营区（图5-8-7）。

(a) 屈家店厂区鸟瞰

(b) 屈家店厂区子弟学校

(a) 茅坪河厂区生产区

(c) 屈家店厂区老干部住宅楼

图5-8-4 屈家店厂区及工业遗产

（资料来源：李悦摄于2019年11月）

(b) 茅坪河厂区生活区公共建筑

图5-8-5 茅坪河厂区及工业遗产

（资料来源：李悦摄于2019年11月）

图5-8-6 屈家店厂区工业遗产改建

图5-8-7 原指挥部工业遗产改建

5.8.1.3 保护与更新

2017年4月,宜昌交旅集团启动下牢溪水污染综合治理、水生态系统保护与修复、防洪减灾工程建设,在此基础上,在范家冲厂区打造以工业风主题酒店为主的一系列休闲娱乐配套设施。改造项目摒弃了伤筋动骨的大修大建模式,秉承"多保护、少开发"的理念,在建设中尽量保留老建筑的主体。随着范家冲的改造,厂区中部的指挥部也被华强科技有限公司卖予私人,改造成了三峡白马营艺术区。

(1)保留策略

①自然系统和元素的保留:水体和整体布局都基本保留原来形式,周围环境和地形保留原貌。

②建(构)筑物的保留:原有的宿舍和厂房主体都最大限度保留下来,在其基础上进行改造再利用。利用原有空间创造出新的空间体验和空间品质(图5-8-8)。

(2)改造策略

设计者认为,有必要对原有形式进行改变或修饰。通过增与减的设计,在原有"设计"基础上产生新的形式。其中几个典型的加法和减法设计如下:

①宿舍楼改建

通过增加外挂楼梯、扩宽走廊、独立的几栋住宅之间加设电梯来解决交通问题。通过增加三

(a)俱乐部拟改建为展示中心

(b)办公楼改建为酒店

(c)百货商店已改为教学大楼

(d)图书馆改建为艺术家工作室

(e)仓库改建为餐厅

(f)幼儿园正改建为民宿用房

图5-8-8 原厂区指挥部工业遗产现状

(资料来源:李悦摄于2019年11月)

角形阳台创造出丰富灵动的沿街外立面形象，使建筑显得秀丽而富有变化，又能扩大每个房间的视野（图5-8-9）。

②厂房改建

在大空间厂房的改建中，为满足2000平方米空间转型为室内亲子儿童乐园的需求，厂房屋顶间歇性加建了一系列玻璃透光体兼入口空间，既打破了原厂房立面的单调连续，丰富了立面造型，又能引入重组的自然光，使儿童游乐环境明亮活泼（图5-8-10）。

（3）重构策略

为了更能表达场所性格，重塑场所秩序，同时能满足现代人的使用功能，设计师在原有建（构）筑物和空间布局上增添了一些建筑物。在原场地中间空地上建造一座拥有螺旋形竖向交通通道的酒店大堂（图5-8-11），与前置小广场构成人流集散中心，同时其特立独行的形态特征和丰富的色彩使其成为视觉中心统领整个场地的空间要素，这一焦点空间已成为历史与当代线索的交汇点（图5-8-12）。

（a）加建外挂楼梯

（b）扩宽廊道

（c）新增三角形阳台

图5-8-9 厂区宿舍改建策略
（资料来源：李悦摄于2019年11月）

图5-8-10 厂房顶部间歇性加建玻璃透光体
（资料来源：李悦摄于2019年）

图5-8-11 新建接待中心
（资料来源：李悦摄于2019年）

图5-8-12 新建接待中心及其厂区环境
（资料来源：陈婵摄于2019年）

5.8.2 武汉重型机床厂

现名：复地·东湖国际住区

地址：武昌中北路118号

占地面积：全厂占地120万平方米，其中工业用地77万平方米

更新时间：2000—2001年

设计单位：北京土人景观设计规划院

5.8.2.1 历史沿革[①]

武汉重型机床厂是苏联援助建设的156项全国重点工程项目之一。

1953年，第一机械工业部通知成立中南重型机床厂筹备处。

1954年，经国家计划委员会批准决定在答王庙建厂（图5-8-13a）。

1956年4月厂房开始兴建。同年5月一机部正式批准厂名定为"武汉重型机床厂"（简称武重）。

1958年6月底厂房竣工，比原计划时间提前了一年半，实际耗资1.31亿元。初始建厂形成面积为六七十万平方米的"机床城"，由红砖砌成的四个主体大厂房，辅以大小房屋，按纵横坐标整齐地排列着，铁路线直通多处厂房。

1958年，全厂工业生产用建筑面积14.5万平方米，1985年扩大到24.27万平方米，有门类齐全的锻、铸、热、机加工、装配和恒温等车间26个（图5-8-13b）。

1958至1985年，武重曾研制成功一批具有国际先进水平的产品，其中20个品种的机床出口16个国家和地区；在国内，产品覆盖29个省（自治区、直辖市）。建厂之后武重一直担当着中国超重型机床的"排头兵"。

至1985年底，该厂是国内最大的重型机床厂

（a）武重区位图

（b）原厂区鸟瞰

图5-8-13　原武重区位图及鸟瞰

（资料来源：武重办公室，《武汉重型机床厂志1953—1985年》，1988）

[①] 武重办公室. 武汉重型机床厂志1953—1985年[Z]. 1988.

之一，生产能力和潜力在机床制造行业中均占领先地位。

1989年，武重被国家技术监督局授予"国家一级计量单位"称号。

1990年被命名为国家一级企业。

1997年通过ISO9001质量体系认证。

2001年改制为武汉重型机床集团有限公司。

2007年原厂拆迁至江夏区东湖新技术开发区。2011年10月，武重并入中国兵器工业集团，重组后改称"中国兵器工业集团武汉重型机床集团公司"。

2011年厂区整体被拆除，目前仅留厂大门、烟囱等建（构）筑物。

2013年武汉重型机床厂大门被列入武汉市第一批工业遗产名录。

5.8.2.2 遗存状况

在厂区再开发过程中保留了老武重的火车头、烟囱、牛腿柱、吊车梁、老厂房，以及2000多棵香樟、雪松、广玉兰、女贞等50多年名贵树种等历史片段。

（1）总平面布局

武汉重型机床厂位于武汉市武昌区答王庙区南部，位于中北路中段，东侧接邻东湖，西侧隔中北路为沙湖，临水果湖省府所在地，所处片区自然景观优良，人文气息浓厚。周边配套文体教育、购物等完善的生活服务设施，背靠东湖国家风景区核心景区，有着得天独厚的自然人文条件，社区居住价值及商业开发潜力巨大。周边南北向主干道通达良好，属于武汉城市内环线东端，是城内环线的重要节点。[1]

原武重厂区结构轴线分明，厂大门前为宽阔的厂前广场，沿广场向内部延伸的为厂内主要道路，主要厂房按生产工艺流程沿主要道路两侧分布（图5-8-14）。

（2）建（构）筑物遗存

2007年复地集团竞得武重地块52.67万平方米的开发权，为保留武重的工业遗迹，复地集团在初期规划中将工业遗产的历史存在感与住区景观环境品质和文化氛围的设计相结合，保留下了部分工业遗产，包括一个红砖烟囱、一段火车头机车、一座老厂房、两排带有牛腿柱的原厂房梁柱体系以及老厂门。

①武重老厂门

武重老厂门建于1958年，曾经始于厂区正大门的厂区中央大道及由其联系的两侧厂房建筑早已被拆除，留存的大门现已失去了存在意义，孤立留存在老武重的坐标原点上（图5-8-15）。

②烟囱、火车头、独立梁柱空间体系

目前武重旧址上的住区内，原铸造车间的烟囱与异地迁入的老火车头组合在一起，形成一处休闲广场；一组独立梁柱体系为厂区内异地移入的构件，构成了景观中一处露天网球场。工业遗产元素与住宅、住区景观片段共存的方式，无疑带给居民时空交错感，使走近它的老武重人倍感亲切。

③武重老厂房

由原厂房改建为新住宅区营销中心，成为住区中最具公共性的建筑。

---

[1] 卢成蔚.与历史一起创造历史：论武汉武重厂区改造项目的景观设计[J].海峡科技与产业，2017(8):196-198.

第 5 章　湖北工业遗产的保护与利用

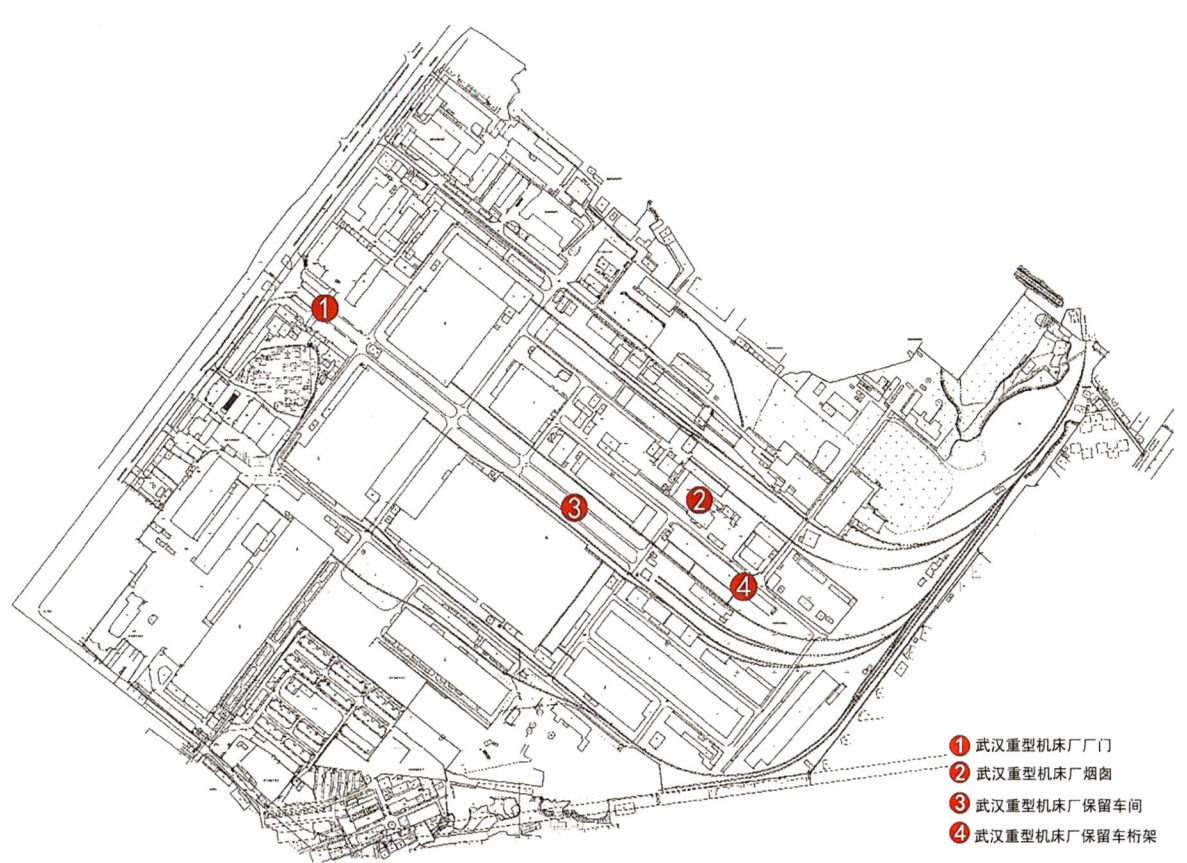

① 武汉重型机床厂厂门
② 武汉重型机床厂烟囱
③ 武汉重型机床厂保留车间
④ 武汉重型机床厂保留车桁架

图5-8-14　武重厂区总平面图及建（构）筑物遗存分布图
（资料来源：武汉重型机床集团有限公司工会办公室，丁晨星改绘）

（a）大门现状　　　　　　　　　　　　（b）大门效果图

图5-8-15　武重厂区大门
（资料来源：图a由陈宇轩摄于2019年，图b由武汉规划设计有限公司提供）

5.8.2.3 保护与更新

（1）保留策略

①自然环境要素的保留：保留了厂址内的原生大树，改造成一条直达东湖的香樟林荫道。利用武重历史记忆的原生景观体系营造"花园中的城市、城市中的花园"的大树计划，使既有工业地段重新回归生态园林场所精神。

②建（构）筑物的保留：保留厂区内铁轨，后期改造中置入具有历史特色的火车头，设置为展示武重历史的小型博物馆。另外，场地内的烟囱和独立梁柱空间体系等构筑物也被保留下来。梁柱空间体系恰到好处地矗立在网球场两侧，构成界定住区新场所环境的空间要素，使运动场景独特而有魅力（图5-8-16）。工业构筑物的存在增加了场地内景观的层次，赋予场地独特的场所品质（图5-8-17）。

图5-8-16 武重留存的梁柱体系及嵌入其中的运动场

（资料来源：陈宇轩摄于2019年）

图5-8-17 与住区环境共存的武重工业遗产

（资料来源：陈宇轩摄于2019年）

5.8.3 武汉锅炉厂403车间

现名：403国际艺术中心

地址：武昌区中南路街武珞路586号百瑞景中央生活区

占地面积：3429.31平方米

更新时间：2013—2014年

设计单位：中铁大桥局、武汉理工大学土木与建筑学院等单位共同参与改造设计

5.8.3.1 历史沿革[①]

1953年4月，武汉中压锅炉厂（后称为武汉锅炉厂）筹备机构在汉口桃源饭店成立。

1954年9月，筹备处确定选址武昌钵盂山。武汉锅炉厂（简称武锅）初步设计由一机部设计总局第二设计分局负责、在捷克专家指导下进行。除设计二分局自行负责工艺设计外，工厂的建筑部分和工厂的福利区委托建筑工程部中南工业建筑设计院设计。

1956年，厂区动工兴建。1958年，武锅厂房一期建成3个车间、7个仓库、17个动力系统工程和办公大楼及宿舍区。

1959年，武锅一、二期交叉施工，次年建成建筑面积15.06万平方米，铁路专线2.5千米。

1986年，武锅与武汉市政府签订承包合同。

1994年，改制为武汉锅炉集团有限公司，由计划经济向市场经济转轨。

1997年，集团开始实行减员，至2000年武锅逐步成为以锅炉产业为中心，集多种产业及高新技术于一体的现代化集团。

2007年8月，阿尔斯通完成武锅集团股份及股权交割。

2008年，迁厂于江夏区佛祖岭高新技术开发区，同年旧址上开发了百瑞景住宅。

2010年10月，原址上的武汉锅炉厂厂区完全被拆除。

2012年，武汉锅炉厂被列入武汉市第一批三级工业遗产名录。

2014年，武锅原址唯一遗留下的403双层车间进行了创意改造，成为如今的文创孵化园"403国际艺术中心"。

2015年，湖北省旅游局为403国际艺术中心挂牌"湖北省旅游商品孵化园"。

5.8.3.2 遗存状况

武汉锅炉厂自2009年生产区整体搬迁到东湖新技术开发区后，原址上的生产区目前已建成百瑞景住宅小区，而锅炉厂生活区的"红房子"也已拆除完毕，取而代之的是一片百瑞景中央生活区。原址上留存下来的只有一座编号403的车间，由403车间改造后的403国际艺术中心正位于社区内的商业街一侧，成为城市文化地标。

（1）总平面布局

武锅位于湖北省武汉市武昌东南方的钵盂山。厂区东邻马房山，西邻晒湖，北对洪山，南濒南湖，东北方5.5公里处是著名的东湖风景区；西北方3公里处是我国江南三大名楼之一的黄鹤楼（图5-8-18）。原工厂正门面临武珞路，沿公路东行可通黄石、大冶；西去经武汉长江大桥，可达汉阳、汉口。从厂区到武昌汉阳门客运轮渡码头相距4.5公里；到长江鲇鱼套货运码头相距4公里。工厂铁路专用线与京广铁路接轨，距武昌火车站约1公里。工厂至南湖机场公路里程约8公里。[②]

[①][②] 高伟来，陈毅行. 武汉锅炉厂志[M]. 武汉：武汉锅炉厂，1986.

图5-8-18　武锅区位图
（资料来源：高伟来、陈毅行，《武汉锅炉厂厂志》，1986）

图5-8-19　原武锅鸟瞰
（资料来源：高伟来、陈毅行，《武汉锅炉厂厂志》，1986）

目前留存下来的403车间，该车间位于厂区中央大道的一侧，且处于原厂区中心位置（图5-8-19、图5-8-20）。

（2）建（构）筑物遗存

2012年，武汉锅炉厂作为武汉市工业遗产名录中的第一批三级工业遗产，但大部分厂房已被拆除。2015年武锅宿舍区开始新一轮地产开发（图5-8-21），一座巨型商业综合体建筑"梦时代广场"从原武锅住区基地上拔地而起。值得庆幸的是，作为老武锅的重要遗存，403车间成为整个厂区中心唯一一处工业遗产留存下来（图5-8-22），其空间转型后成为武汉一处重要艺术机构。

5.8.3.3　保护与更新[①]

（1）保留策略

厂区中仅403车间完整保留，改建成403国际艺术中心（图5-8-23），403车间改建设计侧重公共空间与复合功能的有机整合，将多种文化艺术活动与改建后的中厅空间有机地结合在一起，为人们提供了多样性文化艺术体验的机会。通过各功能的融合，403艺术中心蜕变为市民系统性体验、参与城市文化事件的场所，公共空间与复合功能结合的方式契合了403车间空间再利用的目标。

403车间的改造再利用虽是单体建筑的改造，但在6000平方米的空间中置入了复合小剧场、展览、书吧、创意空间、运动健身等功能，且多种功能互相融合与补充，堪称武汉工业建筑遗产适应性再利用的一次有益尝试和实践。

（2）改造策略

①室内空间的改造

改建后的艺术中心室内整体保留原有厂房独

---

① 童乔慧，李洋. 旧工业建筑内部空间改造探讨：以武汉锅炉厂403车间为例[J]. 华中建筑，2017，35(11):120-126.

第 5 章 湖北工业遗产的保护与利用

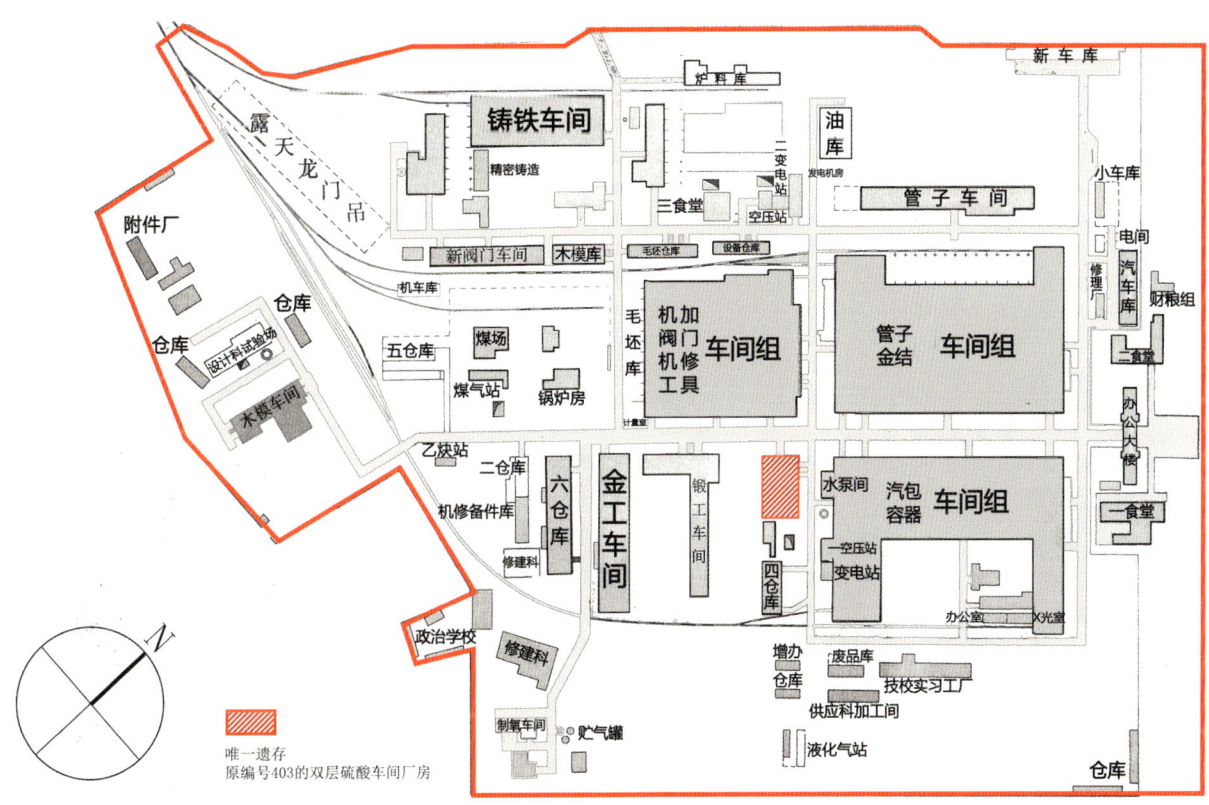

图5-8-20　原武汉锅炉厂厂区总平面及403车间区位图[①]
（资料来源：丁晨星绘制，李静思改绘）

图5-8-21　武锅原宿舍区
（资料来源：由杨永康提供）

图5-8-22　原403车间外观
（资料来源：由杨永康提供）

① 总平面相关原始资料由周国献提供。

图5-8-23　403国际艺术中心航拍
（资料来源：丁晨星摄于2019年）

特的结构体系，以及原有的屋架、通风采光的屋顶天窗，展现了工业空间的建构美学。通过部分结构加固，增加新构件，满足了新的使用需求及安全性要求。其次，部分拆分了原有空间，同时局部加建了新空间以满足不同功能需求（图5-8-24、图5-8-25）。

②室外空间的改造

403艺术中心在保留原始建筑的基础上在相邻区拓展地下空间作为运动中心，并以空中连廊方式与原厂房进行连接，具有新旧空间并置改建的特点（图5-8-26）。

403厂房主体砖混结构保存完好，在场地中可见屋脊左右相对的采光天窗，同时，尽管后期被刷上灰漆，但从中厅仍可见车间顶部屋架的完整形态。改建中使用了新材料增建新的结构框架，创造出了比既有工业空间更丰富的空间体验。

（3）重构策略

原厂房山墙端增设了一处柱廊，入口处加建了全玻璃幕墙围合的过渡空间，以新与旧并存的方式，凸显了空间特色（图5-8-27）。同时部分保留下来结合展陈需求的设备异地重构，与管理区和休闲区交相呼应，成为丰富场所体验的重要景观元素（图5-8-28）。

（a）中厅加建楼梯　　　　　　　　　　　　（b）原车间天窗下的中厅

图5-8-24　施工中的中厅
（资料来源：由杨永康提供）

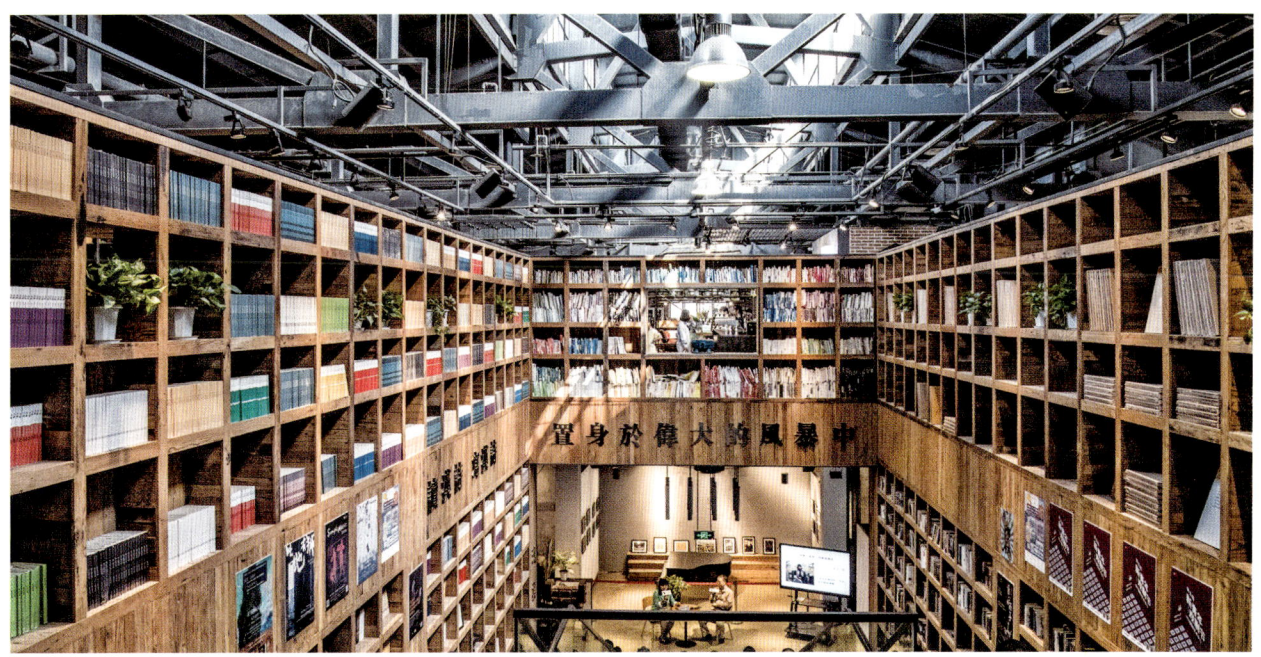

图5-8-25　改建后的中厅及其容纳的公共活动
（资料来源：丁晨星摄于2019年）

图 5-8-26　展厅与运动中心之间设置的连廊
（资料来源：丁晨星摄于2019年）

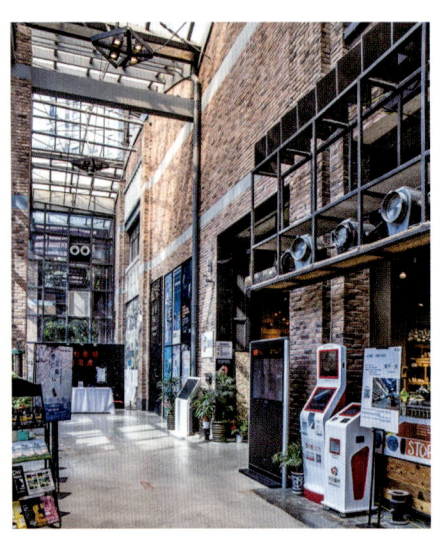 

图5-8-27　原厂房山墙端加建的廊道　　图5-8-28　改建为咖啡吧台的空间
（资料来源：丁晨星摄于2019年）　　　（资料来源：丁晨星摄于2019年）

5.9 汽车制造业类工业遗产保护与利用

5.9.1 武汉轻型汽车制造总厂

现名：东厂为国家级科技企业孵化器，西厂为江城壹号文化创意产业园

地址：东厂位于武汉市硚口区古田五路17号，西厂位于武汉市硚口区古田四路47号

占地面积：东厂29万平方米，西厂7.4万平方米

更新时间：2013年

设计单位（西厂）：武汉圣博华康文化创意发展有限公司

5.9.1.1 历史沿革[①][②]

1964年，武汉消防器材厂（后更名为武汉长江汽车修配厂，亦即武汉轻型汽车制造总厂的西厂）开始生产轻便消防车和轻便汽车。

1965年，武汉长江汽车修配厂更名为武汉汽车修造总厂。

1970年，该厂迁至原武汉机械学院，生产211型越野吉普车。

1976年，该厂由吉普车生产转向开发客货两用车新产品。

1980年，该厂产品获机械部科技成果三等奖。同年，成立武汉长江汽车改制总厂。

1982年，武汉长江汽车改制总厂（西厂）与武汉汽车制造总厂（东厂）合并，成立武汉轻型汽车制造总厂。

1983年，为实现生产企业转轨转型组建武汉轻型汽车制造一分厂和制造二分厂，按总厂分工进行封闭生产。

1986年5月，为实现政企分离，撤销制造一分厂和制造二分厂，正式组建武汉轻型汽车制造总厂。

1990年代初，武汉轻型汽车制造总厂承接东风汽车公司部分轻型汽车配件业务，遂更名东风武汉轻型汽车公司。

1994年，改组为东风轻汽公司。

1995年，企业改制，改制后停产。

2002年，东厂成为国家级科技企业孵化器。

2013年，西厂开始改造为江城壹号文化创意产业园。

5.9.1.2 遗存状况

从建厂到停产历时60多年，武汉轻型汽车制造总厂留下大量的工业遗存。主要遗存有：前身为长江汽车改制总厂的西厂，以及前身为武汉汽车制造总厂的东厂，其中东厂的办公楼因其拥有较高的历史价值与艺术价值于2013年被列为武汉市第一批一级工业遗产。

（1）武汉轻型汽车制造总厂东厂区

①总平面布局

武汉轻型汽车制造厂东、西两厂都位于武汉市硚口区古田老工业区（图5-9-1），其中东厂位于古田五路17号，占地面积29万平方米。整个厂区的建筑近似于对称布局，其中有一座三段式行政办公楼位于厂前广场，建筑面积达6000平方米，为厂区中轴线的起点，其余厂房车间等沿该中轴线沿东西向布局（图5-9-2）。

②建（构）筑物遗存

武汉轻型汽车制造总厂东厂除被列为武汉市

---

① 《硚口区志》编辑委员会.硚口区志[M].武汉：武汉出版社，2007年.
② 武汉地方志编纂委员会.武汉市志.工业志（上）[M].武汉：武汉大学出版社，1999年.

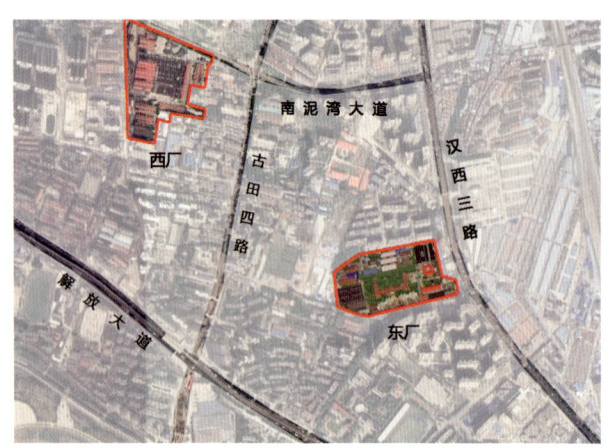

图5-9-1　东厂、西厂厂区区位图
（资料来源：百度地图，李静思改绘）

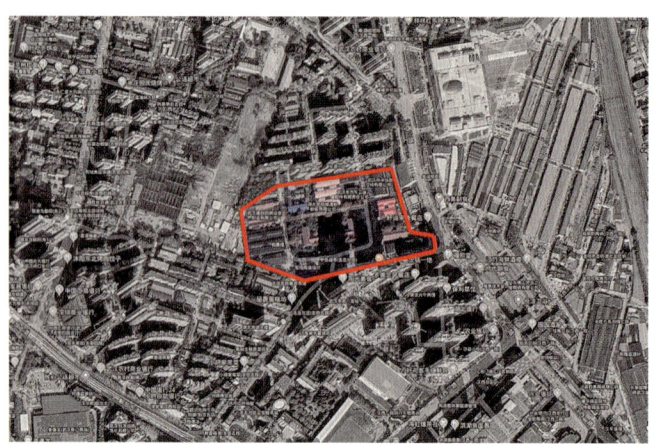

图5-9-2　东厂厂区卫星图
（资料来源：百度地图，孙玥改绘）

一级工业遗产的行政办公楼外，厂区还有5处老车间、2处1950年代建的两层宿舍楼、1处食堂建筑。另有"文革"时期"搞战备"挖的一条防空洞纵贯地下。其中最为重要的是建于1953年的行政办公楼，当时作为武汉机械学院的教室和办公楼使用，1970年该建筑交由武汉长江汽车制造厂使用，并一直作为行政办公楼留存至今（图5-9-3）。

（2）武汉轻型汽车制造总厂西厂区

①总平面布局

西厂位于古田四路47号，占地面积为7.4万平方米，厂区呈不规则布局，厂区内建筑大部分沿东西向布置，主入口位于厂区北部的南泥湾大道上。厂区中部是面积最大、最重要的原车架车间、冲压车间等，东北角为原员工食堂，厂区最南部为两排两座厂房并联的机修车间（图5-9-4）。

（a）办公楼效果图

（b）办公楼现状

（c）办公楼内部

图5-9-3　东厂行政办公楼
（资料来源：孙玥拍摄于2016年）

图5-9-4 西厂厂区卫星图

（资料来源：百度地图，孙玥改绘）

图5-9-5 江城壹号鸟瞰

（资料来源：陈宇轩摄于2019年）

②建（构）筑物遗存

西厂厂区整体保存完好，遗留有车架车间、装配车间、机修车间、员工食堂等28幢苏式老厂房，现已基本改造完成。

5.9.1.3 保护与更新

在2013年，西厂区逐渐被改造为"江城壹号"文化创意产业园，通过文化空间再造、文化内容导入、文化品牌活动和文化孵化平台等方式创造新的文化经营模式（图5-9-5）。

（1）保留策略

西厂的改造更新已经完成，但在保留策略上与东厂大致相同。

①厂区肌理保留：西厂与东厂相同，整个厂区内部原建筑得到保留，新建建筑尊重原场地内部秩序，建筑风格也和老建筑统一，场地内交通系统维持原来不变，仅在局部增加新道路（图5-9-6）。

②老建筑特色的保留：西厂对单体建筑的改造更为彻底，但老建筑的特色和风格保留较为完整。

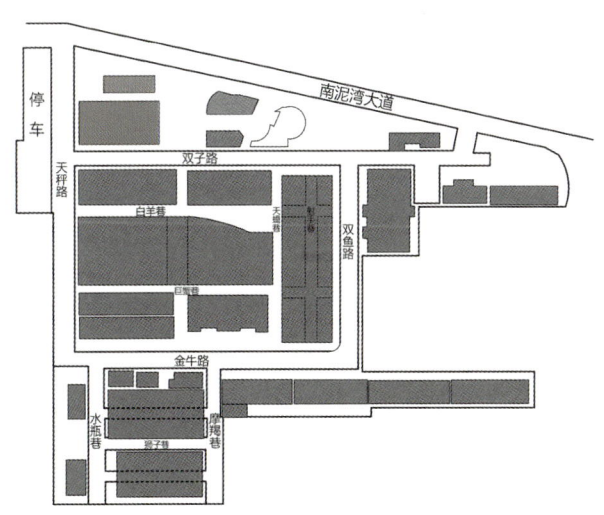

图5-9-6 江城壹号总平面示意图

（资料来源：周昭绘制）

（2）改造策略

在厂区的改造中，西厂较东厂更为深入成熟，在保留历史空间真实性的同时增加了时尚符号和人文功能，使人既能体验到历史空间也能感受到现代气息。单体建筑层面西厂的改造也更为大胆和多样化。

①厂房之间交通空间加建

单体厂房建筑改造中除对建筑本身外立面的更新、内部空间的再次划分、现代元素的置入外，江城壹号在原本独立厂房之间增加了联系空间，使改建后交通系统更加成熟完善，丰富了游览体验（图5-9-7）。

②厂房入口空间改造

江城壹号中的多个厂房的入口空间经过了重新设计，如将入口改为二层，加建玻璃体、雨棚等，整体设计以局部新型材料介入为主，又与原建筑风格协调，通过改建设计置入新的公共空间，拓展和丰富了原厂房建筑的内涵。

（3）重构策略

西厂作为文化创意产业园商业气息更浓，经过改造后厂区内部打造了四大新型功能，包括创意设计企业、展示机构等在内的文化创意办公和展示功能，以硚口区非物质文化遗产展示中心为重点的历史文化传承和新时尚发布功能，以电影院、酒吧、书吧、画廊等为代表的文化娱乐功能，以及以近10000平方米的美食街和沿街广场等为代表的休闲体验和配套功能（图5-9-8）。①

作为工业遗产，武汉轻型汽车制造总厂分为东西厂，两个厂区空间转型更新中被改造为不同的新型产业类型。在保护理念和更新改造方式上

（a）利用厂房隙间多点对接

（b）加建空中连廊

图5-9-7　厂房之间置入交通空间

（资料来源：周昭摄于2019年）

①信息来源于武汉圣博华康文化创意发展有限公司。

第5章 湖北工业遗产的保护与利用

两厂存在共同之处，但东厂改造较少，基本是对原厂区的再利用；西厂改造得更为彻底也更具活力，由此2014年江城壹号被评为全国十大最具有潜力的商业园区（图5-9-9）。简言之，两厂在工业遗产改造与再利用中均对原厂区既有场所精神较为关注，产业转型同样较为成功，因此赋予了原厂区新的生机活力。

图5-9-8 象征原厂企业文化的园区艺术装置

（资料来源：周昭摄于2019年）

图5-9-9 江城壹号及其文化墙

（资料来源：周昭摄于2019年）

5.10 电机电器业类工业遗产保护与利用

5.10.1 武汉市无线电厂

现名:"大智无界·空中小镇"创意产业园
地址:武汉市江岸区大智路32号
占地面积:15248平方米
更新时间:2016—2018年
设计单位:上海市建工设计研究总院

5.10.1.1 历史沿革[①]

1961年7月,武汉市无线电厂由武汉市无线电元件一厂、华中无线电厂、长江无线电厂合并而成,设有9个生产车间,原3厂附属工厂各1个。主要产品有军工、民用两大类。民用产品主要为长江牌收录机,年产量约20万台,曾是武汉市的拳头产品之一。[②]武汉无线电厂被评为武汉市第二批三级工业遗产。

1946年,"号角无线电行"在汉口友益街63号楼兴办,后迁至中山大道兰陵路口。

1949年,22家无线电独劳户合并成"无线电修配生产合作小组"。

1954年,"号角无线电行"和"海昌脚踏车行"合并成为"中元电工机械厂",隶属于江岸区机电局。

1955年,"中元电工机械厂"与"私营电声服务社"组建公私合营公司,1956年更名为"中元电机厂",隶属于武汉市机电局。

1956年2月,无线电修配生产合作小组改制更名为"江岸区第一无线电生产合作社"。

1958年8月,"硚口区第一无线电合作小组"与"胜佳缝纫机商店"合并组建"长江无线电厂"。同年,"江岸区第一无线电生产合作社"更名为"华中无线电合作工厂",同年10月与"第十九白铁生产合作社"合并改制国营,命名为"华中无线电厂",隶属于江岸区机电局。

1959年,"中元电机厂"迁至大智路32号,并更名为"中元无线电器材厂"。同年,"华中无线电厂"更名为"江岸区工业局"。

1960年,"中元无线电器材厂"改制国营,更名为"武汉市无线电元件一厂"。

1961年,武汉市无线电元件一厂、华中无线电厂和长江无线电厂合并,命名为"武汉市无线电厂",隶属于武汉市无线电仪表工业管理局。

1982年,武汉市无线电厂处境窘迫,企业濒临破产。至1986年,企业经历了恢复阶段后进入高速发展期。

1986年至1996年10年间,武汉市无线电厂开发生产了中低档音响产品。"长江音响"跻身中国名牌音响行列。1987年,"长江音响"获国家最高质量奖。

1992年至1996年,武汉市无线电厂不断调整产品结构,开发新产品,连续五年获"金桥奖"。

1998年,受沿海VCD产品冲击,企业亏损停产。

2016年,原武汉市无线电厂7栋老旧厂房进行改造升级,利用原厂多高层厂房改建开放式办公空间,实现武汉旧厂区、老厂房改造转型升级。

2017年6月,该项目被纳入国家第二批双创示范基地建设范围。

---
① 武汉无线电厂厂志编纂委员会. 武汉无线电厂厂志[M]. 武汉:武汉出版社,2001.
② 武汉地方志编纂委员会. 武汉市工业志二:下册[M]. 武汉:武汉大学出版社,1999.

2018年，原武汉市无线电厂旧厂更新改造为"大智无界·空中小镇"创意产业园（图5-10-1）。

5.10.1.2 遗存状况

从建厂到停产，再到厂区更新改造之前，武汉市无线电厂经过50余年的发展历程，留下了大量的工业遗产，并形成了自然系统与生产设施交织的厂区环境。

（1）总平面布局

厂区位于武汉市江岸区大智路32号，分为生产厂区、办公区和生活区三部分，同时厂区内穿插有储存产品的仓库。生产厂区入口和办公区入口均开向大智路，生产厂区中的北楼、南楼和收录机大楼占据了厂区大部分场地，唯有南侧一角为生活和办公场地（图5-10-2）。

（2）建（构）筑物遗存

武汉市无线电厂虽经多年空置或出租，原厂区大部分建筑保存状态仍较完好。厂区遗存有5个车间、元件库、收录机大楼、仓库、原厂大门入

图5-10-1　原武汉市无线电厂改建后鸟瞰

（资料来源：江鹏摄于2018年）

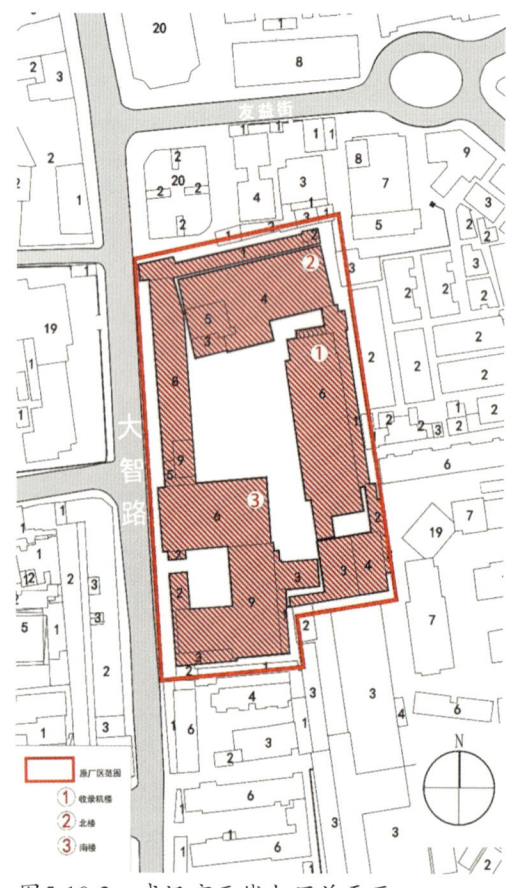

图5-10-2 武汉市无线电厂总平面
（资料来源：丁晨星绘制）

口（图5-10-3）、东楼办公楼等建筑。厂房结构为钢筋混凝土框架结构（图5-10-4）。

5.10.1.3 保护与更新

基于园区未来发展，原厂建筑更新改造的产业策划定位更侧重集聚文化创意、科技创新、时尚生活等领域的产业业态，力图构建创业、创新、创意、创富、创收的"五创"新型文化创意产业园。

厂区的介入性设计中对原有工业空间形式和场地进行更新设计，对原场地绿化系统进行整体升级。通过增与减的改造策略，在原有"设计"基础上生成了新的形式，以更艺术化地再现原址的生活和工作情景，戏剧化地讲述场地的故事。同时更充分地满足现代人对绿色的需求和欲望（图5-10-5）。"大智无界·空中小镇"文化创意产业园中几个典型的或增或减的改建设计如下。

（1）强调建筑整体性

在停车场的上一层新建二楼公共休闲活动平台，将厂区内所有建筑联系起来，形成文化创意园主体。而文化创意园新的主入口是一段通向二层休闲场地的大楼梯。同时，在建筑原结构基础上加入了空中

图5-10-3 原无线电厂厂区入口
（资料来源：江鹏摄于2018年）

图5-10-4 改建中的厂区北楼车间内部
（资料来源：江鹏摄于2018年）

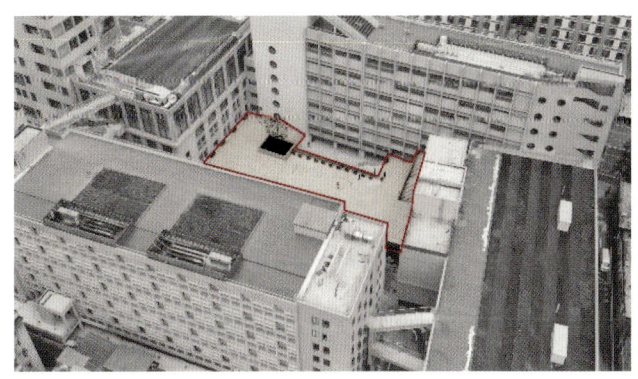
(a）激活平台

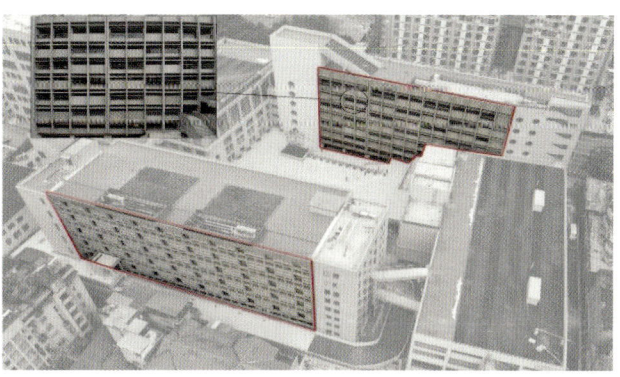
(b）保留立面

(c）新建展厅

(d）屋顶花园

图5-10-5　武汉市无线电厂改建设计示意
（资料来源：江鹏绘制）

连廊，连廊将每栋建筑在空中连接起来。整体体现"开放""共享"的设计理念，符合"空中小镇"的立意。

（2）建筑立面保留改造

改建中保留原厂建筑立面构件，替换里面外墙材质，在原立面构件基础上加上新的格栅构件重构立面，体现"绿色""创新"的设计理念。

（3）部分结构拆除

原厂西楼因结构损坏造成西楼顶层部分坍塌，因此改建中拆除原厂西楼存在的1235平方米结构问题的空间。拆除后在西楼原框架结构基础上新建文化创意园的"空中展厅"。

（4）建筑底层再利用

保留钢筋混凝土车间结构同时，将原车间底层打通作为公共停车场并设有双层智能停车，原厂大门入口处随之转变成底层停车场入口。

（5）建筑顶层再利用

原厂区建筑顶楼遍布各种广告架，为统一建筑风格，顶层广告牌一一拆除，在顶层设计"空中花园"，体现出"绿色""协调"的设计理念。

大智无界·空中小镇的建设已成为江岸区发展定位和产业导向的示范性文创园区,成为改善区域形象、完善城市功能、推进转型发展和产业升级的新模式。该改造项目已在2017年6月被纳入国家第二批双创示范基地建设范围(图5-10-6)。

图5-10-6 改建后的"大智无界·空中小镇"创意园
(资料来源:陈宇轩摄于2019年)

5.11 食品业类工业遗产保护与利用

5.11.1 新泰砖茶厂

现名：界立方创意空间

地址：武汉市江岸区合作路14号

占地面积：3600平方米

更新时间：2013—2014年

设计单位：后象设计师事务所

5.11.1.1 历史沿革

新泰砖茶厂的历史可以追溯到晚清政府时期。1850年，俄国茶商取得清政府贸易许可，深入湖北蒲圻羊楼洞一带收购茶叶和砖茶，运回西伯利亚等地。汉口开埠后的最初数年间，俄商专营的顺丰、新泰、阜昌等茶厂相继在汉设立。[①] 19世纪末，新泰与顺丰、阜昌齐名，为汉口三大砖茶厂。这几家砖茶厂设备先进，采用机械压制茶砖，再由俄商转运出口。

1866年，俄商在羊楼洞开设了新泰砖茶厂。

1874年，为与英商竞争，俄商将3座茶厂搬迁到汉口，其中顺丰茶厂设在英租界下首江滩边，新泰茶厂设在兰陵路口，阜昌茶厂设在南京路口。[②]

1906年卢汉铁路通车后，新泰砖茶厂以此为契机开辟了新的茶运路线。

1917年，俄国十月革命后，俄商砖茶厂中的顺丰、阜昌于1917年后关闭，新泰则被英商接办，易名"太平洋砖茶厂"。俄商独占茶市的局面结束。

1921年，新泰的新主人拆除了位于原汉口俄

图5-11-1 新泰砖茶厂临江面旧貌

（资料来源：http://blog.sina.cn/dpool/blog/s/blog_dbc5cf740102vi78.html）

租界河街列尔宾街口（今沿江大道兰陵路口）的原建筑，在原址上重建了新楼（图5-11-1）。

1924年，大楼竣工，由景明洋行设计，永茂昌营造厂施工，五层钢混结构建筑，古典主义风格。

1938年10月，武汉沦陷后汉口茶叶出口进入减缩时期，砖茶厂彻底停产。

1942年5月，日军侵占新泰砖茶厂，并交付日本茶叶株式会社经营。[①]

1945年，抗日战争胜利后，该茶厂原所属设备早已被转运一空。

中华人民共和国成立后，原茶厂厂房一直作为物资储备仓库使用。[②]

2001年，原茶厂西侧厂房因年久失修拆除，仅存的原茶厂仓库被改建为百货公司、物资仓库、菜市场等继续使用。

2014年至2019年，原茶厂制茶车间分两期更新改造成为"界立方创意空间"，并正式开业经营。

---

① 《汉口租界志》编纂委员会. 汉口租界志 [M]. 武汉：武汉出版社，2003.
② 刘再起. 从近代中俄茶叶之路说起 [J]. 俄罗斯中亚东欧研究，2017，(5):81-85.

5.11.1.2 遗存状况

新泰砖茶厂经过多年风吹雨打，厂区内大部分厂房早已不复存在，目前遗存一共有四处，分别是新泰大楼（沿江大道108号）、两处新泰砖茶厂制茶车间（沿江大道153号和兰陵路2号）、新泰洋行仓库（洞庭街69号）。其平面布局如图5-11-2所示。

①新泰大楼

新泰大楼于1924年建成，属古典主义建筑，5层钢筋混凝土结构，临街转角底层设主入口，顶部采用爱奥尼附柱；两侧方形壁柱，柱头下有徽饰，底部带鼓座，街角二三层中部有4根跨层通高巨柱（图5-11-3）。

改革开放以后，产权属国家物资储备局设计院，一楼被屡次出租，2～4楼一直用作设计院办公楼，2006年起一楼租给苏荷酒吧使用至今。

②新泰砖茶厂制茶车间

2001年，部分厂房车间因年久失修遭拆除（图5-11-4），仅存部分被改建为百货公司和菜市场。

③新泰洋行仓库

现为7天连锁酒店，内部经多次改建，外立面则被粉刷以蛋黄色涂料（图5-11-5）。

5.11.1.3 保护与更新

（1）保留策略

原厂区范围内的新泰大厦因其较高的艺术价值被列为武汉市二级文物保护单位，得以完整保留。临合作路的五栋制茶车间在历经了百货公司、菜市场等身份变更后，于2014年由武汉阳光谊通商业管理有限公司改建为界立方创意空间，

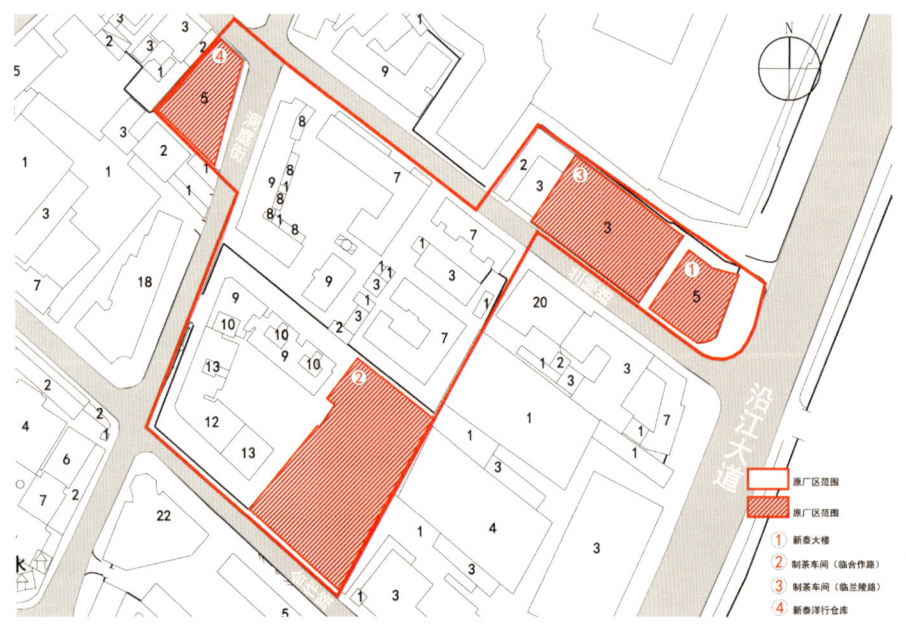

图5-11-2 新泰砖茶厂总平面图
（资料来源：丁晨星绘制）

---

① 资料来源：http://www.puer1688.com/article-832.html。
② 资料来源：http://www.ygyitong.com/cubic1.shtml。

图5-11-3 新泰大楼外景图

（资料来源：丁晨星摄于2018年）

（a）制茶车间破败的屋顶

（b）制茶车间室内一角

图5-11-4 新泰砖茶厂制茶车间

（资料来源：http://www.chinaluxus.com/20120904/220007.html）

图5-11-5 原新泰洋行仓库（现7天连锁酒店）

（资料来源：丁晨星摄于2019年）

改建中具有时代感的砖墙、门洞和木梁基本得到保留（图5-11-6）。

（2）改造策略

新泰砖茶厂改造过程中将五栋原本并列布局的老厂房横向打通，形成前街、中街和后街三个街区，前街由原北侧的厂房改造而成，面向合作路开敞，吸引人流，以餐饮业为主；中街由原中间三栋厂房改造而成，以新置入的中庭为中心组织人流，中庭屋顶部分覆以透明玻璃屋顶，既有空间顿时由封闭幽暗转为开敞明亮，中庭公共等级由此提升。后街由原南侧厂房改建而成，现分租给多家设计公司用作办公（图5-11-6～图5-11-8）。

（3）重构策略

改造过程中部分保留了木梁和老墙，中街中庭的两侧可以清晰看到原厂房屋顶暴露出的"剖切结构"，因此新置入的钢结构与部分保留下来的原厂房木桁架梁的并置关系清晰可辨（图5-11-9）。

图5-11-6 新泰砖茶厂制茶车间改建后航拍
（资料来源：丁晨星摄于2019年）

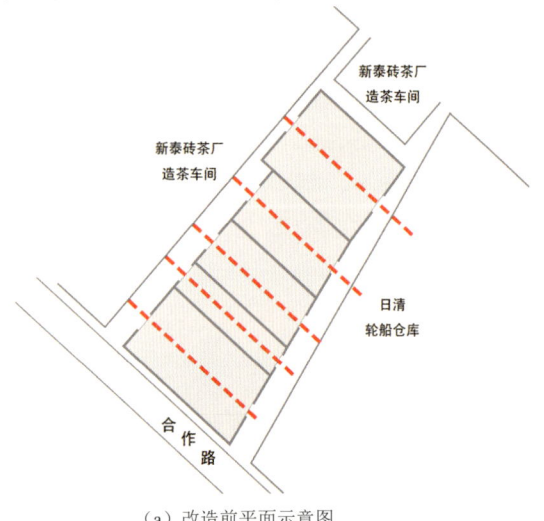

（a）改造前平面示意图

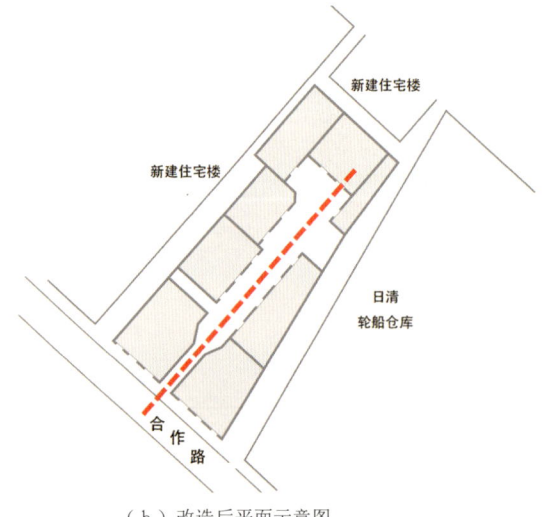

（b）改造后平面示意图

图5-11-7 新泰砖茶厂制茶车间改建前后空间关系对比概念图
（资料来源：丁晨星绘制）

图5-11-8 新泰砖茶厂制茶车间改建后生成的中庭
（资料来源：丁晨星摄于2019年）

图5-11-9 改建后置入原系列车间的钢结构
（资料来源：丁晨星摄于2019年）

5.12 其他类工业遗产保护与利用

5.12.1 华新水泥厂

现名：湖北水泥遗址博物馆

地址：黄石市黄石港区黄石大道145号

占地面积：约20万平方米

更新时间：正在更新中

设计单位：中国文化遗产研究院、北京市建筑设计研究院

5.12.1.1 历史沿革[①]

1907年，清政府官招商办的湖北水泥厂，是华新水泥股份有限公司的前身。

1914年，更改厂名为华记湖北水泥厂。

1937年，抗日战争爆发。1938年，华记湖北水泥厂被迫搬迁。

1939年，兴建华中水泥厂，昆明水泥公司成立。

1940年，昆明水泥公司建成投产。

1943年5月，华中、昆明两公司合并增资改组，华新水泥股份有限公司正式成立。

1944年，接办贵阳水泥厂。

1946年9月，华新水泥股份有限公司筹资引进美国设备，复员湖北建设"远东第一"的大冶水泥厂。

1949年5月，解放军接管该厂，恢复生产和进行基本建设。

1950年代后期到1970年代，华新在水泥产品深加工、扩大水泥生产能力和新技术研发上，各有一个重大项目引领企业内涵式的发展，成为计划经济时期华新厂保持全国行业领先地位的重要物质技术基础。

1993年，成立华新水泥股份有限公司。

2005年，黄石枫叶山厂区全线停产。

2012年，华新走出国门，开始建设第一个海外水泥项目。

2017年，华新水泥110年华诞。

5.12.1.2 遗存状况

（1）总平面布局

华新水泥厂厂区基本延续了1946年规划建设的空间格局（图5-12-1）。从最初的规划设计到后来的新建厂房、革新设备，厂区建设基本都围绕着牛头山同时沿着东西向贯穿厂区的铁路轨道布局（图5-12-2）。铁路两侧，按照工艺流程布置厂房、生产设备，生产线末端通过一条长廊（现已拆除）将水泥产品输送至紧邻的码头，通过长江水路将水泥产品运送到全国各地。

[①] 华新志编纂委员会. 华新志[Z]. 黄石：黄石市智和彩印科技有限公司，2008.

（2）建（构）筑物遗存

华新水泥厂旧址包括7.39万平方米设施，83个文物单元，现有遗存设备332台套，非标件535件。华新水泥厂旧址现存有创建时期办公楼、采石场、四嘴装包机、高耙机、低耙机及生产线、运输线、世界仅有的保存完好的湿法水泥窑等设施，是我国现存生产时间最长、保存最完整的水泥生产工业遗产（图5-12-3）。

华新水泥厂的湿法水泥回转窑属于第三代水泥生产工艺技术的先进代表，1号、2号湿法回转泥窑设备于1946年从美国进口，由美国爱丽斯公司生产，目前已十分少见，如今该设备在全国仅此一例。而1977年自主设计建成的3号窑，被命名为"华新型窑"，1970年代作为定型设备在中国以及援建东南亚和非洲地区的水泥工业中广泛应用。

华新水泥生产工艺包括早期的湿法水泥工艺和后期的干法水泥工艺。湿法水泥工艺生产线有原料运输、传送，生料粗磨、搅拌，熟料烧成、细磨、水泥入库、水泥包装运输等过程（图5-12-4）。

（3）工业设备

华新旧厂保存完好，留有大量珍贵的生产设施、设备，包括四嘴装包机、高耙机、低耙机及生产线、运输线、湿法水泥窑等设施（图5-12-5）。

5.12.1.3 保护与更新

2014年5月，国家文物局下发《关于华新水泥厂旧址修缮工程立项的批复》，同意华新水泥厂旧址修缮工程立项。依据《华新水泥厂旧址保护与展示利用设计方案》，华新水泥厂旧址保护与展示利用项目分为两期（一期2014—2017年，二期2018—2021年），前后共8年时间将水泥厂旧址改造成湖北水泥遗址博物馆。

图5-12-1　华新水泥厂厂区布局

（资料来源：丁晨星摄于2017年）

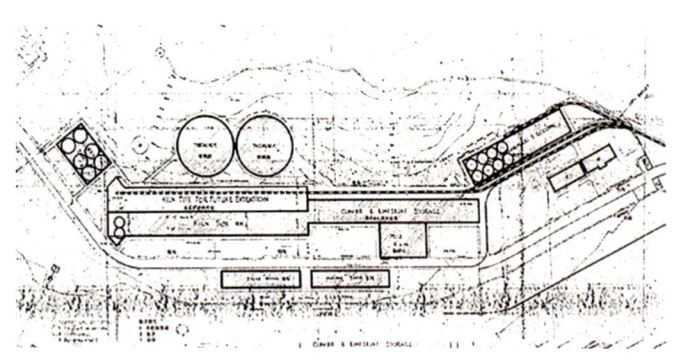

(a) 1946年厂区总平面图　　　　　　　　　　　(b) 2010年代总平面图

图5-12-2　华新水泥厂总平面图
（资料来源：黄石市文物局）

图5-12-3　华新水泥厂现存完整的工业遗产
（资料来源：黄石市文物局）

华新水泥厂展示利用以"水泥世界，共同传承"为核心，分区布置五大重要展示利用节点：工业遗产现场展示体验区、工业遗产文化利用区、综合信息服务区、考古管理研究区、工业景观环境区。五大节点相互呼应，配合其他配套服务设施，从而形成完整有序的空间环境。规划设计方案保留了厂区原有的规划布局，只少量的加建，完整保留水泥产业风貌。新引入的功能以水泥工业设备与工艺的展示、科普为主，利用厂区原有的道路系统组织主要参观流线，并结合厂区特有的火车轨道、湖底隧道、运输通廊组织特色步行系统（图5-12-6）。目前，华新水泥厂旧址中的厂前区已更新改造完成，其他区域正在加紧改造中（图5-12-7～图5-12-9）。

第 5 章　湖北工业遗产的保护与利用

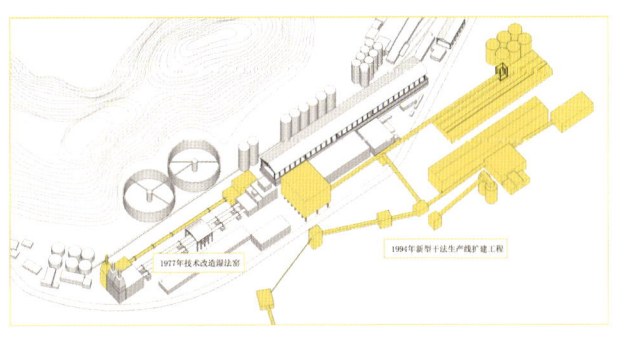

（a）湿法及干法生产技术空间及设备布局示意图

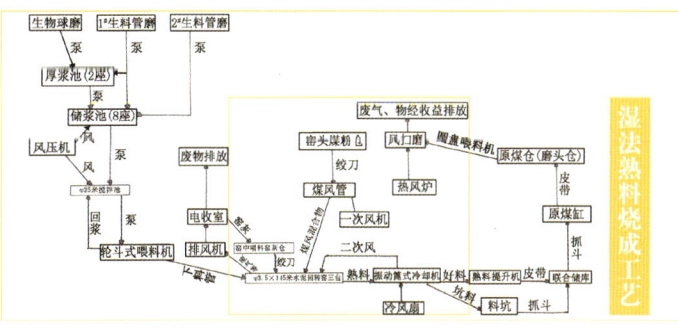

（b）湿法工艺流程图

（c）水泥熟料烧成技术空间

（d）水泥入库技术空间

（e）联合储库、水泥筒仓及露天料斗

图5-12-4　华新水泥厂生产工艺及技术空间

（资料来源：图a、b由丁晨星绘制，图c、d由丁晨星摄于2017年）

（a）1947年从美国引进的湿法工艺设备1-2号窑局部

（b）生料磨厂房设备

（c）新包装车间设备

（d）露天料斗

图5-12-5　华新水泥厂生产设备

（资料来源：图a源自黄石市文物局，图b、c源自黄石市图书馆）

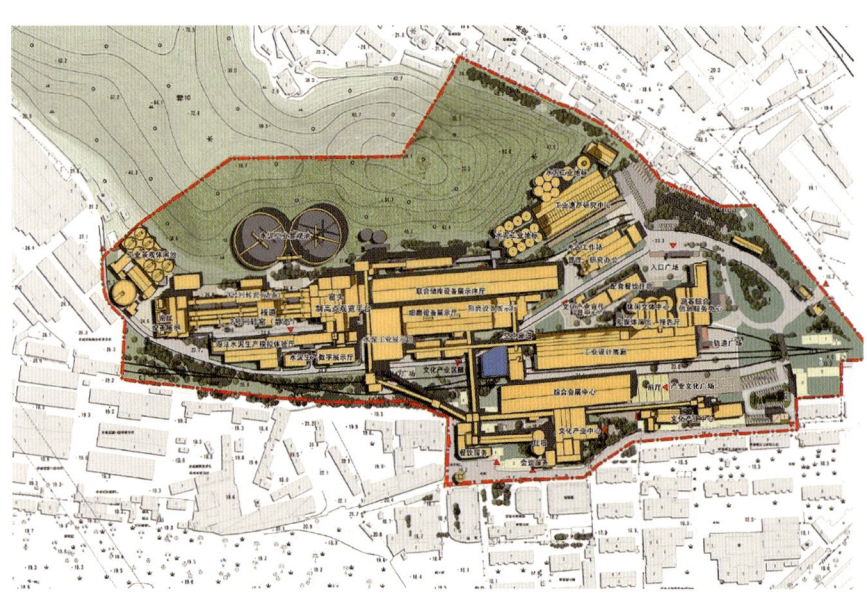

图5-12-6　华新水泥厂片区工业遗产保护更新规划图

（资料来源：http://bwg.hsdcw.com/）

（a）车间南立面　　　　　　　　　　　　　（b）车间内部

图5-12-7　改建后的包装车间

（资料来源：丁晨星摄于2018年）

图5-12-8　改建后的火车装运点

图5-12-9　改造后的联合储库

（资料来源：丁晨星摄于2018年）

5.12.2 鹦鹉磁带厂（824军工厂）

现名："汉阳造"文化创意产业园

地址：武汉市汉阳区鹦鹉大道与龟北路交会处

占地面积：约6万平方米

更新时间：2009—2011年

设计单位：上海致盛集团

5.12.2.1 历史沿革[1][2][3]

824军工厂建设用地选址于张之洞创办的汉阳兵工厂所在地，但兵工厂的历史建筑无一留存。824军工厂成立之初主要从事半导体、电化学和磁记录研究。

1960年，824军工厂建成，又称武汉航天，位于汉口张自忠路1号。1961年，824军工厂更名为武汉实验工厂，并迁至汉阳鹦鹉大道41号，即现在的龟北路1号。1965年，改名国营八二四厂。

1972年，开始投产计算机磁带，即供给航空航天发展的"计算机兼容磁带"。

1979年，开始生产录音磁带。1987年3月，武汉实验工厂更名为武汉鹦鹉磁带厂。1990年，鹦鹉磁带厂重组，一分为二，武汉航天正式注册更名为武汉磁电公司，而鹦鹉磁带厂也重新注册为鹦鹉音像公司。

1990年代后，该厂又研制了耐高温仪器磁带、热转印色带，拥有龟山总部、东湖开发区新厂区、深圳三兴公口3个生产经营基地，成为中国在磁记录生产领域中的重点骨干企业。

1990年代后期至2000年，该厂面临市场挑战，磁记录产品受到冲击，失去了原有的市场优势。

2009年，一直荒废多年的鹦鹉磁带厂旧址改建为创意产业园区——"汉阳造"。

5.12.2.2 遗存状况

"汉阳造"创意产业园的空间格局沿袭原鹦鹉磁带厂的布局，道路横平竖直十分清晰（图5-12-10）。园区入口在原厂入口的基础上仅增设园区机构名牌装置，稍加改建即生成一新区标识（图5-12-11）。除了新建的"汉阳会"是仿照原兵工厂总办公楼修建的之外，整个"汉阳造"创意园区在很大程度上保留了鹦鹉磁带厂的工业特色。

原鹦鹉磁带厂旧址区位条件良好，北临龟山，东傍小月湖，非常适合城市人群休闲驻足（图5-12-12）。在园区工业遗产改造策略上，这一区位优势得到充分发挥：厂区南侧靠龟北路的原办公楼被改造成酒店及青年旅社，改建后不仅建筑功能与既有空间匹配关系合理，而且满足了住宿需要安静的要求（图5-12-13、5-12-14）。

除两栋已改造的办公楼外，鹦鹉磁带厂还保留了一处办公楼，目前是武汉鹦鹉音像公司的办公楼（5-12-15）。

整个园区内入驻的商家、工作室以及其他机构种类多样，因此园区内最具特色的是各类机构自发改造的小厂房（图5-12-16）。鹦鹉磁带厂的厂房多为单层坡顶建筑，低尺度街区非常适合人们休闲散步，加上多数小车间都经设计者精心改建，散发着浓郁的文艺气息，整个园区更像一个供人闲庭信步的大院子。

---

[1] 《晴川街志》编纂委员会.晴川街志[M].武汉：武汉出版社，2005.
[2] 武汉市汉阳区地方志编纂委员会，方东平.简明汉阳区志[M].武汉：武汉出版社，2009.
[3] 武汉市汉阳区地方志办公室.百年汉阳造[M].武汉：湖北人民出版社，2013.

图5-12-10 "汉阳造"文化创意产业园卫星航拍图
（资料来源：百度地图，邹炎改绘）

图5-12-11 "汉阳造"文化创意产业园入口
（资料来源：彭小华，《品读武汉工业遗产》，2013）

图5-12-12 汉阳造文化创意产业园鸟瞰
（资料来源：彭小华，《品读武汉工业遗产》，2013）

图5-12-13 由厂区办公楼改造后的酒店
（资料来源：邹炎摄于2018年）

图5-12-14 由厂区办公楼改造后的青年旅社
（资料来源：邹炎摄于2018年）

图5-12-15 延续原功能的鹦鹉音像公司办公楼

（资料来源：邹炎摄于2018年）

图5-12-16 改造后的鹦鹉磁带厂车间

（资料来源：邹炎摄于2018年）

虽然改造后的园区内建筑形态各异，但几乎所有的改造都是围绕门窗等既有建筑洞口展开的微更新设计，并未触及既有空间的大的改动。园区内建筑改造的策略包括：外墙整修、新材料置入、局部加建。以上策略都基于原车间的建造方式及结构特点展开。尽管改建后几乎每栋建筑形态各异，但整体仍能让人感受到1960年代的工业气息。此外，深色型钢在改建中的普遍运用，极易让人识别出新旧空间之间的区别，这对整个鹦鹉磁带厂工业氛围的保持极为有利。

相对于数量众多的单层车间改造而言，厂区内少数多层厂房的改造显得逊色许多。大片的外挂幕墙装饰掩盖了工业建筑原有的特色，也失去了工业风带给人的体验（图5-12-17）。

总的来说,"汉阳造"创意产业园区的改造更新以微更新柔性介入为主。尽管目前园区内多数工业建筑改建的结果各异,似乎不受限制,甚至有些改建因一味追求文艺特色而失去了工业建筑的特征。但"汉阳造"文化创意产业园自发性介入的设计路径无疑是有益的。

图5-12-17 改造后的鹦鹉磁带厂多层厂房
(资料来源:邹炎摄于2018年)

5.12.3 武汉建筑构建二厂

现名:武汉万科金域华府茂园

地址:武昌区友谊大道才茂街纺机路29号

占地面积:园林面积2500平方米

更新时间:2009年

设计单位:深圳华汇设计有限公司

5.12.3.1 历史沿革①

1958年,武汉建筑构建二厂建厂,生产产品为混凝土预制件。

1991年,构建二厂与住宅总公司合并,工厂职工人数达到700余人。

1996年,构建二厂改名为鼎峰厂。

1997年,构件二厂生产开始走下坡路。

2002年,武昌修建友谊大道,厂区部分用地成为城市道路用地,厂方用政府补贴资金在盘龙城购地,构建二厂正式迁厂。

2009年,构建二厂原址上建起了万科金域华府住区,遗留下的建(构)筑物被改造为住区前庭院景观及售楼中心。

5.12.3.2 遗存状况

武汉建筑构件二厂,仅留存下一对连体筒仓、一栋大厂房、一栋小厂房、一座水塔、一处由混凝土片墙组成的分料池以及几段旧围墙。其中,水塔于2010年拆除。大厂房的梁柱体系构件被全部拆解,双排改作单排(高11米、长101米),整体移至临街处(异地重构)为长廊。小厂房原址整体修复后,作为销售中心使用。水泥双罐塔内部空间结构得到改建(同地异构),以连

---

① 翟跃东,任予箴.诚实的建筑[M].武汉:武汉出版社,2009.

通原来各自独立的筒体,筒体顶部加装玻璃筒顶容纳新功能,并增加水景组织景观。

(1) 总平面布局

武汉建筑构建二厂位于武汉长江二桥旁,处于和平大道和友谊大道之间,铁机路南侧,距离相邻街区才林街的邮电部武汉通信仪表厂不足千米。整个厂区地块完整。

(2) 建(构)筑物遗存

如图5-12-18所示,2009年厂内遗存构筑物包括:①一栋混凝土搅拌大厂房;②一栋混凝土搅拌站(小厂房);③一座连体筒仓;④一处由混凝土片墙组成的分料池;⑤几段旧围墙;⑥一座红砖水塔。

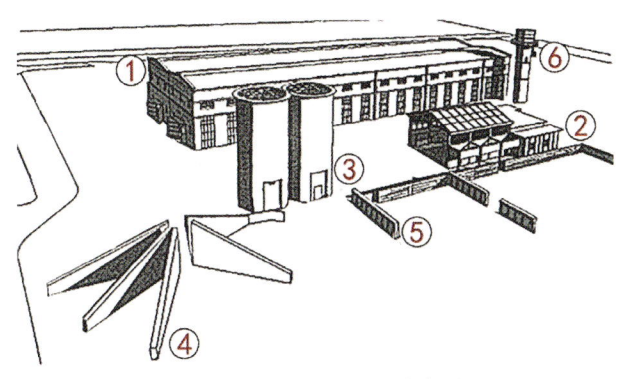

(a) 2009年厂区原有工业遗产图示

(b) 混凝土搅拌大厂房

(c) 小厂房外观

(d) 小厂房内部

(e) 筒仓及分料池

图5-12-18 武汉建筑构件二厂工业遗产留存物

(资料来源:翟跃东、任予箴,《诚实的建筑》,2009)

5.12.3.3 保护与更新

在武汉建筑构建二厂工业遗产的保护更新中，整体介入性设计从"纯工业如何与生活场所结合"出发，取"保留肌理，以旧元素承载新功能"的设计意向，在改造中运用了新旧并置、穿插、叠加的设计手法，在新旧要素之间建立起了联系，既能引发场所感知，又体现了空间张力（图5-12-19）。

（1）保留策略

原混凝土搅拌大厂房的结构框架，混凝土搅拌站、筒仓、分料池以及围墙均得以保留。除红砖水塔在改造前遭到拆除外，在工业遗产留存物的取舍上，体现了样本多、种类全、特色空间鲜明的留存策略的运用。

（2）改造策略

武汉建筑构建二厂的混凝土搅拌站经过改造，现一层为销售中心，二层为办公室。介入性设计中采用原址整体整修的方式，保留其框架结构，将破旧墙体重新修复，按原样修筑顶脊肌理、窗饰花样修旧如旧（图5-12-20）。

图5-12-19　茂园住区前庭鸟瞰
（资料来源：朱子路摄于2018年）

（a）建筑山墙端改建及混凝土片墙保留　　　　（b）檐下辟出公共通道

图5-12-20　混凝土搅拌站改造后现状（资料来源：丁晨星摄于2019年）

混凝土筒仓建于1975年，高18米，为构建二厂用于散装水泥的仓体。改建中从筒仓顶部引入天光，叠加多效灯光的运用，筒仓顿时转变为一处追忆城市工厂历史的光影殿堂（图5-12-21）。

（3）重构策略

混凝土搅拌大厂房改建中采取拆除表皮保留结构、异地重构的方式，将车间牛腿柱系列构件整体移至住区临街处，作为住区与城市之间新的界面要素加以运用。由原结构构件构成的柱廊意在于城市道路和住区场所之间形成一个过渡性空间界面，其最外缘的清水混凝土牛腿柱列便是老厂房的主要承重构件，它与新的红砖质感的门形方券复合在一起，形成一组极具韵律感的空间阵列，设计师称其"工业屏风"（图5-12-22）。

图5-12-21　融入住区景观中的筒仓与分料池

（资料来源：丁晨星摄于2019年）

(a) 牛腿柱列构成的沿街界面

(b) 依托牛腿柱列新建"工业屏风"

图5-12-22　异地重构的原厂房钢筋混凝土柱列

（资料来源：图a由朱子路摄于2018年，图b由丁晨星摄于2019年）

5.12.4 湖北日报社印刷厂

现名：楚天181文化创意产业园

地址：武昌区东湖路181号

占地面积：约4万平方米

更新时间：2008—2011年

设计单位：武汉和创建筑工程设计事务所

5.12.4.1 历史沿革

湖北日报社印刷厂是中共湖北省委机关报印刷厂，1949年5月，湖北日报社印刷厂与民生印刷厂、大同时报印刷厂一起，组建成华中新华印刷厂。同年7月，《湖北日报》以《鄂豫报》和《江汉日报》为基础正式创刊。

1981年，印刷厂开始由铅印向胶印工艺改造，先后形成铅印、胶印两种工艺，报纸和书刊两条生产线。

1986年后，印刷厂技术改造步伐加快，彻底告别铅排铅印。

1990年1月4日，《楚天周末报》的第一期以激光照排拼版、胶印印刷。

1991年1月1日，《湖北日报》开始进行激光照排、电子分色、胶印印刷、装订联动。

1990年4月29日，印刷厂与人民日报社试验卫星远程传版成功后，相继与各代印报社开通了卫星传版，新工艺缩短了报社异地印刷的传递时间、提高了版面质量。

2001年4月，组建湖北日报报业集团，印刷厂并入集团。

2007年湖北日报报业集团正式更名为湖北日报传媒集团。

2008年3月，以楚天印务总公司的整体搬迁为契机，湖北日报传媒集团在东湖路181号老印刷厂基础上筹建文化创意产业园项目，将其命名为楚天文化创意产业园。

2010年，产业园被评为湖北省文化产业发展示范基地。

2011年7月，楚天181文化创意产业园开园。

5.12.4.2 遗存状况

湖北日报社印刷厂厂区基本空间格局留存完好（图5-12-23），留下的原有旧厂房建筑面积约3万平方米。重点保留了有30年历史、建筑风格粗犷的印刷厂房，主要包括采编大楼、面向东湖路的书刊车间。

图5-12-23　原印刷厂空间格局及印刷车间沿街界面
（资料来源：武汉和创建筑工程设计事务所）

图5-12-24 湖北日报社印刷厂区位图
（资料来源：百度地图，朱子路改绘）

（1）总平面布局

原湖北日报社印刷厂位于武昌区东湖路181号，占地约4万平方米，东接楚天传媒大厦，西南与湖北省艺术馆、湖北省博物馆隔路相望，周边文化企事业单位集聚（图5-12-24）。园区建筑围绕院落空间布局，印刷厂房处于沿街位置，其余工艺车间分置在院落周围，依次由天桥相连。

（2）建（构）筑物遗存

厂区主要保留了处于沿街位置的原印刷车间及内部书刊大楼，其余厂房空间及外观改造更新力度较大，工业建筑初始状态保留一般，改建重在凸显现代设计元素（图5-12-25）。

5.12.4.3 保护与更新

（1）保留策略

厂区更新中延续了原厂区既有空间格局，重点完整保留了沿街厂房的结构框、原印刷车间的建筑原貌和空间体量，以及原书刊车间的原貌及特色空间，以保留鲜明的城市工业记忆。其余厂房车间则选择性地保留局部体量、空间或是外观，重在既有与现代元素的结合，凸显工业文化传承（图5-12-26）。

图5-12-25 原厂区印刷车间（中）及书刊车间（右）
（资料来源：朱子路2019年摄）

（a）印刷车间沿街外立面再造　　（b）印刷车间背立面维持原貌　　（c）书刊车间特色外立面维持

图5-12-26　厂区工业建筑遗产改造后现状
（资料来源：朱子路2019年摄）

（2）改造策略

①保留拆卸

拆除原印刷车间建筑顶部和立面上的管道、雨棚以及弧形顶棚，以及粗糙的外表层，以整合室内外环境，解决适宜性空间利用、采光及停车等一系列现实问题。

②加建分析

改造中加建了烟囱及置入建筑形体的画场等工业要素及印记。同时为满足功能的要求以及场所的利用率，加建了一部分辅助空间，通过空间形态的开放增强园区的识别性和趣味感（图5-12-27～图5-12-30）。

湖北日报社印刷厂整体更新改建既尊重原厂区既有空间特性，又结合文创事件的需求对既有工业空间进行了适度、富有创意的改建。是对工业遗产改建与文化创意产业园相结合模式的有益尝试。

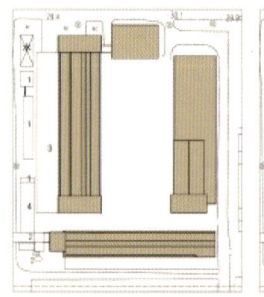 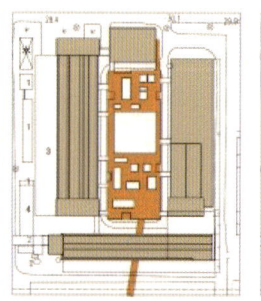 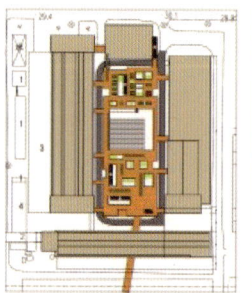 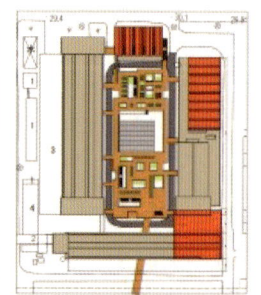

（a）原始场地　　（b）植入二层活动平台　　（c）植入坡道、镂空平台　　（d）绿化系统植入　　（e）附加功能植入

图5-12-27　图解园区改造步骤
（资料来源：武汉和创建筑工程设计事务所）

图5-12-28 外立面单元重构
（资料来源：朱子路2019年摄）

图5-12-29 引入雕塑作品
（资料来源：朱子路2019年摄）

图5-12-30 局部介入新建筑形体
（资料来源：朱子路2019年摄）

附录 I

湖北省工业遗产调研案例一览表

序号	名称（其他名称）	地址	始建年份	保存或改造利用状况	航片或照片	简介	保护身份
1	大智门火车站	武汉市江岸区京汉大道1232号	1903	部分		大智门火车站，因建在清末汉口城堡大智门外而得名，于1903年建成。1911年，辛亥革命阳夏之战，大智门车站于北洋军阀炮轰击中损毁，1914年仿原样重修。1917年改建为三栋两层楼样式的房屋。当年为京汉铁路南段的第一大站。现今作为临时办公建筑使用	2001年第五批全国重点文物保护单位；2018年武汉市第二批一级工业遗产；2019年作为京汉铁路一部分列入中国第二批中国工业遗产保护名录
2	徐家棚火车站	武汉市武昌区徐家棚车站302号	1914	部分		徐家棚火车站（又名武昌北站）是粤建筑汉铁路北端的终点站，始建于1914—1917年间，徐家棚火车站是武汉火车轮渡机车解体、编组的重要站点，承担着客运、货运双重使命。现已被纳入"武昌生态文化长廊"项目建设中，车站片区被设定为铁路文化体验段	
3	徐家棚火车轮渡码头	从徐家棚车站延伸出来的铁轨到江边	1937	部分		徐家棚火车轮渡码头，又称为"下河线"，是一种特殊的水陆联运方式。1937年火车轮渡码头建成运营，当年承担京汉、粤汉铁路的客货运输中转的重任。现已被纳入"武昌生态文化长廊"项目建设中，车站片区被设定为铁路文化体验段	2019年作为粤汉铁路一部分列入第二批中国工业遗产保护名录

续上表

序号	名称（其他名称）	地址	始建年份	保存或改造利用状况	航片或照片	简　介	保护身份
4	武昌车辆厂	武汉市武昌区和平大道750号	1947	部分		武昌车辆厂是徐家棚火车站的调车场。武昌车辆厂原名铁道部武昌车辆工厂，是国家最早建立的一批重要工业企业之一。2007年11月，武昌车辆厂会同江岸车辆厂，整体搬迁至武汉市江夏区，武昌车辆厂旧厂土地被腾退，现今厂房已全部拆除	
5	杨泗港码头	武汉长江大桥上游鹦鹉洲头，距武汉关6.5公里	1956	完整		杨泗港又称武汉港汉阳港区，是交通部、长江航务管理局在"一五"时期规划设计的，1959年破土动工，被列为国家重点建设项目的港口扩建工程。现今处于废弃闲置状态	2018年武汉市第二批三级工业遗产
6	汉冶萍铁路及沿线车站	黄石市铁山区到西塞山区	1892	部分		1892年张之洞为将大冶铁矿的矿石运往汉阳铁厂，从大冶铁矿修建铁路至石灰窑下陆码头，老下陆火车站是这条铁路经营的中心站。2018年上半年车站被翻新后处于无人使用状态	2012年黄石市政府将老下陆火车站定为历史建筑
7	汉冶萍煤铁厂矿旧址卸矿机码头	黄石市港务局11号码头	1938	部分		汉冶萍煤铁厂矿旧址卸矿机码头坐落于黄石市黄石港区长江边，曾是黄石历史上最早的一座铁路、水路联运机械化码头。1938年，日本侵略者占领黄石地区，对石灰窑江边东矿码头的设施进行改造扩建，修建使用机械化卸矿设施装船的"石"运输专用码头	2006年第六批全国重点文物保护单位

续上表

序号	名称（其他名称）	地址	始建年份	保存或改造利用状况	航片或照片	简　介	保护身份
8	汉阳铁厂矿砂码头遗址	武汉市汉阳汉江与长江交汇处	1890	部分		码头位于晴川阁北侧，建于1890年，用于运送汉阳铁厂的原料和产品。现作为汉阳铁厂工业遗产的一部分	武汉市文物保护单位；2017年作为汉阳铁厂的一部分被列入第一批国家工业遗产名单；2018年入选第一批中国工业遗产保护名录
9	汉口平汉铁路南局	武汉市江岸区胜利街174号	1920	完整		平汉铁路南局建于1920年，内部空间格局基本保持不变，外观至今保存完好，因其具有较高建筑艺术价值，被评为武汉市二级保护建筑、湖北省文保单位	2008年入选第五批湖北省文物保护单位；2018年武汉市第二批一级工业遗产；2019年作为京汉铁路一部分列入第二批中国工业遗产保护名录
10	汉口民生轮船公司旧址	武汉市江岸区鄱阳街7号	1925	完整		民生轮船公司是1949年前中国最大的华人轮船公司，旧中国最大的民族资本轮船公司，在我国民族资本企业中具有举足轻重的地位。建筑风格为新古典式	武汉市优秀历史建筑；2018年武汉市第二批二级工业遗产
11	中铁大桥局办公楼	武汉市汉阳区汉阳大道38号	1955	完整		中铁大桥局办公楼是为建设武汉长江大桥修建总指挥部而建造。该楼是一座苏式风格的建筑，兼具欧式建筑灵气秀雅的特质，厚重与中国传统建筑稳健的特质。现今办公楼仍在使用中	2006年武汉市优秀历史建筑；2018年武汉市第二批二级工业遗产

续上表

序号	名称（其他名称）	地址	始建年份	保存或改造利用状况	航片或照片	简　介	保护身份
12	武汉长江大桥	武汉市汉阳龟山南坡，东南正于武昌蛇山入江头	1957	完整		武汉长江大桥1957年建成通车，为中国跨越万里长江的第一座大桥，贯通长江南北公路、铁路，同时把武汉三镇连成一体，对武汉市乃至全国的经济、文化和国防建设均具有极为重要的意义。现今大桥仍然在使用中	2013年第七批全国重点文物保护单位；2018年入选第一批中国工业遗产保护名录；2018年武汉市第二批一级工业遗产
13	江汉桥	武汉市硚口区	1955	完整		江汉桥又称江汉一桥，是汉口和汉阳间在汉江上建成的首座桥梁，也是整个汉江上建造的首座大桥。江汉桥的建设作为武汉长江大桥的配套工程，不仅是武汉长江大桥工程的重要组成部分，而且承担着长江大桥主体工程试验和练兵的任务。现今江汉桥仍在使用中	2018年武汉市第二批二级工业遗产
14	汉口德商瑞记洋行仓库	武汉市江岸区胜利街与四唯路交会处	1901	完整		汉口德商瑞记洋行仓库（后称胜利仓库）及办公楼现位于武汉市江岸区胜利街与四唯路交会处。当前保留有三栋建筑，总建筑面积约为2万平方米，拟改造更新为武汉地铁博物馆	2018年武汉市第二批二级工业遗产
15	汉口英商太古洋行仓库	武汉市江岸区沿江大道	1873	完整		1904—1929年，汉口英商太古洋行在沿江大道一带仓库共16处，共87间，总面积约13824平方米，太古洋行仓库现有3座仓库。目前仓库部分保持仓储，部分改作他用	2018年武汉市第二批二级工业遗产

附　录

449

续上表

序号	名称（其他名称）	地址	始建年份	保存或改造利用状况	航片或照片	简介	保护身份
16	汉口日清汽船仓库	武汉市汉口沿江大道152-153号	1907	完整		日清汽船仓库（后称东亚海运仓库），位于沿江大道152-153号（原俄租界合作路），据《武汉港史》记载，日清公司有码头3座，码头大楼后方建有平栈1座、三层建筑1座、四层建筑1座。现今仓库建筑保存状态不一，使用状态各异	
17	三北轮船公司汉口分公司	武汉市江岸区沿江大道167号	1913	完整		三北轮船公司总部设于上海，创办于1913年。三北轮船公司汉口分公司旧址位于武汉市江岸区沿江大道167号，由三北大楼及三北仓库组成。现两处遗产留存状况良好	2018年武汉市第一批二级工业遗产；武汉市优秀历史建筑
18	沙市打包厂	荆州市临江路67号荆州港四码头	1927	完整		沙市打包厂原名"英商汉口打包有限公司沙市分公司"，又称"沙市打包公司"，全厂沙市汉堤外，沙市港东侧。全厂面积17万平方米，包括南北主楼、打包修理、原动车间及物料仓库6栋、办公楼1栋	2011年荆州市第一批优秀历史建筑
19	荆州粮食加工厂稻谷圆库	荆州市荆州区荆中路西段侧	1979	完整		荆州粮食加工厂稻谷圆库是改革开放初兴建的粮食加工建筑。该厂停业后，立筒楼底层出租作为仓库、车间，办公楼由该厂职工居住，使用至今	2011年荆州市第一批优秀历史建筑
20	武汉肉类联合加工厂	武汉市江岸区江岸路12号	1954	部分		武汉肉联厂是国内第一家规模最大的肉类联合加工企业，是我国第一个五年计划初期在苏联帮助下兴建、国家下达给武汉的重点项目之一。原厂区被改建为食品加工产业园	武汉市优秀历史建筑；2012年武汉市第一批二级工业遗产

续上表

序号	名称（其他名称）	地址	始建年份	保存或改造利用状况	航片或照片	简介	保护身份
21	五峰精制茶厂	湖北省宜昌市五峰土家族自治县渔洋关镇钟岭路3号	1938	完整		五峰精制茶厂（宜红茶工业遗产）前身为1941年的五鹤茶厂。该厂功能布局分为3个区，分别为生活区、办公区和生产区。目前部分处于改造中，部分闲置	湖北省县级文物保护单位；2018年入选中国二十世纪建筑遗产名录
22	福新第五面粉厂	武汉市硚口区宗关地区铁桥北村2号	1918	部分		福新面粉厂1918年曾是华中地区最大的面粉厂，也曾是全国最大面粉厂之一，目前仅剩一座整体五层局部六层的钢筋混凝土大楼。2014年被改造成壹玖壹捌老场坊	2011年武汉市文物保护单位；2012年武汉市第一批一级工业遗产
23	汉口英商和利汽水厂	武汉市汉口中山大道与岳飞街交界处	1918	完整		汉口英商和利汽水厂是在老汉口第一家机制冰厂基础上建成的汽水厂。属文艺复兴风格建筑，目前作为商业建筑使用	湖北省文物保护单位；2007年武汉市优秀历史建筑；2012年武汉市第一批一级工业遗产
24	中交二航局六分公司	武汉市青山区红钢城二街坊21号	1956	部分		中交二航局六分公司始建于1956年，又称二航局船机厂，是综合性全民所有制企业。现存工业遗产为1座钢结构车间，规划将其改建为"青山工业印象馆"	
25	红光港机厂	宜昌市点军区江南大道385号	1966	部分		红光港机厂是原交通部最早兴建的港口机械制造厂之一。工厂沿五龙溪两岸布局生产区和生活区。目前厂区还有部分在生产，大多已废弃。生活区职工子弟学校已被改造为家庭博物馆	
26	中国船舶重工集团公司第七〇〇研究所	宜昌市点军区艾家镇七里冲	1968	部分		七〇研究所是宜昌"三线"建设工业遗产之一，现部分厂房还在生产，保存较好，生活区基本废弃，原科研办公大楼被改建为养老院	

续上表

序号	名称（其他名称）	地址	始建年份	保存或改造利用状况	航片片或照片	简 介	保护身份
27	武昌造船厂	武汉市武昌区长江与巡司河相交的东岸	1934	完整		武昌造船厂为"一五"时期落户武汉的"156项目"之一，为我国内地规模最大的造船厂，目前仍处于生产中	
28	国营湖北华中精密仪器厂	宜昌宜都市聂家河镇车湾村/湖北省孝感市长征路199号	1967	完整		国营湖北华中精密仪器厂又称国营向阳仪器厂，是宜昌"三线"建设工业遗产之一，整个厂区处在丘陵环抱中，依山势地形建造，一条交通干道绕厂一周与周边小坡小镇和农村相连接。厂区整体保留存状况较好	
29	国营湖北长江光学仪器厂	宜昌宜都市姚家店乡油榨坪（原肖家冲）村/武汉市盘龙城经济开发区	1966	完整		国营湖北长江光学仪器厂是宜昌"三线"建设工业遗产之一，建设布局依山就势，生产性设施分置于三条山沟中，生活性设施散布在沟外三地，整个厂区建筑保留存较好	
30	襄阳轴承厂	襄阳市襄城区轴承厂路222号	1968	完整		襄阳轴承厂是我国五大轴承生产基地之一。厂区有保存完好的工业建筑群体，且单体工业建筑遗产品质较好，极少数车间仍处于生产状态中	
31	武汉汽轮发电机厂	武汉市洪山区关山工业区	1958	部分		武汉汽轮发电机厂是"一五"时期国家重点建设项目之一，属于以机电工业为主的大型产业聚落。目前厂区生产区已被拆除，仅剩生活区	

续上表

序号	名称（其他名称）	地址	始建年份	保存或改造利用状况	航片或照片	简介	保护身份
32	湖北煤矿机械厂	咸宁市咸安区长安大道27号	1970	完整		湖北煤矿机械厂为生产煤矿用薄煤层轻型刮板输送机的专业厂家，距今已有50年的历史，整体保留较好。厂区中的生产性车间闲置部分，生活区除部分职工宿舍遭拆除外，其他公共设施多处于持续使用中	
33	卫东机械厂	襄阳市襄城区环山路孙家冲1号	1964	部分		卫东机械厂是襄阳地区"三线"建设时期工业企业，其厂区生产活动一直延续至今。厂区因地制宜布局在山坳处。生活区建筑保存较好，厂区建筑部分遭拆除，一部分老厂房得以留存	
34	襄阳国营青山机械厂	襄阳市襄城区环山路38号	1965	完整		襄阳国营青山机械厂是襄阳"三线"建设工业遗产之一，主要负责飞机电源的设计研制及生产。厂区东、西、南三侧靠山。厂区南段主要为生产区，北段主要为生活区，厂区建（构）筑物遗产类型较丰富	
35	武汉电视机总厂	武汉市武昌区中北路200号	1973	部分		武汉电视机总厂位于武昌沙湖之滨，厂内总体为前办公后生产格局。现厂区大多数厂房部已闲置，少数房屋出租他用	2012年武汉市第一批三级工业遗产
36	湖北第二电机厂	咸宁市南门外青龙山下永安大道90号	1970	部分		湖北第二电机厂是"三线"建设时期的产物，是国家定点生产变压器的厂家之一，2015年停产，自停产后，原厂区内大多闲置，但保留完好，一部分出租做仓库使用	

续上表

序号	名称（其他名称）	地址	始建年份	保存或改造利用状况	航片或照片	简　介	保护身份
37	827厂	宜昌市夷陵区乐天溪镇莲沱村	1970	完整		827厂是宜昌"三线"建设工业遗产之一，该厂是核工业生产、研制相关厂家。厂区建筑群依山傍水而建，大部分建筑都保存完好，生产性厂房多闲置，部分生活性空间部分荒废无人居住，部分被当地居民租用	
38	沙市热电厂	荆州市东南柳林洲	1960	完整		沙市热电厂是荆州计划经济时期兴建的电力工业企业。厂区紧邻长江黄金航道，水陆交通十分便利。主要工业遗产留存物有办公楼、生产车间、储煤场及相关设施。现厂址用作煤炭储备及运输	
39	宗关水厂	武汉市硚口区沿河大道386号	1906	完整		宗关水厂是汉口第一座自来水厂。工厂现已完成产业升级，仍处于生产状态中。工业遗产主要存有三处：轮机房、公事楼和早期水处理设施	1993年武汉市优秀历史建筑；2014年湖北省文物保护单位；2012年武汉市第一批一级工业遗产；2018年入选第一批中国工业遗产保护名录
40	汉口美最时电灯厂	武汉市江岸区沿江大道与二曜路交叉路	1908	部分		汉口美最时电灯厂建于1908年，现存遗产仅剩一华籍职工住宅，现作为华源电力退休职工宿舍使用	2018年武汉市第二批三级工业遗产

续上表

序号	名称（其他名称）	地址	始建年份	保存或改造利用状况	航片或照片	简　介	保护身份
41	青山热电厂	武汉市青山区苏家湾	1954	完整		青山热电厂是建于"一五"时期"156项目"，属武钢铁厂的配套能源工程项目。厂区布局在武钢铁厂的西北角。厂区规划遵循苏联轴对称的宏大叙事风格，呈现出清晰的主次关系及层次	
42	葛洲坝水电站	宜昌市境内的长江三峡末端河段上	1970	完整		葛洲坝水电站是长江干流上的第一座大型水利枢纽。电站坝顶建有铁路、公路和人行道，连接了鄂西地区的南北道路。二江泄水闸共27孔，是主要的泄洪构筑物。为葛洲坝水电站船闸修建的2号船闸人字门，当时号称"天下第一门"	
43	亚细亚火油公司汉口分公司	武汉市江岸区天津路1号	1924	完整		亚细亚火油公司属于输入型企业，它将火油从国外输入国内，使汉口步入从煤油灯到电灯照明时代。公司旧址占地面积900平方米，系五层钢筋混凝土结构，整栋大楼保存完好	2011年武汉市第五批文物保护建筑；2012年武汉市第一级工业遗产
44	金水闸	武汉市江夏区金水闸路93号	1933	部分		金水闸是1930年代湖北省最大的排水工程，是近代中国第一个大型水利工程，金水闸在汛期隔离了长江和金水河，阻止江水倒灌，起到灌溉、排洪作用，保障着咸宁沿江三县和江夏区的水安全	2019年入选第二批中国工业遗产保护名录
45	武汉国棉二厂	武汉市武昌余家头	1958	部分		武汉国棉二厂建于1950年代末，是为弥补武汉当年棉纺为主、织布设备不足而建。原厂址上现为新的居住小区和商业综合体。目前留存下来的只有国棉二厂的生活区	

续上表

序号	名称（其他名称）	地址	始建年份	保存或改造利用状况	航片或照片	简介	保护身份
46	武汉东西湖棉纺织厂	武汉市东西湖区油纱路143号	1969	完整		东西湖棉纺织厂地处武汉东西湖区西湖片，邻近吴家山、走马岭、荷包湖等粮棉产地。目前东西湖棉纺织生产区、办公区、厂区公共设施、职工宿舍区、子弟学校和水塔等整体保存完好	
47	武汉第二印染厂	武汉市汉阳汉南路66号	1978	部分		武汉第二印染厂坐落于汉阳龟山以北地区，西临汉阳汽车制造厂，东临武汉国棉一厂。现主厂房已废弃闲置，除部分厂房、仓库已被拆除外，厂区其余建筑留存状况较好	2018年武汉市第二批三级工业遗产
48	湖北蒲圻纺织总厂	咸宁市赤壁荆泉镇	1969	完整		湖北蒲圻纺织总厂是全民所有制大型纺织联合企业，整个厂区由多个专业厂组成，各专业厂依山就势沿山谷展开，厂区配套住宅集合分布在山沟沟之中。盘山公路将各个厂区串联起来，并将生活区、生产区分开。目前厂区工业遗产类型多、规模大、品质良好	
49	沙市日用化工总厂	荆州市沙市区临江路一号	1950	完整		沙市日用化工总厂为中华人民共和国成立后湖北省最早兴建的国营企业之一。位于沙市老码头一侧，紧靠长江黄金航道，水陆交通十分便利。目前留下一定数量的建（构）筑物工业遗产	
50	太平洋肥皂厂	武汉市硚口区仁寿路162号	1910	完整		太平洋肥皂厂前身为建于1910年的康成酒厂，距今已有100多年，经历了从清朝末年、民国时期，抗日战争时期，到中华人民共和国成立等不同时期，厂区内现存有不同时期的法式风格、日式风格以及苏式风格工业遗产建筑	2012年武汉市第一批三级工业遗产

续上表

序号	名称（其他名称）	地址	始建年份	保存或改造利用状况	航片或照片	简　介	保护身份
51	汉口电话局	武汉市江岸区合作路51号	1915	完整		汉口电话局位于汉口原英租界，是一座四层钢筋混凝土结构大楼，是武汉城市电信业发展的重要见证。大楼设计深受装饰主义发展影响，既保留古典主义建筑细节，又不受古典主义程式化的束缚。大楼现为中国电信武汉江岸区分公司	2008年第五批湖北省文物保护单位；2018年武汉市第二批一级工业遗产
52	汉口电报局	武汉市江岸区中山大道1004号	1920	完整		汉口电报局旧址前身是西门子洋行公司大楼，1944年被炸毁，1946年重建。大楼见证了武汉电报业快速发展的历史。大楼设计系古典主义向现代主义过渡的建筑风格	武汉市文物保护单位；2018年武汉市第二批一级工业遗产
53	济生路电话分局	武汉市江汉区友谊路98号	1902	完整		济生路电话分局属现代主义建筑风格，但融入古典主义建筑元素。三层混合结构。建筑立面整体简洁优雅，立面仍采用古典的三段式构图。现作为武汉电信局江汉分局办公楼	2006年武汉市优秀历史建筑；湖北省文物保护单位；2018年武汉市第二批一级工业遗产
54	汉冶萍煤铁厂矿旧址	黄石市西塞山区黄石大道316号	1913	部分		汉冶萍煤铁厂矿旧址的前身是大冶铁厂，是当时亚洲最大的钢铁联合企业汉冶萍公司的重要组成部分。现存主要工业遗产有冶炼铁炉、高炉栈桥、日欧式建筑群、瞭望塔、钢轨、砖块、水塔和汉冶萍界碑	2006年第六批全国重点文物保护单位；2017年入选第一批国家工业遗产名单；2018年入选第一批中国工业遗产保护名录

续上表

序号	名称（其他名称）	地址	始建年份	保存或改造利用状况	航片或照片	简　介	保护身份
55	大冶铁矿	黄石市铁山区	1890	完整		大冶铁矿东露天采场位于黄石市铁山区。1893年，大冶铁矿正式投入大规模生产，一直持续到2003年露天开采才告结束。2007年以大冶铁矿东露天采场为主体建成黄石国家矿山公园	2018年入选第一批中国工业遗产保护名录
56	铜绿山古铜矿遗址	黄石大冶市城西南3公里处	殷商	完整		铜绿山古铜矿遗址是长江中游南岸一处采冶结合的大型古矿遗址，始于殷商，延续至汉代。它是中国迄今发现的古铜矿遗址中时代久远、持续生产时间最长的一处古铜矿遗址。遗址分布范围约2平方千米，包含采矿和冶炼两大类遗存	1982年第二批全国重点文物保护单位；2018年入选第二批国家工业遗产名单
57	东方钢铁公司	黄石市下陆区发展大道与老下陆街交界处附近	1958	完整		东方钢铁公司前身为下陆钢铁厂。2015年全面停产。厂区内工业遗产类型丰富，一系列生产性空间尺度巨大，具有重要工业遗产价值特征。东钢厂区所在的地块用地被黄石市城投公司收储改建成文化产业园	
58	汉阳钢铁厂	武汉市汉阳区龙灯堤特1号	1958	完整		汉阳钢铁厂始建于1960年代。前身是汉阳五金冶金钢厂和中南轧钢厂，后合并后专属武汉钢铁集团。企业现已外迁，重要建筑遗产已被列入国家及地方性工业遗产名录	2011年转炉车间评为武汉市文物保护单位；2012年转炉车间评为武汉市第一批一级工业遗产；2018年转炉车间入选第一批中国工业遗产保护名录

458

续上表

序号	名称（其他名称）	地址	始建年份	保存或改造利用状况	航片或照片	简介	保护身份
59	青山红钢城"红房子"	武汉市青山区红钢二街	1958	部分		"红房子"，属于"156项目"之一，是武汉钢铁厂的大型工人住区，是目前国内为数不多保存完整的仿苏联工业住区。典型住区呈双喜字平面，合院式街坊布局	2012年武汉市第一批三级工业遗产
60	源华煤矿袁仓办公室	黄石市西塞山区八泉街	1909	完整		源华煤矿袁仓办公楼也是黄石北伐军二十军军部旧址，既是黄石工业遗产，又是革命遗址。办公楼于1889年新建首层，1960年代加建二层，属典型的近现代工业遗产	湖北省文物保护单位
61	中国一冶机关大院	武汉市青山区和平大道1274号三十八街坊建设二路与工业路之间	1956	完整		一冶机关大院是一冶重要的代表性物质留存，见证了中国计划经济时期的钢铁热潮建设。机关大院由原为武钢机械厂4栋职工宿舍和1栋工人俱乐部组成	2006年武汉市优秀历史建筑；2018年武汉市第二批三级工业遗产
62	二汽钢板弹簧厂	十堰市张湾区大岭路15号	1970	完整		二汽钢板弹簧厂"三线"建设时期1970年开始建造，属于第二汽车制造厂中的一个专业厂。厂房依岩洞沟成纵深向布局，体现了战备思想下的选址和布局特征。厂址保存完好，处于闲置状态，拟改造为汽车工业遗产博物馆	
63	二汽底盘零件厂	十堰市车城路66号	1969	完整		二汽底盘零件厂前身系第二汽车制造厂总装配厂的杂件车间，1969年建设，1975年投产，属于第二汽车制造厂中的一个专业厂。厂区留存有完整的生产区和生活区，目前厂区正在改建中	

续上表

序号	名称（其他名称）	地址	始建年份	保存或改造利用状况	航片或照片	简介	保护身份
64	二汽水箱厂	十堰市张湾区车城西路56号	1970	完整		二汽水箱厂系二汽附配件生产专业厂之一。厂区坐落于低山区，体现"三线"建设时期依托山体便于隐蔽的建设选址原则。厂区工业遗产保存较完好，部分水箱生产车间仍处于持续生产中	
65	二汽车箱厂	十堰市朝阳路198号	1969	完整		二汽车箱厂是二汽附属专业厂，其主导产品是军、民用货车车箱。厂内现存完整的生活区和生产区。厂房因生产特性不同，屋顶形式各异	
66	二汽设备修造厂	十堰市红卫宾家沟	1967	完整		二汽设备修造厂从二汽建厂至今，生产活动从未中断。七个主要生产车间兴建在袁家沟小溪的西侧，顺沟依山延伸2千米左右。当下厂区主要厂房格局保存完好，工业遗产中存有两栋"干打垒"工艺的厂房	
67	二汽车轮厂	十堰市张湾区广东路2号	1970	完整		二汽车轮厂作为二汽专业厂，生产活动由初始时期一直延续至今。厂区厂房集中布置在铁路两侧，生产区格局保存完好	
68	二汽化油器厂	十堰市张湾区放马坪路40号	1969	完整		二汽化油器厂曾是我国最大的化油器生产厂家，作为二汽专业厂，生产活动一直延续至今。工业社区沿狭长基地呈1200米绵延状布局，主要厂房保存完好	

续上表

序号	名称（其他名称）	地址	始建年份	保存或改造利用状况	航片或照片	简　介	保护身份
69	二汽铸造一厂	十堰市张湾区花果路12号	1969	完整		二汽铸造一厂是二汽三大毛坯厂之一，主要供给发动机的全部铸件和汽车底盘制动鼓件。厂区布局按专业化生产管理体制设计的，按工艺流程采用蛛网式布局方式。厂区与生活区以輩河花果桥为界，西为生产区，东为生活区	
70	湖北汽车灯具厂	襄阳市虎头山路1号	1970	完整		湖北汽车灯具厂是"三线"时期伴随二汽建设而在襄阳建设的几个汽车零部件配套生产企业之一。现1970年代兴建的厂房群保存较好，分布于山地，具有顺应山地建造的特点	
71	汉阳特种汽车制造厂	武汉市汉阳区汉南路9号	1959	完整		汉阳特种汽车制造厂坐落在汉阳龟山北麓，地缘关系上位于近代张之洞创办的湖北枪炮厂旧址之上，是中国汽车工业公司的骨干企业。企业现已搬迁，原厂区拟更新为汉阳造文化园	武汉市文物保护单位：2012年武汉市第一批三级工业遗产
72	武汉国营红星制革厂	武汉市江岸区精武路	1956	完整		武汉起来的制革厂，是由手工业地方发展起来的制革厂，是近代武汉地区的新型制革工业代表之一。厂区基本保存完好，现多数厂房出租给私营服装企业经营或作为仓库	2018年武汉市第二批三级工业遗产
73	襄阳文字603厂	襄阳市盛丰路6号	1966	完整		襄阳文字603厂为湖北"三线"建设及襄阳工业发展的早期例证。现由所属单位进行文化产业园改造，目前厂区大部分处于更新改造中	

续上表

序号	名称（其他名称）	地址	始建年份	保存或改造利用状况	航片或照片	简介	保护身份
74	商办汉口第一纺织股份有限公司（Big House艺术中心）	武汉市武昌区曾家巷临江大道53号	1914	部分		商办汉口第一纺织有限公司，又称武昌第一纱厂，是武昌当时规模最大、产量最高的纱厂。1999年原厂区厂房被拆除，仅留下办公楼一栋，基地被开发为居住小区，目前办公楼被保护利用为Big House艺术中心	2008年第五批湖北省文物保护单位；2012年武汉市第一批一级工业遗产
75	英商平和打包厂（汉口文创谷）	武汉市江岸区青岛路10号	1905	完整		英商平和打包厂是近代英国人在汉口开设最早的棉花打包厂之一，由一组1918年、1933年、1949年及中华人民共和国成立后多个时期扩建的七栋不同风格的单体建筑组成，于2018年更新改造为汉口文创谷	1993年武汉市优秀历史建筑；2011年武汉市文物保护单位；2012年武汉市第一批一级工业遗产
76	老沙逊洋行仓库	武汉市江岸区洞庭街43号	1920	完整		1920年左右，老沙逊洋行建成三层仓库一座。仓库富有建筑艺术特色，施工工艺和工程技术均领汉口最高。2018年仓库部分被更新改造为自营酒吧和创意办公使用	
77	汉口水塔（汉口水塔博物馆）	武汉市江汉区中山大道	1908	完整		汉口水塔是汉口近代消防标志性建筑物，塔高41.32米，建筑70年历史。2015年，"汉口水塔博物馆"修缮工作。2016年改造成汉口水塔博物馆	2006年作为汉口近代建筑群的组成部分评为第六批全国重点文物保护单位；2012年武汉市第一批一级工业遗产
78	武汉铜材厂（硚口区民族工业博物馆）	武汉市硚口区古田一路24-28号	1958	完整		武汉铜材厂属有色金属加工企业，厂区现留存的工业遗产大部分为1960年代建成。核心厂房中心一部分已更新改建成硚口民族工业博物馆	2012年武汉市第一批二级工业遗产

续上表

序号	名称（其他名称）	地址	始建年份	保存或改造利用状况	航片或照片	简介	保护身份
79	汉阳钢铁厂制氧车间和氧气装站（融创武汉1890时光艺术馆）	武汉市汉阳区琴台大道169号	1958	完整		制氧车间和氧气装站是汉阳钢铁厂钢铁生产工艺中的重要车间，目前两部分厂房已改建成商业地产项目中的展示建筑，改建中对既有工业建筑介入性设计整体适度	2012年武汉市第一批三级工业遗产
80	邮电部武汉通信仪表厂（517厂）	武汉市武昌区徐东区域才林街	1959	部分		邮电部武汉通信仪表厂曾是中国第一家精密仪器制造厂。厂区已开发为一住宅小区，开发过程中原厂区的一些建筑材料、构筑物在住区中得以保留、再利用，厂区基本空间结构和场所环境得到完整延续	
81	华强机械厂（华强科技有限责任公司）	宜昌市小溪塔姜家庙村	1966	完整		华强机械厂是"三线"工业建设时期建设的工业企业，主要生产军工防护器材、轮胎、工业制品的厂家。厂区沿山沟纵深分布，整体绵延3公里左右	
82	武汉重型机床厂（复地东湖国际）	武汉市武昌区中北路112	1953	部分		武汉重型机床厂是苏联援建的156项全国重点项目之一，是全国最大的重型机床厂之一，在全国机床制造业中占领先地位。原厂区中的绝大部分已拆除，仅保留下老厂门、烟囱等少数建（构）筑物	2011年老厂门入选武汉市文物保护单位；2012年武汉市第一批三级工业遗产
83	武汉锅炉厂（403国际艺术中心）	武汉市武昌区钵盂山武路路南	1953	部分		武汉锅炉厂是苏联援建的156项全国重点项目之一，是我国自行设计建造的大型锅炉制造骨干企业。原厂区已拆除，仅留下一座车间，目前，车间已改造为403国际艺术中心	2012年武汉市第一批三级工业遗产

续上表

序号	名称（其他名称）	地址	始建年份	保存或改造利用状况	航片或照片	简　介	保护身份
84	武汉轻型汽车制造总厂	武汉市硚口区古田五路17号	1953	部分		1960年代由长江汽车修配厂逐渐发展而来，1980年代又与武汉汽车制造总厂合并，整个厂分为东、西二厂。东厂主办公楼为苏武风格办公楼，改造为国家级科技企业孵化器	2011年该厂办公楼入选武汉市文物保护单位；2012年该厂办公楼入选武汉市第一批一级遗产
85	武汉无线电厂（"大智无界•空中小镇"文化创意产业园）	武汉市江岸区大智路32号	1961	完整		1961年由武汉市无线电元件一厂、华中无线电厂、长江无线电厂合并而成。该厂1998年停产。原厂区多高层厂房建筑保存状态完好。2018年，原武汉无线电厂经更新改造为"大智无界•空中小镇"创意产业园	2018年武汉市第二批三级遗产
86	新泰砖茶厂（界立方创意空间）	武汉市江岸区合作路14号	1874	部分		俄商于1874年在汉口开设了新泰砖茶厂，其产业链相关工业建筑遗产包括建于1924年的新泰砖茶厂大楼和建于1874年的新泰砖茶厂制茶车间。2014—2019年，原茶厂制茶车间分两期更新改造为"界立方创意空间"	
87	华新水泥公司（湖北水泥遗址博物馆）	黄石市黄石港区黄石大道145号	1907	完整		华新水泥厂旧址前身为大冶水泥厂，创建于1907年，是中国近代最早开办的三家水泥厂之一。目前旧址改建成湖北水泥遗址博物馆	2013年第七批全国重点文物保护单位；2018入选第一批中国工业遗产保护名录；2018年入选第二批国家工业遗产名单

续二表

序号	名称（其他名称）	地址	始建年份	保存或改造利用状况	航片或照片	简　介	保护身份
88	鹦鹉磁带厂（"汉阳造"181文化创意产业园）	武汉市汉阳区龟北路1号	1960	完整		鹦鹉磁带厂原是824军工厂，是在原湖北枪炮厂的旧址上建立。该厂1970年代开始磁带研究试制，曾为航空航天发展提供"计算机兼容磁带"。2000年后该厂停产。厂区整体保存完好，现已改造为"汉阳造"文化创意产业园	武汉市重点文物保护单位；2012年武汉市第一批二级工业遗产
89	武汉建筑构件二厂（万科金域华府茂园）	武昌区友谊大道纺机路29号	1958	部分		武汉建筑构件二厂1958年建厂，主要生产建筑用钢筋混凝土预制件。目前原厂区基地上已建成新的住区，原厂区留存下来的建（构）筑物已改建、重构为住区中公共空间或公共设施，融入居民的日常生活中	
90	湖北日报社印刷厂（楚天181文化创意产业园）	武昌区东湖路181号	1949	完整		湖北日报社印刷厂曾是中共湖北省委机关印刷厂，2008年印刷厂整体搬迁，原厂区留存完整且留存状况良好，现厂区已改建成楚天文化创意产业园	

附录 II
武汉去工业化一览表

1. 武汉分区域去工业化时间表（不完全统计表）

城区	工业类	各时间段拆除的工厂			
		2000—2004	2005—2009	2010—2014	2015—2019
武昌区	机械设备	• 武汉手表厂	• 武昌车辆厂 • 邮电部武汉通信仪表厂 • 湖北省建筑机械厂 • 武汉电视机配件厂	• 武汉重型机床厂 • 武汉滨湖机械厂	• 武汉锅炉厂
	纺织业	• 武汉第一纱厂 • 武汉印染厂	—	• 武汉裕华纱厂 • 武汉第二棉纺织厂	
	通信业	—			• 武汉无线电二厂
	能源环保	—	• 武昌电厂	—	• 沙湖污水处理厂
	建筑业	• 武汉建筑构件二厂	—		
洪山区	机械设备	—	• 武汉汽车标准件厂		• 武汉汽轮发动机厂
青山区	机械设备	• 武汉光明仪表厂	—		
	化学医药	—			• 武汉市青江化工厂
江岸区	机械设备	—		• 汉口电灯公司 • 卢汉铁路江岸机厂 • 武汉胜强微压锅炉厂 • 武汉制线总厂 • 武汉汽车发动机厂	—
	食品烟草	—	• 武汉三米厂 • 和记蛋厂	—	
	能源环保	—	• 大王电厂		
	通信业	—			• 中原无线电厂
	运输业	—	• 江岸车站 • 循礼门火车站		
	仓储业	• 新泰茶栈遗址	• 隆茂打包厂		

续上表

城区	工业类	各时间段拆除的工厂			
		2000—2004	2005—2009	2010—2014	2015—2019
硚口区	食品烟草	—	—	• 福新面粉厂 • 武汉酒厂	—
	纺织业	—	• 申新纱厂 • 泰安纱厂	—	
	机械设备	—		• 武汉机床厂	—
	运输业	—		• 武汉公用客车厂	
	化学医药	—			• 武汉制漆总厂 • 武汉制药厂 • 武汉无机盐化工厂
	日化加工	—			• 武汉制瓶厂
汉阳区	金属制品	—		• 武汉钢丝绳厂	—
	纺织业	• 武汉市第一色织布厂	—		• 武汉第一棉纺织厂
	文体印刷			• 汉阳造纸厂	
	机械设备	—	• 武汉水用机械厂	—	

2. 部分企业去工业化过程

（1）江岸区

厂名		卢汉铁路江岸机场	武汉制线总厂	武汉铁塔厂
建成年份		1901	1947	1958
类别		机械设备	机械设备	机械设备
拆除模式		生产区已拆除	已拆除	部分生产，部分拆除中
原厂地址		武汉市江岸区解放大道2387号	武汉市江岸区京汉大道与球场街交汇处	武汉市江岸区解放大道2034号
原厂址新用途		二七滨江金融城	京汉城市广场	武汉铁塔厂
迁厂地址		武汉江夏区经济开发区山湖路（中车长江车辆有限公司）	—	—
演变过程航拍	拆除前			
	拆除中			
	现状			

续上表

厂名	武汉汽车发动机厂	武汉胜强微压锅炉厂	汉口电灯公司
建成年份	1964	1972	1905
类别	机械设备	机械设备制造业	能源供应
拆除模式	已拆除	生产区拆除	部分拆除重建
原厂地址	武汉市江岸区解放大道2777号	武汉市江岸区解放大道2030号	武汉市江岸区解放大道2387号
原厂址新用途	湖北东安东风风行4s店	丹水国际写字楼	湖北省电力博物馆
迁厂地址	—	荆州市松滋市	武汉江岸区合作路22号
演变过程航拍 拆除前			
演变过程航拍 拆除中			
演变过程航拍 现状			

续上表

厂名	新泰茶栈遗址	隆茂打包厂	中国储运汉口分公司仓库
建成年份	1905	1907	1965
类别	仓储运输	仓储运输	保持生产，局部改建
拆除模式	改建	拆除	生产区拆除
原厂地址	武汉市江岸区合作路14号	武汉市江岸区江岸路12号	武汉市江岸区解放大道2020号
原厂址新用途	界立方文创产业园区	华发外滩荟高层住宅区	仓库分租给商户作为办公交易大厅材料市场或储物库
迁厂地址	—	—	—
演变过程航拍 拆除前			
演变过程航拍 拆除中			
演变过程航拍 现状			

（2）江汉区

厂名	武汉中联制药厂	中南汽修厂	武汉高压电器厂
建成年份	1952	1970	1976
类别	化学医药	机械设备	机械设备
拆除模式	生产区部分拆除	部分拆除，部分改建	生产区局部拆除
原厂地址	武汉市江汉区常发里1号	武汉市江汉区青年路308号	武汉市江汉区天门墩路40号
原厂址新用途	租赁作为仓库使用	花园道艺术区	原办公楼改造为江汉区幼儿园，原三联厂房改造建设为明鑫羽毛球馆
迁厂地址	武汉东湖高新技术开发区高新二路379号	武汉硚口区发展大道33号	武汉盘龙城经济开发区巨龙大道特16号（盘龙工业园）
演变过程航拍 拆除前			
演变过程航拍 拆除中			
演变过程航拍 现状			

续上表

厂名	武汉国营红星制革厂	循礼门火车站
建成年份	1956	1916
类别	纺织服装	仓储运输
拆除模式	生产区局部拆除	重建
原厂地址	武汉市江汉区精武路	武汉市江汉区京汉大道与江汉路交会处
原厂址新用途	租赁给服装厂用于生产或海鲜仓库，原办公楼被租赁给私企做为办公楼使用	武汉地铁2号线循礼门站出入口
迁厂地址	武汉江岸区汉黄路50号	—
演变过程航拍 拆除前	2005	2002
演变过程航拍 拆除中	2012	2008
演变过程航拍 拆除中	2014	2010
演变过程航拍 拆除中	2016	2013
演变过程航拍 现状	2019	2016

（3）硚口区

厂名	武汉制药厂	武汉公用客车厂	武汉制漆总厂	武汉无机盐化工厂
建成年份	1955	1964	1928	1952
类别	医疗化工	汽车制造	化工制造	化工制造
拆除模式	生产区已拆除	生产区已拆除	生产区已拆除	生产区已拆除
原厂地址	武汉市硚口区古田路5号	武汉市硚口区古田四路30号	武汉市硚口区古田路17号	武汉市硚口区古田路37号
原厂址新用途	汉江湾古田生态新城	城市主场灯光足球场	汉江湾古田生态新城	汉江湾古田生态新城
迁厂地址	—	—	武汉化学工业区化工二路1号	武汉化学工业区化工大道160号

演变过程航拍：拆除前、拆除中、现状

附录

续上表

厂名	武汉机床厂	武汉酒厂	武汉制瓶厂
建成年份	1951	1952	1957
类别	机械设备	食品制造	玻璃制品制造
拆除模式	生产区已拆除	生产区已拆除	生产区已拆除
原厂地址	武汉市硚口区硚口路164号	武汉市硚口区硚口路164号	武汉市硚口区古田路32号
原厂址新用途	葛洲坝城市花园	太平洋路69号小区	汉江湾古田生态新城
迁厂地址	—	武汉汉阳区鹦鹉大道558号	—
演变过程航拍 拆除前			
演变过程航拍 拆除中			
演变过程航拍 现状			

（4）武昌区

厂名	武昌车辆厂	武汉重型机床厂	武汉锅炉厂	邮电部武汉通信仪表厂
建成年份	1947	1953	1953	1959
类别	机械设备	机械设备	机械设备	机械设备
拆除模式	生产区已拆除，生活区留存	生产区绝大部分已被拆除，仅少数建（构）筑物遗存	生产区大部分已拆除，生活区即将拆除	厂区已拆除部分构筑物留存，树木留存
原厂地址	武汉市武昌区和平大道750号	武汉市武昌内环线中北路147号	武汉市武昌钵盂山武珞路南586号	武汉市武昌区徐东区域才林街（润园路）
原厂址新用途	生产区建起绿地国际金融城，和平大道东侧保留完整的生活区	生产区建起复地东湖国际高端小区，留老厂门及原生树木环境	生产区建起新住区，403厂房改建为艺术中心；生活区即将建成商业综合体	生产区原生树木及一座红砖水塔被保留，成为万科润园住区景观系统的一部分
迁厂地址	武汉江夏区佛祖岭	武汉江夏区佛祖岭	武汉江夏区佛祖岭	—

续上表

厂名	武汉汽车标准件厂	武汉无线电二厂	武汉滨湖机械厂	武汉建筑构件二厂
建成年份	1959	1961	1966	1958
类别	机械设备	机械设备	机械设备	非金属矿物制品业
拆除模式	厂区已拆除	厂区已拆除	生产区已拆除	厂区大部分已拆除，部分建（构）筑物遗产改建
原厂地址	武汉市洪山区关山一路325号	武汉市武昌中北路154号军山凤凰工业园	武汉市武昌中北路164号	武汉市武昌区友谊大道纺机路29号
原厂址新用途	原生产区基地上已建成商业综合体K11，原住宅区留存	原生产区基地上已建起复地东湖国际高端小区，留老厂门及原生树木	生产区建起楚天都市雅园小区，生活区仍处于拆除状态中	原厂区基地已建成万科金域华府住区，遗产部分被改造成万科茂园，作为住区休闲景观场所存在
迁厂地址	武汉江夏区佛祖岭	武汉江夏区佛祖岭	武汉东湖新技术开发区流芳大道51号	武汉黄陂区盘龙城
演变过程航拍 — 拆除前	2008.12	2003	2004.3	2005.11
演变过程航拍 — 拆除中	2010.5	2007	2014.7	2003.3
演变过程航拍 — 拆除中	2011.7	2009	2014.10	2009.1
演变过程航拍 — 拆除中	2014.10	2017	2017.6	2009.12
演变过程航拍 — 现状	2019.3	2019	2019.3	2019.3

续上表

厂名		武汉第一纱厂	武汉裕华纱厂	武汉印染厂	武汉市第二棉纺织厂
建成年份		1914	1920	1933	1965
类别		纺织业	纺织业	纺织业	纺织业
拆除模式		房地产开发（退二进三，三旧改造）	厂区整体已被拆除	厂区整体已被拆除	生产区已拆除，原厂区部分公共设施改建留用
原厂地址		武汉市武昌区曾家巷临江大道53号	武汉市武昌临江大道武汉印染厂旧址北侧	武汉市武昌区曾家巷临江大道武昌一纱厂旧址北侧	武汉市武昌滨江杨园段
原厂址新用途		生产区基地已开发为蓝湾俊园小区，一纱生活区幸福里、民主里、汉成里尚未拆除	场地空置	原生产区基地上建成锦江国际高档住宅区，生活区基地上建成武汉万达中心	生产区留下1000多棵原生树木，国棉二厂学校与47中合并成为杨园学校，原电影院改造成武商量贩店
迁厂地址		—	—	—	武汉新洲区阳逻经济开发区
演变过程航拍	拆除前				
	拆除中				
	现状				

（5）洪山区

厂名	武汉汽轮机发动厂
建成年份	1958
类别	机械设备
拆除模式	生产区绝大部分已被拆除，仅少数建（构）筑物遗存
原厂地址	武汉市洪山区关山工业区
原厂址新用途	生产区正在建设大型城市综合体泛悦城，关山大道对面的生活区尚未拆除，正面临整治
迁厂地址	武汉江夏区佛祖岭

演变过程航拍：拆除前、拆除中、现状

（6）青山区

厂名	武汉市青江化工厂
建成年份	1966
类别	化学医药业
拆除模式	厂区已拆除
原厂地址	武汉市青山区临江大道862号
原厂址新用途	生产区地块目前作为滨江商务区储备地块，还未重新再开发
迁厂地址	黄冈化工园

演变过程航拍：拆除前、拆除中、现状

（7）汉阳区

厂名	武汉市第一棉纺织厂	武汉市第一色织布厂	汉阳造纸厂
建成年份	1952	1965	1950
类别	纺织业	纺织业	文体印刷
拆除模式	生产区整体拆除	生产区整体拆除	生产区整体拆除
原厂地址	武汉市汉阳区汉南路70号	武汉市汉阳区汉南路45号	武汉市汉阳区沌口路183号
原厂址新用途	汉阳造文化创意产业园二期	汉阳造文化创意产业园二期	待房地产开发
迁厂地址	武汉新洲阳逻	武汉新洲阳逻	武汉开发区工业园

续上表

厂名	武汉冷冻机厂	武汉市钢丝绳厂
建成年份	1956	1958
类别	金属设备制造	金属制品制造
拆除模式	主要生产车间拆除	完全拆除
原厂地址	武汉市汉阳区汉阳大道365号	武汉市汉阳区鹦鹉大道539号
原厂址新用途	香榭琴台等多家地产楼盘开发中	武汉市国际博览中心配套服务建筑用地
迁厂地址	"武冷"工业园	由武汉钢铁集团协商合并入汉阳钢铁厂
演变过程航拍 — 拆除前		
演变过程航拍 — 拆除中		
演变过程航拍 — 现状		

参考文献

书籍著作：

[1] 武汉地方志编纂委员会.武汉市志.工业志[M].武汉：武汉大学出版社，1999.

[2] 袁继成.汉口租界志[M].武汉：武汉出版社，2003.

[3] 《当代湖北工业》编辑委员会.当代湖北工业.企业卷[M].北京：经济日报出版社，1988.

[4] 吴明益.汉阳区志[M].武汉：武汉出版社，2008.

[5] 张承艺，卢支舫.青山区志[M].武汉：武汉出版社，2006.

[6] 武汉市文化局.武汉中山大道[M].武汉：武汉出版社，2017.

[7] 湖北省地方志编辑委员会.湖北省志.工业志[M].北京：中国轻工业出版社，1992.

[8] 董玉梅.百姓摄影[M].武汉：武汉出版社，2010.

[9] 武汉市武昌区地方志编纂委员会.武昌区志（上）[M].武汉：武汉出版社，2008：311.

[10] 汪瑞宁.武汉铁路百年[M].武汉：武汉出版社，2010.

[11] 武汉市汉阳区地方志办公室.汉阳典故传说[M].武汉：湖北人民出版社，2013.

[12] 冯辉.百年汉阳造[M].武汉：湖北人民出版社，2013.

[13] 郑少斌.武汉港史[M].北京：人民交通出版社，1994.

[14] 黄石市地方志编纂委员会.黄石市志[M].北京：中华书局，2001.

[15] 胡榴明.武汉百年建筑经典：三镇风情[M].北京：中国建筑工业出版社，2011.

[16] 张笃勤，侯红志，刘宝森.武汉工业遗产[M].武汉：武汉出版社，2017.

[17] 凌耀伦.民生公司史[M].北京：人民交通出版社，1990.

[18] 湖北省地方志编纂委员会.湖北省志.城乡建设[M].武汉：湖北人民出版社，1999.

[19] 轻工业发展战略研究中心.中国轻工业年鉴1989[M].北京：中国轻工业出版社，1989.

[20] 武汉市硚口区地方志编纂委员会.硚口志[M].武汉：武汉出版社，2007.

[21] 武汉地方志编纂委员会.武汉市志.交通邮电志[M].武汉：武汉出版社，1998.

[22] 武汉地方志编纂委员会.武汉市志.商业志[M].武汉：武汉大学出版社，1989.

[23] 武汉市江岸区地方志编纂委员会.江岸区志（上）[M].武汉：武汉出版社，2009.

[24] 茅以升.武汉长江大桥[M].北京：科普出版社，1958.

[25] 武汉长江轮船公司史志编辑室.武汉交通志.轮船运输[M].武汉：武汉大学出版社，1997.

[26] 武汉市地方志编纂委员会.武汉城市建设志[M].武汉：武汉大学出版社，1989.

[27] 武汉市城市规划管理局.武汉市城市规划志[M].武汉：武汉出版社，1999.

[28] 武汉港史志编纂委员会.武汉港口志[M].武汉：武汉出版社，1990.

[29] 朱向梅.武昌区志[M].武汉：武汉出版社，2008.

[30] 晴川街志编纂委员会.晴川街志[M].武汉：武汉出版社，2005.

[31] 武汉市汉阳区地方志编纂委员会，方东平.简明汉阳区志[M].武汉：武汉出版社，2009.

[32] 武汉市汉阳区地方志办公室.百年汉阳造[M].武汉：湖北人民出版社，2010.

[33] 贾信德，廖国泰.襄阳轴承厂志[M].北京：中国书籍出版社，1992.

[34] 张俊.荆州古城的背影[M].武汉：湖北人民出版社，2010.

[35] 彭小华.品读武汉工业遗产[M].武汉：武汉出版社，2013.

[36] 李俊.关山度若飞[M].武汉：武汉出版社，2008.

[37] 翟跃东，任予箴.诚实的建筑[M]武汉：武汉出版社，2009.

[38] 桂学文.舍本求木：武汉万科润园的规划设计实践[C]//刘伯英.2013年中国第4届工业建筑遗产学术研讨会论文集.北京：清华大学出版社，2013.

[39] 武汉市汉阳区地方志办公室.汉阳历史文化精粹[M].武汉：武汉出版社，2016.

[40] 中铁大桥局.武汉长江大桥[M].武汉：湖北美术出版社，1988.

[41] 武汉大桥工程局.武汉长江大桥[M]，北京：人民铁道出版社，1957.

[42] 湖北省地方志编纂委员会.湖北省志.工业志.纺织工业[M].北京：中国文史出版社，1990.

[43] 湖北省地方志编纂委员会.湖北省志.工业志.二轻[M].北京：中国出版社，1992.

[44] 武汉市地方志编纂委员会.武汉市志.工业志（下）[M].武汉：武汉大学出版社，1999.

[45] 武汉无线电厂厂志编纂组.武汉无线电厂厂志[M].武汉：武汉出版社，2001.

[46] 水野幸吉.汉口[M].上海：上海昌明公司，1908.

[47] 丁振一.堆栈业经营概论[M].北京：商务印书馆，1931.

[48] 中央银行经济研究处.《仓库经营论》中央银行业刊[M].北京：商务印书馆，1935.

[49] 武汉市地方志编纂委员会.武汉市志.对外贸易志[M].武汉：武汉大学出版社.1989.

[50] 武汉市档案馆.武汉旧影.[M].武汉：湖北人民出版社.1999.

[51] 武汉历史地图集编纂委员会.武汉历史地图集[M].北京：中国地图出版社.1998.

[52] 武汉市地方志编纂委员会.汉口租界志[M].武汉：武汉出版社.2003.

[53] 李敏昌.宜昌城市社会变迁史[M].北京：中国社会科学出版社，2016.

[54] 宜昌市地方志编纂委员会.宜昌市志[M].安徽：黄山书社出版社，1999.

[55] 宜都市地方志编纂委员会.宜都市志[M].武汉：湖北人民出版社，2010.

[56] 远安县地方志编纂委员会.远安县志[M].北京：中国三峡出版社，1990.

[57] 宜昌县地方志编纂委员会.宜昌县志[M].北京：冶金工业出版社，1993.

[58] 湖北省地方志编纂委员会.湖北省志.工业（上）[M].武汉：武汉大学出版社，1993.

[59] 湖北省地方志编纂委员会.湖北省志.工业（下）[M].武汉：武汉大学出版社，1993.

[60] 湖北省安陆市地方志编纂委员会.安陆县志[M].武汉：武汉出版社，1993.

[61] 湖北省汉川县地方志编纂委员会.汉川县志[M].北京：中国城市出版社，1992.

[62] 湖北应城石膏矿志编纂委员会.湖北应城石膏矿志[M].武汉：武汉工业大学出版社，1990.

[63] 湖北省孝感市地方志编纂委员会.孝感市志[M].北京：新华出版社，1992.

[64] 刘明汉，马景源.汉冶萍公司志[M].武汉：华中理工大学出版社，1990.

[65] 黄石市铁山区地方志编纂委员会.铁山区志[M].武汉：湖北人民出版社，1998.

[66] 丁援，李志，吴莎冰.武汉历史建筑图志[M].武汉：武汉出版社，2017.

[67] 涂勇.武汉历史建筑要览[M].武汉：湖北人民出版社，2002.

[68] 刘英姿，[法]蓝博.汉口法国租界及其建筑[M].武汉：武汉出版社，2013.

[69] 武汉市档案馆.老房子的过往：武汉近现代建筑精华集萃[M].武汉：武汉出版社，2016.

期刊：

[1] 刘伯英，李匡.工业遗产的构成与价值评价方法[J].建筑创作，2006(9):24-30.

[2] 寇寰.武汉宗关水厂历史建筑遗产调查与价值评估[J].建筑文化，2015(2):168-172.

[3] 柳婕.工业区住宅环境改造设计初探:以武汉市青山红钢城第八、九街坊为例[J].华中建筑，2010(11):132-135.

[4] 刘金林.中国城市轨道铁路制度规范化的早期探索:以近代黄石汉冶萍铁路为例[J].遗产与保护研究，2018,3(6):27-31.

[5] 张华智.黄石老下陆火车站旧址现状调查及规划保护[J].城市建设理论研究（电子版），2013(13).

[6] 许远，黄李涛.武汉长江大桥解读[J].华中建筑，2010(11):166-169.

[7] 汪瑞宁.江汉飞虹五十年[J].世纪行，2006(22):46-47.

[8] 李喜元.江汉二桥改造及维修工程[J].山西建筑，2010,36(34):303-305.

[9] 钱非凡.枝城长江大桥公路桥维修加固工程桥面板制造工艺[J].科技创业家，2013,4(13):9.

[10] 刘春光.建国初期汉口福新面粉厂等级粉生产技术[J].现代面粉工业，2018(4):2-7.

[11] 刘光辉.民国制造:汉口福新第五面粉厂制粉技术探析[J].大麦与谷类科学，2017(3):51-57.

[12] 王嵩，袁诺亚.城市滨水工业遗产的再生:武汉杨泗港码头地块详细规划[J].中外建筑，2014(10):75-78.

[13] 吴承胜.近代武汉轮渡发展述论[J].社会科学动态，2017(8):89-95.

[14] 钱立新，余意.蒲纺:繁华落尽待重生[J].档案记忆，2019(9):28-33.

[15] 刘再起.从近代中俄茶叶之路说起[J].俄罗斯中亚东欧研究，2017(5):81-85.

[16] 蒋太旭.汉口近代制茶工业开启武汉的机器时代[J].武汉文史资料，2015(4)52-56.

[17] 卢成蔚.与历史一起创造历史:论武汉武重厂区改造项目的景观设计[J].海峡科技与产业，2017(8):196-198.

[18] 童乔慧,李洋.旧工业建筑内部空间改造探讨:以武汉锅炉厂403车间为例[J].华中建筑，2017,35(11):120-126.

[19] 武汉市城市建设档案馆,李臣,王莹.建国初期工业住区规划建设及价值分析:以武汉青山区红钢城工业住区为例[J]中外建筑，2012(11):70-72.

[20] 李军,胡晶.矿业遗迹的保护与利用:以黄石国家矿山公园大冶铁矿主园区规划设计为例[J].规划师，2007(11):45-48.

[21] 王坤,汤昭,胡玉玲.黄石工业遗产现状调查及保护研究[J].中外建筑，2010(9):81-84.

[22] 刘金林.试论黄石矿冶工业遗产的突出特色[J].湖北理工学院学报（人文社会科学版），2016,33(3):1-4,35.

[23] 欧晓静,李海涛.论汉冶萍公司与近代黄石城镇化的起步[J].湖北理工学院学报（人文社会科学版），2015,32(3):15-19.

[24] 费垚.参观大冶铁矿记[J]．沪潮，1930(2).

档案资料：

[1] 二航局党委工作部.二航局六分公司建厂史[Z].

[2] 中共襄樊市委党史研究室.襄樊市三线建设调整改造规划办公室.襄樊军工四十年[Z].

[3] 宜昌市政协文史委.三线建设在宜昌（宜昌市文史资料第40辑）[Z].2016.

[4] 冶金工业部第一冶金建设公司.一冶志.[Z].1987.

[5] 铁道部武昌车辆工厂.武昌车辆工厂志（1949—1985）[Z].不详.

[6] 宜都市政协学习和文史资料委员会编.三线建设在宜都[Z].2018.

[7] 国营第二三八厂厂史编纂委员会.国营第二三八厂简史（1966—2006）[Z].2006.

[8] 国营第二八八厂厂史编纂委员会.国营第二八八厂简史（1966—1986）[Z].1986.

[9] 武汉锅炉厂.武汉锅炉厂简介[Z].1986.

[10] 武钢志编纂委员会.武钢志[Z].1988.

[11] 张明理,吴正钊,邓斌.湖北省青山热电厂志[Z].1982.

[12] 武汉肉联厂修志办公室.武汉肉联厂志[Z].1990.

[13] 武昌造船厂.中国船舶工业总公司武昌造船厂[Z].1988.

[14] 武汉市东西湖棉纺织厂厂志编纂领导小组.武汉市东西湖棉纺织厂厂志（1969—1985）[Z].1985.

[15] 湖北华强科技有限责任公司发展简史编委会.湖北华强科技有限责任公司发展简史（1965—2016）[Z].2016.

[16] 第二棉纺厂编纂领导小组.武汉市第二棉纺织厂志1958—1982[Z].1983.

[17] 钢板弹簧厂志编辑委员会.钢板弹簧厂志（1969—1983）[Z].1985.

[18] 东风汽车公司史志办公室.第二汽车制造厂志（1969—1983）[Z].2001.

[19] 底盘零件厂志编辑委员会.底盘零件厂志（1969—1983）[Z].1985.

[20] 水箱厂志编辑委员会.水箱厂志（1965—1983）[Z].1985.

[21] 车箱厂志编辑委员会.车箱厂志（1966—1983）[Z].1983.

[22] 武重办公室.武汉重型机床厂志（1953—1985）[Z].1988.

[23] 高伟来，陈毅行.武汉锅炉厂志[Z].1986.

[24] 大冶钢厂志编纂委员会.大冶钢厂志（第一卷）（1913—1984）[Z].1985.

[25] 大冶钢厂志编纂委员会.大冶钢厂志（第二卷）[Z].1987.

[26] 梁伯琛.1956年全国铁道科学工作会议论文报告丛刊（4）：火车轮渡码头设计经验[Z].1957.

[27] 黄兰田.我所知道"三北"的来历[Z]//武汉文史资料，1996(3):1004-1737.

[28] 段天昉.红光港机厂史[Z]//长江航运编写委员会，红光港机厂厂史.

[29] 刘伯华.大冶铁矿开办与铁山民俗的变化[Z]//湖北文史资料，1992(2)：232.

[30] 武钢矿冶公司大冶铁矿矿志办.大冶铁矿志[Z].武汉市宏达盛印务有限公司，2012.

[31] 杨建.中国仓库工程[Z].中国文化服务社，民国时期.

[32] 徐焕斗.汉口小志[Z].武汉：武昌官书局，1915.

其他：

[1] 张一恒.工业发展作用下的黄石城市形态演变研究[D].武汉：武汉理工大学，2013.

[2] 曹宇.黄石矿冶文化景观研究[D].武汉：华中科技大学，2019.

[3] 皮晓敏.废弃三线厂区再利用的景观环境文化研究[D]. 西安：西安建筑科技大学，2007.

[4] 万强，罗京.快被遗忘的人文景观，老武汉火车轮渡[N].长江日报，2013-1-17.

[5] 胡勇谋.82年前的今天，武汉火车轮渡码头竣工，粤汉铁路火车轮渡过大江[N].楚天都市报，2019-3-10.

[6] 张晗.下陆钢铁厂老厂长冯炳廷：搁不下心里的"厂愁"[N].东楚晚报，2016-4-21.

[7] 宋磊.武汉中铁大桥局办公大楼：乱坟岗上的建筑经典[N].长江日报，2014-4-10.

[8] 武汉市自然资源和规划局.龟北及月湖地区规划整合研究暨汉阳特种汽车制造厂实施性规划[Z].2017.

后记

《中国工业遗产史录·湖北卷》编撰工作历时近四年，过程不可谓不漫长，内容不可谓不庞杂，同时收获不可谓不丰厚。"史录"涉及湖北多个城市和地区工业时期和后工业时期一系列厂矿企业历史信息和当下信息的获取，覆盖我国近现代时期工业重镇武汉多时期、多类型的工业遗产信息，矿冶城市黄石从远古至今的矿冶工业遗产信息，汽车城十堰拥有的完整产业链汽车工业遗产信息，以及宜昌、襄阳等"三线"城市工业遗产、现代水利工业遗产、机械工业遗产等丰富的遗产信息。

湖北是我国中部地区近现代工业大省，省域范围大，遗产分布广，要对其工业遗产展开系统性追踪，难度之大可想而知。我们立足于案头研究和实地探访两个基本维度，以真实记录湖北工业遗产为己任，将史料收集整理、分析研读与大量田野调查、现场取证相结合，最终筛选出涵盖14个工业门类的90个工业遗产样本，呈现在大家面前。

本册"史录"的撰写汲取了前人一系列研究成果。基于文本阅读，我们获取并构想出工业遗产产生的历史时空场域；基于田野调查，我们印证并修正了源于文本的信息，我们相信现场是无可替代和最强有力的明证，尽管现场是无言的。正如刘易斯·芒福德所言："我们可以依据不同时代兴建的大型工程，去追寻劳动机器的形成与运转，这比依据文献描述更加可靠。"因此，本册"史录"成果中有众多团队成员深入工业遗产第一线、从现实场所情境中获取的大量第一手珍贵资料的真实呈现。这种呈现意味着我们无愧于湖北工业遗产的见证者和亲历者。诚然，"史录"撰写的过程也是我们亲历一边现场取证一边目睹多处工业遗产被拆被毁的过程，因此从某种意义上说，我们的实录工作是在与推土机赛跑，本质上属于对湖北工业遗产的抢救性记录。

后 记

至此掩卷之时，我们诚挚感谢给予我们撰写工作帮助的单位和个人：由衷感谢湖北省文物局、武汉市文史馆、武汉市文化局、武汉市房管局、武汉市规划院、武汉市档案馆，以及黄石市文物局、武汉重型机床集团有限公司、武汉锅炉股份有限公司、中车长江车辆有限公司；感谢武汉设计之都运营管理有限公司等企业单位和兄弟院校给予本书大量的调研与资料支持；感谢武汉市地方志办董玉梅女士、武汉市文史馆张笃勤先生、汉阳钢厂博物馆顾必阶馆长、华中科技大学谭刚毅教授、湖北美术学院詹旭军副教授、中信设计公司丁援博士、武船重工集团公司刘杰先生、摄影师周国献先生、摄影师涂汉溪先生为本书提供的大量卓有成效的帮助与丰富的资料信息。

感谢中国工业遗产丛书主编刘伯英、徐苏斌、彭长歆为整套丛书所作的精心组织和整体策划。

感谢华南理工大学出版社赖淑华编辑、骆婷编辑、蔡亚兰编辑一直以来为《中国工业遗产史录·湖北卷》出版的辛勤付出！

尤其感谢几年来深度参与我们这项工作，承前启后投入其中的几届研究生：李瑞、王楠、丁晨星、李悦、朱子路、王彬阳、吴建、江鹏、周昭、陈婵、罗劲草、廖雅兰、孙玥、黄晓荷、向柯宇、傅瓣、李沐、李雅琪、叶博闻、徐宁、赵静、傅梦雪、陈宇轩、任昕毅、李静思、都锦皓、邹炎、刘振生、甘均全、王煜霏、刘莉莉、张尚康……没有他们的坚守和努力，我们定难交出这份答卷。

我们深知对于湖北工业遗产而言，本书在研究视线未及之处，仍有大量工业遗产拼图的碎片未能收录，因此恐难构成一幅湖北工业遗产的历史全貌图景，但希望本书能够成为后人前行的一块基石。

周卫　万谦

2020年10月